기계중심의

유체역학

엄기찬 · 김재희

FLUID
MECHANICS

북스힐

머 리 말

유체역학은 액체 및 기체의 성질을 이용하여 유체가 갖는 힘과 에너지를 정역학적으로 또는 동역학적으로 유효하게 이용하고 그것을 다른 형태의 에너지로 변환시켜 이용할 뿐 아니라 유체 자신의 수송에도 적용할 수 있는 기초적 학문이다. 즉, 기계적 에너지에 의해 유체에 에너지를 주는 펌프나 송풍기 및 압축기 등과, 유체의 에너지를 기계적 에너지로 변환시키는 수력터빈 등의 유체기계를 비롯하여 상하수도 시스템, 기름의 수송관로 시스템, 그리고 유공압 제어시스템과 같은 에너지 수송매체 설비를 사용하는 항공기나 자동차 등에도 이용되고 있다.

따라서 이 교재는 에너지를 다루는 기계분야 및 화공학 분야와, 수송 분야를 다루는 토목, 항공분야 등을 전공하는 대학과 전문대학의 기초과목으로서, 그리고 그 분야의 기술자에게는 참고서로서 사용할 수 있도록 구성하였다.

이 책의 구성은 계에 관련된 유동유체의 질량, 운동량, 에너지의 개념에 관해 서술하고, 정적 유체와 유동유체의 에너지 보존, 유동유체의 운동량 원리에 대하여 다루었다. 그리고 관로 내 유동에너지의 해석과 물체 주위 유동에 대한 저항력 및 양력에 대하여 서술하였으며, 실험적 유체현상을 위한 차원해석과 상사칙 원리를 다루고 자연적인 유로인 하천, 강 또는 관개수로 등의 유동 에너지 분석을 위한 개수로 유동, 그리고 유체기계의 기초이론에 대한 서술 순서로 구성하였다.

본서는 여러 문헌을 참고 또는 인용하였으며 그 저자들께 감사드린다. 그리고 독자들의 조언을 참고로 지속적으로 수정 · 보완할 예정이다. 끝으로 이 책을 출판하기에 심혈을 기울여 주신 북스힐의 조승식 사장님, 임종우 차장님을 비롯한 관계자 여러분께 감사드린다.

저자 씀

차 례

제 1 장

단위계 및 유체의 기본 물성치

1.1 단위계와 단위

1) 단위계

기본 단위계는 각국마다 여러 가지 규격이 있지만 우리나라에서 현재 사용되고 있는 단위계는 다음과 같다.

(1) **절대 단위계** : 주로 물리학 분야에 널리 이용되고 있는 물리학 단위계로서, 이 단위계는 길이(L), 질량(M), 시간(T)을 기본으로 하며 다음의 두가지 단위계가 있다.

(a) CGS단위계 : 길이는 cm(센티미터), 질량은 g(그램), 시간은 sec(s)(초)가 사용된다. 그리고 힘의 단위는 dyn(다인)이 이용된다. 즉

$$1\ \text{dyn} = 1\ g \times 1\ \text{cm/s}^2 = 10^{-5}\ \text{N}$$

(b) MKS단위계 : 길이는 m(미터), 질량은 kg(킬로그램), 시간은 sec(s)가 사용되며, 힘의 단위는 N(Newton)이 이용된다.

$$1\ \text{N} = 1\ \text{kg} \times 1\ \text{m/s}^2 = 10^5\ \text{dyn}$$

(2) **중력단위계** : 공학단위계로서 현재도 우리나라의 공학계에서는 널리 사용되고 있다.

길이(L), 힘(F), 시간(T)을 기본량으로 하며 이 단위계에서는 단위 질량의 물체에 작용하는 중력을 힘의 단위로 하기 때문에 중력 단위계라고 한다. 길이는 m(미터), 질량에 작용하는 중력 kg_f, 시간은 sec(s)를 사용하므로 힘의 단위는 다음과 같다.

$$1\ kg_f = 1\ kg(\text{질량}) \times g(\text{중력가속도} = 9.801\ m/s^2) = 9.801\ N$$

(3) **국제단위계** (S.I, The international System of Units) : 1960년 국제도량형 총회에서 채택된 미터계의 표준 단위계이다. 국제단위계인 SI단위계는 길이(L), 질량(M), 시간(T)을 기본으로 하는 절대 단위계의 하나이며 길이는 m(미터), 질량은 kg, 시간은 sec(s)를 사용하므로 힘의 단위는 MKS단위계와 같이 Newton[N]을 사용한다.

$$1\ N = 1\ kg \times 1\ m/s^2$$

공학단위계로서의 중력단위와 국제단위계로서의 SI단위계와는 다음의 관계가 있다.

$$1\ N = 1\ kg \times 1\ m/s^2 = 1\ kg \cdot m/s^2 = \frac{1}{9.8} kg_f$$

2) SI단위

SI단위는 기본단위(7개), 보조단위(2개), 조립단위(19개)로 이루어진다.

기본단위와 보조단위를 표 1.1과 표 1.2에 나타내었다. 이들 이외에 차원을 갖는 량은 기본단위와 보조단위를 물리법칙에 따라 조합시켜 유도된 조립단위(표 1.3)에 의해 계량한다. 조립단위에는 힘의 단위인 Newton(N), 압력단위인 Pascal(Pa)등과 같이 고유명칭을 갖는 단위와 점성계수의 단위인 (Pa · s)와 같이 고유명칭을 갖지 않는 단위로 분류된다. 고유명칭을 갖는 조립단위를 표 1.3에 나타내었으며, 접두어는 표 1.4에 수록되어 있다.

표 1.1 SI 기본단위

량	단위	기호
길이	meter	m
질량	kilogram	kg
시간	second	s
전류	ampere	A
열역학 온도	Kelvin	K
물질의 량	mole	mol
광도(光度)	candela	cd

표 1.2 SI 보조단위

량	단위	기호
평면각	radian	rad
입체각	steradian	sr

표 1.3 SI 조립단위

량	명칭	기호	정의	량	명칭	기호	정의
주파수	Hertz	Hz	s^{-1}	자속(磁束)	Weber	Wb	V · s
힘	Newton	N	kg · m/s^2	자속밀도	Tesla	T	Wb/m^2
압력, 응력	Pascal	Pa	N/m^2	인덕턴스 (自己유도계수)	Henry	H	Wb/A
에너지, 일, 열량	Joule	J	N · m	섭씨온도	Celcius degree	°C	
동력, 방사속 (放射束)	Watt	W	J/s	광도	Lumen	lm	cd · sr
전기량, 전하 (電荷)	Coulomb	C	A · s	조도	Lux	lx	lm/m^2
전압, 전위	Volt	V	W/A	방사능		Bq	s^{-1}
정전용량 (靜電容量)	Farad	F	C/V	흡수선량 (吸收線量)		Gy	J/kg
전기저항	Ohm	Ω	V/A	선량당량 (線量當量)		Sv	J/kg
콘덕턴스 (導電率)	Siemens	S	A/V				

표 1.4 SI 접두어

배수	접두어	기호
10^{12}	tera	T
10^{9}	giga	G
10^{6}	mega	M
10^{3}	kilo	k
10^{2}	hecto	h
10^{1}	deka	da
10^{-1}	deci	d
10^{-2}	centi	c
10^{-3}	milli	m
10^{-6}	micro	μ
10^{-9}	nano	n
10^{-12}	pico	p

또 SI에서는 물리량에 대해서 원칙적으로 한 개의 단위만 채용되고 있지만 지금까지 관용적으로 이용되어 온 몇 가지 단위의 병용이 인정되고 있다. 이들 단위를 표 1.5에 나타내었다.

표 1.5 SI와 병용되는 단위

명칭	기호	SI 단위에서의 값
분	min	1min = 60s
시	h	1h = 60min
일	d	1d = 24h
도	°	1° = (π/180)rad
분	′	1′ = (1/60)°
초	″	1″ = (1/60)′
리터	l, L	$1L = 10^{-3}m^3$
톤	t	$1t = 10^3kg$

3) 차원과 단위

SI단위를 구성하는 차원(M : 질량, L : 길이, T : 시간)과 **공학단위**를 구성하는 차원(F

: 힘, L : 길이, T : 시간)의 차이는 질량(M)과 힘(중량, F)이다.

질량 M 과 힘 F 의 차원 상호간의 관계는 **Newton의 운동 제2법칙**으로부터 정립시킬 수 있다.

$$F = ma \tag{1.1}$$

여기서 가속도 a는 기본차원으로서 L/T^2 으로 표시되며, 따라서 힘(지구 중력권 내에서는 중량과 동일)과 질량과의 관계가 식 (1.1)과 같이 정립되며, 중량개념에서의 F 는 가속도 a를 중력 가속도 g(≒9.81 m/s^2)로 대치하여 계산한다. 차원으로서의 관계로 표시하면 다음과 같다.

$$F = MLT^{-2} \text{ 또는 } M = FL^{-1}T^2 \tag{1.2}$$

SI단위를 구성하는 차원으로 표시하기 위해 도입한 힘의 단위는 Newton (N)이며, 그것은 질량 1 kg의 물체를 1 m/s^{2}으로 가속시키는데 필요한 힘으로 정의된다.

$$1 \text{ N} = 1\text{kg} \cdot \text{m/s}^2, \quad 1 \text{ dyn} = 1 \text{ g} \cdot \text{cm/s}^2 = 10^{-5} \text{ N} \tag{1.3}$$

공학 단위계에서 힘의 단위는 kg_f이며, 1 kg_f는 질량 1 kg의 물체가 지구 중력권에서는 중력가속도 g(9.81 m/s^2)의 가속을 받고 있으므로

$$1 \text{ kg}_\text{f} = 1 \text{ kg} \cdot 9.81 \text{ m/s}^2 = 9.81 \text{ kg} \cdot \text{m/s}^2 = 9.81 \text{ N} \tag{1.4}$$

의 관계가 성립되어 SI단위와 공학 단위간의 변환이 가능하다.

1.2 기본 물리량

1) 밀도

계의 어떤 특성을 **물리량**(property)이라 한다. 우리에게 익숙한 물리량은 압력 p, 온도 T, 체적 $\overline{V}$, 질량 m 등이다. 그러나 모든 물리량들이 독립적인 것은 아니다. 어떤 물리량은 다른 물리량의 항으로 정의되며, 예를 들면 **밀도**(density) ρ는 단위체적 당 질량으로 정의된다.

$$\rho = \frac{m}{\overline{V}} \quad [\text{kg/m}^3] \tag{1.5}$$

한 물질의 밀도는 일반적으로 온도, 압력에 따라 그 값이 달라진다. 액체 및 고체의 경우는 비압축성 물질로서 압력에 따른 밀도의 변화를 무시할 수 있을 정도이지만 온도에 대해서는 압력의 영향보다 훨씬 크게 영향을 받는다. 그러나 그 영향은 대부분의 경우에 무시될 수 있다.

대부분의 기체는 밀도가 압력에 비례하며 온도에는 반비례한다.

때로 임의 물질의 밀도를 4 °C의 물의 밀도($\rho_w = 1000\ \mathrm{kg/m^3}$)에 대한 비로써 나타내는 경우가 있는데, 그것을 **비중**(specific gravity ρ_s)이라 하며, 한 물질의 비중은 무차원량이다.

$$\rho_s = \frac{\rho}{\rho_w} \tag{1.6}$$

열 및 유체에서 자주 사용되는 물리량으로서 **비체적**(specific volume, v)이 있으며, 단위 질량(m)이 차지하는 체적($\overline{V}$)으로 정의된다.

$$v = \frac{\overline{V}}{m} = \frac{1}{\rho} \quad [\mathrm{m^3/kg}] \tag{1.7}$$

물리량은 **시강성(示强性) 물리량**(intensive property) 또는 **시량성(示量性) 물리량**(extensive property)중 하나로 분류할 수 있다. 시강성 물리량은 계의 크기와 무관하고, 그 예로서 온도 T, 압력 p, 밀도 ρ 등이다. 시량성 물리량은 계의 크기에 따라 달라지는 성질을 가지며, 예로서 질량 m, 체적 $\overline{V}$, 전 에너지 E 등이다. 이것을 분류하는 방법은 그림 1.1에 계를 똑같은 크기로 나누어 표시하였다.

시강성 물리량은 원래의 계와 동일한 값을 갖지만 시량성 물리량은 1/2의 값을 갖게 된다.

밀도의 정의 중 질량을 중량(힘)으로 나타내고자 하는 경우, 밀도에 중력가속도를 곱하게 되면 **비중량**(specific weight) γ 라 하며, 단위 체적 당 중량(힘)으로 정의한다.

$$\gamma = \rho g \quad [\mathrm{N/m^3}] \tag{1.8}$$

물의 밀도는 부록 1, 여러 액체의 밀도는 부록 2, 공기 및 기체의 밀도는 각각 부록 3 및 부록 4에 수록되어 있다.

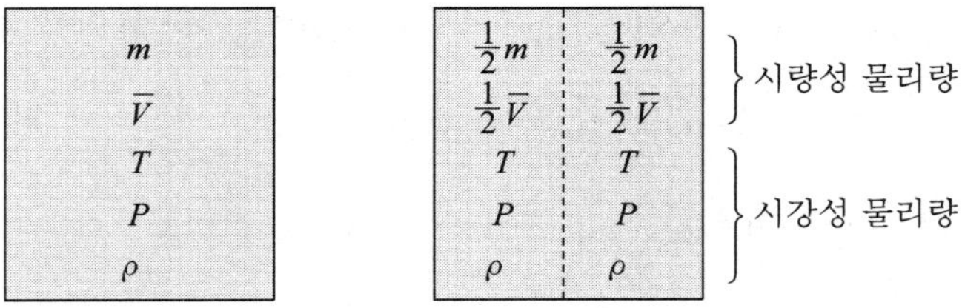

그림 1.1 시강성 물리량과 시량성 물리량

예제 1.1

어떤 액체 10 kN 의 체적이 1.25 m^3이다. 이 액체의 밀도 ρ, 비체적 v, 비중량 γ, 비중 ρ_s를 각각 구하라.

풀이 비중량 $\gamma = 10/1.25 = 8\text{k N/m}^3$

밀도 $\rho = \gamma/g = 8\times 10^3/9.8 = 816.3\ \text{kg/m}^3$

비체적 $v = 1/\rho = 1/816.3 = 1.225\times 10^{-3}\ \text{m}^3/\text{kg}$

비중 $\rho_s = \rho/\rho_w = 816.3/1000 = 0.816$

2) 압력

압력(pressure) p는 유체의 단위 면적당 수직 방향의 힘(force)으로 정의된다.

$$p = \frac{F}{A} \quad [\text{N/m}^2] \tag{1.9}$$

따라서 그 단위는 $[\text{N/m}^2]$이며, 이것을 Pascal [Pa]이라 한다. 즉

$$1\ \text{Pa} = 1\ \text{N/m}^2$$

Pascal단위의 값은 너무 작은 값이므로 일반적으로 $\text{kPa}(=10^3\ \text{Pa})$이나 $\text{MPa}(=10^6\ \text{Pa})$의 단위가 흔히 사용되고 있다.

다른 종류의 압력 단위로는 bar, 표준대기압(atm.)과 함께 공학 단위계에서 사용되고 있는 $\text{kg}_\text{f}/\text{cm}^2$가 있으며, 이들은 다음의 값을 갖는다.

$$1\ \text{bar} = 10^5\ \text{Pa} = 0.1\ \text{MPa} = 100\ \text{kPa}$$

$$1\ \text{atm.} = 101325\ \text{Pa} = 101.325\ \text{kPa} = 1.01325\ \text{bar} = 760\ \text{mmHg}$$

$$1\ kg_f/cm^2 = 9.81\ N/cm^2 = 9.81 \times 10^4\ N/m^2 = 9.81 \times 10^4\ Pa$$

$$= 0.981\ bar = 0.9678\ atm.$$

$$1\ mAq = 0.1\ kg_f/cm^2 = 9.81 \times 10^3\ Pa$$

주어진 위치에서의 실제 압력은 **절대압력**(absolute pressure)이라 하며, 그것은 절대진공(즉, 절대압력 0)을 기준으로 측정된다. 그러나 대부분의 압력측정 장치는 대기압이 0이 되도록 눈금이 만들어져 있다. 그 차를 **게이지 압력**(gage pressure)이라 한다. 대기압보다 낮은 압력은 **진공압력**(vacuum pressure)이라 하며, 절대압력과 대기압의 차를 지시하는 진공 게이지에 의해 측정된다. 절대압력 p_{abs}, 게이지 압력 p_{gage}, 진공압력 p_{vac}사이에는 다음과 같은 관계가 있다.

$$p_{gage} = p_{abs} - p_{atm} \quad (p_{atm}\text{보다 높은 압력의 경우}) \tag{1.10}$$

$$p_{vac} = p_{atm} - p_{abs} \quad (p_{atm}\text{보다 낮은 압력의 경우}) \tag{1.11}$$

대기압을 기준으로 할 때 그 압력보다 큰 경우에는 정(+)의 값으로 표시하지만, 일반적으로 대기압보다 낮은 진공압력의 경우는 부(−)의 값으로 표시한다. 때로는 절대압력을 p_a, 게이지 압력을 p_g로 표시하는 경우도 있다.

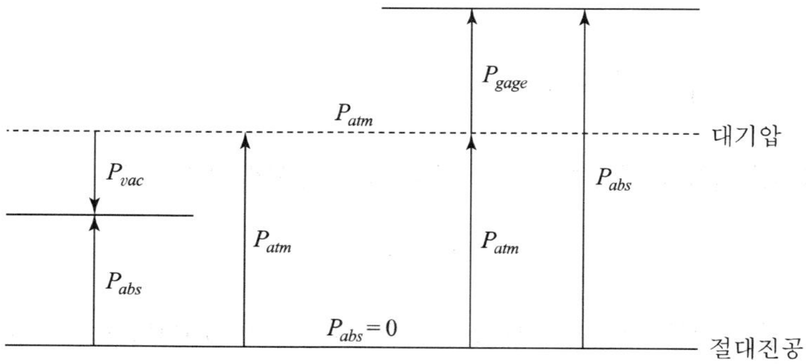

그림 1.2 절대압력, 게이지압력, 진공압력

예제 1.2

용기내 가스의 압력을 압력게이지에서 측정한 결과 6 bar이었다. 이때의 절대압력을 구하라. 단, 대기압은 750 mmHg이다.

풀이 대기압 p_{atm} =101325×(750/760) = 99.992×10³ Pa = 99.992 kPa

게이지압력 p_{gage} = 0.6 MPa = 600 kPa

절대압력 $p_{abs} = p_{atm} + p_{gage}$ = 99.992 + 600 = 699.992 kPa

예제 1.3

용기 내 가스압력이 700 mmHg의 진공압력을 나타낼 때 가스의 절대압력을 구하라. 단, 대기압은 760 mmHg이다.

풀이 대기압 p_{atm} = 101.325 kPa

진공압력 p_{vac} = −101.325×(700/760) = −93.33 kPa

절대압력 $p_{abs} = p_{atm} + p_{vac}$ = 101.325 − 93.33 = 7.995 kPa

3) 이상기체의 상태식

기체의 상태량으로서 압력 p, 밀도 ρ, 온도 T 등이 있으며, 이중에 두 가지를 지정하면 기체의 상태량이 결정된다. 그 관계식을 **상태방정식**(equation of state)이라 한다. 상태방정식이 다음의 간단한 식으로 표시할 수 있는 기체를 **이상기체**(ideal gas) 또는 **완전기체**라 한다.

$$p = \rho RT \quad \text{또는} \quad pv = RT \tag{1.12}$$

여기서 R은 **기체상수**(gas constant)이며, 기체의 종류에 따라 결정되는 상수이다. R의 단위는 [J / (kg · K)]이다. 또 T는 절대온도로서 섭씨온도에 273.15를 합하여 구하며 단위는 Kelvin의 첫 자를 따서 [K]이다. 초고압이나 극저온을 제외하면 대부분의 기체를 이상기체로 취급할 수 있다. 주요기체의 기체상수, 비열비를 표 1.6에 표시하였다.

기체가 압력변화에 따라 밀도, 체적이 변화하는 경우, 여러 가지 변화가 있다. 그것은 대표적으로 **폴리트로프 변화**의 식

$$p/\rho^n = const \quad \text{또는} \quad pv^n = const \tag{1.13}$$

로 표시된다. 여기서 n은 폴리트로프 지수로서, 등온변화의 경우는 $n = 1$, 단열변화의 경우는 $n = k$ 이다. k는 **정압비열**(specific heat at constant pressure)(압력 일정하에서 단

위질량의 물질을 1 °C만큼 올리는데 필요한 열량) c_p와 **정적비열**(specific heat at constant volume) (체적 일정하에서 단위질량의 물질을 1 °C만큼 올리는데 필요한 열량)의 비

$$k = c_p / c_v \tag{1.14}$$

이며, **비열비**(ratio of specific heats)라 한다.

표 1.6 2기압, 20 °C에서의 기체상수와 비열비

기체	분자기호	분자량 M	기체상수 R[J/kg·K]	비열비 c_p/c_v
건공기		28.97	287	1.40
산소	O_2	32.00	260	1.40
질소	N_2	28.01	297	1.40
이산화탄소	CO_2	44.01	189	1.29
일산화탄소	CO	28.01	297	1.40
수소	H_2	2.02	4124	1.41
헬륨	He	4.00	2077	1.67
메탄	CH_4	16.04	518	1.31

다음에는 내부에너지와 엔탈피에 대하여 알아보자.

그림 1.3(a)와 같이 체적이 변하지 않는 용기내에 기체가 들어 있는 경우, 외부로부터 열에너지 Q를 가할 때 체적변화가 일어나지 않으므로 외부에 일(W_{12})을 하지 않는다. 따라서 그 열에너지가 모두 내부에 저장된다. 또 그림 1.3(b)와 같은 경우에는 가한 열에너지의 일부는 기체의 온도를 상승시키며 나머지 에너지는 피스톤에 의해 외부에 일을 한다. 에너지 보존의 원리로부터 전자는 가한 열에너지 모두가 내부에너지로 축적되고, 후자의 경우는 외부로 일을 한 나머지의 에너지가 내부에 축적된다. 이와 같이 내부에 축적되어 있는 에너지를 **내부에너지**(internal energy) U[J]라 하며, 정적비열과 관련되므로 다음 식으로 표시된다. 단위 질량의 내부에너지는 비내부에너지 u [J/kg]라 한다.

$$U = mc_v T \quad \text{또는} \quad dU = mc_v dT \tag{1.15}$$

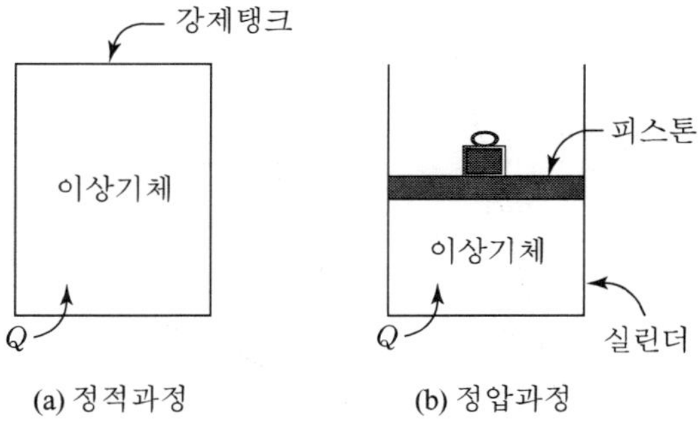

그림 1.3 이상기체의 가열

그림 1.3(b)에서는 피스톤이 외부에 $W_{12} = p(\overline{V_2} - \overline{V_1})$의 일을 하며, 이때 내부에너지와 외부일(유동일)의 합을 **엔탈피**(enthalpy) H[J]로 표시한다. 단위질량의 엔탈피는 비엔탈피로서 h[J/kg]로 표시한다.

$$H = mc_p T = U + p\overline{V} \quad \text{또는} \quad dH = mc_p dT = dU + pd\overline{V} \tag{1.16}$$

4) 점성계수

유체가 고정평판 상에서 흐르는 경우, 벽면과 유체 사이에 마찰이 발생하고 벽 근처의 유체요소는 흐름과 반대방향으로 마찰력을 받게 된다. 이것을 **전단력**(shear forces)이라 하며, 그로 인해 유체요소는 연속적으로 전단변형이 생긴다. 이와 같이 전단력을 발생시키는 유체의 성질을 **점성**(viscosity)이라 한다.

그림 1.4와 같이 상하의 평행평판(아래쪽 평판은 고정)사이에 깊이 h 의 유체가 차 있다. 이때 위쪽평판에 힘 F [N]를 가하여 속도 V_p로 평행이동 시키면 두 평판 사이의 유체의 속도변화, 즉 $V = V(y)$는 $V = V_p y/h$로 선형적으로 변화한다. 이때 힘 F 는 위쪽의 가동평판의 표면적 A 와 속도 V_p에 비례하고 판 사이의 거리 h에 반비례하므로 다

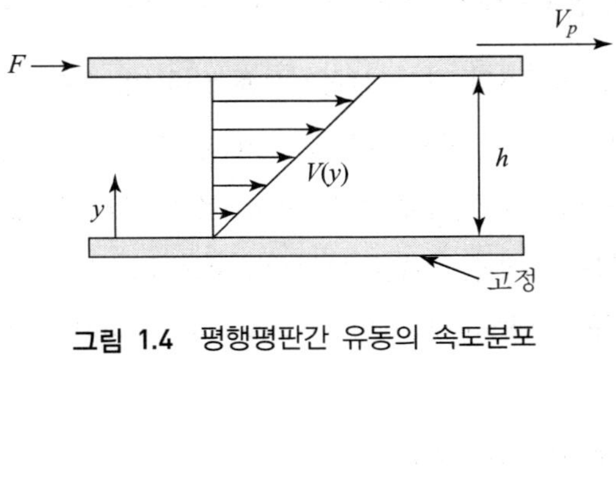

그림 1.4 평행평판간 유동의 속도분포

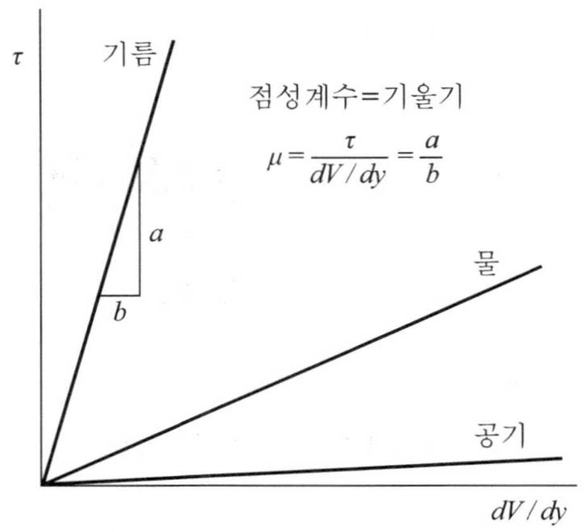

그림 1.5 점성계수

음과 같이 표시할 수 있다.

$$\frac{F}{A} = \tau \propto \frac{V_p}{h} \tag{1.17}$$

여기서 비례상수를 μ라고 표시하면 평판 상에는 다음 식으로 표시되는 **전단응력** τ $[\mathrm{N/m^2 = Pa}]$가 작용한다.

$$\tau = \mu \frac{V_p}{h} \quad [\mathrm{N/m^2 \ or \ Pa}] \tag{1.18}$$

이 비례상수 μ를 **점도**(viscosity) 또는 **점성계수**(coefficient of viscosity)라 한다.

일반적으로는 벽면 근처의 속도분포는 직선적이 아니라 곡선분포를 이루므로 고정평판으로부터 y의 위치와 $y+dy$사이에 위식을 적용하면 속도구배 dV/dy를 이용하여 다음과 같이 표시할 수 있다.

$$\tau = \mu \frac{dV}{dy} \tag{1.19}$$

이 관계식을 **Newton의 점성법칙**(Newton's law of viscosity)이라 한다.

τ와 $\frac{dV}{dy}$의 관계는 그림 1.5와 같이 선형적으로 변하며, 이는 식 (1.19)와 일치한다. 그래프의 기울기는 점성계수를 의미하는데, 물, 기름, 공기 등의 유체는 온도, 압력이 정해지면 속도구배 및 압력구배에 무관하게 점성계수는 일정한 값을 가지며, 이러한 유체(식 (1.19)를 만족하는 유체)를 **뉴턴유체**(Newtonian Fluid)라 한다. 이 식을 만족하지 않는 유체는 **비뉴턴유체**(非뉴턴유체, non−Newtonian Fluid)라 하고 이 책에서는 다루

지 않는다.

점성계수 μ의 단위는 g/(cm · s) 또는 kg/(m · s), N · s/m^2, Pa · s 등으로 표시할 수 있으며, 그 값을 poise(P)라는 용어로서 사용하는 경우가 많다.

$$1 \text{ Poise} = 1 \text{ g/cm} \cdot \text{s} = 0.1 \text{ kg/m} \cdot \text{s}$$
$$= 0.1 \text{ N} \cdot \text{s/m}^2 = 0.1 \text{ Pa} \cdot \text{s} = 1 \text{ dyn} \cdot \text{s/cm}^2$$
$$= \frac{1}{98} \text{ kg}_f \cdot \text{s/m}^2$$

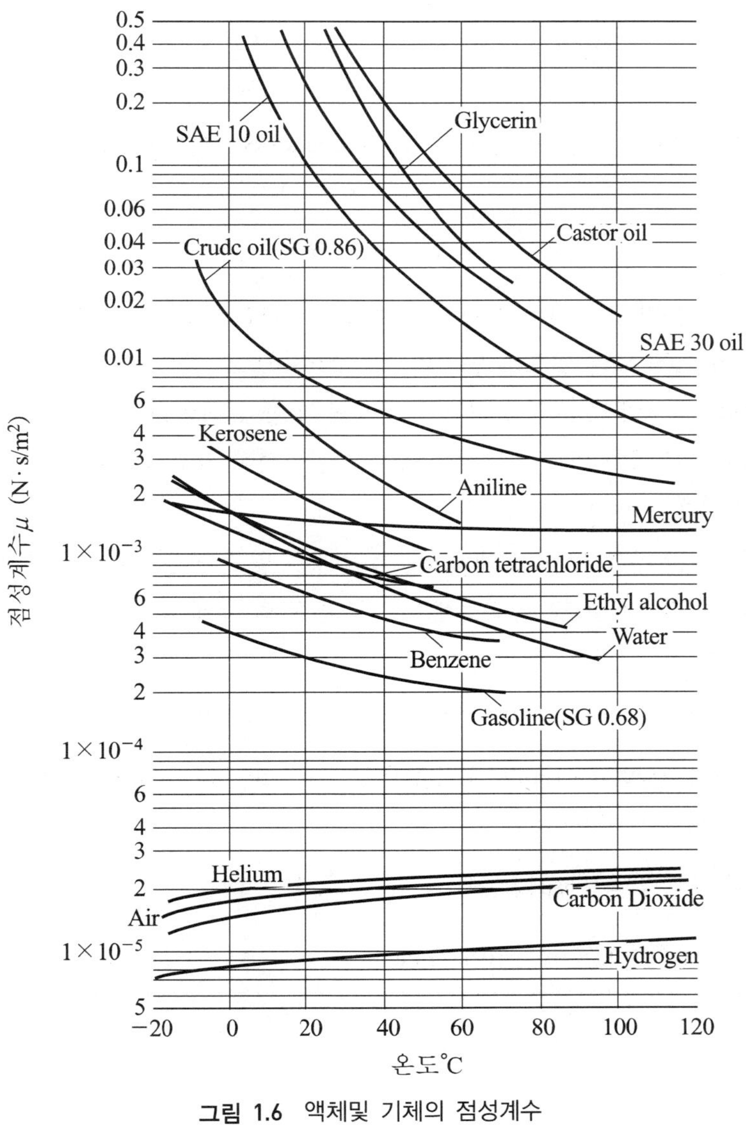

그림 1.6 액체및 기체의 점성계수

점성계수의 값은 유체의 물성치이며 온도, 압력에 따라 변화한다. 기체의 경우는 온도의 상승에 따라 점성계수가 증가하며, 그것은 분자운동이 활발해지기 때문이다. 그러나 액체의 경우는 온도의 상승에 따라 점성계수가 감소하는데, 분자 간 응집력이 약화되기 때문이다.

그림 1.6에는 온도변화에 대한 여러 가지 액체 및 기체의 점성계수를 나타낸다.

점성을 동반하는 유체의 운동에 대해서는 **동점성계수**(動粘性係數, Kinematic viscosity) ν가 중요한 변수로 되며, 동점성계수는 그 유체의 점성계수와 밀도의 비로 다음과 같이 정의된다.

$$\nu = \frac{\mu}{\rho} \quad [\mathrm{m^2/s}] \tag{1.20}$$

동점성계수의 단위는 $\mathrm{cm^2/s}$(혹은 $\mathrm{m^2/s}$)이며 Stokes(St)라는 용어로서 사용되는 경우가 많다.

$$1\ \mathrm{St} = 1\ \mathrm{cm^2/s}$$

동점성계수의 물리적 의미를 생각하자. 예로서 1기압, 20 ℃의 물의 점성계수는 공기의 약 55배 이지만, 물의 밀도는 공기의 약 800배이므로 물의 동점성계수는 공기의 약 1/15이다. 따라서 물의 흐름은 공기보다 점성의 영향이 작아서 잘 흐르게 된다. 이것은 물의 운동에서는 공기에 비해 밀도에 비례하는 관성력이 크고 점성력의 영향이 상대적으로 작기 때문이다.

물의 점성계수는 부록 1, 여러 액체들의 점성계수 및 동점성계수는 부록 2, 공기 및 여러 기체에 대한 점성계수 및 동점성계수는 부록 3 및 부록 4에 수록되어 있다.

예제 1.4

어떤 기름의 1 l당 질량이 0.96 kg이며, 동점성계수는 $1.03 \times 10^{-3}\ \mathrm{m^2/s}$ 이라고 하면, 이 기름의 밀도와 점성계수는 각각 얼마인가?

풀이 $\rho = \dfrac{m}{V} = \dfrac{0.96}{1 \times 10^{-3}} = 960\ \mathrm{kg/m^3}$

$\mu = \rho\nu = 960 \times 1.03 \times 10^{-3} = 0.9888\ \mathrm{Pa \cdot s}$

예제 1.5

그림(예제1.5)와 같은 길이 50 cm의 동심 실린더로 구성된 점도계로 유체의 점성계수를 측정하려 한다. 내측 실린더의 외경은 15 cm이고, 두 실린더의 간극은 0.15 cm이며, 이 환상공간에 측정하고자 하는 유체가 충만한 상태이다. 내측 실린더를 350 rpm으로 회전시켜 토크가 2.0 N · m로 측정되었다면 그 유체의 점성계수는 얼마인가?

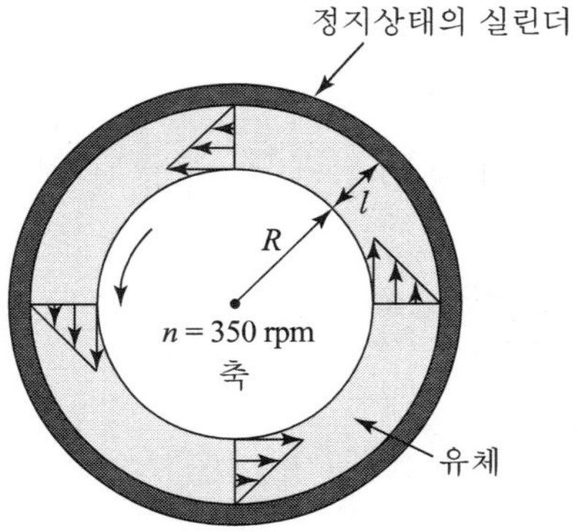

그림 [예제 1.5]

풀이 $F=\mu A\dfrac{u}{l}$, $u=R\omega$, $\omega=\dfrac{2\pi n}{60}$, $A=2\pi RL$을 이용하면

$$\therefore \text{ 토크 } T=F\cdot R=\mu\frac{2\pi R^3\omega L}{l}=\mu\frac{4\pi^2R^3nL}{60l}$$

$$\therefore \mu=\frac{60Tl}{4\pi^2R^3nL}=\frac{60\times2.0\times0.0015}{4\pi^2\times0.075^3\times350\times0.5}\fallingdotseq 0.0618\ \text{N}\cdot\text{s/m}^2$$

5) 압축성

모든 물체는 외력을 가함에 따라 체적이 감소한다. 이 외력에 의하여 축소하기 쉬운 성질을 압축성이라 하며, 기체의 경우는 액체에 비하여 그 성질이 훨씬 현저하고, 가장 압축성이 작은 물질은 고체이다.

물의 경우, 압력이 1기압 증가하여도 체적은 약 1/20000정도 밖에 축소하지 않는다. 즉 200기압의 압력을 가해도 체적이 1 %밖에 감소하지 않는다. 따라서 보통의 상태에서는 비압축성 물질로 취급할 수 있다.

그러나 고압, 고속의 수압장치나 유압장치에서는 압력에 의한 밀도의 변화를 무시할 수 없다. 또 온도의 상승에 따라 밀도가 감소하므로 유압 작동유중에 섞여있는 공기기포는 작동유의 겉보기 밀도, 비중에 현저하게 영향을 끼치게 된다.

그리고 압력에 의한 체적의 변화를 표시하기 위해서 압축률, 또는 체적탄성계수를 이용한다. 지금, 압력 p에서 유체의 체적을 $\overline{V}$ 라 하고, 압력이 Δp만큼 증가했을 때 체적이 $\Delta\overline{V}$만큼 감소하였다면 단위 체적당 압축률은 $(-\frac{\Delta\overline{V}}{\overline{V}})$이다. 따라서

$$\Delta p \propto (-\frac{\Delta\overline{V}}{\overline{V}})$$

이며, 비례상수를 K 라 하면 $\Delta p = -K\frac{\Delta\overline{V}}{\overline{V}}$가 되어

$$\therefore K = -\frac{\Delta p}{\Delta\overline{V}/\overline{V}} = -\overline{V}\cdot\frac{\Delta p}{\Delta\overline{V}} \tag{1.21}$$

K 의 역수를 β라 하면

$$\beta = \frac{1}{K} = -\frac{1}{\overline{V}}\cdot\frac{\Delta\overline{V}}{\Delta p} \tag{1.22}$$

여기서, K 를 **체적탄성계수**(bulk modulus) $[\mathrm{N/m^2}]=[\mathrm{Pa}]$, β를 **압축률**(compressibility) $[\mathrm{m^2/N}]$이라 한다.

예제 1.6

어느 액체에 1.5 MPa의 압력을 가했더니 체적이 0.055 %감소하였다. 이때 압축률과 체적탄성계수를 각각 구하라.

풀이 $\beta = -\frac{1}{\overline{V}}\cdot\frac{\Delta\overline{V}}{\Delta p} = \frac{5.5\times10^{-4}}{1.5\times10^{6}} = 3.67\times10^{-10}\ \mathrm{m^2/N}$

$K = \frac{1}{\beta} = \frac{1}{3.67\times10^{-10}} = 2.72\times10^{9}\ \mathrm{N/m^2} = 2.72\times10^{9}\ \mathrm{Pa} = 2720\ \mathrm{MPa}$

6) 표면장력

액체의 자유표면은 분자력으로 인하여 수축하려는 성질로부터 막이 늘어나게 된다. 즉 액체와 기체의 접촉면에서는 액체분자가 서로 응집하려고 하므로 표면에 장력이 생겨 일종의 막이 형성된다. 이것은 바늘을 정지한 액면에 가만히 놓으면 바늘이 이 막에서 가

라앉지 않고 유지되는 것으로부터 알 수 있다.

그런데 동일 종류의 분자 간에 작용하는 인력을 응집력(cohesion)이라 하고, 서로 다른 종류의 분자 간에 작용하는 인력을 부착력이라 하는데, 위에서 언급한 액체와 기체의 접촉면에서는 공기와 액체 분자간의 응집력보다 액체 분자들 사이의 응집력이 크므로 그 힘의 벡터 합은 액체 쪽을 향해 작용한다. 이 힘을 **표면장력**(surface tension, 表面張力) σ 라 하고 단위 길이에 작용하는 장력으로, 단위는 $\mathrm{N/m}$ 또는 $\mathrm{dyn/cm}$ 이다. 이 힘은 표면을 축소시키려는 장력으로 작용한다.

그림 1.7에는 액체내부와 외부의 압력차가 생기는 경우의 표면을 표시하였다. ds_1 방향의 곡률반경을 R_1, ds_2방향의 곡률반경을 R_2라 하고, 표면장력을 σ, 내부 및 외부의 압력을 각각 p, p'라 하면 OX방향의 힘의 평형으로부터

$$(2\sigma\sin\frac{d\theta_1}{2})(ds_2)+(2\sigma\sin\frac{d\theta_2}{2})(ds_1)=(p-p')ds_1ds_2$$

$$\therefore\ p-p'=\Delta p=\sigma(\frac{1}{R_1}+\frac{1}{R_2}) \tag{1.23}$$

구면(球面)의 경우는 $R_1=R_2=R$ 이므로 내 외부의 압력차는 다음과 같다.

$$\Delta p=\frac{2\sigma}{R} \tag{1.24}$$

두 판 사이에 유체가 존재하는 경우 (ds_1의 방향으로만 곡률이 존재하는 경우)는 $R_2\rightarrow\infty$ 이므로

$$\Delta p=\frac{\sigma}{R_1} \tag{1.25}$$

그런데 액체가 고체 면에 접촉하는 경우는 액체의 응집력 뿐 아니라 고체와 액체 사이의 부착력도 고려해야 한다. 예로서 그림 1.8(a)와 같이 유리관 속의 물의 표면형상은 오목면이 되는데, 이것은 물과 유리 사이의 부착력이 물분자 사이의 응집력보다 크기 때문이며, (b)에는 유리관 속의 수은으로서 볼록면으로 나타난다. 이것은 수은 분자들 사이의 응집력이 수은과 유리 사이의 부착력보다 크기 때문이다. 그런데 (a)도의 경우는 물이 자유표면보다 상승하고, (b)도의 경우는 수은이 자유표면보다 하강하는데 이러한 현상을 **모세관 현상**(capillarity, 毛細管 現象)이라 한다. 이러한 상승 또는 하강 길이를 구하여 보자.

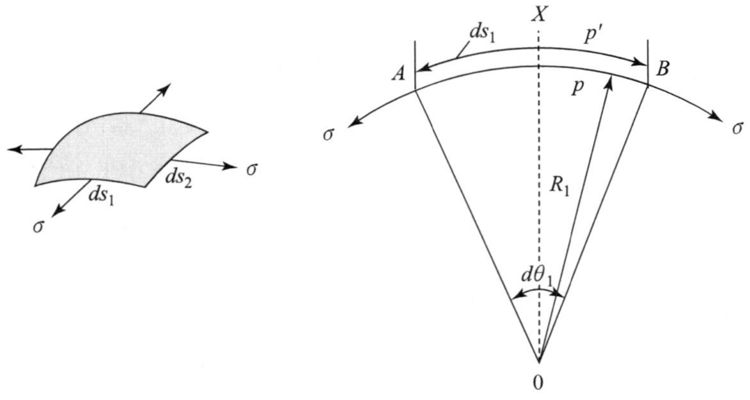

그림 1.7 표면장력

관의 직경을 d, 액체의 밀도 ρ, 표면유체의 밀도 ρ', 액면과 관의 접촉각을 θ 라 하면 표면장력에 의하여 상향으로 작용하는 힘은 $\pi d\sigma\cos\theta$가 되며 액면에서는 다음의 관계가 성립한다.

$$\pi d\sigma\cos\theta - \rho g\Delta h\frac{\pi d^2}{4} + \rho' g\Delta h\frac{\pi d^2}{4} = 0$$

$$\therefore \Delta h = \frac{4\sigma\cos\theta}{(\rho-\rho')gd} \qquad (1.26)$$

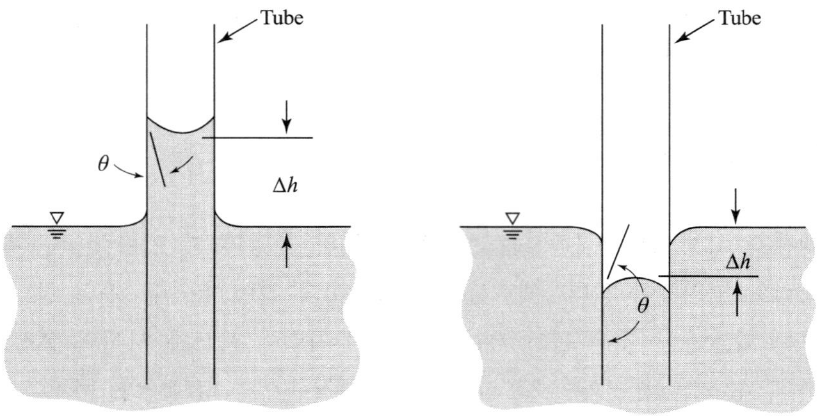

(a) 모세관 높이 상승 (θ<90°)　　(b) 모세관 높이 하강 (θ>90°)

그림 1.8 부착력과 응집력의 모세관 현상

표 1.7 각종 액체의 표면장력

유체	표면장력 σ (N/m)	유체	표면장력 σ (N/m)
물 0°C	0.076	에틸알콜	0.023
20°C	0.073	혈액(37°C)	0.058
100°C	0.059	가솔린	0.022
300°C	0.014	암모니아	0.021
글리세린	0.063	비눗물	0.025
SAE 30 oil	0.035	등유	0.028
수은	0.440		

표 1.8 접촉각

액체	고체	접촉유체	접촉각 $\theta°$
물	보통유리	공기	0~9
수은	보통유리	공기	130~150
수은	보통유리	물	41
수은	유리	공기	52.67
4염화탄소	파이렉스	공기	0
4염화탄소	석영유리	물	25.25

접촉각 θ는 고체벽과 액체 및 표면유체의 종류에 따라서 달라지는데, 상온에서 물, 염류수용액, 유기액체 등과 유리벽 및 공기가 접촉할 경우는 $\theta \fallingdotseq 0$, 수은, 유리벽과 공기가 접촉하는 경우는 θ=130~150°이다. 여러 가지 액체의 표면장력은 표 1.7에, 접촉각은 표 1.8에 표시하였다.

예제 1.7

20 °C의 물속에 내경 2 mm의 유리관을 세웠을 때 상승하는 수주의 높이를 구하라. 단, 물의 표면장력은 72.75×10^{-3} N/m, 접촉각 $\theta = 0°$ 로 한다.

풀이 $\Delta h = \dfrac{4\sigma}{\rho g d} = \dfrac{4 \times 72.75 \times 10^{-3}}{998 \times 9.8 \times 0.002} = 0.0149 \text{ m} = 14.9 \text{ mm}$

1.3 일(W), 에너지(E), 동력($\dot{W}$)

일(work)은 그림 1.9에 표시한 바와 같이 어떤 물체의 작용점에 외력 F[N]가 작용하여 힘이 작용하는 방향으로 그 작용점이 x [m]의 변위를 일으켰을 때 행한 **일량** W[J]으로서 다음과 같다.

$$W = F \cdot s \quad [\text{J}] \tag{1.27}$$

일량의 단위는 Joule(J)로서 1N의 힘을 가하여 1m의 변위를 일으켰을 때 1J의 일을 하였다고 한다.

$$1\text{ J} = 1\text{ N} \cdot \text{m} = 10^5\text{ dyn} \cdot 100\text{ cm} = 10^7\text{ erg} = 0.102\text{ kg}_\text{f} \cdot \text{m} \tag{1.28}$$

만일 어떤 물체에 힘을 가하여 그 위치가 수직방향의 변위를 일으켰다고 하면 그 물체는 중력가속을 받게 될 것이고, 힘에 의해 행해진 일은 그 물체에 에너지 전달을 한 것으로 생각할 수 있다. 역학에서 취급하는 **에너지**(energy)는 기계적 에너지, 즉 압력 에너지, 운동 에너지, 위치 에너지, 그리고 열에너지가 있으며, 위에서 언급한 수직방향의 변위를 일으키게 한 일은 중력의 위치 에너지 또는 운동 에너지로 전환되는 경우이다. 또한 물체가 변위를 일으킬 때 주위의 물체와의 마찰에 의해 열이 발생하게 되면 열에너지로 전환하는 경우이며, 실린더 내의 피스톤에 힘을 가하는 경우는 그 일이 압력 에너지로 전환되는 경우로서 결국 일과 에너지는 열에너지를 포함하여 에너지의 일종이다. 따라서 SI단위에서는 일, 에너지, 열량이 모두 동일한 단위로 사용되며, 종래부터 사용되어 온 열량 단위 calorie와 Joule과의 관계는 다음과 같다.

$$1\text{ kJ} = \frac{1}{4.1868}\text{ kcal}, \quad 1\text{ kcal} = 4.1868\text{ kJ} = 427\text{ kg}_\text{f} \cdot \text{m} \tag{1.29}$$

또 단위시간에 행한 일량을 **동력**(power)이라 하며, $\dot{W}$[W]로 표시한다.

$$\dot{W} = F \cdot V \quad [\text{N} \cdot \text{m/s} = \text{J/s} = \text{W}] \tag{1.30}$$

동력의 단위는 Watt(W)이며, 1W는 초당 1Joule의 일을 나타낸다. 여기서 V는 속도로서 단위 시간당 힘이 가해진 방향으로의 변위량을 의미한다. 공학단위에 의한 동력 단위는 마력(horse power) Ps를 사용하며 Watt(W)와의 상호관계는 다음과 같다.

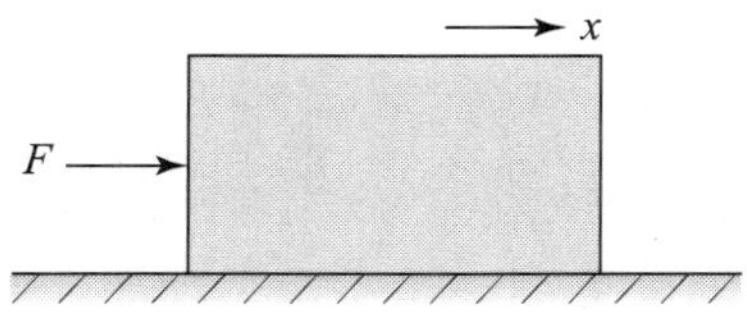

그림 1.9 일의 개념

$$1\ \mathrm{kW} = 102\ \mathrm{kg_f} \cdot \mathrm{m/s} = 1\ \mathrm{kJ/s}$$

$$1\ \mathrm{Ps} = 75\ \mathrm{kg_f} \cdot \mathrm{m/s}$$

$$1\ \mathrm{kW} = 1.36\ \mathrm{Ps}$$

또한 1 kW 또는 1 Ps 의 동력으로 1시간 동안 행한 일(에너지)을 종래 열량단위인 kcal와 연관시키면 다음과 같다.

$$1\ \mathrm{kWh} = 3600\ \mathrm{kJ} = 860\ \mathrm{kcal}$$

$$1\ \mathrm{Psh} = 632.3\ \mathrm{kcal}$$

예제 1.8

1500 kg의 철재를 15 m만큼 들어 올릴 때 몇 kJ의 일이 필요한가? 또 이 일을 1분 동안에 한다면 몇 kW의 동력이 필요한가?

풀이 일량 $W = 1500 \times 9.8 \times 15 = 220500\ \mathrm{J} = 220.5\ \mathrm{kJ}$

동력 $\dot{W} = \dfrac{220500}{60}\ \mathrm{J/s} = 3675\ \mathrm{W} = 3.675\ \mathrm{kW}$

연습문제 exercise 01

질량과 힘

1. 어떤 물체의 질량이 10 kg이며, 중량은 95 N이다.

(1) 국소 중력가속도를 구하라.

(2) $g = 9.81\ m/s^2$인 장소에서 그 물체의 질량과 중량을 각각 구하라.

답 (1) $9.5\ m/s^2$, (2) 질량 : 10 kg, 중량 : 98.1 N

2. 중력가속도는 1000 m 상승함에 따라 $0.003\ m/s^2$ 감소한다. 해면에서 $g_o = 9.81\ m/s^2$일 때 고도 10000 m에서 60 kg의 물체의 무게는 얼마인가? 또 무게가 해면상에서의 1/10 이 되려면 고도는 어느 높이이어야 하는가?

답 G=586.8 N, z=2943 km

3. 체적 100 l의 압력용기에 0.5 kg의 기체가 들어있다. 이 기체의 비체적과 밀도를 각각 구하라.

답 $v=0.2\ m^3/kg$, $\rho=5\ kg/m^3$

압력

4. 어떤 용기내의 압력이 $-500\ mmH_2O$의 부압이었다. 이때의 절대압력은 몇 kPa인가. 단, 대기압은 760 mmHg이다.

답 96.42 5 kPa

5. 그림[문 1.5]과 같은 진공용기에 부착한 진공플랜지(직경 240 mm)에, 진공내외의 압력차에 의해 가해지는 힘을 구하라. 단, 플랜지에 적용되는 관의 외경은 160 mm이며, 관의 두께를 2 mm로 한다. 또 용기에는 대기압 p_o가 작용하며 진공용기내의 압력 p는 무시할 수 있다고 한다.

답 1936.7 N

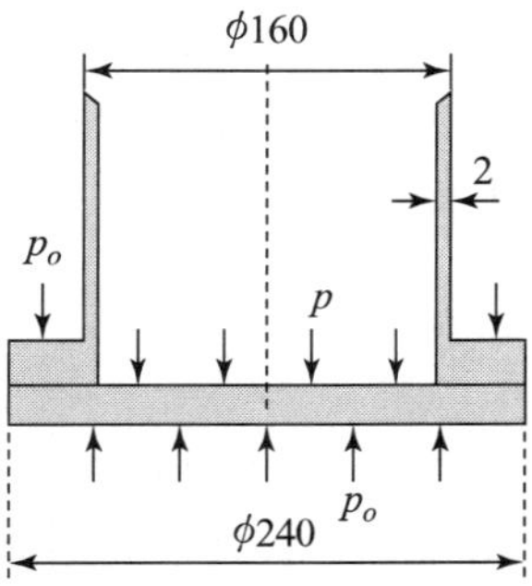

그림 [문 1.5]

6. 탱크 내 절대압력이 0.4 bar, 주위의 대기압이 98 kPa일 때 Bourdon압력계에서 읽은 압력은 얼마인가?

답 −58 kPa

점성

7. 점성계수 1.5 cP를 (mPa · s)의 단위로, 동점성계수 1.2 cSt.를 (m^2/s)의 단위로 변환하라.

답 1.5 mPa · s, 1.2×10^{-6} m^2/s

8. 비중 0.965인 액체의 점성계수가 1.2 Pa · s일 때 동점성계수를 구하라.

답 1.24×10^{-3} m^2/s

9. 그림[문제 1.9]과 같이 폭 0.1 m의 두 평판 사이에 중앙에 있는 얇은 판이 0.5 m/s의 속도로 움직일 때 1 m^2당 필요한 힘이 60N이다. 이때 얇은 판 위에는 점성계수 μ인 유체가 있고, 아래 면에는 점성계수가 2μ인 유체가 있다. 점성계수 μ는 몇 Pa · s인가?

답 2 Pa · s

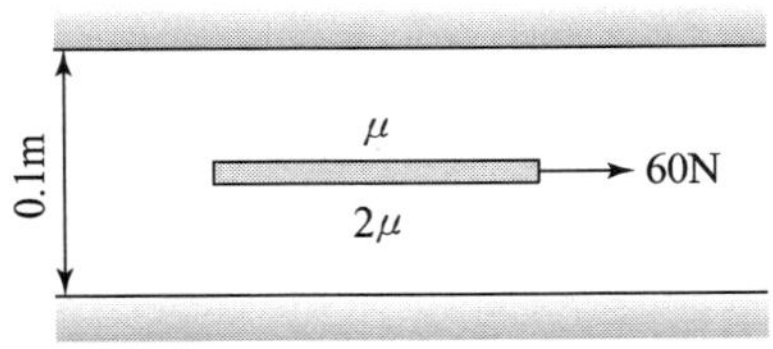

그림 [문 1.9]

10. 2매의 판이 거리 0.1 mm로 평행하게 유지되면서 놓여 있으며, 그 사이에 기름(점성계수 0.029 Pa · s)으로 채워져 있다. 한쪽 판을 속도 20 cm/s로 움직일 때. 판 사이의 기름의 속도가 직선적으로 변화한다면 판을 움직이는 데는 단위 면적 당 얼마의 힘이 필요한가?

답 58 N/m^2

11. 점성계수가 0.85 mPa · s 인 유체의 속도분포가 $V = y + 2y^2$ (m/s)로 표시될 때, 벽면상의 전단응력을 구하라. 단, y는 벽면으로부터의 수직좌표이다.

답 0.85 mPa

동력

12. 매분 회전수 n=800 rpm의 내연기관에 수동력계를 직결하여 브레이크를 걸어, 그 토크 T를 측정했더니 T=10000 N·m이었다. 만일 동력계를 흐르는 수량이 10 m^3/h, 그 입구온도는 15 °C로 하고, 일량이 전부 열로 변하여 물에 주어진다고 하면 물의 출구온도는 몇 °C인가. 단, 물의 비열은 4.1868 kJ/kg °C이다.

답 87.03 °C

표면장력과 모세관 현상

13. 20 °C에서 직경 0.1 mm의 물방울(구형) 내부의 압력을 구하라. 단, 주위 대기는 1기압이다.

답 2.92 kPa

14. 20 °C의 물 속에 내경 5 mm인 유리관을 세워 놓았을 때 관내 경계면은 얼마만큼 상승할까? 단, 물과 관과의 접촉각은 0 °, 물의 표면장력은 72.77 mN/m, 공기의 밀도는 1.205 kg/m^3이다.

답 5.96 mm

제 2 장

계와 제어체적의 질량, 운동량, 에너지보존의 원리

2.1 유동의 분류

유동의 형태를 구분하는 방법에는 여러 가지가 있다. 우선 유동을 **정상류**(steady flow)와 **비정상류**(unsteady flow)로 구분할 수 있으며, 정상류는 유동장의 어느 점의 유속 및 상태량(압력, 밀도, 온도 등)으로 표시되는 유동상태가 시간에 따라 변화하지 않는 유동을 말하며, 비정상류는 그 상태가 시간 t에 따라 변화하는 유동을 말한다.

$$\frac{\partial V}{\partial t}=0, \quad \frac{\partial \rho}{\partial t}=0, \quad \frac{\partial p}{\partial t}=0 \quad (\text{정상류}) \tag{2.1}$$

$$\frac{\partial V}{\partial t}\neq 0, \quad \frac{\partial \rho}{\partial t}\neq 0, \quad \frac{\partial p}{\partial t}\neq 0 \quad (\text{비정상류}) \tag{2.2}$$

두 번째 분류방법은 **균일유동**(uniform flow)과 **비균일유동**(non－uniform flow)으로 나눌 수 있다. 전자는 유동장의 속도벡터가 장소에 관계없이 일정한 유동이며, 후자는 속도벡터가 장소에 따라 변화하는 유동을 뜻한다.

$$\frac{\partial V}{\partial s}=0 \quad (\text{균일유동}) \tag{2.3}$$

$$\frac{\partial V}{\partial s} \neq 0 \quad \text{(비균일유동)} \tag{2.4}$$

또 유체유동을 **1차원 유동**(one dimensional flow), **2차원 유동**(two dimensional flow), **3차원 유동**(three dimensional flow)으로 구분한다. 덕트 내 유동의 예를 들면 유체의 평균유속과 압력이 덕트의 중심축 방향(x방향)으로만 변화하는 흐름이 1차원 유동이며, 중심축(x)방향과 수직방향(y) 및 지면에 수직방향(z)에 따라 변화하는 흐름을 3차원 유동이라 한다.

유체는 **압축성 유체**(compressible fluid)와 **비압축성 유체**(non－compressible fluid)로 구별하며, 전자는 압력변화에 따라 체적 또는 밀도의 변화가 일어나는 유체를 의미하고, 후자는 그 변화가 무시할 수 있을 정도로 작은 유체를 의미한다. 일반적으로 기체는 압축성 유체로, 액체는 비압축성 유체로 취급한다.

2.2 계(밀폐계)의 질량, 운동량, 에너지 보존

1) 밀폐계의 질량보존

한 계에 대한 **질량보존의 원리**란 그 계의 질량 m[kg]이 항상 일정하다는 것을 의미한다. 그러므로 시간(t)에 대한 질량(m)의 변화율은 0이다.

$$\frac{dm}{dt} = 0 \tag{2.5}$$

이것은 스칼라량의 식이며, 따라서 어느 좌표방향에 대해서도 독립적이다.

2) 밀폐계의 운동량 보존

어떤 계에 작용하는 힘의 총합을 ΣF 라 하면 그 계의 질량 m은 **Newton의 운동 제2법칙**에 의하여 힘의 방향으로 가속될 것이다. 그 힘과 가속과의 관계는 다음과 같다.

$$\Sigma F = ma = m\frac{dV}{dt} \tag{2.6}$$

여기서 V는 물질의 속도, a는 가속도이다.

$dm/dt = 0$이므로(m = const) 위식은 다음과 같이 표시할 수 있다.

$$\Sigma F = \frac{d}{dt}(mV) \qquad (2.7)$$

mV의 값을 속도 V의 방향에 대한 그 계의 **선형 운동량**(linear momentum)이라 한다. 식 (2.7)은 속도 V의 방향에 대한 선형 운동량의 변화율은 그 계에 작용하는 V방향에 대한 모든 힘의 총합과 같음을 의미한다. 선형 운동량이란 계의 운동이 공간의 한 연속적인 경로를 따라 진행하는 것을 의미한다. 선형 운동량 방정식은 벡터량이며, 따라서 좌표방향과 관계가 있다.

또한 하나의 축 주위로 계가 회전하는 경우에는 각운동량의 보존원리가 적용된다. 즉 한 축주위로 **각운동량**(angular momentum)의 변화율이 그 축 주위에 작용하는 토크의 합과 같다는 것이다.

$$\Sigma Torque = \frac{d(I\omega)}{dt} \qquad (2.8)$$

여기서 I 는 관성모멘트, ω는 축 주위의 각속도이다. $I\omega$ 의 량은 특정 축에 대한 그 계의 각운동량을 의미하며, 각운동량은 벡터량이다.

3) 밀폐계의 에너지 보존

계에 저장되는 에너지 E는 세 가지로 구성되며, 그것은 운동에너지, 위치에너지 및 내부에너지이다.

운동에너지(kinetic energy) KE 는 그 계의 속도에 관계되며 다음과 같이 표시된다.

$$KE = \frac{1}{2}mV^2 \quad [\text{J}] \qquad (2.9)$$

여기서 m은 계 내 물질의 전 질량, V는 관성계에 상대적인 계의 속도이다(속도 V는 체적 $\overline{V}$ 와 구별하여 표기하기로 한다). 한 과정동안 운동에너지의 변화량은

$$\Delta KE = \frac{1}{2}mV_2^{\ 2} - \frac{1}{2}mV_1^{\ 2} = \frac{1}{2}m(V_2^2 - V_1^2) \qquad (2.10)$$

위치에너지(potential energy) P_oE 는 중력장에서 계의 높이에 관계되며 다음 식으로 표시된다.

$$P_oE = mgz \quad [\text{J}] \qquad (2.11)$$

여기서 g는 중력가속도($=9.81\ \text{m/s}^2$), z는 기준면에서의 수직높이이다. 한 과정동안의

위치에너지 변화량은 다음과 같다.

$$\Delta P_o E = mgz_2 - mgz_1 = mg(z_2 - z_1) \tag{2.12}$$

압력에너지(pressure energy) $P_r E$는 기준유체의 압력과 특정위치의 압력에 관계된다.

$$P_r E = m\frac{p}{\rho} \tag{2.13}$$

여기서 m은 계 내 물질의 전 질량, p는 압력, ρ는 계내의 물질의 밀도이다. 한 과정동안 압력에너지의 변화량은 다음과 같다.

$$\Delta P_r E = m\frac{p_2}{\rho} - m\frac{p_1}{\rho} = m\left(\frac{p_2}{\rho} - \frac{p_1}{\rho}\right) \tag{2.14}$$

예제 2.1

2000 kg의 자동차가 시속 100 km의 속도로 달리고 있을 때 브레이크를 걸어 정지할 때 몇 kJ의 열이 발생하는가?

풀이 $\Delta KE = \frac{1}{2} m V^2 = \frac{1}{2} \times 2000 \times (100 \times 10^3/3600)^2 = 7.716 \times 10^5 \text{ J} = 771.6 \text{ kJ}$

예제 2.2

노즐로부터 0.1 kg/s의 물을 35 m/s의 속도로 수직 평판에 충돌시킬 때 수직 평판이 받는 힘은 얼마인가? 단, 노즐 출구직경은 2 cm이다.

풀이 $\sum F = \frac{d}{dt}(mV) = \dot{m}(V_2 - V_1) = 0.1 \times 35 = 3.5 \text{ N}$

2.3 제어체적(개방계)의 질량, 운동량, 에너지 보존원리

1) 개방계의 질량보존

정상유동(steady flow)이란 유동의 과정 중 어느 위치에서 유체의 모든 물성치 및 유속 등이 시간에 따라 변화하지 않는 유동을 말하며, 따라서 그림 2.1에 표시하듯이 제어체적(Contol Volume, CV)내의 체적 $\overline{V}$, 질량 m, 그리고 제어체적의 전 에너지량 E가 일정하게 유지된다. 결과적으로 개방계의 정상유동계에 대한 경계일은 0이며 정상유동 과정 중에 입구 또는 출구에서의 유체 물성치는 일정하게 유지된다. 이러한 정상유동 조건은 터빈, 펌프, 압축기, 노즐, 보일러, 응축기, 증기동력 플랜트의 열교환기등과 같은 연속적인 작동을 하는 장치에 가장 근접하여 정상유동계의 장치로 분류된다.

정상유동과정이 수행되는 개방계(제어체적)에 대한 질량보존의 원리는 다음과 같이 나타낼 수 있다.

$$m_{in} - m_{out} = \Delta m_{sys} = 0 \quad [\mathrm{kg}] \tag{2.15}$$

여기서 $\Delta m_{sys} = m_{final} - m_{initial}$로서 나타낼 수도 있으며, 그 과정동안 제어체적(개방계)내의 질량변화이다. 그런데 정상유동 과정동안 제어체적내의 전 질량은 시간에 따라 변화하지 않으므로($m_{CV} = const$) $\Delta m_{sys} = 0$이다. 즉 질량보존의 원리는 정상유동계로 유입하는 전 질량은 그 계로부터 유출하는 전 질량과 같음을 의미한다. 또한 시간의 개념을 도입하여 단위시간당 유입질량과 유출질량은 같아야 하므로 다음 식이 성립한다.

$$\dot{m}_{in} = \dot{m}_{out} \quad [\mathrm{kg/s}] \tag{2.16}$$

여러 개의 입구와 출구를 갖는 정상유동계(그림 2.2참조)에 대한 질량보존은 다음과 같이 표시할 수 있다.

$$\Sigma \dot{m}_i = \Sigma \dot{m}_e \quad [\mathrm{kg/s}] \tag{2.17}$$

여기서 첨자 i 는 입구, e는 출구를 표시한다.

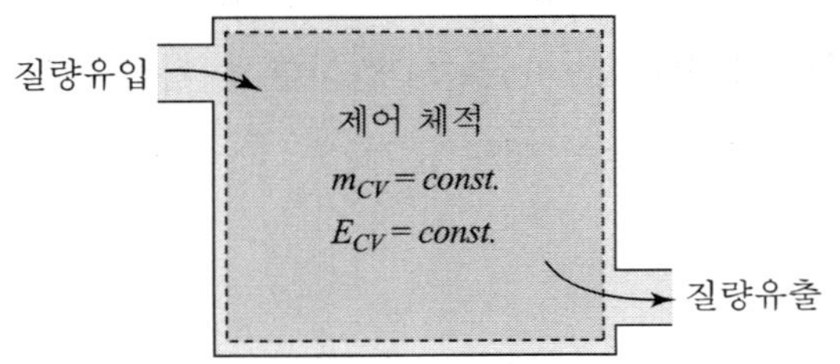

그림 2.1 개방계(정상유동계)

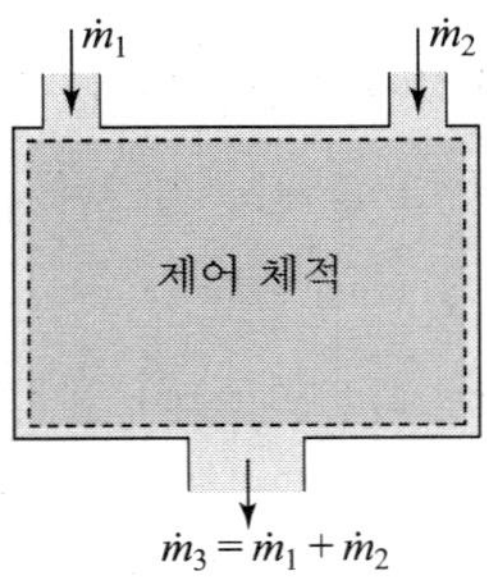

그림 2.2 정상유동계의 질량보존

2) 개방계의 운동량 보존

(1) 선형 운동량 방정식(linear momentum equation)

식 (2.7)은 질량 m인 하나의 계에 대하여 Newton의 운동 제2법칙을 표현한 식이다. 즉 어느 질량의 유체에 힘이 가해진다면 그 힘은 계의 운동량(mV) 의 시간 변화율과 같음을 의미한다. 다시 말해 한 계의 운동량의 전 변화량은 그 계에 작용하는 모든 힘들의 합과 같다. 식으로 표현하면 다음과 같다.

$$\Sigma F_{sys} = [\dot{m}V]_e - [\dot{m}V]_i \quad [\mathrm{N}] \tag{2.18}$$

여기서 V는 제어체적과의 상대속도, 첨자 i 는 입구, e는 출구를 표시한다.

Reynolds 수송이론에서는 제어체적과 계가 시각 t 에서 일치한다고 가정하므로 계에 작용하는 힘 ΣF_{sys}는 제어체적에 작용하는 힘 ΣF_{CV}와 같다. 따라서 식 (2.18)은 제어체적 또는 제어체적내의 유체에 작용하는 모든 힘의 합은 그 유체의 선형 운동량 변화와 같음을 의미한다. 즉 식 (2.19)와 같이 표시할 수 있다.

$$\Sigma F_{CV} = [\dot{m}V]_e - [\dot{m}V]_i \tag{2.19}$$

여기서 좌변은 제어체적 내 유체에 작용하는 힘의 총합, 우변 제1항은 제어체적으로부터 유출하는 유체의 운동량, 우변 제2항은 제어체적으로 유입하는 유체의 운동량을 표시한다. 이 식의 우변 항들은 유체가 제어체적의 입구와 출구를 통과함으로서 그 유체의 균일한 선형 운동량의 변화를 표현한 것으로서 유체의 관성력이라 불리며, 외부힘(ΣF_{CV})이 작용하지 않는다면 운동이 정지됨을 의미한다.

식 (2.19)는 벡터량의 식이며, 따라서 각 좌표방향의 성분을 갖고 있다.

(2) 제어체적에 작용하는 힘

제어체적에 작용하는 힘 ΣF_{CV}는 제어체적의 표면에 작용하는 **표면력**(surface force)과 제어체적 내 유체의 질량에 관련되는 **체적력**(body force)의 합이다. 여기서 체적력은 고려해야 할 외부 힘으로서 지구상에서의 중력으로서 밀도 ρ, 체적 $\overline{V}$인 유체요소에 작용하는 힘이며 다음과 같이 표시한다.

$$F_{grav} = \rho g \overline{V} \tag{2.20}$$

여기서 중력가속도 g는 9.807 $\mathrm{m/s^2}$이며, F_{grav}는 유체요소의 중량과 같다.

제어체적에 작용하는 표면력은 제어체적의 표면에 작용하는 압력과 점성력(전단응력)에 의하여 생긴다. 그림 2.3은 제어체적의 표면에 걸쳐 압력분포를 나타내는 2차원 형상이다. dA를 제어체적에 대한 표면적의 증가량이라 하면 압력에 의한 표면력은 전 표면에 걸쳐 **제어표면**(CS : control surface)에 수직으로 pdA값을 적분하여 얻는다.

$$F_{press} = \int_{CS}\int (-n)pdA \tag{2.21}$$

여기서 n은 표면에 대한 수직방향의 단위 벡터이며, 제어표면으로부터 외측 방향을 + 방향으로 정의한다.

제어체적에 작용하는 점성력은 제어표면의 접선방향 전단응력을 전 제어 표면적에 걸쳐 적분하여 다음과 같이 구한다.

$$F_{vis} = \int_{CS}\int \tau dA \tag{2.22}$$

따라서 제어체적에 작용하는 전 힘의 결과는 다음과 같다.

$$\Sigma F_{CV} = F_{grav} + F_{press} + F_{vis} = \rho g \overline{V} + \int_{CS}\int (-n)pdA + \int_{CS}\int \tau dA \tag{2.23}$$

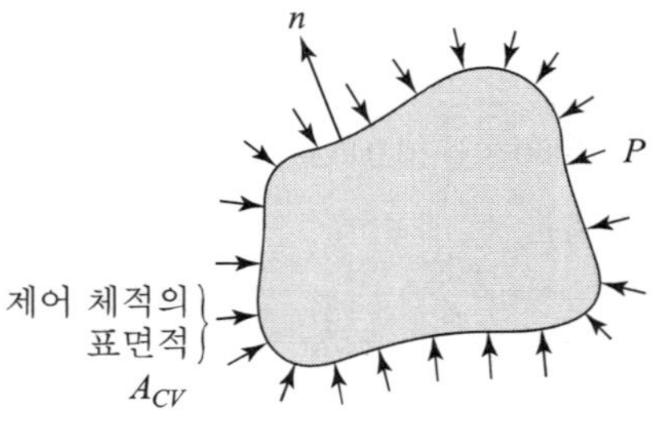

그림 2.3 제어체적 표면에 작용하는 압력

예제 2.3

그림[예제 2.3]과 같이 원형단면을 갖는 단면 감소형 엘보의 출구로부터 물이 분출되고 있다. 이 엘보는 수평 파이핑계의 일부이며 파이프의 나머지 부분은 플랜지(flange)에 의해 연결된다. 엘보를 통해 20 kg/s($\rho = 1000\ \mathrm{kg/m^3}$)의 물이 흐를 때 x 및 y방향의 힘을 구하라.

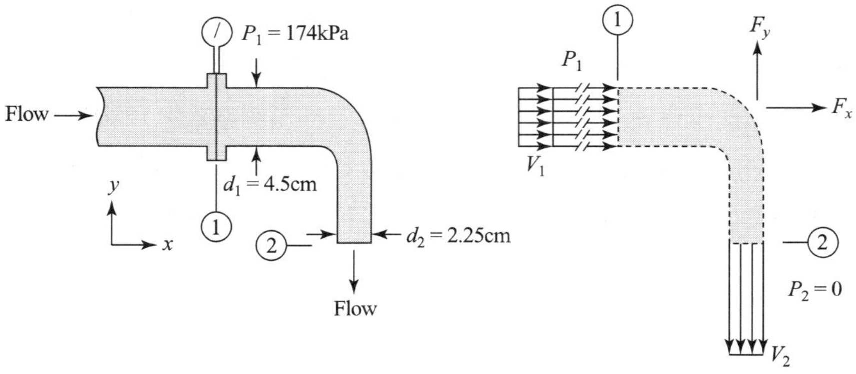

그림 [예제 2.3]

풀이 x방향의 힘의 평형으로부터

$$p_1 \frac{\pi d_1^2}{4} + F_x = \dot{m}(V_{x2} - V_{x1}) \qquad (1)$$

y방향의 힘의 평형식 $p_2 \frac{\pi d_2^2}{4} + F_y = \dot{m}(-V_{y2} - V_{y1}) \qquad (2)$

여기서 $p_2 = 0$, $V_{x2} = 0$, $V_{y1} = 0$이므로 (1)식과 (2)식은 각각

$$p_1 \frac{\pi d_1^2}{4} + F_x = -\dot{m} V_{x1} \quad (3), \qquad F_y = \dot{m}(-V_{y2}) \qquad (4)$$

질량유량 $\dot{m} = \rho A_1 V_{1x} = \rho A_2 V_{2x}$이므로

$$V_{1x} = \frac{\dot{m}}{\rho \frac{\pi d_1^2}{4}} = \frac{20}{1000 \times \frac{\pi}{4}(0.045)^2} = 12.58 \text{ m/s}$$

$$V_{y2} = \frac{\dot{m}}{\rho \frac{\pi d_2^2}{4}} = \frac{20}{1000 \times \frac{\pi}{4}(0.0225)^2} = 50.3 \text{ m/s}$$

$$\therefore \; F_x = -\dot{m} V_{x1} - p_1 \frac{\pi d_1^2}{4} = -20 \times 12.58 - 174 \times 10^3 \times \frac{\pi (0.045)^2}{4} = -528.34 \text{ N}$$

$$F_y = \dot{m}(-V_{y2}) = -20 \times 50.3 = -1006 \text{ N}$$

3) 개방계의 에너지 보존

정상유동의 과정이 수행되는 개방계(제어체적)의 전 에너지 함유량은 일정하게 유지된

다($E_{CV} = const$). 따라서 그 제어체적의 에너지 변화는 일어나지 않는다($\Delta E_{CV} = 0$). 그러므로 단위시간에 제어체적으로 유입하는 전 에너지량은 제어체적으로부터 방출하는 전 에너지량과 같아야 한다. 따라서 정상유동 과정에 대한 일반적인 **에너지 평형의 식**은 다음과 같다.

$$\dot{E}_{in} - \dot{E}_{out} = \Delta \dot{E}_{sys} = 0 \quad (\text{정상유동}) \tag{2.24}$$

$$\text{또는} \quad \dot{E}_{in} = \dot{E}_{out} \tag{2.25}$$

식 (2.24)에서 좌변은 계를 통하여 열, 일, 질량의 유출입에 의한 정미 에너지 전달율을 나타내며, 우변은 내부에너지, 운동에너지, 위치에너지 등의 변화율을 나타낸다.

제어체적의 경계를 통해 물질전달이 일어나게 되면 그에 따른 에너지 전달이 생기며, 그 에너지는 단위 질량이 갖는 내부에너지 u, 운동에너지 $V^2/2$, 위치에너지 gz를 포함하므로 다음 식으로 표시할 수 있다.

$$e = u + \frac{V^2}{2} + gz \quad [\text{kJ/kg}] \tag{2.26}$$

이때 단위 시간에 질량 m[kg]이 계를 유출입하는 경우에 열에너지($\dot{Q}$)와 계가 한 일량($\dot{W}$)도 고려하고, 압력에너지 p/ρ를 포함하여 표시하면 **에너지 식**은 다음과 같이 표시할 수 있다.

$$\dot{E} = \dot{Q} + \dot{W} + \Sigma\dot{m}\,(\frac{p}{\rho} + e) = \dot{Q} + \dot{W} + \Sigma\dot{m}\,(\frac{p}{\rho} + u + \frac{V^2}{2} + gz) \quad [\text{kJ}] \tag{2.27}$$

2.4 연속방정식 (질량보존의 원리)

1) 정상유동계의 1차원 연속방정식

정상유동계의 질량보존의 원리는 식 (2.16)으로 표시하였다. 단위 시간당 한 단면을 통해 흐르는 유체의 질량을 **질량유량**(mass flow rate)이라 하며 $\dot{m}$[kg/s]으로 표시한다.

유체가 파이프나 덕트를 통해 제어체적으로 유입하고 유출할 때 파이프를 흐르는 질량유량은 파이프의 단면적 A, 밀도 ρ, 유속 V에 비례한다. 미소 단면적 dA를 통과하는 미소질량유량은 다음과 같이 표시할 수 있다.

$$d\dot{m} = \rho V_n dA \tag{2.28}$$

여기서 V_n은 dA에 수직인 속도성분이다. 파이프나 덕트의 전 단면적을 통하는 질량유량은 적분하여 얻을 수 있다.

$$\dot{m} = \int_A \rho V_n dA \tag{2.29}$$

파이프나 덕트의 유동을 1차원 유동으로 접근시키는 경우, 대부분의 유체의 물성치, 즉 온도, 압력, 밀도 등은 한 단면에 대해서는 일정하다고 취급할 수 있다. 그러나 유속의 경우는 마찰의 영향으로 인하여 벽에서의 0으로부터 중심축의 최대값까지 변화한다(그림 2.4a). 1차원 유동의 가정하에서는 그 단면상의 평균유속(그림 2.4b)으로 가정하여 식 (2.29)를 적분할 수 있으며, 다음 식을 얻을 수 있다.

$$\dot{m} = \rho VA \quad [\text{kg/s}] \tag{2.30}$$

여기서 ρ는 유체의 밀도[kg/m^3], V는 단면적 A에 수직한 평균유속[m/s], A는 유동방향의 수직 단면적[m^2]이다.

이 식을 식 (2.16)에 적용하여 입구를 1로, 출구를 2로 표시하면 다음과 같이 표시된다.

$$\dot{m} = \rho A V = const \quad \text{또는} \quad \dot{m} = \rho_1 A_1 V_1 = \rho_2 A_2 V_2 \quad [\text{kg/s}] \tag{2.31}$$

이 식은 **질량유량**(mass flow rate)이라 하고 비압축성 유체뿐 아니라 압축성 유체에도 적용할 수 있으며, 단위시간에 임의의 단면을 통과하는 유체의 질량은 일정하다는 것을 의미한다.

식 (2.31)의 각 항에 중력가속도 g 를 곱하여 표시하면

$$\dot{G} = \gamma A V = const \quad \text{또는} \quad \dot{G} = \gamma_1 A_1 V_1 = \gamma_2 A_2 V_2 \quad [\text{N/s}] \tag{2.32}$$

(a) 실제 유속 분포 (b) 평균속도

그림 2.4 관로유동의 속도분포

이 되어, 이것을 **중량유량**(weight flow rate)이라 한다. 이 식은 역시 비압축성 유체뿐 아니라 압축성 유체의 1차원 정상류에 적용할 수 있다.

비압축성 유체에서는 $\rho = const$ 이므로($\rho_1 = \rho_2$) 식 (2.31)로부터 다음 식을 얻을 수 있다.

$$Q = AV = const \quad \text{또는} \quad Q = A_1 V_1 = A_2 V_2 \quad [\mathrm{m^3/s}] \tag{2.33}$$

Q 는 **체적유량**(volumetric flow rate)이라 하며, 액체의 유동이나 밀도변화를 무시할 수 있는 기체유동에 적용할 수 있다. 식 (2.31)~(2.33)을 1차원 정상류의 **연속방정식**(continuity equation)이라 한다.

2) 일반적인 연속방정식

전술한 질량보존의 법칙을 압축성 유체, 비정상류, 3차원 흐름에 대하여 표시할 때 **일반적인 연속방정식**이라 한다.

그림 2.5와 같이 직각 좌표계에서 흐름중의 유체에 대한 3변의 길이가 dx, dy, dz 인 미소 입방체를 제어체적으로 취하여 x, y, z 방향의 속도성분을 각각 u, v, w 라 할 때, 우선 x 방향에 대하여 단위 시간당 유입, 유출하는 질량의 차, 즉 참 유입질량은 다음과 같이 표시된다.

$$\rho u dy dz - [\rho u dy dz + \frac{\partial}{\partial x}(\rho u dy dz) dx]$$

$$= -\frac{\partial}{\partial x}(\rho u dy dz) dx = -\frac{\partial(\rho u)}{\partial x} dx dy dz$$

같은 방법으로 y 방향 및 z 방향의 단위 시간당 참 유입질량은 각각 다음과 같다.

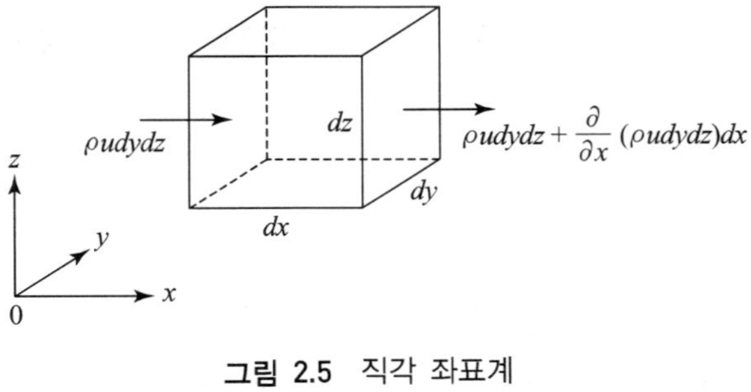

그림 2.5 직각 좌표계

$$y\text{방향} : \quad -\frac{\partial(\rho v)}{\partial y}dxdydz$$

$$z\text{방향} : \quad -\frac{\partial(\rho w)}{\partial z}dxdydz$$

따라서 단위 시간당 미소 입방체에 유입하는 참 질량은 이들의 합으로 다음과 같이 표시할 수 있다.

$$-[\frac{\partial(\rho u)}{\partial x}+\frac{\partial(\rho v)}{\partial y}+\frac{\partial(\rho w)}{\partial z}]dxdydz \tag{2.34}$$

다음에, 이 미소 입방체의 단위 시간당 질량의 변화량은

$$\frac{\partial}{\partial t}(\rho dxdydz)=\frac{\partial \rho}{\partial t}dxdydz \tag{2.35}$$

으로 표시할 때, 식 (2.34)와 식 (2.35)은 같아야 하므로

$$\frac{\partial \rho}{\partial t}dxdydz=-[\frac{\partial(\rho u)}{\partial x}+\frac{\partial(\rho v)}{\partial y}+\frac{\partial(\rho w)}{\partial z}]dxdydz$$

$$\therefore \quad \frac{\partial \rho}{\partial t}+\frac{\partial(\rho u)}{\partial x}+\frac{\partial(\rho v)}{\partial y}+\frac{\partial(\rho w)}{\partial z}=0 \tag{2.36}$$

식 (2.36)을 일반적인 연속방정식이라 한다. 즉 비정상류, 압축성 유체, 3차원 흐름에 적용할 수 있다.

흐름이 정상류라면 식 (2.36)의 제 1항은 0이 되며, 비압축성 유체의 흐름에서는 ρ =const가 되어 다음 식으로 표시된다.

$$\frac{\partial u}{\partial x}+\frac{\partial v}{\partial y}+\frac{\partial w}{\partial z}=0 \tag{2.37}$$

그 조건에 2차원 흐름이라면, 연속의 식은 식 (2.38)으로 표시된다.

$$\frac{\partial u}{\partial x}+\frac{\partial v}{\partial y}=0 \tag{2.38}$$

예제 2.4

그림[예제 2.4]의 관로에서 단면1의 직경은 20 cm, 속도는 3 m/s로 물이 흐른다. 단면2의 직경이

30 cm라면 유속은 얼마인가? 또 체적유량을 구하라.

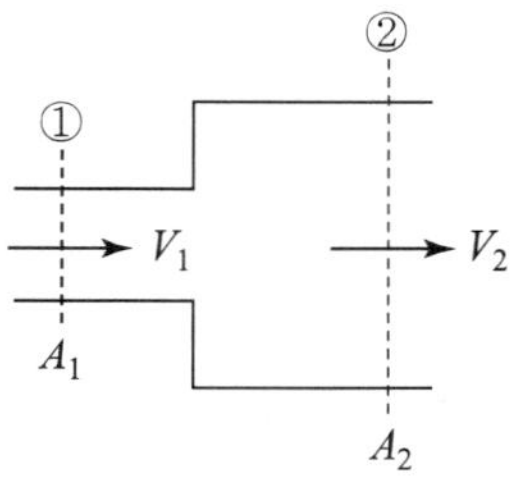

그림 [예제 2.4]

풀이 식 (2.33)으로부터 $V_2 = (A_1/A_2)V_1 = (d_1/d_2)^2 V_1 = (20/30)^2 \times 3 = 1.333\ \text{m/s}$

$$Q = A_1 V_1 = \frac{\pi}{4} d_1^2 V_1 = \frac{\pi}{4} \times 0.2^2 \times 3 = 0.094\ \text{m}^3/\text{s}$$

예제 2.5

그림[예제 2.5]과 같이 원관 내 층류의 속도분포는 $V = V_{\max}(1 - \frac{r}{R})^{1/2}$ 의 식으로 표현되며, 벽면상의 속도는 0, 중심선상에서의 속도가 최대치 $V_{\max}$ 인 경우에 비압축성 유체가 흐르는 경우의 평균속도를 구하라.

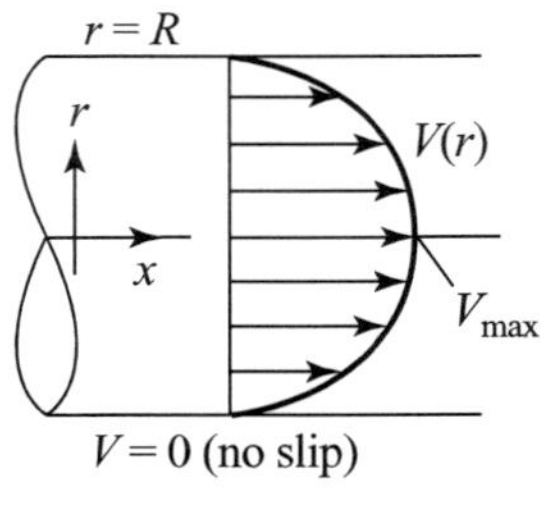

그림 [예제 2.5]

풀이 r좌표로부터 dr인 환상 미소면적 $dA = 2\pi r dr$이며, 이 미소 단면적을 흐르는 미소유량 $dQ = V dA$이다. 이것을 적분하면 평균속도를 V_m이라 할 때 $Q = A V_m$과 같아진다.

$$V_m = \frac{1}{A}\int_A V dA = \frac{1}{\pi R^2}\int_0^R V_{\max}(1 - \frac{r}{R})^{1/2} 2\pi r dr = \frac{8}{15} V_{\max}$$

예제 2.6

2차원 비압축성 유체의 속도분포가 다음과 같다.

$u = 2x^2 + y^2$, $v = -4xy$, $w = 0$ (u, v, w는 각각 x, y, z방향의 속도성분이다.)

연속방정식이 만족하는가를 밝혀라.

풀이 $\dfrac{\partial u}{\partial x} = 4x$, $\dfrac{\partial v}{\partial y} = -4x$, $\therefore \dfrac{\partial u}{\partial x} + \dfrac{\partial v}{\partial y} = 0$을 만족한다.

연습문제 exercise 02

질량보존

1. 내경 30 mm의 파이프에 공기가 0.015 kg/s 의 유량으로 흐른다. 공기의 압력이 200 kPa, 온도 20 °C일 때 평균속도는 얼마인가?

답 8.93 m/s

2. 그림[문 2.2]와 같이 2차원 흐름에 대하여 단위 폭 당 유량을 구하라. 단, 손실은 없는 것으로 한다.

답 5.112 m^3/s

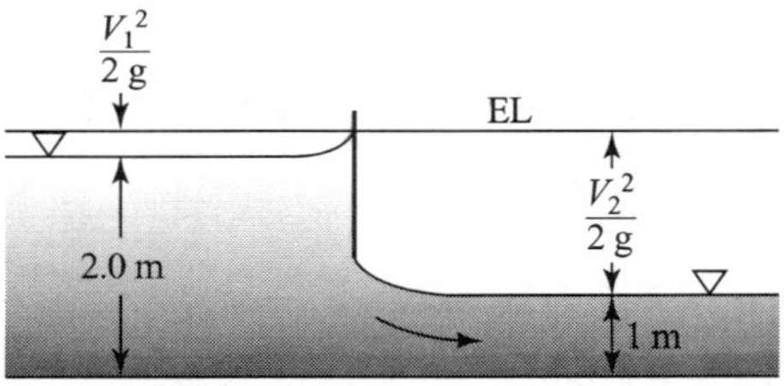

그림 [문 2.2]

3. 3차원 비압축성 흐름의 속도성분은 다음과 같다. 연속방정식을 만족하는가?

답 만족

$$u = 2x^2 - xy + z^2, \quad v = x^2 - 4xy + y^2, \quad w = -2xy - yz + y^2$$

4. 다음과 같은 속도성분을 갖는 비압축성 흐름이 가능한가를 연속의 식에 의하여 조사하라.

답 (a) 가능, (b) 불가능, (c) 가능, (d) 가능

(a) $u = 2x^2 + y^2, \quad v = -4xy, \quad w = 0$

(b) $u = 4xy + y^2, \quad v = 6xy + 3x, \quad w = 0$

(c) $u = (2x - 3y)t, \quad v = (x - 2y)t, \quad w = 0$

(d) $u = 2x^2 - xy + z^2, \quad v = x^2 - 4xy + y^2, \quad w = -2xy - yz + y^2$

5. 그림[문 2.5]와 같은 관로에서 단면1로부터 유체가 유입하여 단면2와 3으로 유출한다. 단

면3에서 유출하는 질량유량은 단면1의 질량유량의 1/3이며, $d_2 = 0.6\,d_1$의 관계 및 $V_3 = 0.5\,V_1$의 관계가 있다. 단면2의 평균속도를 V_1 의 함수로 구하고, 단면3의 직경을 d_1 의 함수로 표시하여라. 유체는 비압축성 유체이며 밀도는 일정하다.

답 $V_2 = 1.852\ V_1,\ d_3 = 0.8165\,d_1$

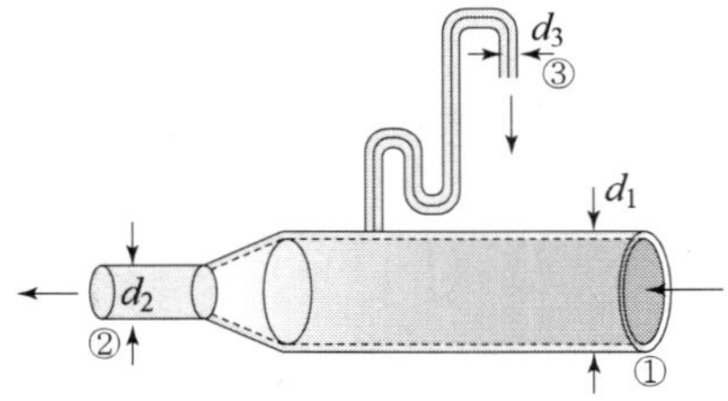

그림 [문 2.5]

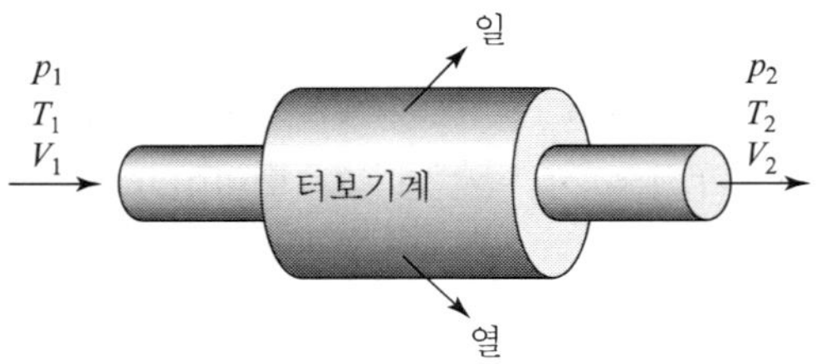

그림 [문 2.6]

6. 그림[문 2.6]과 같이 유체기계의 입구와 출구에 직경 10 cm의 파이프가 접속되어 있다. 입구단면(첨자 1)에서 $p_1 = 10\ \mathrm{atm}$, $T_1 = 250\ ℃$, $V_1 = 25\ \mathrm{m/s}$의 공기가 유체기계 내에서 일을 하고, 또 에너지의 일부는 방열되어 출구(첨자 2)에서는 $p_2 = 1\ \mathrm{atm}$, $T_2 = 20\ ℃$로 되었다. 출구에서의 유속을 구하라.

답 140.1 m/s

7. 물(비중 1)과 기름(비중 0.8)이 각각 흐르고 있는 관이 Y자형의 합류관에 의해 접속되고, 합류 후는 물과 기름의 혼합액으로서 하나의 관으로 흐른다. 물과 기름의 유량이 각각 $0.1\ \mathrm{m^3/s}$와 $0.4\ \mathrm{m^3/s}$이다. 혼합후의 평균밀도를 구하라. 단, 물의 밀도는 $1000\ \mathrm{kg/m^3}$이다.

답 $840\ \mathrm{kg/m^3}$

8. 그림[문 2.8]과 같은 90°곡관을 통하여 물이 흐를 때 곡관이 받는 힘의 크기와 방향을 구하라. 단, 관의 직경 30 cm, 유량 $15\ \mathrm{m^3/min}$, 물의 밀도 $1000\ \mathrm{kg/m^3}$, 곡관의 입구와 출구에서 유체의 게이지압은 $1\ \mathrm{kPa}$이다.

답 1350.48 N, 45°

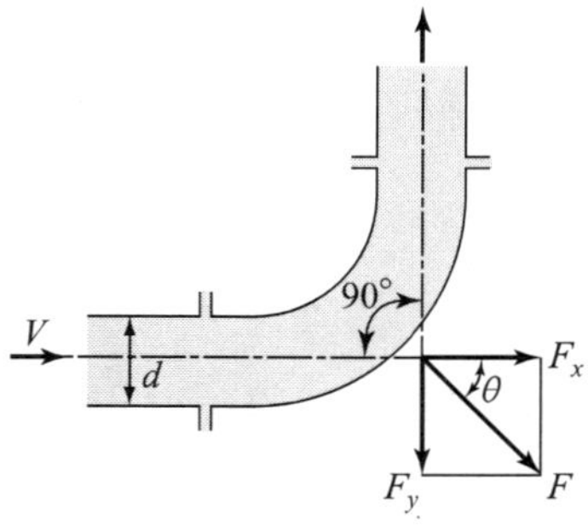

그림 [문 2.8]

9. 내경 1 m인 90°엘보 속을 밀도 1000 $\mathrm{kg/m^3}$인 물이 2 m/s로 흐르고 있을 때, 물이 방향을 변화함에 따라 엘보가 받는 힘을 구하라.

답 4442.9 N

10. 그림[문 2.10]과 같이 물이 노즐에서 분출하여, 속도 u로 분류와 같은 방향으로 움직이고 있는 반구형의 버킷에 충돌하고 있다. 버킷이 받는 힘을 구하라. 단, 물의 점성 및 노즐 내 상류의 유속은 무시하고 노즐의 유량계수는 1로 하며, p_o는 게이지압이다.

답 17.87 kN

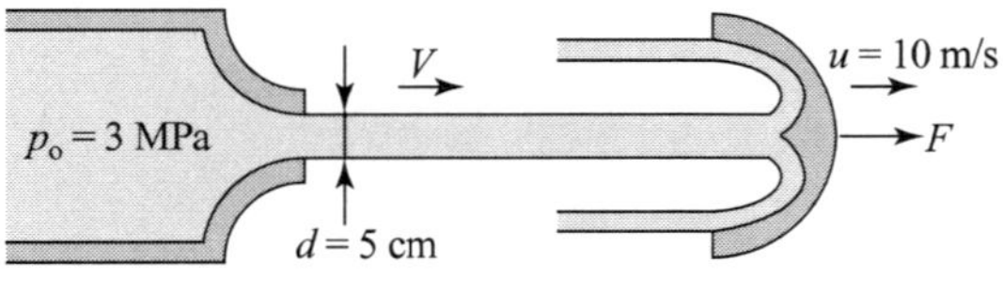

그림 [문 2.10]

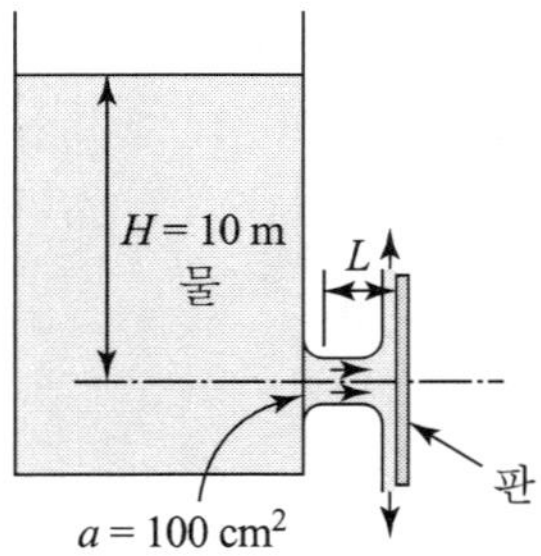

그림 [문 2.11]

11. 그림[문 2.11]과 같이 수조에서 분류가 수직으로 놓여진 판에 충돌할 때, 판이 받는 힘은 얼마인가? 또, L = 0 인 경우의 몇 배인가? 손실은 무시한다.

답 $L=0$인 경우 : $F_a=\gamma Ha$, $L\neq 0$인 경우 : $F_L=\rho QV=2\gamma Ha=1960$ N ∴2배

12. 하루에 300톤의 석탄을 소비하는 화력발전소가 있다. 발전효율(출력/총발열량)이 30 %일 때, 이 발전소의 출력은 몇 kW인가? 단, 석탄의 발열량은 1800 kJ/kg이다.

답 1875 kW

13. 100 m의 깊이에 있는 우물속의 펌프로 매분 500 l 의 물을 퍼 올린다. 이 펌프의 소요 동력이 25 kW일 때, 이 계에서 열로 방출되는 에너지(일)은 몇 kJ/h인가? 물의 밀도는 1000 kg/m^{3}이다.

답 60600 kJ/h

14. 제트엔진의 추력은, 엔진에 매초 출입하는 공기의 운동량의 차이다. 추력 12000 N의 엔진을 갖는 비행기가 속도 700 km/h로 비행할 때, 그 출력은 몇 kW에 해당되는가? 또 제트엔진이 분출하는 가스유량을 40 kg/s라 하면 가스의 분출속도는 몇 m/s인가?

답 2333.33 kW, 494.44 m/s

제 3 장

유체의 에너지 보존

이 장에서는 정지유체의 에너지 보존내용을 먼저 다루고 유동유체의 에너지 보존에 관련된 내용을 다룬다. 단, 열에너지는 포함시키지 않는 것으로 한다.

3.1 정지유체의 에너지 평형

1) 유체정역학의 기본 방정식

에너지 보존의 특별한 경우로서 정지 상태에 있는 유체와 관련된 경우를 생각하자.

그림 3.1과 같이 개방되어 있는 큰 탱크에 유체가 들어 있으며 유체표면을 1, 탱크 내 바닥을 2로 나타내었다. 이러한 경우의 공학적 예는, 유체내의 압력변화를 결정하여 물을 저장한 댐으로부터 얻을 수 있는 힘, 정지 또는 유동하고 있는 유체내의 압력을 측정하기 위한 마노미터의 이용이다.

정지상태의 유체는 그 유체에 점성 전단응력이 작용하지 않으며, 그것은 유체 입자들간에 상대속도나 운동이 없으므로 유체 내에 속도구배가 존재하지 않기 때문이다. 이러한 경우에 정상 유동계의 에너지 보존의 식 (2.27)을 그림 3.1의 점1과 2에 적용한다.

이 계는 외부와의 열 교환이 없으므로 $\dot{Q}=0$이며, 내부에너지의 변화도 없으므로 u_1

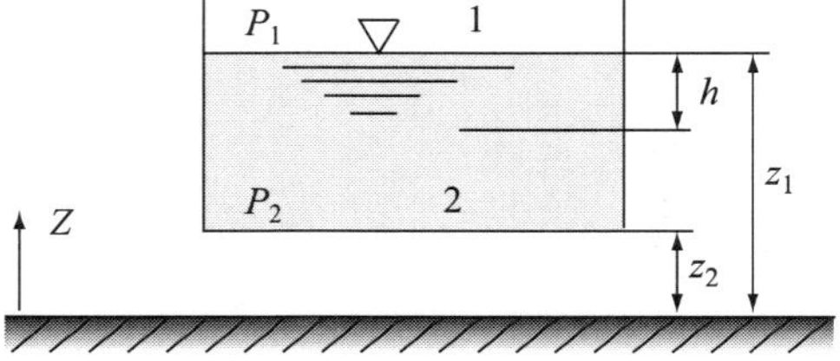

그림 3.1 정지유체내의 압력

$=u_2$이다. 물론 정지상태이므로 유속 $V_1=V_2=0$이며, 이 유체가 일을 하지 않으므로 $\dot{W}=0$이다. 따라서 식 (2.27)은 밀도변화를 무시할 때 다음과 같이 표시할 수 있다.

$$0=(\frac{p_2}{\rho}+gz_2)-(\frac{p_1}{\rho}+gz_1)$$

$$\therefore p_2-p_1=\rho g(z_1-z_2) \tag{3.1}$$

여기서 z는 수직방향의 위치이며, 수면으로부터 깊이가 증가함에 따라 (z_1-z_2)가 증가하므로 (p_2-p_1)도 증가한다. 액체표면이 대기 중으로 개방되어 있으므로 수면의 압력 p_1은 대기압 p_{atm}으로 일정하여 압력 p_2가 증가한다.

식 (3.1)을 미분형으로 표시하면 다음과 같다.

$$\frac{dp}{dz}=-\rho g \tag{3.2}$$

이 식을 **유체정역학의 기본 방정식**이라 한다. 이 식은 액체표면으로부터 깊이가 증가할수록$(-dz)$ 압력이 증가함을 나타낸다. 또한 식 (3.1) 및 식 (3.2)는 수면으로부터 일정한 깊이의 모든 점의 압력은 일정함을 의미한다.

그림 3.1에서 점 2를 수면으로부터 깊이 h인 점으로 잡아, 그 점의 절대압력을 p_{abs}로 표시하면

$$p_{abs}=p_{atm}+\rho g(z_1-z_2)=p_{atm}+\rho gh \quad [\mathrm{Pa_{abs}}] \tag{3.3}$$

이 되며, 게이지압으로 나타내면 $p_{atm}=0$이므로 다음과 같이 표시할 수 있다.

$$p_g=\rho gh \quad [\mathrm{Pa_{gage}}] \tag{3.4}$$

여기서 h는 수면으로부터의 수직 깊이이다.

정지유체 속에 어떤 물체가 잠겨 있다고 할 때, 그 물체의 표면에 압력차가 발생하면 그 물체에 힘이 작용하게 된다. 압력의 방향성이 수직방향인 경우는(표면이 수평방향) 수직방향의 체적력인 부력이 발생하며, 압력의 방향성이 수직 이외의 방향성으로 작용하게 되면 깊이의 차에 의한 압력의 차로 그 물체에 수직 이외의 방향으로 힘을 작용시키게 된다.

그러나 유체속의 한 점에 작용하는 압력의 크기는 방향성에 관계없이 동일한 값을 갖는다. 또한 전술한 바와 같이 수면으로부터 동일한 깊이의 모든 점의 압력의 값은 동일하다. 이 두 가지 성질은 정지유체내의 압력의 중요한 성질이다.

예제 3.1

수심 300 m인 점에서의 압력을 게이지압과 절대압력으로 각각 구하라.

풀이 물의 밀도 ρ=1000 kg/m^3, 중력가속도 g=9.8 m/s^2, 수심 h=300 m이므로 식 (3.4)로부터

$$p_g = \rho g h = 1000 \times 9.8 \times 300 = 2940000 \text{ Pa} = 2.94 \text{ MPa}$$

$$p_{abs} = p_g + p_{atm} = 2.94 + 0.101 = 3.041 \text{ MPa}_{abs}$$

예제 3.2

밀도 800 kg/m^{3}인 기름을 저장하고 있는 유조(원주형)가 있다. 유면의 높이는 10 m, 유조의 직경은 30 m일 때 저면에서의 압력(게이지압)을 구하라.

풀이 $p_g = \rho g h = 800 \times 9.8 \times 10 = 78400 \text{ Pa} = 78.4 \text{ kPa}$

2) 피에조미터 및 마노미터

(1) 피에조미터

한 용기 또는 유체가 유동하는 관로에 유체압력이 그다지 높지 않은 경우, 그림 3.2와 같은 간단한 **유체정역학의 기본 방정식**(piezometer)를 이용하여 압력을 측정할 수 있다. 관벽에 직접 투명한 유리관을 설치하여 유체의 상승높이를 측정함으로서 점 A의 압력 p_A

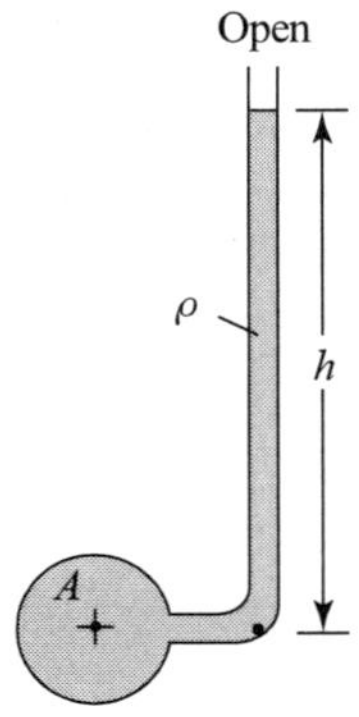

그림 3.2 피에조미터

를 다음과 같이 구한다.

$$p_A = \rho g h \tag{3.5}$$

(2) U자관 마노미터

마노미터(manometer, **액주계**)란 밀도를 알고 있는 액체의 액면높이의 차에 의해 압력을 측정하는 계기를 말한다.

그림 3.3(a)와 같이 용기내의 압력이 큰 경우에는 그 용기내의 유체보다 밀도가 큰 유체를 마노미터 액으로 선택하여 U자관 마노미터(U tube manometer)를 이용하여 용기내의 압력을 측정할 수 있으며, 두 용기의 압력차는 그림 3.3(b)와 같이 U자관 마노미터를 설치하여 측정할 수 있다. 또 관로 내 유동유체의 압력손실을 측정하기 위해 그림 3.3(c)와 같이 역시 U자관 마노미터를 이용할 수 있다.

그림 3.3(a)의 경우는 (2)점과 (3)점의 압력이 같으므로($p_{atm} = 0$ 로 함)

$$p_A + \rho_1 g h_1 = \rho_2 g h_2$$

$$\therefore\ p_A = \rho_2 g h_2 - \rho_1 g h_1 \tag{3.6}$$

그림 3.3(b)의 경우는 (2)점과 (3)점의 압력이 같으므로

$$p_A + \rho_1 g h_1 = p_B + \rho_3 g h_3 + \rho_2 g h_2$$

$$\therefore\ p_A - p_B = \rho_3 g h_3 + \rho_2 g h_2 - \rho_1 g h_1 \tag{3.7}$$

그림 3.3(c)의 경우는 A점과 B점의 압력이 같으므로

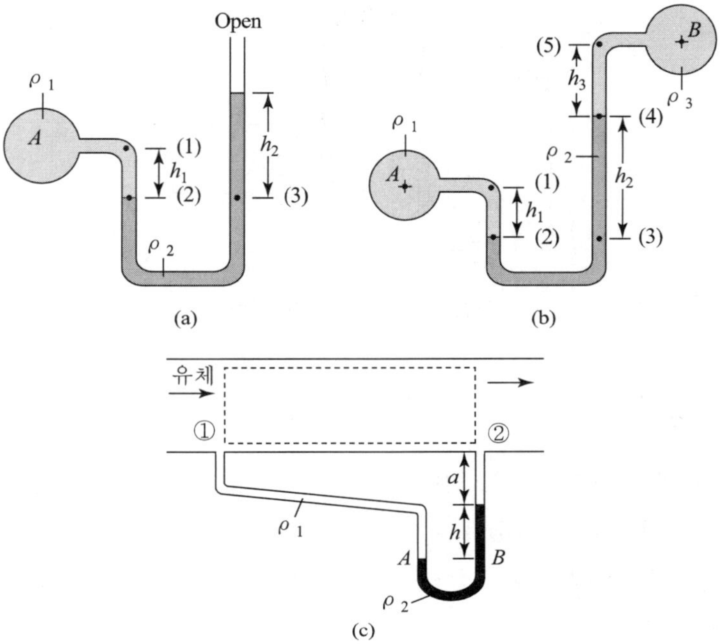

그림 3.3 U자관 마노미터

$$p_1 + \rho_1 g(a+h) = p_2 + \rho_1 g a + \rho_2 g h$$

$$\therefore \ p_1 - p_2 = (\rho_2 - \rho_1) g h \tag{3.8}$$

이들 모두 마노미터 액의 밀도는 용기 또는 관로 내 유체의 밀도보다 큰 값을 갖는 유체로 선택해야 한다.

(3) 역U자관 마노미터

그림 3.4와 같이 두 용기의 압력차를 구하는 경우, 공간적으로 U자관의 설치가 곤란할 때 역U자관 마노미터를 이용할 수 있으며, 이 경우에는 마노미터 액의 밀도 ρ_2가 용기 내 유체의 밀도 ρ_1보다 작은 유체로 선택해야 한다.

X점과 X'점의 압력은 같으므로

$$p_1 - \rho_1 g h_1 = p_2 - \rho_1 g h_2 - \rho_2 g h'$$

$$\therefore \ p_1 - p_2 = \rho_1 g (h_1 - h_2) - \rho_2 g h' \tag{3.9}$$

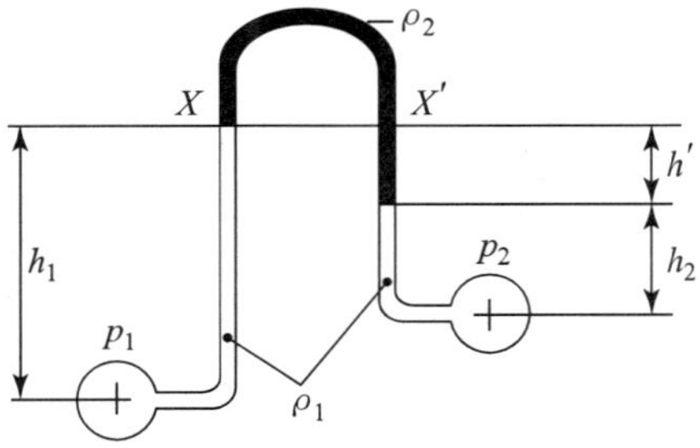

그림 3.4 역U자관 마노미터

(4) 경사미압계

그림 3.5와 같이 유리관을 각도 θ만큼 경사 시킬 때, θ가 작을수록, 용기 단면적 A에 대한 유리관의 단면적 a의 비 a/A를 작게 할수록 동일한 압력차에 대하여 경사관의 액체의 이동거리 l 을 확대시킬 수 있다. 따라서 미압차도 측정이 가능하다. 이것을 **경사 미압계**(傾斜 微壓計)라 한다.

용기내의 압력이 p_o로부터 Δp만큼 증가했을 때 액면이 Δh만큼 하강하고 유리관의 액면은 l 만큼 이동했다면 그 이동량의 체적은 같으므로 $\Delta h \cdot A = a \cdot l$ 이며, $\Delta h = \frac{a}{A} l$의 관계가 성립한다. 따라서 X－X'면상의 압력은 같으므로

$$p_o + \Delta p + \rho' gh = p_o + \rho gh$$

$h = h_1 + \Delta h,\ h_1 = l\ \sin\theta$로부터

$$\Delta p = (\rho - \rho')gh = (\rho - \rho')g(h_1 + \Delta h)$$

$$= (\rho - \rho')gl(\sin\theta + \frac{a}{A}) \qquad (3.10)$$

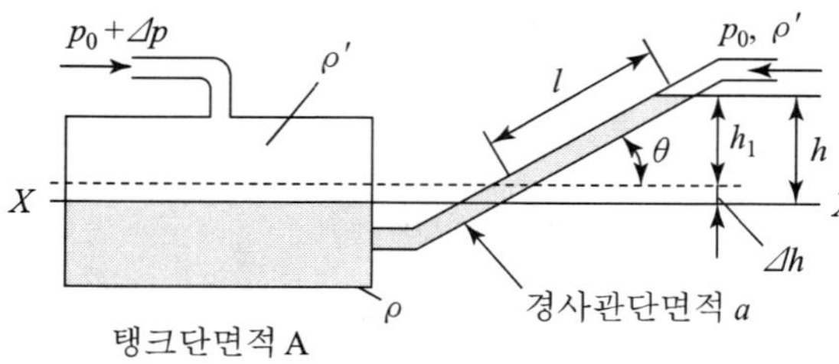

그림 3.5 경사 미압계

예제 3.3

그림[예제 3.3]과 같이 탱크내의 물이 공기에 의해 압축되며, 그 압력은 그림과 같은 마노미터에 의해 측정된다. 이 탱크는 90 kPa의 대기압하에 있으며 $h_1 = 0.15$ m, $h_2 = 0.25$ m, $h_3 = 0.4$ m 일 때 공기압력을 구하라. 물, 기름, 수은의 밀도는 각각 1000 kg/m^3, 850 kg/m^3, 13600 kg/m^3이다.

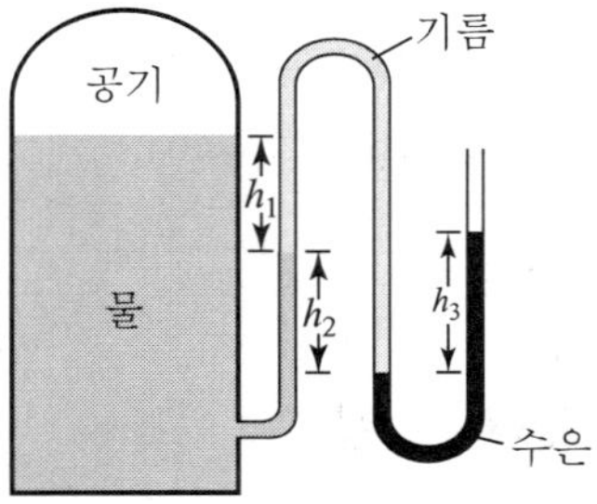

그림 [예제 3.3]

풀이 $p_1 + \rho_w g h_1 + \rho_o g h_2 = p_{atm} + \rho_m g h_3$

$$\therefore\ p_1 = p_{atm} - \rho_w g h_1 - \rho_o g h_2 + \rho_m g h_3 = p_{atm} + g(\rho_m h_3 - \rho_w h_1 - \rho_o h_2)$$

$$= 90 + 9.81(13600 \times 0.4 - 1000 \times 0.15 - 850 \times 0.25) \times 10^{-3} = 139.81\ \text{kPa}$$

예제 3.4

그림[예제 3.4]에 표시한 바와 같은 U자관의 조합 액주계에서, 용기에는 비중 1.5의 액체가 들어 있으며, 점 A에서의 게이지압이 -10 kPa 일 때 액체 B의 비중을 구하라.

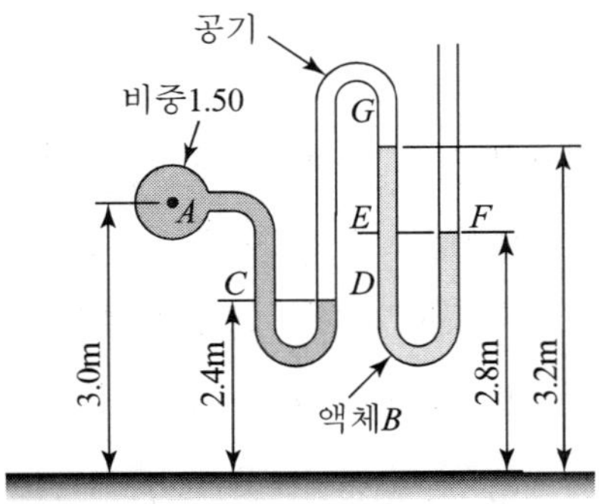

그림 [예제 3.4]

풀이 $p_D = p_C$로부터

$p_D = p_A + 1000 \times 1.5 \times 9.81 \times (3.0 - 2.4)$

$= -10 \times 10^3 + 8.83 \times 10^3 = -1.17 \times 10^3 \text{ kPa} = -1170 \text{ Pa}$

다음에 GD사이의 공기의 무게는 무시할 수 있으므로 $p_G = p_D = -1170$ Pa, 또 $p_E = p_F = 0$으로부터 $P_E = p_G + \rho g \times (3.2 - 2.8) = 0$

$\therefore \rho = 1170/(9.81 \times 0.4) = 298.2 \text{ kg/m}^3$

따라서 비중은 $s = \rho/\rho_W$ = 298.2/1000 = 0.298

3) 정지액체중의 벽면에 작용하는 힘

(1) 평면 벽에 작용하는 전압력과 전압력의 중심

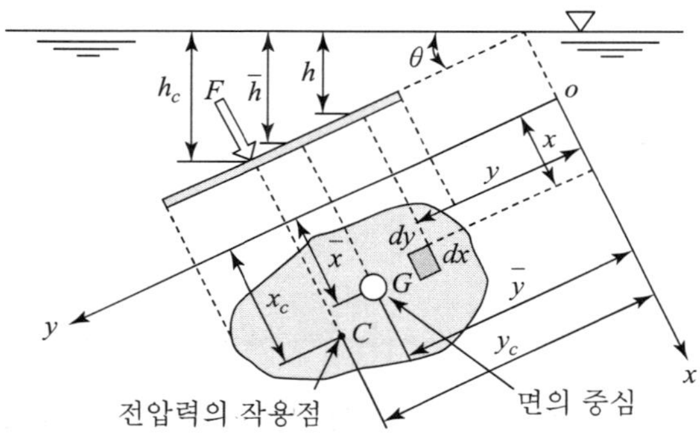

그림 3.6 경사면에 작용하는 힘

(a) 전압력

그림 3.6과 같이 평면이 액면과 θ의 경사를 이루면서 액체 속에 잠겨 있을 때 벽면 상에 좌표의 원점을 액면으로 취한 $x-y$ 축을 설정하고 깊이 h 에 미소면적 $dA = dx \cdot dy$ 에서의 압력을 p 라 한다. 평면의 전 면적은 A, 중심점(重心点)은 G $(\bar{x}, \bar{y})$이며 수면으로부터 G까지의 수직 깊이는 $\bar{h}$로 표시할 때, 미소면적 dA에 작용하는 미소 힘 dF는

$$dF = pdA = \rho ghdA = \rho gy \sin\theta \cdot dA \tag{3.11}$$

따라서 **전압력** F는

$$F = \int_A p dA = \rho g \sin\theta \int_A y dA \tag{3.12}$$

가 되며, $\int_A y dA$는 x축에 관한 도형의 **단면 1차모멘트**로서 중심 G의 y좌표를 $\bar{y}$ 라 하면 $\int_A y dA = \bar{y} A$이다. 따라서

$$F = \rho g \bar{y} \sin\theta \cdot A = \rho g \bar{h} A \tag{3.13}$$

가 되어 전압력의 중심(中心)인 C점에 작용한다.

(b) 전압력의 중심

면에 작용하는 전압력의 작용점을 압력중심이라 하며, 그림 3.6에는 $C(x_c, y_c)$로 표시하였다. x, y 축에 관한 압력의 모멘트의 총합이 이 점에 작용하는 전압력 F에 의한 모멘트와 같아지는 점이다. 이것은 일반적으로 중심(重心)의 위치와는 일치하지 않는데, 그 압력중심의 y 좌표인 y_c를 구해보자.

미소면적 dA에 작용하는 힘 dF의 x축에 대한 모멘트는, 식 (3.11)을 이용하여 다음과 같이 표시할 수 있다.

$$y dF = \rho g y^2 \sin\theta \cdot dA \tag{3.14}$$

압력중심의 y좌표는 y_c이므로 x축에 관하여 압력에 대한 모멘트의 총합이 이점에 작용하는 전압력의 모멘트와 같다. 따라서 위 식을 적분하면

$$y_c F = \int y dF = \rho g \sin\theta \int_A y^2 dA$$

식 (3.13)을 위 식에 대입하여 정리하면 다음과 같다.

$$y_c = \frac{\int_A y^2 dA}{\bar{y} A} \tag{3.15}$$

$\int_A y^2 dA$는 x축에 대한 도형의 **단면 2차모멘트**이며, 중심(重心)에 관한 단면 2차모멘트 I_g의 사이에는 다음의 관계가 있다.

$$\int_A y^2 dA = I_g + \bar{y}^{\ 2} A \tag{3.16}$$

따라서 식 (3.16)을 식 (3.15)에 대입하면 압력중심의 y좌표인 y_c가 다음과 같이 얻어진다.

$$y_c = \bar{y} + \frac{I_g}{\bar{y} A} \tag{3.17}$$

여기서 $\bar{y}$: 도형 중심(重心)의 y 좌표, I_g : 중심을 통하는 x축에 평행한 축 주위의 단면 2차모멘트를 나타낸다. I_g의 일반식은 식 (3.18)과 같이 표시하며 각 도형에 대한 I_g의 값은 표 3.1에 나타내었다.

$$I_g = \int_A (y - \bar{y})^2 dA \tag{3.18}$$

다음에 압력중심의 x좌표인 x_c는, y축 주위의 힘의 모멘트를 고려하여 y좌표의 경우와 마찬가지로

$$x_c F = \int x dF = \rho g \sin\theta \int_A xy dA \tag{3.19}$$

이며, 식 (3.13)을 위 식에 대입하여 정리하면 다음과 같이 표시할 수 있다.

$$x_c = \frac{\int_A xy dA}{\bar{y} A}$$

$\int_A xy dA$는 **단면 상승모멘트**이며, 중심에 관한 상승모멘트 I_g' 와의 관계는

$$\int_A xy dA = I_g' + \bar{x} \cdot \bar{y} \cdot A \tag{3.20}$$

이 되며, 이 식을 위 식에 대입하여 x_c가 다음과 같이 구해진다.

$$x_c = \bar{x} + \frac{I_g'}{\bar{y} A} \tag{3.21}$$

여기서 I_g'는 도형의 중심에 관한 단면상승모멘트로서, 일반적으로는

$$I_g' = \int_A (x - \bar{x})(y - \bar{y})\, dA \tag{3.22}$$

로 표시되며, 주요 도형에 관한 값은 그림 3.7에 표시하였다. 또 표 3.1에는 여러 가지

도형에 대한 면적, 체적, 도심, **관성모멘트**를 표시하였다. y축에 평행으로 중심을 통하는 축에 관하여 좌우대칭인 평면에서는 $I_g' = 0$이며 $x_c = \bar{x}$ 로 된다.

표 3.1 도형의 면적, 체적, 관성모멘트

도형명	도형	면적 또는 체적	도심의 위치	I 또는 I_g
직사각형	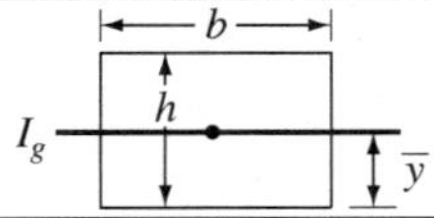	bh	$\bar{y} = \frac{h}{2}$	$I_g = \frac{bh^3}{12}$
삼각형	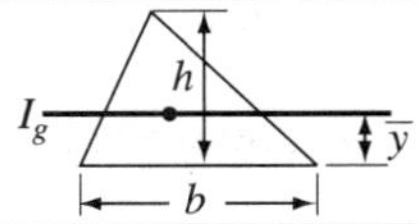	$\frac{bh}{2}$	$\bar{y} = \frac{h}{3}$	$I_g = \frac{bh^3}{36}$
원	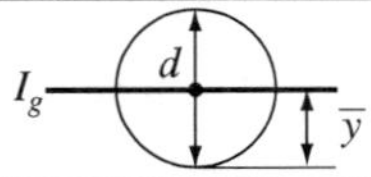	$\frac{\pi d^2}{4}$	$\bar{y} = \frac{d}{2}$	$I_g = \frac{\pi d^4}{64}$
반원	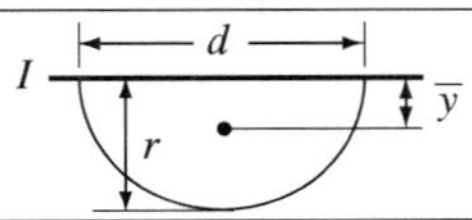	$\frac{\pi d^2}{8}$	$\bar{y} = \frac{4r}{3\pi}$	$I = \frac{\pi d^4}{128}$
타원	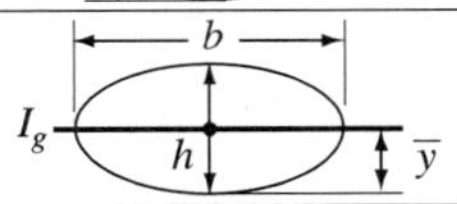	$\frac{\pi bh}{4}$	$\bar{y} = \frac{h}{2}$	$I_g = \frac{\pi bh^3}{64}$
반타원	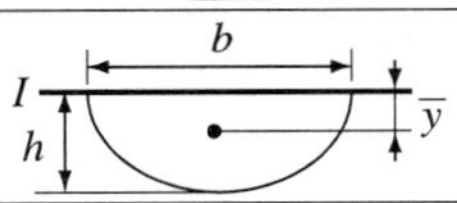	$\frac{\pi bh}{4}$	$\bar{y} = \frac{4h}{3\pi}$	$I = \frac{\pi bh^3}{18}$
포물선	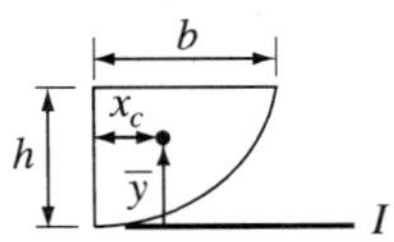	$\frac{2}{3}bh$	$\bar{y} = \frac{3h}{5}$ $x_c = \frac{3b}{8}$	$I = \frac{2bh^3}{7}$
원통	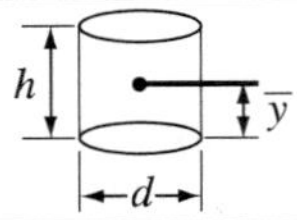	$\frac{\pi d^2 h}{4}$	$\bar{y} = \frac{h}{2}$	
원추		$\frac{1}{3}\left(\frac{\pi d^2 h}{4}\right)$	$\bar{y} = \frac{h}{4}$	
포물선회전체	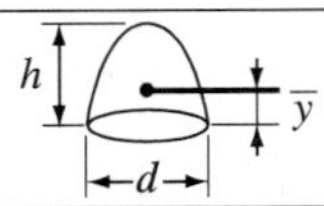	$\frac{1}{2}\left(\frac{\pi d^2 h}{4}\right)$	$\bar{y} = \frac{h}{3}$	
구	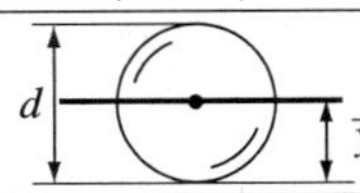	$\frac{\pi d^3}{6}$	$\bar{y} = \frac{d}{2}$	
반구	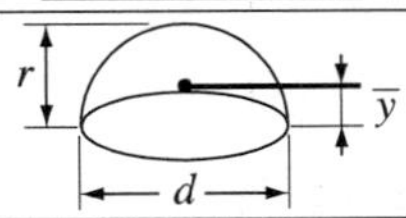	$\frac{\pi d^3}{12}$	$\bar{y} = \frac{3r}{8}$	

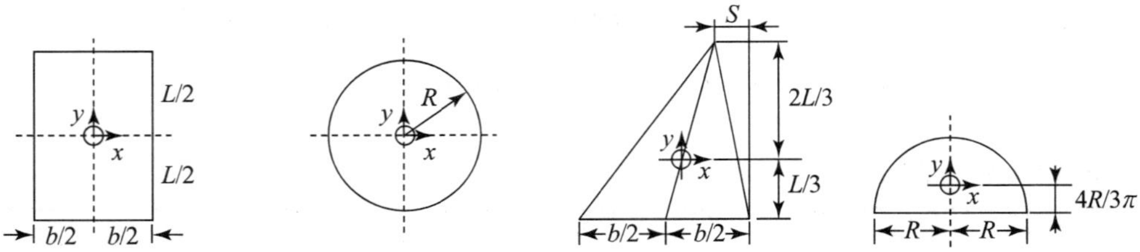

$A = bL$, $I_g = bL^3/12$, $I_g' = 0$
(a) 장방형

$A = \pi R^2$, $I_g = \pi R^4/4$, $I_g' = 0$
(b) 원형

$A = bL/2$, $I_g = bL^3/36$, $I_g' = b(b-2s)L^2/72$
(c) 삼각형

$A = \pi R^2/2$, $I_g = 0.10976R^4$, $I_g' = 0$
(d) 반원형

그림 3.7 대표적 도형의 단면2차모멘트 및 단면상승모멘트

평면 벽이 수평으로 잠겨있는 경우는 그림 3.8과 같다. 이 경우의 전압력은 $\overline{h} = h$이므로 식 (3.23)으로 표시되며,

$$F = \rho g \overline{h} A = \rho g h A \tag{3.23}$$

평면 벽이 수직으로 잠겨있는 경우는 그림 3.9와 같다. 이때 $\overline{h} = h_1 + \frac{h_2 - h_1}{2} = \frac{h_1 + h_2}{2}$, $A = b(h_2 - h_1)$이므로 전압력은 다음과 같다.

$$F = \rho g \overline{h} A = \rho g \frac{h_1 + h_2}{2} b(h_2 - h_1) = \rho g b \frac{{h_2}^2 - {h_1}^2}{2} \tag{3.24}$$

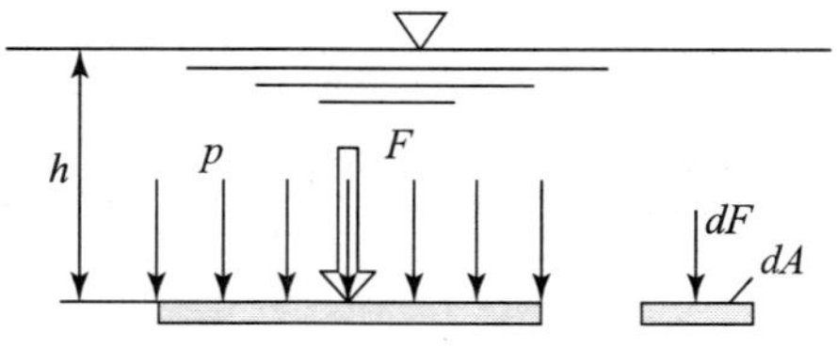

그림 3.8 수평 평면에 작용하는 힘

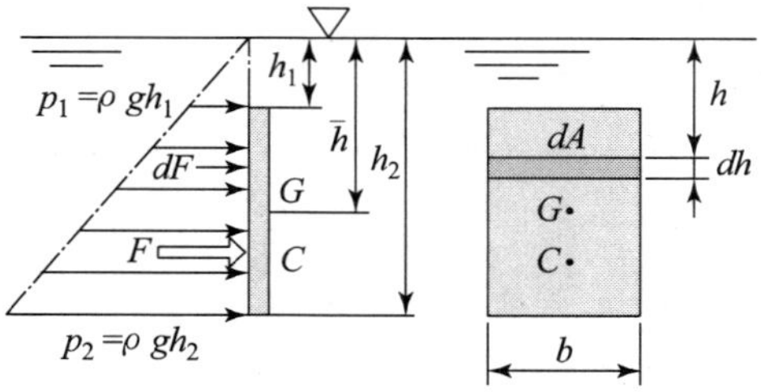

그림 3.9 수직 평면에 작용하는 힘

예제 3.5

그림[예제 3.5]의 (a)장방형 판과 (b)원형 판(직경 D)에서 전압력의 작용점(C점)의 위치 y_c를 각각 구하라.

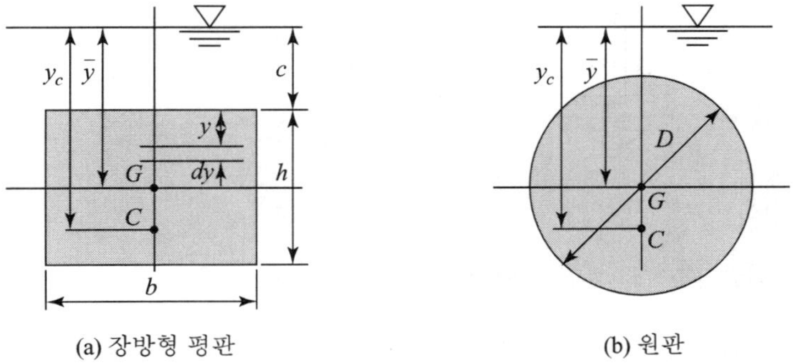

그림 [예제 3.5]

풀이 (a) 표 3.1로부터 장방형의 도심 통과 축에 관한 단면 2차모멘트는 $I_g = \dfrac{bh^3}{12}$ 이므로, 식 (3.17)로부터

$$y_c = \bar{y} + \frac{I_g}{\bar{y}A} = \bar{y} + \frac{bh^3/12}{\bar{y}bh} = \bar{y} + \frac{h^2}{12\bar{y}}$$

여기서 $\bar{y} = c + \dfrac{h}{2}$ 이다.

(b) 표 3.1로부터 직경 D 인 원의 $I_g = \dfrac{\pi D^4}{64}$ 이므로

$$y_c = \bar{y} + \frac{I_g}{\bar{y}A} = \bar{y} + \frac{\pi D^4/64}{\bar{y}\pi D^2/4} = \bar{y} + \frac{D^2}{16\bar{y}}$$

예제 3.6

그림[예제 3.6]과 같은 물속의 수직 및 경사평면에 작용하는 전압력과, 그 작용점의 위치를 계산하여라. 단, 물의 밀도는 1000 kg/m^{3}이다.

(a) 1 m×2 m의 장방형 AB

(b) 밑변의 길이 1.2 m, 높이 3 m의 2등변 삼각형 CD

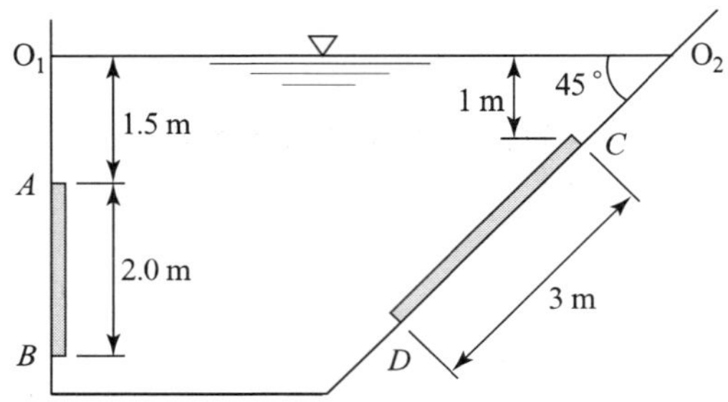

그림 [예제 3.6]

풀이 (a) 중심의 깊이는 $\bar{h} = 1.5 + 1 = 2.5\ \text{m}$

전압력은 $F = \rho g \bar{h} A = 9800 \times 2.5 \times 1.2 = 49\ \text{kN}$

그림 3.7을 참조하면 $I_g = \dfrac{1 \times 2^3}{12} = 0.667\ \text{m}^4$, 작용점의 위치는

$$h_c = y_c = \bar{y} + \frac{I_g}{\bar{y}A} = 2.5 + \frac{0.667}{2.5 \times 2} = 2.6334\ \text{m}$$

(b) $O_2C = \sqrt{2} = 1.414$, 그림 3.7로부터 중심의 y좌표는

$$\bar{y} = 1.414 + (2/3) \times 3 = 3.414\ \text{m}$$

$$\therefore \bar{h} = \frac{3.414}{1.414} = 2.4144\ \text{m}$$

또, $A = 1.2 \times 3/2 = 1.8\ \text{m}^2$, $I_g = 1.2 \times 3^3/36 = 0.9\ \text{m}^4$, $I_g' = 0$ 이 된다.

이상으로부터 전압력은

$$F = \rho g \bar{h} A = 9800 \times 2.4144 \times 1.8 = 42.59\ \text{kN}$$

작용점의 y좌표는

$$y_c = \bar{y} + \frac{I_g}{\bar{y}A} = 3.414 + \frac{0.9}{3.414 \times 1.8} = 3.56\ \text{m}$$

깊이로 표시하면

$$h_c = \frac{y_c}{1.414} = 2.52\ \text{m}$$

예제 3.7

그림[예제 3.7]에 표시한 것처럼 폭 $B = 3\ \text{m}$의 수로를 수직 수문으로 막았을 때 상류 측의 수심 $H_1 = 4\ \text{m}$, 하류 측의 수심 $H_2 = 2\ \text{m}$이었다. 이때 수문에 작용하는 전압력 F와, 저면으로부터 그 작용점까지의 높이 x 를 구하라.

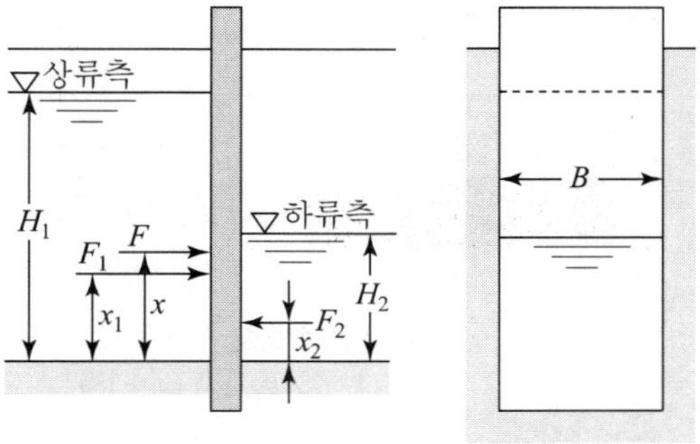

그림 [예제 3.7]

풀이 상류 측에 작용하는 전압력을 F_1, 하류 측에 작용하는 전압력을 F_2 라 하면

$$F_1 = \rho g \overline{h_1} A_1 = \frac{1}{2}\rho g B H_1^2 = \frac{1}{2} \times 1000 \times 9.8 \times 3 \times 4^2 = 235200N$$

$$F_2 = \rho g \overline{h_2} A_2 = \frac{1}{2}\rho g B H^2 = \frac{1}{2} \times 1000 \times 9.8 \times 3 \times 2^2 = 58800N$$

따라서 F_1 과 F_2 의 합성 전압력 F 는

$$F = F_1 - F_2 = 235200 - 58800 = 176400 \text{ N}$$

다음에, 합성 전압력 F의 작용점을 구하기 위해서 수문의 하단점을 중심으로 모멘트의 평형을 다음과 같이 표시할 수 있다.

$$Fx = F_1 x_1 - F_2 x_2, \quad \text{여기서 } x_1 = \frac{1}{3}H_1, \ x_2 = \frac{1}{3}H_2 \text{이므로}$$

$$x = \frac{F_1 \times (1/3)H_1 - F_2 \times (1/3)H_2}{F} = \frac{253200 \times (4/3) - 58800 \times (2/3)}{176400} \fallingdotseq 1.556 \text{ m}$$

예제 3.8

그림[예제 3.8]과 같이 장방형 탱크에서 벽면의 폭(b)=2 m, 높이(h)=2 m이며, 하부 1 m 까지는 물이 차 있고 그 위 상부에 8 kPa의 공기가 들어있다. 압력분포 선도의 A는 공기, B는 물의 압력분포를 표시한다. 이때 (a)탱크 밑면의 압력, (b)탱크 벽면에 작용하는 전압력, (c)전압력의 작용점 위치 y_c (수면으로부터의 거리)를 각각 구하라.

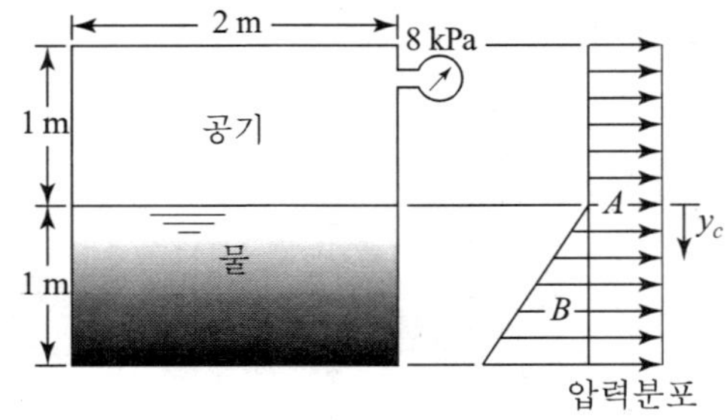

그림 [예제 3.8]

풀이 (a) $p_{btt} = p_{air} + \rho_w g h_w = 8000 + 1000 \times 9.8 \times 1 = 17800$ Pa

(b) 공기에 의한 전압력 $F_A = p_{air} A_{air} = 8000 \times (2 \times 2) = 32000$ N

수면으로부터 물에 의한 수직면의 $\bar{y} = \bar{h} = 0.5$ mm (수면으로부터 하향)

∴ 물에 의한 전압력

$$F_B = \rho_w g \bar{h} A = 1000 \times 9.8 \times 0.5 \times (1 \times 2) = 9800 \text{ N}$$

탱크 벽에 작용하는 전체의 전압력은

$$F = F_A + F_B = 32000 + 9800 = 41800 \text{ N}$$

(c) 공기에 의한 전압력의 작용점 $(y_c)_A = 0$ (수면상임)

물에 의한 전압력의 작용점 $(y_c)_B = \frac{2}{3} h_{water} = \frac{2}{3} \times 1 = 0.667$ m

$\bar{y} = 0.5$ m, $I_g = \frac{bh^3}{12} = \frac{2 \times 1^3}{12} = 0.1667 m^4$, $A = bh = 2$ m^{2}이므로

모멘트의 평형으로부터

$$F \times y_c = F_A (y_c)_A + F_B (y_c)_B$$

$$\therefore y_c = \frac{F_A (y_c)_A + F_B (y_c)_B}{F} = \frac{32000 \times 0 + 9800 \times 0.667}{41800}$$

≒ 0.1564 m (수면으로부터 하향)

(2) 곡면 벽에 작용하는 전압력

그림 3.10과 같이 정지액체중에 AC의 곡면 벽이 잠겨있는 경우의 전압력을 구하는 가장 수월한 방법은 2차원 곡면 상에 작용하는 전 반력(全反力)을 구하기 위해 수평분력 F_H와 수직분력 F_V를 각각 구하여 그 합력을 식 (3.25)로부터 구하고 그 힘의 방향은 식 (3.26)으로부터 구한다.

$$F_R = \sqrt{F_H{}^2 + F_V{}^2} \tag{3.25}$$

$$\alpha = \tan^{-1}\frac{F_V}{F_H} \tag{3.26}$$

여기서 수평분력 F_H는 AC곡면을 수평방향으로 투영한 BC평면에 작용하는 힘으로 계산하며, 수직분력 F_V는 AC곡면을 수직방향으로 투영한 AB평면에 작용하는 힘과 체적 ACB의 유체중량 $W = \rho g \overline{V}$의 합으로 계산한다. 즉

$$F_H = F_x \tag{3.27}$$

$$F_V = F_y + W \tag{3.28}$$

F_y의 작용점은 $\overline{AB}$의 중간지점, F_x의 작용점은 B로부터 $\frac{2}{3}\overline{BC}$위치인 지점이며 W의 작용점은 체적 ACB의 중심(centroid, 重心)이 된다.

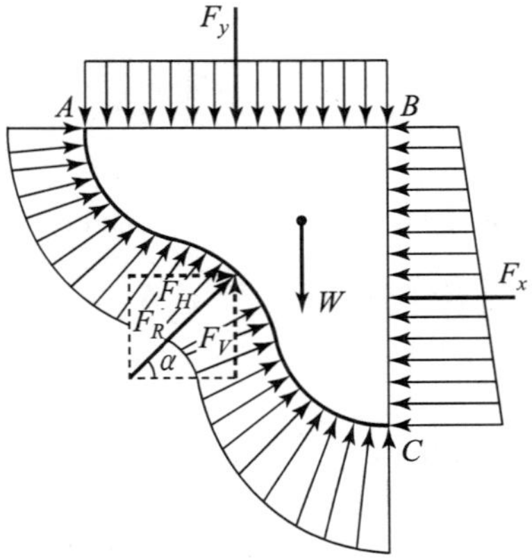

그림 3.10 곡면벽에 작용하는 힘

예제 3.9

그림[예제 3.9]의 2차원 곡면 AB에 작용하는 전압력의 수평분력 F_x 및 수직분력 F_y 를 구하고, 그 분력들의 작용점 위치 x_c 와 y_c를 구하라. 그림에서 DA=1 m, AB는 4분원이며 그 반경 R=1 m, 폭 2 m이다.

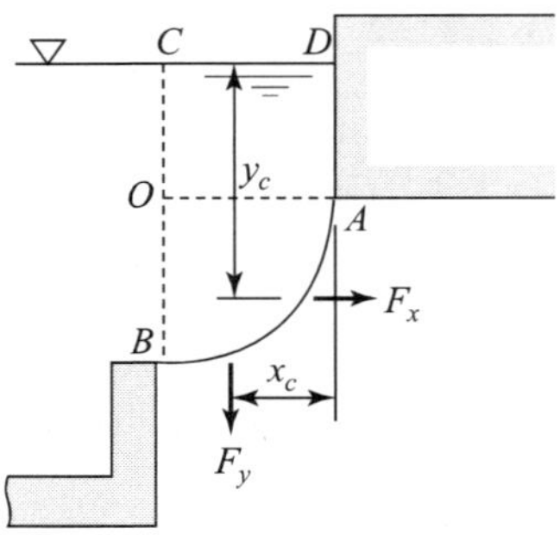

그림 [예제 3.9]

풀이 곡면 AB에 작용하는 전압력의 수평분력 F_x 는 연직면 BO에 작용하는 전압력과 같으므로

$$F_x = \rho g \bar{h} A = 1000 \times 9.8 \times (1+0.5) \times (1 \times 2) = 29400 \text{ N}$$

작용선은 그 연직면의 압력중심(도심)을 통하므로

$$y_c = \bar{y} + \frac{I_g}{\bar{y}A} = 1.5 + \frac{(2 \times 1^3)/12}{1.5 \times (1 \times 2)} = 1.5556 \text{ m}$$

수직분력 F_y 는 곡면 AB위의 물의 무게와 같은데, 직방체 AOCD의 무게를 F_{y1}, 4분 원통 ABO의 무게를 F_{y2} 라 하면 $F_y = F_{y1} + F_{y2}$이다.

먼저 AOCD의 무게

$$F_{y1} = \rho g \overline{V_1} = 1000 \times 9.8 \times (2 \times 1 \times 1) = 19600 \text{ N}$$

작용선은 그 체적의 중심(重心)을 통하므로 점 A로부터 수평거리 $x_{c1} = R/2 = 0.5$ m이다.

ABO의 무게

$$F_{y2} = \rho g \overline{V_2} = 1000 \times 9.8 \times \left(\frac{\pi \times 1^2}{4} \times 2\right) = 15393.8 \text{ N}$$

작용선은 O점으로부터 수평으로 $4R/3\pi$이므로(그림 3.7 참조), A로부터의 거리는

$$x_{c2} = R - \frac{4R}{3\pi} = 1 - \frac{4 \times 1}{3\pi} = 0.5756 \text{ m}$$

따라서 전압력의 수직성분

$$F_y = F_{y1} + F_{y2} = 19600 + 15393.8 = 34993.8 \text{ N}$$

그 작용점의 위치 x_c(A로부터)라 하면

$$x_c = \frac{F_{y1}x_{c1} + F_{y2}x_{c2}}{F_y} = \frac{19600 \times 0.5 + 15393.8 \times 0.5756}{34993.8} \fallingdotseq 0.5333 \text{ m}$$

4) 부력

정지유체내의 압력은 깊이가 증가할수록 크다. 그림 3.11(a)와 같은 임의의 형상을 갖는 3차원 물체가 유체 속에 잠겨 있을 때 모든 면상에서 압력을 받으며, 그 물체의 하부쪽 표면에 작용하는 압력에 의한 힘(상방향의 힘)은 상부쪽의 경우(하방향의 힘)보다 크므로 결과적으로 정미힘 F_B는 상향으로 작용한다. 이 힘 F_B를 **부력**(buoyant force)이라 한다.

그림 3.11(b)에는 그 물체의 제어체적을 점선으로 표시하였으며, 부력 F_B와 그 물체의 중량 mg가 하향으로 작용하여 힘의 평형상태를 이루고 있다(정지 상태에 있기 때문). 또 모멘트도 작용하지 않으므로 물체의 중량은 그 물체의 중심(重心)을 통해 하향으로 작용하며, 부력도 그 중심을 통해 상향으로 작용해야 하므로 그 크기도 중량과 같아야 한다. 즉 "잠겨있는 물체에 작용하는 부력은 그 물체에 의해 배제된 유체의 중량과 같으며, 그 힘은 물체의 중심을 통해 상향으로 작용한다." 이것을 **아르키메데스의 원리**라 한다. 식으로 표현하면

$$F_B = \rho_f \ g\overline{V} \tag{3.29}$$

여기서 ρ_f는 물체가 잠겨있는 유체의 밀도, $\overline{V}$는 잠긴 물체의 체적이다.

그림 3.12에 나타낸 바와 같이 두 유체사이에 물체가 떠있는 경우(바다에 떠있는 선박의 경우, 상부쪽 유체는 공기, 하부유체는 물임)의 부력은

$$F_B = \rho_1 g\overline{V}_1 + \rho_2 g\overline{V}_2 \tag{3.30}$$

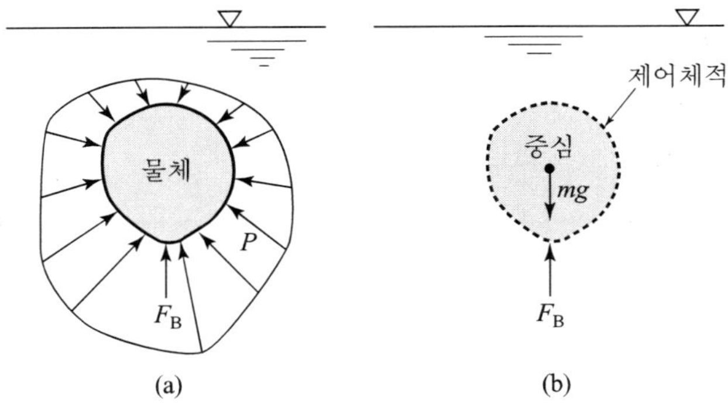

그림 3.11 부력(잠긴 물체)

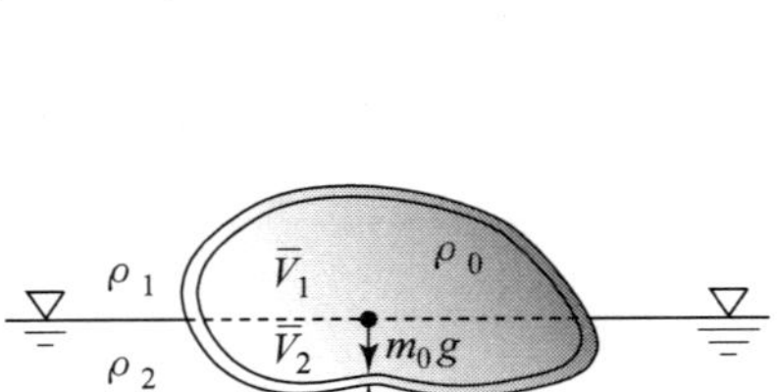

그림 3.12 떠 있는 물체의 부력

물체의 질량을 m_o라 하면 중량 $F = m_o g$이므로 $F = F_B$로부터

$$m_o g = \rho_1 g \overline{V}_1 + \rho_2 g \overline{V}_2 = \rho_o (\overline{V}_1 + \overline{V}_2) g$$

가 되며, 만일 상부유체가 공기라면 $\rho_2 \gg \rho_1$이므로 부력은 다음과 같다.

$$F_B \fallingdotseq \rho_2 g \overline{V}_2 \tag{3.31}$$

예제 3.10

그림[예제 3.10]과 같이 콘크리트 블록(밀도 2500 kg/m^3, 치수 0.5×0.5×3 m)을 크레인이 로프에 의해 이동시키는 작업을 하고 있다. (1) 공기 중에서 로프에 걸리는 힘, (2) 바닷물(밀도 1025 kg/m^3)에 잠겨 있을 때 로프에 걸리는 힘을 각각 구하라.

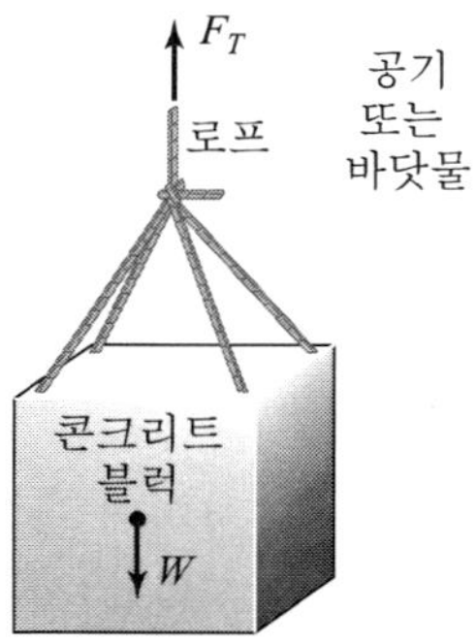

그림 [예제 3.10]

풀이 (1) 블록의 체적 $\overline{V} = 0.5 \times 0.5 \times 3 = 0.75\ m^3$

로프의 장력 $F_{Tair} = W = \rho_C \cdot g \overline{V} = 2500 \times 9.81 \times 0.75 \times 10^{-3} = 18.394\ kN$

(2) $F_B = \rho_w g \overline{V} = 1025 \times 9.81 \times 0.75 \times 10^{-3} = 7.54\ kN$

$\therefore\ F_{Tsea} = W - F_B = 18.394 - 7.54 = 10.854\ kN$

5) 상대적 압력평형

(1) 상대적 정지

유체가 운동을 하고 있어도 모든 유체입자의 상대적인 위치관계가 변화하지 않는 경우

에는 정지 상태에 있는 유체로서 취급이 가능하며, 운동하는 좌표계에 대하여 유체정역학의 기본 방정식(식 3.2)을 적용할 수 있다. 이것을 **상대적 정지**(relative rest)의 상태라 한다. 이 경우에는 유체에 작용하는 외력으로서, 중력 이외에 가속도에 의한 관성력을 고려해야 한다.

(2) 중력 이외의 외력(체적력 또는 가속도)이 작용하는 유체의 압력변화

그림 3.13과 같이 밀도 ρ 인 정지유체 속에 각 변의 길이 $dx,\ dy,\ dz$인 유체의 미소 입방체를 취하여, 그 전면의 $dy \times dz$ 면적을 갖는 점 A와 후면의 대응점 B에서의 압력은 각각 p, $p+\dfrac{\partial p}{\partial x}dx$가 된다. 이 미소체적에 단위 질량당 **체적력**을 $F(X,\ Y,\ Z)$라 하면 x방향의 힘의 평형은 다음과 같다.

$$pdydz-(p+\frac{\partial p}{\partial x}dx)dydz+X(\rho dxdydz)=0 \tag{3.32}$$

이 식을 정리하면

$$\frac{\partial p}{\partial x}=\rho X \tag{3.33}$$

동일한 방법으로 y방향과 z방향에 대한 힘의 평형 식을 이용하여 정리하면

$$\frac{\partial p}{\partial y}=\rho Y,\quad \frac{\partial p}{\partial z}=\rho Z \tag{3.34}$$

식 (3.33) 및 식 (3.34)는 각 방향의 체적력과 압력구배가 평형임을 의미한다.

압력의 미소 변화량 dp는 $p=p(x,y,z)$를 미분하여 다음과 같이 표시되므로

$$dp=\frac{\partial p}{\partial x}dx+\frac{\partial p}{\partial y}dy+\frac{\partial p}{\partial z}dz \tag{3.35}$$

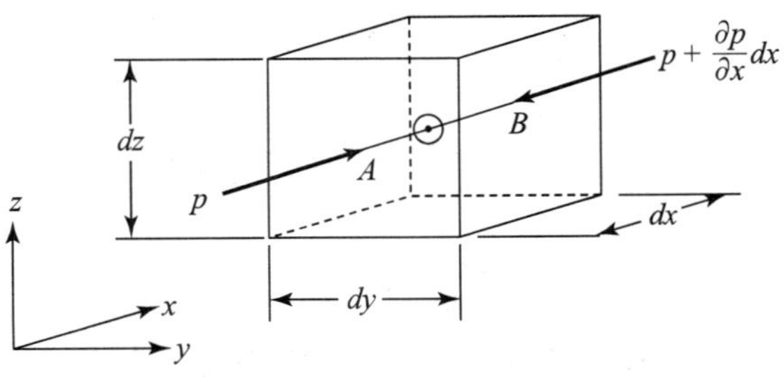

그림 3.13 정지유체중의 미소 직방체에 작용하는 힘

식 (3.33) 및 식 (3.34)를 위식에 대입하여, 다음과 같은 압력변화의 일반식을 얻을 수 있다.

$$dp = \rho(Xdx + Ydy + Zdz) \tag{3.36}$$

따라서 정지유체중의 점 1(x_1, y_1, z_1)과 점 2(x_2, y_2, z_2)사이의 압력차는 식 (3.36)을 적분하여 다음과 같이 구할 수 있다.

$$p_2 - p_1 = \int_1^2 dp = \int_1^2 \rho X dx + \int_1^2 \rho Y dy + \int_1^2 \rho Z dz \tag{3.37}$$

압력이 같아지는 면을 **등압면**(等壓面)이라 하며, 하나의 면상에 압력이 같은 점을 연결한 선을 등압선(等壓線)이라 한다. 정지유체중의 등압면은 식 (3.36)에서 $dp = 0$를 취하면 되므로 다음 식으로 표시된다.

$$Xdx + Ydy + Zdz = 0 \tag{3.38}$$

(3) 등가속도 운동을 하는 용기

그림 3.14와 같이 수평과 θ만큼 경사진 방향으로 가속도 a의 직선운동을 하는 용기에 밀도 ρ의 유체가 들어 있으며, 수평방향을 x축, 수직방향을 z축으로 잡으면 용기내의 단위질량의 유체에는 $X = -a\cos\theta$, $Z = -a\sin\theta - g$의 힘이 작용하므로 식 (3.36)은

$$dp = -\rho[a \cos\theta dx + (a\sin\theta + g)dz]$$

등압면은 $dp = 0$로부터

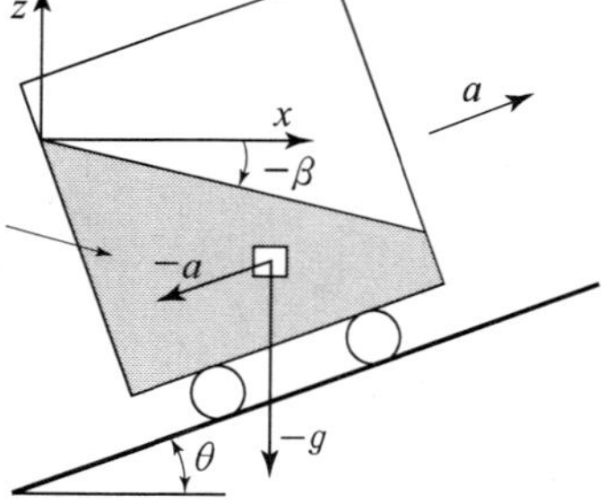

그림 3.14 등가속도로 직선운동하는 용기

$$\frac{dz}{dx} = \tan\ \beta = \frac{-\ a\cos\theta}{a\sin\theta + g}$$

$$\therefore \beta = \tan^{-1}\left[\frac{-\ a\cos\theta}{a\sin\theta + g}\right] \tag{3.39}$$

모든 등압면은 수평으로부터 β만큼 경사진 평면이 되며, 따라서 액면도 β만큼 경사지고 있다. 유체 중 임의의 점(x, z)의 압력은

$$p - p_o = -\ \rho[a\cos\theta \cdot x + (a\sin\theta + g)z] \tag{3.40}$$

가 된다. 여기서 p_o는 대기압이다.

예제 3.11

그림[예제 3.11]과 같은 단순 가속도계의 U자관에 물이 들어있는 상태에서 5초 사이에 시속 20 km/h로부터 60 km/h로 수평방향 가속도를 줄 때 수면 높이차 h를 구하라.

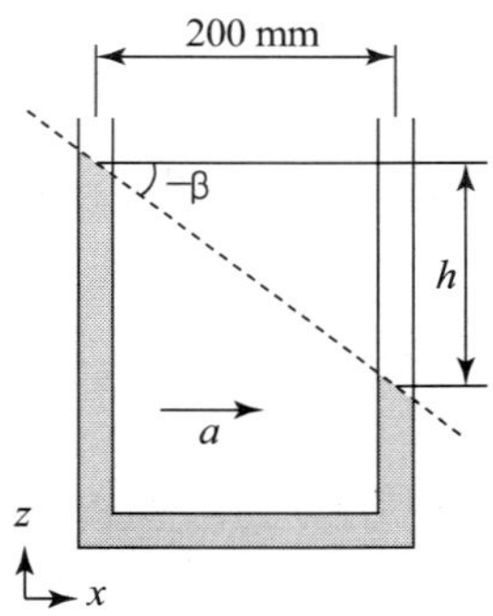

그림 [예제 3.11]

풀이 수평방향 가속도

$$a = \frac{dV}{dt} = \frac{(60-20)\times 10^3/3600}{5} = 2.222\ \text{m/s}^2$$

$$\frac{dz}{dx} = \tan\beta = \frac{-\ a cos\theta}{a sin\theta + g} = -\ \frac{a}{g} \qquad (\because \theta = 0\text{이므로})$$

$$\frac{h}{0.2} = \tan(-\beta) = \frac{a}{g} = \frac{2.222}{9.81} \qquad \therefore h = 0.0453\ \text{m} = 45.3\ \text{mm}$$

(4) 등각속도로 회전하는 용기

그림 3.15와 같이 연직 축 주위를 일정한 각속도 ω로 회전하고 있는 용기내의 단위 질량당의 유체에는 $X = x\omega^2$, $Y = y\omega^2$, $Z = -g$의 힘이 작용하므로 식 (3.36) 및 $x^2 + y^2 = r^2$으로부터

$$dp = \rho(r\omega^2 dr - g dz)$$

등압면은 $dp = 0$로부터

$$\frac{dz}{dr} = \frac{r}{g}\omega^2$$

액면도 등압면이므로, 액면의 위치를 z_s로 놓고 위식을 적분하여 회전축의 z_s의 값을 z_{so}라 하면 경계조건 $r = 0$: $z = z_{so}$를 적용하여 다음 식을 얻을 수 있으며, 이 식을 회전계의 원리에 응용할 수 있다.

$$z - z_{so} = \frac{r^2}{2g}\omega^2 \tag{3.41}$$

액체 중 임의의 점의 압력은 다음과 같다.(상기한 dp의 식을 적분함)

$$p - p_{so} = \frac{1}{2}\rho r^2\omega^2 + \rho g(z_{so} - z) \tag{3.42}$$

여기서 p_{so}는 $r = 0$, $z = z_{so}$에서의 압력이다(대기에 노출중인 경우는 대기압이므로 게이지압은 0임).

이때 유체용기가 정지 상태에 있는 경우에 액면의 높이 h는 벽면의 최대높이를 H라 할 때 다음의 관계가 있다.

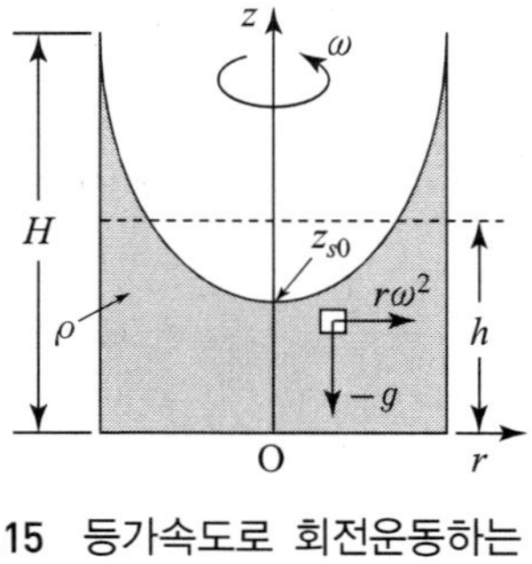

그림 3.15 등가속도로 회전운동하는 용기

$$h = \frac{H + z_{so}}{2} \tag{3.43}$$

예제 3.12

그림 3.15의 원통형 수조는 반경 $R = 0.5\,\mathrm{m}$, 높이 $H = 2\,\mathrm{m}$이다. 정지 시에 수면을 바닥으로부터 $h = 1.5\,\mathrm{m}$로 채운 상태이다. (1) 물이 수조로부터 흘러넘치지 않으려면 회전수를 몇 rpm으로 해야 하는가? (2) 수조 밑면의 중앙점 O점과 반경 R인 바닥 점에서의 게이지 압력을 각각 구하라.

풀이 (1) 식 (3.43)으로부터 $z_{so} = 2h - H = 2 \times 1.5 - 2 = 1\ \mathrm{m}$

식 (3.41)로부터 r=R에서 z=H인 조건에서는

$$H - z_{so} = \frac{R^2}{2g}\omega^2 \text{ 이므로}$$

$$\text{각속도 } \omega = \sqrt{\frac{2g(H - z_{so})}{R^2}} = \sqrt{\frac{2 \times 9.8 \times (2-1)}{0.5^2}} = 8.854\ \mathrm{rad/s} = \frac{2\pi n}{60}$$

$$\therefore n = \frac{60}{2\pi} \times 8.854 = 84.56\ \mathrm{rpm}$$

(2) O점 압력 $p_O = \rho g z_{so} = 1000 \times 9.8 \times 1 = 9800\ \mathrm{Pa} = 9.8\ \mathrm{kPa}$

반경 R의 바닥 점의 압력 $p_R = \rho g H = 1000 \times 9.8 \times 2 = 19600\ \mathrm{Pa} = 19.6\ \mathrm{kPa}$

3.2 가역단열 정상유동의 에너지 보존(베르누이 정리)

정상유동계의 에너지 보존의 식은 2장의 식 (2.27)로 표시하였다. 이 식을 유동계의 입구(첨자 i)와 출구(첨자 e)에 적용하여 표시하고, $\dot{Q}_{in} - \dot{Q}_{out} = \dot{Q}$, $\dot{W}_{out} - \dot{W}_{in} = \dot{W}$로 표시하면 다음과 같이 쓸 수 있다.

$$\dot{Q} - \dot{W} = \sum \dot{m}_e \left(\frac{p_e}{\rho_e} + u_e + \frac{V_e^{\,2}}{2} + g z_e\right) - \sum \dot{m}_i \left(\frac{p_i}{\rho_i} + u_i + \frac{V_i^{\,2}}{2} + g z_i\right) \tag{2.27}$$

계의 출입구가 한 개씩이고 정상류라면 질량보존에 의하여

$$\dot{m}_i = \dot{m}_e = \dot{m}$$

유체가 비압축성인 경우 $\rho_e = \rho_i = \rho$이므로 식 (2.27)을 변형시키면

$$[\frac{p}{\rho g}+\frac{V^2}{2g}+z]_i = [\frac{p}{\rho g}+\frac{V^2}{2g}+z]_e + [u_e - u_i - \frac{\dot{Q}}{\dot{m}}]\frac{1}{g} + \frac{\dot{W}}{g\dot{m}} \tag{3.44}$$

위식의 각 항들은 길이의 차원을 가지며, 단위질량이 갖는 **수두**(head)라 한다.

식 (3.44)의 좌변은 제어체적으로 들어가는 유체의 **전 수두**(total head) H_{ti} 이며, 우변의 첫[ ] 항은 제어체적으로부터 유출하는 유체의 전 수두 H_{te}, 우변 제2[ ]항은 마찰과 열전달 손실수두 h_l, 우변 제3항은 유체에 의하여 행해진 일의 등가수두 h_w이다. 따라서 간략하게 표기하면

$$H_{ti} = H_{te} + h_l + h_w \tag{3.45}$$

전 수두 $H_t = \frac{p}{\rho g}+\frac{V^2}{2g}+z$의 $\frac{p}{\rho g}$는 **압력수두**(pressure head), $\frac{V^2}{2g}$는 **속도수두**(velocity head), z는 **위치수두**(potential head)라 하며 각 항에 유체의 유동질량을 곱하면 각각 유체가 갖는 압력에너지, 속도에너지, 위치에너지가 된다.

식 (3.44)의 비압축성 정상류에 관한 에너지 식은 균일유동(uniform flow)이며 제어체적의 입구와 출구에서 물성치의 평균치를 취한 고정된 제어체적에 대한 에너지의 변환법칙이다. 여기서 다음의 사항들을 가정한다,

1. 유동이 가역적이며 단열유동(adiabatic flow)이다. 즉 비점성이고 제어체적에서의 열전달은 무시할 수 있으며, 손실수두 $h_l = 0$이다.
2. 제어체적 내 유체에 의해 또는 유체에 행해지는 일 $\dot{W}$는 없다.

이 경우에 식 (3.44)는 다음과 같이 된다.

$$[\frac{p}{\rho g}+\frac{V^2}{2g}+z]_i = [\frac{p}{\rho g}+\frac{V^2}{2g}+z]_e \tag{3.46}$$

만일 그림 3.16과 같이 제어체적을 유선에 따라 입구(i)와 출구(e)의 두 점간에 유동의 유선을 포함하는 미소유동 관로로 취하여 입구를 첨자 1, 출구를 첨자 2로 표시하면 식 (3.46)은 다음과 같이 표시된다.

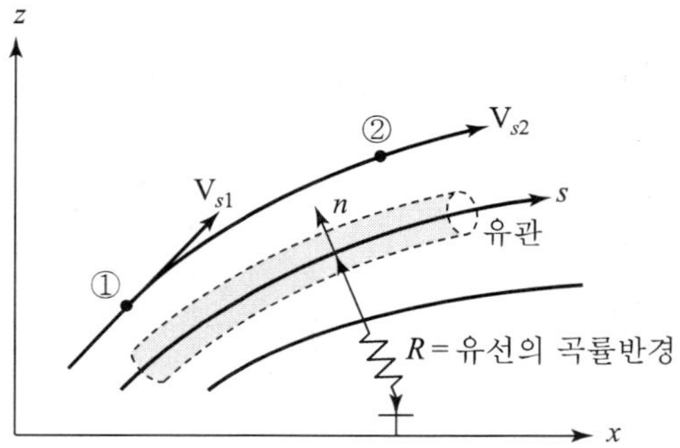

그림 3.16 유선과 유관

$$\frac{p_1}{\rho g}+\frac{{V_1}^2}{2g}+z_1=\frac{p_2}{\rho g}+\frac{{V_2}^2}{2g}+z_2=H=const \tag{3.47}$$

그림 3.16에서 유체의 속도벡터가 주어진 순간의 시간에 접선을 이루는 유동의 선을 **유선**(stream line)으로 정의한다. 유동이 정상상태, 정상류일 때 유선은 유체입자의 궤적을 나타내는 **유적선**(path line)과 일치한다.

식 (3.47)은 가역 단열유동에 대한 에너지 보존의 식으로서 **베르누이 식**(Bernoullis' theorem)이라 하며, 전 수두 $\frac{p}{\rho g}+\frac{V^2}{2g}+z$ 는 유선을 따르는 두 점 사이에서 다음의 가정 하에 일정하게 유지된다.

1. 유체는 비압축성이다.
2. 유동은 정상상태, 정상류이다.
3. 유동은 가역단열이며 비점성이다.
4. 유체에 의해 또는 유체에 행하는 일이 없다.

그림 3.17과 같이 실제 관로에 정압관과 피토관을 설치하여 식 (3.47)에 나타낸 각 수두의 크기를 비교할 수 있다.

이 그림에서 관 벽에 설치한 관을 **정압관**(static pressure tube)이라 하며, 이 관에 나타나는 수두는 압력수두와 위치수두의 합으로서 그 변화곡선을 **수력구배선**(hydraulic grade line, HGL)이라 한다. 또한 관 입구단면을 유속의 방향과 수직으로 하여 절대수직으로 설치한 관을 **피토관**(pitot tube)이라 하고, 피토관에 나타나는 액주높이는 전 수두(압력수두+속도수두+위치수두)를 나타내며, 그 변화곡선을 **에너지선**(energy line, EL)이라 한다.

기체(압축성 유체)의 유동에서는 밀도가 작으므로 위치에너지를 무시할 수 있으며, 식

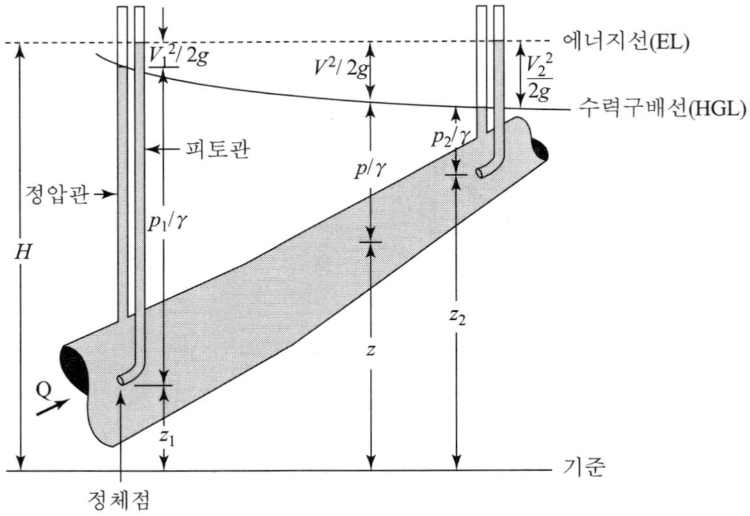

그림 3.17 에너지선과 수력구배선

(3.47)의 각 항에 ρg를 곱하면

$$p_1+\frac{\rho {V_1}^2}{2}=p_2+\frac{\rho {V_2}^2}{2}=p_t=const \tag{3.48}$$

이 되어 각 항은 압력을 나타내며, p는 **정압**(static pressure, 靜壓), $\rho V^2/2$은 **동압**(dynamic pressure, 動壓), 정압과 동압의 합을 **전압**(total pressure, 全壓) p_t 라 한다.

만일 유동이 비가역적이라면(실제의 경우) 유동과정에서 에너지 손실이 발생하므로 **손실수두** h_l이 식 (3.47)의 우변에 다음 식과 같이 가산되어야 한다.

$$\frac{p_1}{\rho g}+\frac{{V_1}^2}{2g}+z_1=\frac{p_2}{\rho g}+\frac{{V_2}^2}{2g}+z_2+h_l \tag{3.49}$$

또 유동과정 중 펌프와 터빈이 설치되어, 펌프는 유체에 일을 해주고(계에 행하는 일), 터빈은 유체로부터 일을 얻는(계에 의해 행해진 일) 역할을 하므로 각각 수두로 환산하여 펌프수두 h_p와 터빈수두 h_t로 표시한다면 식 (3.49)의 좌변에 h_p, 우변에 h_t를 가산해야 한다. 즉

$$\frac{p_1}{\rho g}+\frac{{V_1}^2}{2g}+z_1+h_p=\frac{p_2}{\rho g}+\frac{{V_2}^2}{2g}+z_2+h_t+h_l \tag{3.50}$$

손실수두 h_l에 대해서는 5장의 내부유동에서 다루기로 한다.

예제 3.13

그림[예제 3.13]과 같이 수평으로 놓여진 $d_1 = 10$ cm 의 관이 $d_2 = 5$ cm 의 관에 접속되어 있다. d_1의 관내를 공기가 5 m^3/min의 유량으로 흐를 때 $p_1 = 1.5$ atm 이라면 p_2는 얼마인가? 단, 마찰손실은 무시하고, 공기밀도는 1.23 kg/m^3이다.

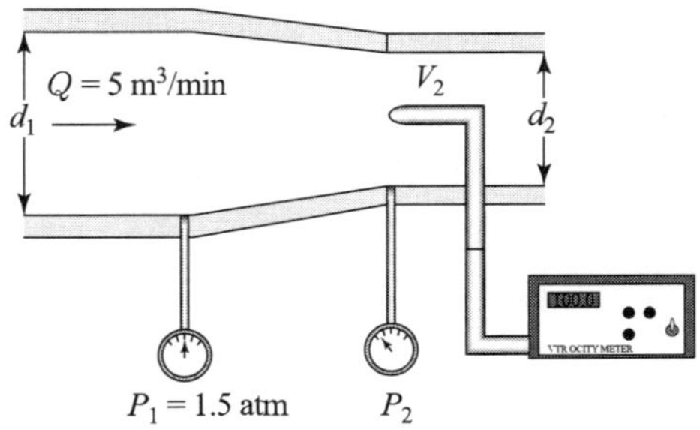

그림 [예제 3.13]

풀이 $Q = 5/60 = 8.333 \times 10^{-2}\ m^3/s$

$$\therefore V_1 = \frac{Q}{A_1} = \frac{Q}{(\pi/4)d_1^2} = \frac{0.08333}{(\pi/4) \times 0.1^2} = 10.61\ m/s$$

$$V_2 = \frac{Q}{A_2} = \frac{Q}{(\pi/4)d_2^2} = \frac{0.08333}{(\pi/4) \times 0.05^2} = 42.44\ m/s$$

$$\therefore \frac{1}{\rho g}(p_2 - p_1) = \frac{V_1^2 - V_2^2}{2g}$$

$$\therefore \frac{1}{1.23 \times 9.8}(p_2 - 1.5 \times 101.3 \times 10^3) = \frac{10.61^2 - 42.44^2}{2 \times 9.8}$$

$$\therefore p_2 = 1.509 \times 10^5\ \text{Pa} = 150.9\ \text{kPa}$$

예제 3.14

그림[예제 3.14]와 같이 단면 (1)에서의 압력 $p_1 = 300$ kPa, 내경 $d_1 = 600$ mm, 단면 (2)에서는 내경 $d_2 = 300$ mm 이며 위치차가 1 m이고 유량은 700 l/s로 흐를 때 단면 (2)의 압력 p_2를 구하라.

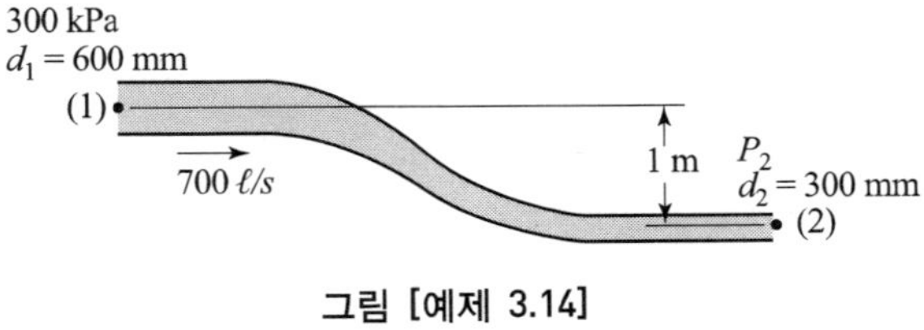

그림 [예제 3.14]

풀이 $V_1 = \frac{Q}{A_1} = \frac{0.7}{(\pi/4) \times 0.6^2} = 2.476 \text{ m/s}$

$$V_2 = \frac{Q}{A_2} = \frac{0.7}{(\pi/4) \times 0.3^2} = 9.903 \text{ m/s}$$

$$\frac{p_1}{\gamma} + \frac{V_1^2}{2g} + z_1 = \frac{p_2}{\gamma} + \frac{V_2^2}{2g} + z_2$$

$$\therefore p_2 = \gamma[\frac{p_1}{\gamma} + \frac{V_1^2 - V_2^2}{2g} + z_1 - z_2]$$

$$= 9800[\frac{300 \times 10^3}{9800} + \frac{2.476^2 - 9.903^2}{2 \times 9.8} + 1] = 263830.58Pa = 263.83 \text{ kPa}$$

예제 3.15

내경 200 mm의 수평 관로를 2.5 m/s의 평균속도로 물이 흐르는 경우, 그 관로의 어느 단면상에서 측정한 평균압력이 0.15 Mpa이었다. 매초 얼마의 에너지가 그 단면을 통과하는가? 또 이것을 동력으로 환산하면 몇 kW 인가?

풀이 단면을 2.5 m/s의 속도로 흐르므로 단위중량 당 속도 에너지인 속도수두는

$$\frac{V^2}{2g} = \frac{2.5^2}{2 \times 9.8} = 0.319 \text{ m} = 0.319 \text{ J/N}$$

단위중량 당 압력에너지인 압력수두는

$$\frac{p}{\gamma} = \frac{0.15 \times 10^6}{9800} = 15.306 \text{ m} = 15.306 \text{ J/N}$$

따라서 단면을 통과하는 물의 전 수두 H 는

$$H = \frac{V^2}{2g} + \frac{p}{\gamma} = 0.319 + 15.306 = 15.625m = 15.625 \text{ J/N}$$

중량유량 $\dot{G} = \gamma A V = 9800 \times (\pi/4) \times 0.2^2 \times 2.5 = 769.7N/s = \gamma Q$

$\therefore$ 전 유량에 상당하는 매초 당 에너지(동력)는

$$\gamma QH = 769.7 \times 15.625 = 12026.56 \text{ J/s} = 12.027 \text{ kW}$$

3.3 베르누이 정리의 응용

1) 오리피스

그림 3.18과 같이 수조의 측면 벽에 작은 구멍을 뚫고, 그 구멍으로부터 물을 유출시켜 유량을 측정할 때 이 구멍을 **오리피스**(orifice)라 한다. 유출구멍으로부터 수면까지의 높이를 H, 수면 ①과 오리피스의 중심 ②사이에 한 개의 유선을 생각하여 베르누이 방정식을 적용하면 다음과 같다.

$$\frac{p_1}{\gamma}+\frac{{V_1}^2}{2g}+z_1=\frac{p_2}{\gamma}+\frac{{V_2}^2}{2g}+z_2 \tag{3.51}$$

유출구멍에서의 정압은 거의 대기압과 같다고 알려져 있으므로 $p_1=p_2$, $z_1-z_2=H$, 또 연속방정식의 $A_1V_1=A_2V_2$를 적용하면 식 (3.51)에서 유출속도 V_2는 다음과 같이 구해진다.

$$V_2=\sqrt{\frac{2gH}{1-(A_2/A_1)^2}} \tag{3.52}$$

일반적으로 $A_2 \ll A_1$이므로, 위 식은

$$V_2=\sqrt{2gH} \tag{3.53}$$

이 되며, 이 식을 **토리첼리의 정리**(Torricelli's theorem)라 한다.

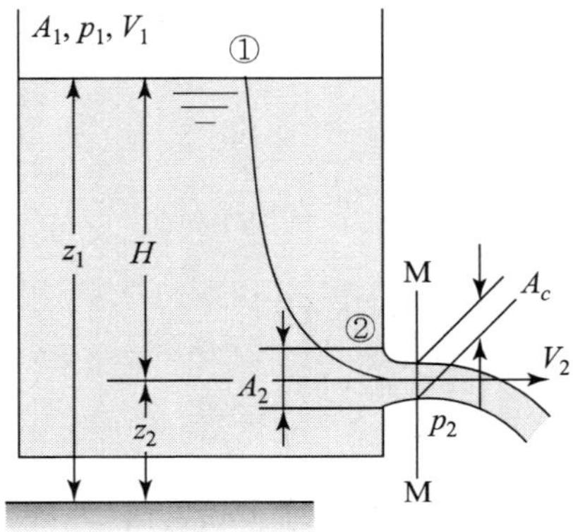

그림 3.18 오리피스

(1) 수축계수

오리피스의 단면적 A_2로부터 유출한 분류는 축류부에서 최소 단면적 A_c가 되며, 이때 축류비율 C_c 를 **수축계수**(coefficient of contraction, 收縮係數) 라 한다.

$$C_c = \frac{A_c}{A_2} \tag{3.54}$$

수축계수 C_c 의 값은 이론적으로는 0.611이지만, 실험에 의하면 원형 오리피스의 경우 0.61~0.66, 구경이 작거나 수면까지의 높이 H 가 작은 경우에는 표면장력의 영향으로 0.72정도가 된다.

(2) 속도계수

비점성 유체에서는 유출속도 V_2가 식 (3.52) 또는 식 (3.53)으로 주어지지만, 실제 유체의 유출속도 V_c는 점성으로 인하여 $V_c < V_2$ 가 된다. 이때 이론속도 V_2에 대한 실제 속도 V_c의 비를 **속도계수**(coefficient of velocity, 速度係數)라 한다.

$$C_v = \frac{V_c}{V_2} \tag{3.55}$$

C_v 의 값은 이론적으로 구하기 곤란하므로 실험적으로 구해지고 있다. 일반적으로는 C_v=0.93~0.98의 범위이다.

(3) 손실수두

오리피스에서 마찰 등에 의한 손실수두(단위 중량의 유체가 잃은 에너지)는 속도수두의 차이므로

$$h_l = \frac{{V_2}^2}{2g} - \frac{{V_c}^2}{2g} = (1 - {C_v}^2)\frac{{V_2}^2}{2g} \tag{3.56}$$

이 되며, $C_v = 0.95$ 라면 $h_l \fallingdotseq 0.1\,H$가 된다.

(4) 유량계수

이론유량 Q_{th} 와 실제유량 Q 의 사이에는 다음의 관계가 있다.

$$Q = A_o V_o = C_c A_2 C_v V_2 = C_c C_v A_2 V_2 = C Q_{th} \tag{3.57}$$

단, $Q_{th} = A_2 V_2$는 비점성 유체에서 축류부가 없다고 생각한 가상적인 유량이며, 또 $C = C_c C_v$ 를 **유량계수**(coefficient of discharge, 流量係數)라 한다. 일반적으로 C≒0.59~0.68의 범위이다.

예제 3.16

그림 3.18과 같은 수조에서 직경 3 cm의 오리피스로부터 유출하는 실제 수량을 구하라. H=2 m이고 축류 부분의 직경은 2.5 cm이며 속도계수는 0.98이다.

풀이 $V_2 = \sqrt{2gH} = \sqrt{2 \times 9.8 \times 2} = 6.26\ \mathrm{m/s}$

$\therefore\ V_c = C_v V_2 = 0.98 \times 6.26 = 6.135\ \mathrm{m/s}$

$$C_c = \frac{A_c}{A_2} = (\frac{d_c}{d_2})^2 = (\frac{2.5}{3})^2 = 0.6944$$

$\therefore\ C = C_v C_c = 0.98 \times 0.6944 = 0.6805$

$\therefore\ Q = CQ_{th} = CA_2 V_2 = 0.6805 \times (\pi/4) \times 0.03^2 \times 6.26 = 0.003\ \mathrm{m^3/s}$

2) 피토관

그림 3.19와 같이 L자형의 2중관(자세한 모양은 그림 3.20참조)을 사용한 **피토관**(pitot tube)을 이용하여 관내유속을 측정할 수 있다.

주류 ①의 흐름은 피토관의 선단부 ②에서 일단 정지한다. 이 점을 **정체점**(stagnation point, 停滯点)이라 하고 이점에서의 압력을 **정체압**(stagnation pressure, 停滯壓)이라 한다. 흐름은 그 후에 피토관 측면을 따라서 하류 쪽으로 유동하지만, 측벽 표면에 몇 개의 작

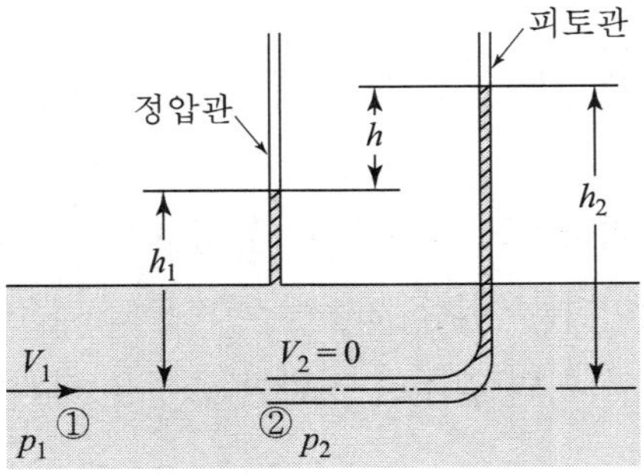

그림 3.19 피토관

은 구멍을 내어 그 점의 정압을 측정할 수는 있다. 그러나 그림 3.19에는 정체점 단면상의 관 벽에 수직관(정압관)을 세워 정압을 측정하고 있고, L자형(측면에 구멍이 없는)관은 전압을 측정하는데, 위에서 언급한 L자형 2중 원관(측벽표면에 구멍이 있는 경우)에서 전압 및 정압을 동시에 측정하는 것과 각각 같은 수주높이를 나타낸다.

상류 측 ①과 정체점 ② 사이에 베르누이 식을 적용하면

$$\frac{p_1}{\rho}+\frac{{V_1}^2}{2}=\frac{p_2}{\rho}+\frac{{V_2}^2}{2} \tag{3.58}$$

이 되며, 정체점에서의 속도 $V_2 = 0$ 이므로

$$p_2 - p_1 = \rho\frac{{V_1}^2}{2}= \rho g(h_2 - h_1) = \rho gh \tag{3.59}$$

$$\therefore\ \ V_1 = \sqrt{2(p_2 - p_1)/\rho}= \sqrt{2gh} \tag{3.60}$$

여기서 피토관 선단의 정체점 압력은 **전압**(全壓)으로 표시하고 또 관 벽 주위의 작은 구멍에서 측정한 **정압**(靜壓)을 빼면 **동압**(動壓)이 된다. 일반적으로 전압만을 측정하는 것을 **피토관**(pitot tube), 전압과 정압을 동시에 측정하는 것을 **피토-정압관**(pitot static tube)이라 한다. 피토관은 실험에 의해서 피토관계수 c 를 정확히 구할 필요가 있다.

$$V_1 = c\sqrt{2gh} \tag{3.61}$$

그림 3.20에 실제 유체의 압력측정에 이용되는 3개의 표준형 피토관을 나타낸다. 그림 중의 (a)는 선단이 반구형인 프란틀형 피토관이다. 피토관의 축을 흐름방향과 일치시키고 그 선단의 구멍에 의해 전압 p_t, 피토관 측면에 뚫어져 있는 구멍으로부터 정압 p_s를 측정하여 그 차압으로부터 유속을 구한다. 그 결과는 다음 식으로 표시된다.

$$V= \sqrt{\frac{2g(p_t - p_s)}{\gamma}} \tag{3.62}$$

(b)는 선단이 원추형인 영국 NPL형 피토관의 형상이며, (c)는 이 NPL형의 선단을 반구형으로 한 JIS형 피토관이다. 어떠한 표준형 피토관도 넓은 유속범위에 걸쳐서 피토관계수 c는 1.00으로 이론치와 거의 같지만 정확한 측정을 하려면 유속범위에 걸쳐서 검정할 필요가 있다.

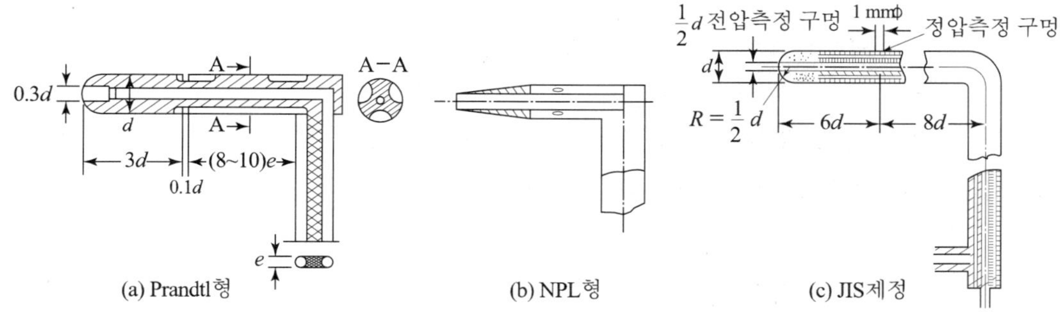

그림 3.20 피토관

예제 3.17

피토관으로 풍속을 측정하였다. 이때 동압이 수주로 30 mm이었다. 피토관 계수가 0.98, 공기와 물의 밀도를 각각 $\rho_a = 1.23\ \text{kg/m}^3$, $\rho_w = 1000\ \text{kg/m}^3$이라면 풍속은 얼마인가?

풀이 $p_2 - p_1 = \rho_w g h = 1000 \times 9.8 \times 30 \times 10^{-3} = 294\ \text{Pa}$

$$\therefore V_1 = c\sqrt{\frac{2(p_2 - p_1)}{\rho_a}} = 0.98\sqrt{\frac{2 \times 294}{1.23}} = 21.43\ \text{m/s}$$

3) 벤츄리관

관로를 서서히 교축하여 입구와 교축부(목부)사이의 압력차로부터 관로를 흐르는 유량을 측정하는 장치를 **벤츄리계**(venturi meter)라 한다. 3.3.1절의 오리피스와는 달리 수축부의 축류(縮流)는 생기지 않으므로 수축계수 $C_c = 1$로 생각할 수 있다.

그림 3.21에 있어서 수평으로 설치된 벤츄리계 상류 측 ①단면과 목 부분의 ②단면 사이에 베르누이 식을 적용하면

$$\frac{p_1}{\rho} + \frac{V_1^{\ 2}}{2} = \frac{p_2}{\rho} + \frac{V_2^{\ 2}}{2} \tag{3.63}$$

이 되며, 연속방정식 $V_1 = \dfrac{A_2}{A_1} V_2$ 와 유량계수를 C 라 하면 관내의 유량 Q 는 다음 식으로 표시할 수 있다.

$$Q = CA_2 V_2 = \frac{CA_2}{\sqrt{1-(A_2/A_1)^2}} \sqrt{\frac{2(p_1 - p_2)}{\rho}} \tag{3.64}$$

압력차 $p_1 - p_2$는 벤츄리계 상부에 설치한 두 정압관의 액주차 h와 관련시키면 $p_1 - p_2 = \rho g h$ 이므로 식 (3.64)는 다음과 같이 된다.

$$Q = \frac{CA_2}{\sqrt{1-(A_2/A_1)^2}} \sqrt{2gh} \tag{3.65}$$

따라서 정압관의 액주차 h 를 측정함으로서 관로 내의 유량을 구할 수 있다.

만일 그림 3.21에서 ①, ②의 정압관 대신에 하부에 표시한 U 자관 마노미터를 설치하여 그 액주차(밀도 ρ_s)가 h_s 만큼으로 나타난다면 식 (3.64)의 $p_1 - p_2 = gh_s(\rho_s - \rho)$ 이므로 다음 식으로 정리된다. 벤츄리관의 유량계수 C는 그림 3.22에 예시하였다.

$$Q = \frac{CA_2}{\sqrt{1-(A_2/A_1)^2}} \sqrt{2gh_s\left(\frac{\rho_s}{\rho} - 1\right)} \tag{3.66}$$

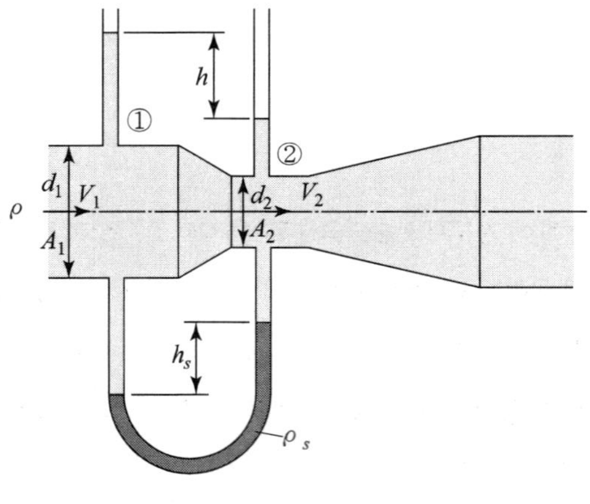

그림 3.21 벤츄리관

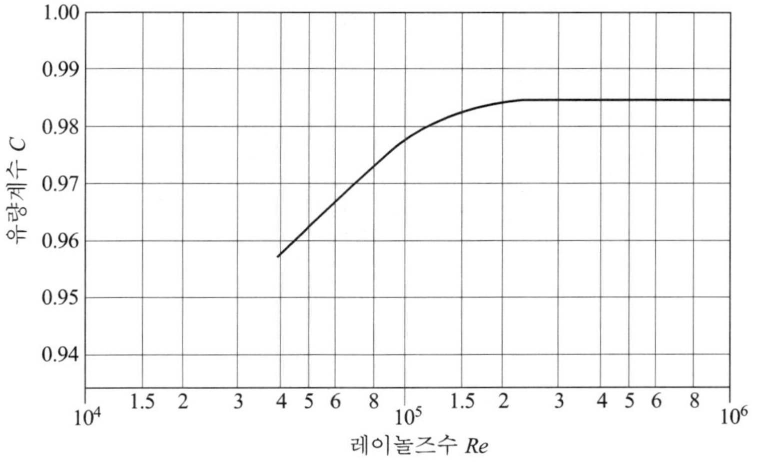

그림 3.22 벤츄리관의 유량계수

예제 3.18

그림 3.21과 같은 벤츄리관에서 $d_1 = 100$ cm, $d_2 = 30$ cm, $h_s = 300$ mmHg, 유량계수 $C = 0.98$일 때 실제 유량을 구하라. 단, 수은의 비중은 13.6이다.

풀이

$$Q = \frac{CA_2}{\sqrt{1-(A_2/A_1)^2}}\sqrt{2gh_s(\frac{\rho_s}{\rho}-1)}$$

$$= \frac{0.98\times\frac{\pi}{4}0.3^2}{\sqrt{1-(30/100)^4}}\sqrt{2\times 9.8\times 0.3(\frac{13.6}{1}-1)} = 0.5987 \ \text{m}^3/\text{s}$$

4) 관내 오리피스 및 관내 노즐

관로 내에 오리피스 혹은 노즐을 설치하여 그 전후의 압력차를 측정함으로서 관내 유량을 측정할 수 있다. 그림 3.23에는 관로 내에 오리피스를 설치하고 그 전후의 압력차를 측정하기 위하여 U자관 마노미터를 설치한 경우이다. 오리피스의 구조는 그림 3.24(a), 노즐의 구조는 그림 3.25(a)와 같다.

오리피스 구멍의 하류 쪽에는 흐름의 축류부가 생기며, 비압축성 유체의 흐름에 대하여 점 1과 점 2사이에 베르누이 식을 적용하면

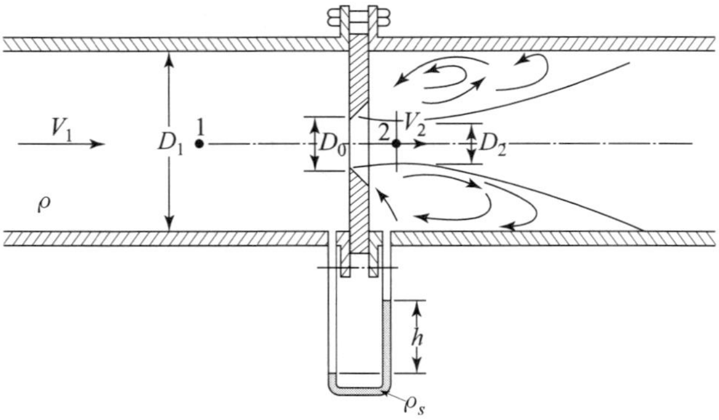

그림 3.23 관내의 오리피스

$$\frac{p_1}{\rho} + \frac{{V_1}^2}{2} = \frac{p_2}{\rho} + \frac{{V_2}^2}{2} \tag{3.67}$$

수축계수 $C_c = A_2/A_o$ 이므로 $A_2 = C_c A_o$ 가 되며, 따라서 관로 내의 유량 Q는

$$Q = A_1 V_1 = A_2 V_2 = C_c A_o V_2 \tag{3.68}$$

이 된다. 위 식에서 $V_1 = C_c \dfrac{A_o}{A_1} V_2$ 를 이용하여 식 (3.67)에 대입하면

$$V_2 = \frac{1}{\sqrt{1 - C_c^{\,2}(A_o/A_1)^2}} \sqrt{\frac{2}{\rho}(p_1 - p_2)} \tag{3.69}$$

이 되며, 실제 속도는 위 식에 속도계수 C_v를 곱하여 구할 수 있다. 따라서 실제유량은 식 (3.68)의 V_2 대신에 $C_v V_2$(V_2는 식 (3.69))를 적용하면 $C_c \cdot C_v = C$ 이므로

$$\begin{aligned} Q &= \frac{C A_o}{\sqrt{1 - C_c^{\,2}(A_o/A_1)^2}} \sqrt{\frac{2}{\rho}(p_1 - p_2)} \\ &= \frac{C A_o}{\sqrt{1 - C_c^{\,2}(A_o/A_1)^2}} \sqrt{2gh\left(\frac{\rho_s}{\rho} - 1\right)} \\ &\fallingdotseq C A_o \sqrt{2gh\left(\frac{\rho_s}{\rho} - 1\right)} \end{aligned} \tag{3.70}$$

이 되며, 여기서 유량계수 $C = C_c C_v$ 이다. 이때 유량계수 C 의 값은, 오리피스의 경우는 그림 3.24(b)에, 노즐의 경우는 그림 3.25(b)에서 구할 수 있다.

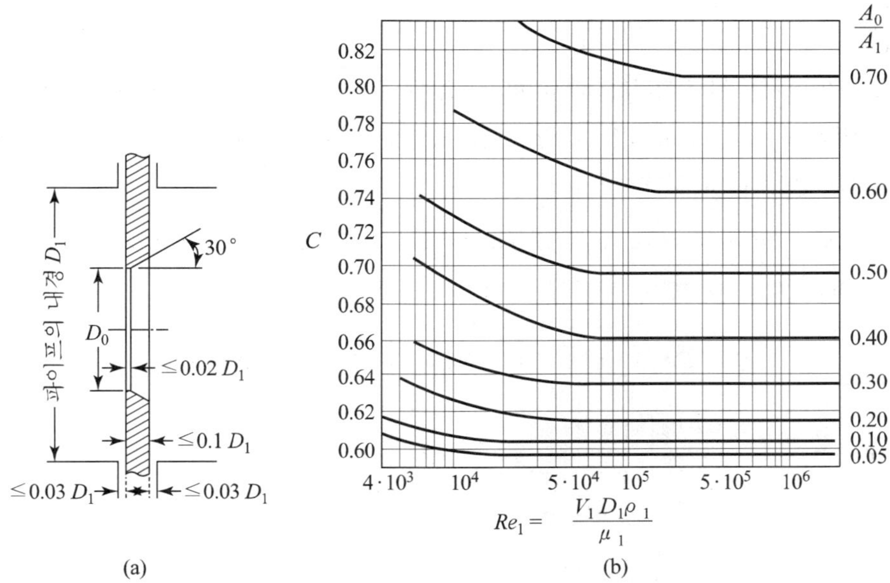

그림 3.24 오리피스와 유량계수

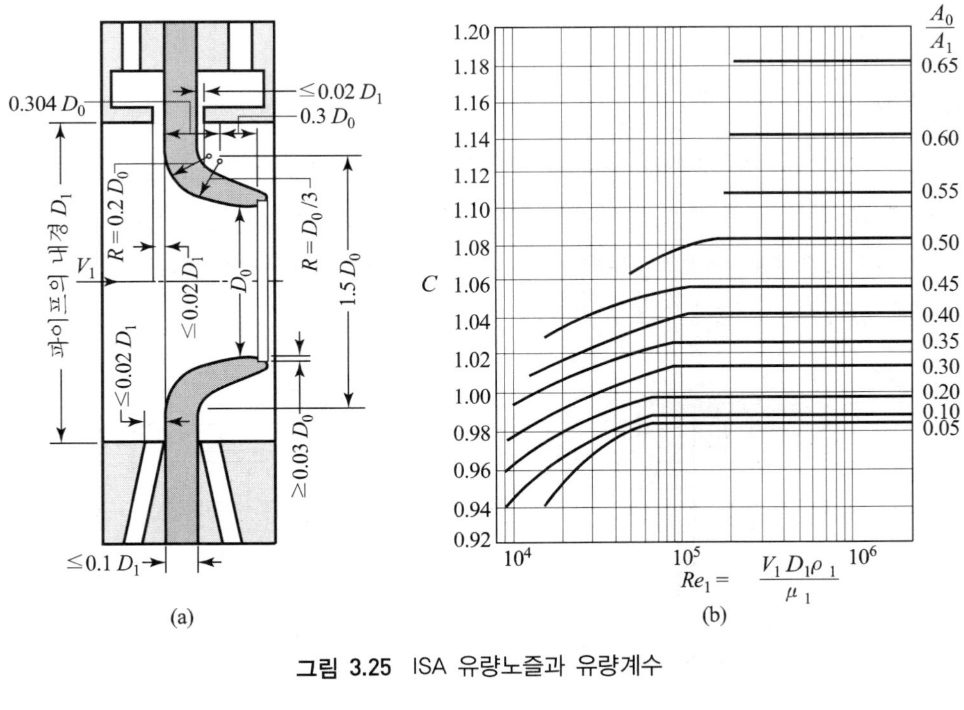

그림 3.25 ISA 유량노즐과 유량계수

예제 3.19

그림 3.23에 표시한 관내 오리피스에서 물이 흐를 때 $D_1 = 15\ \text{cm}$, $D_o = 10\ \text{cm}$ 이며, 수은 마노미터의 액주차 $h = 25\ \text{cmHg}$ 이다. 유량 Q 를 구하라. 단, 수은의 비중은 13.6, 물의 동점성계수 $\nu = 1.141 \times 10^{-6}\ \text{m}^2/\text{s}$ 이다.

풀이 그림 3.24(b)로부터 $A_o/A_1 = (D_o/D_1)^2 = (10/15)^2 = 0.4444$ 에 대하여 곡선의 수평부분이 적용된다고 가정한다. 따라서 $C \fallingdotseq 0.678$ 이다.

$$\therefore Q = CA_o\sqrt{2gh(\frac{\rho_s}{\rho}-1)} = 0.678 \times (\frac{\pi}{4})0.1^2\sqrt{2 \times 9.8 \times 0.25 \times (\frac{13.6}{1}-1)}$$

$$= 0.04184\ \text{m}^3/\text{s}$$

$$V_1 = \frac{Q}{A_1} = \frac{0.04184}{(\pi/4) \times 0.15^2} = 2.368\ \text{m/s}$$

$$\therefore Re = \frac{V_1 D_1}{\nu} = \frac{2.368 \times 0.15}{1.141 \times 10^{-6}} = 311305.87$$

따라서 그래프로부터 C의 값이 옳았으며, 송출유량은 $0.04184\ \text{m}^3/\text{s}$ 이다.

5) 위어

수로의 도중이나 끝 부분에 수로를 차단할 수 있도록 흐름 중에 수직으로 위어 판을 설치하여 그 판을 넘쳐 흐르는 액체의 높이, 즉 위어 판 끝에서 액체의 자유표면까지의 높이를 측정함으로서 수로의 유량을 측정할 수 있는데, 이것을 **위어**(weir)라 하고, 그림 3.26에는 전폭위어의 경우를 도시하였다.

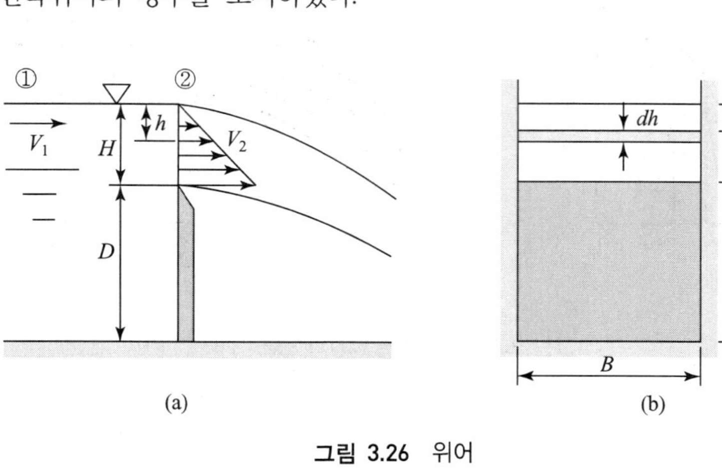

그림 3.26 위어

그림 3.26에서 상류 측의 수면상의 점 ①과 위어 판을 조금 지난 하류점 ② (h의 깊이) 사이에 유선을 생각하여 베르누이 식을 적용하면

$$\frac{{V_1}^2}{2g} = \frac{{V_2}^2}{2g} - h \tag{3.71}$$

이 되는데, 위 식의 좌변 ${V_1}^2/2g$ 은 ${V_2}^2/2g$ 이나 h에 비하여 아주 작으므로 무시하면 다음의 식을 얻는다.

$$V_2 = \sqrt{2gh} \tag{3.72}$$

위어의 폭 B, 두께 dh의 미소면적을 통과하는 미소유량 dQ 는, 유량계수를 C 라 하면

$$dQ = C \cdot B \cdot dh \cdot V_2 = C \cdot B\sqrt{2gh}\,dh \tag{3.73}$$

이므로 적분하면 다음과 같다.

$$Q = \int dQ = C \cdot B\sqrt{2g}\int_0^H h^{1/2}dh = C\frac{2}{3}B\sqrt{2g} \cdot H^{3/2}\ [\mathrm{m^3/s}] \tag{3.74}$$

위어의 대표적인 종류를 들면 그림 3.27과 같이 **전폭위어**(suppressed weir, 全幅위어), **4각위어**(rectangular weir), **3각위어**(triangular weir)등이 있다.

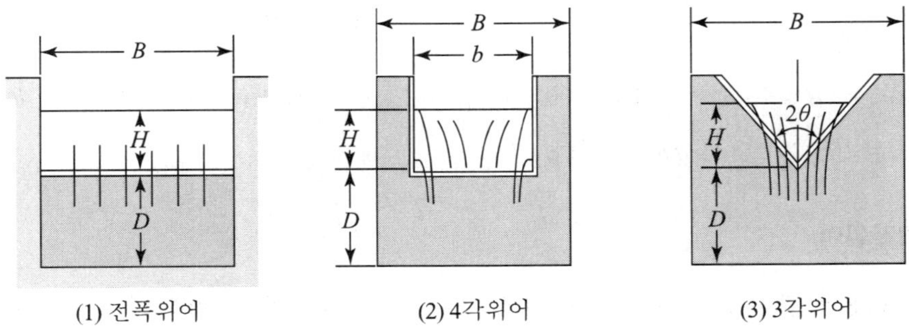

그림 3.27 위어의 종류

(1) 전폭위어

전폭위어는 측면 축류가 없으며 많은 유량의 측정에 주로 이용된다. 위어 폭 B가 일정하므로 식 (3.73)을 적분하면 식 (3.74)와 같은 식

$$Q = C\frac{2}{3}B\sqrt{2g} \cdot H^{3/2} \quad [\mathrm{m^3/s}] \tag{3.75}$$

이 되며, 유량계수 C 는 수로 및 위어 판의 형상, 헤드 H, 레이놀즈수, 표면장력 등의 함수이다. 물에 대해서는 **Rehbock의 공식**을 확장한 다음의 실험식이 이용되고 있다.

$$Q = KBH^{3/2} \quad [\mathrm{m^3/min}] \tag{3.76}$$

$$K = 107.1 + \left(\frac{0.177}{H} + 14.2\frac{H}{D}\right)[1 + 0.55(D-1)] \tag{3.77}$$

단, $D < 1m$에서는 [ ]내의 값은 1로 하며, 적용범위는 $B \ge 0.5\ \mathrm{m}$, $D = (0.3 \sim 2.5)\ \mathrm{m}$, $H = (0.03 \sim D)\ \mathrm{m} < 0.8\ \mathrm{m}$ 및 $H \le B/4$이다.

(2) 4각위어

보통정도의 유량 측정에는 전폭위어에서 양측 벽면의 영향을 없애기 위하여 그림 3.27에서 보는 것처럼 수로의 폭 B보다 좁은 폭 b 로 한 **4각위어**가 사용된다. 이 경우는 위어 폭 b가 일정하므로 식 (3.75)의 B를 b로 대치하면 다음 식으로 표시된다,

$$Q = C\frac{2}{3}b\sqrt{2g} \cdot H^{3/2} = KbH^{3/2} \quad [\mathrm{m^3/min}] \tag{3.78}$$

$$K = 107.1 + \frac{0.177}{H} + 14.2\frac{H}{D} - 25.7\sqrt{\frac{(B-b)H}{BD}} + 2.04\sqrt{\frac{B}{D}} \tag{3.79}$$

적용범위는 $B = (0.5 \sim 6.3)\ \mathrm{m}$, $b = (0.15 \sim 5)\ \mathrm{m}$, $D = (0.15 \sim 3.5)\ \mathrm{m}$, $bD/B^2 \ge 0.06$, $H = (0.03 \sim 0.45\sqrt{b})\ \mathrm{m}$이다.

(3) 3각위어

그림 3.28과 같이 노치각도 2θ의 **3각위어**는 작은 유량의 측정에 널리 사용되고 있다.

그림 3.28로부터 수심 h에서의 폭$=2(H-h)\tan\theta$이며 미소두께 dh 와의 이루는 미소면적으로부터 미소유량 dQ 는

$$dQ = C \cdot 2(H-h)\tan\theta \cdot dh \cdot \sqrt{2gh} \tag{3.80}$$

전 유량은 위 식을 적분하여

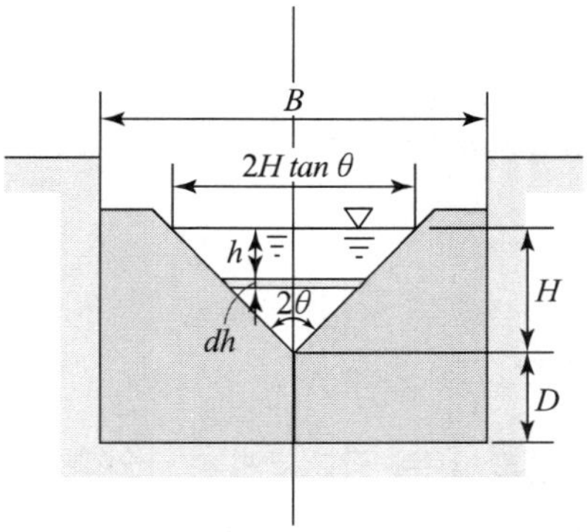

그림 3.28 3각 위어

$$Q = C \cdot 2\sqrt{2g}\ \tan\theta \int_0^H (H-h)^{1/2} dh = \frac{8}{15} C\sqrt{2g}\ \tan\theta \cdot H^{5/2}$$

$$= KH^{5/2} \quad [\mathrm{m^3/min}] \tag{3.81}$$

$C = 0.6$, $\theta = 45°$ 의 직각 3각위어가 널리 이용되고 있다.

$$K = 81.2 + \frac{0.24}{H} + (8.4 + \frac{12}{\sqrt{D}})(\frac{H}{B} - 0.09)^2 \tag{3.82}$$

적용범위는 $B = (0.5 \sim 1.2)$ m, $D = (0.1 \sim 0.75)$ m, $H = (0.07 \sim 0.26)\ \mathrm{m} \leq (B/3)$이다.

예제 3.20

직각 3각 위어($\theta = 45°$)(그림 3.28)에서 수면의 헤드가 $H = 15$ cm 일 때 유량을 구하라. 수로의 폭은 $B = 60$ cm, 수로의 저면으로부터 위어 판의 하단 점까지의 높이 $D = 12$ cm 이다.

풀이 $K = 81.2 + \frac{0.24}{0.15} + (8.4 + \frac{12}{\sqrt{0.12}})(\frac{0.15}{0.6} - 0.09)^2 = 83.9$

∴ 유량은 다음과 같다.

$Q = KH^{5/2} = 83.9 \times 0.15^{5/2} = 0.731\ \mathrm{m^3/min}$

연습문제 exercise 03

마노미터

1. 그림[문 3.1]에 있어서 탱크 B는 공기로서 그 압력 p_B가 대기압과 같다고 할 때, $\Delta h = 50\ \mathrm{mmHg}$라면 탱크 A내의 공기의 압력 p_A는 게이지압(Pa)으로 얼마인가? 또 대기압이 $760\ \mathrm{mmHg}$라면 절대압 (p_{Aa})는 얼마인가?

답 6.664 kPa, 107.989 kPa

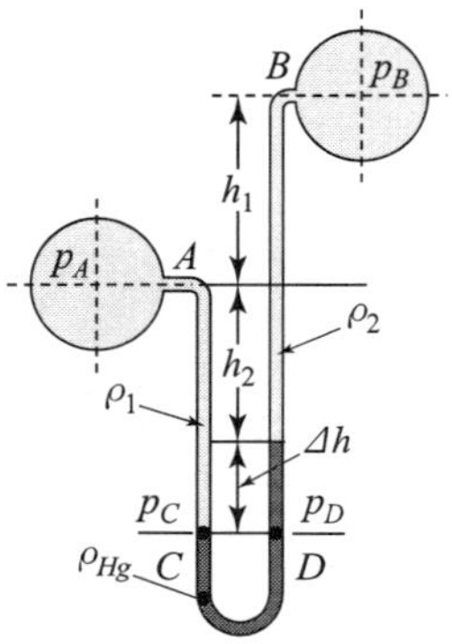

그림 [문 3.1]

2. 그림[문 3.2]과 같이 공기, 기름(밀도 $800\ \mathrm{kg/m^3}$) 및 물이 담겨있는 압력용기가 있다. 액주계 및 유면의 높이가 그림과 같이 표시되는 경우, 용기내의 공기압력은 얼마인가?

답 $-6.78\ \mathrm{kPa}$

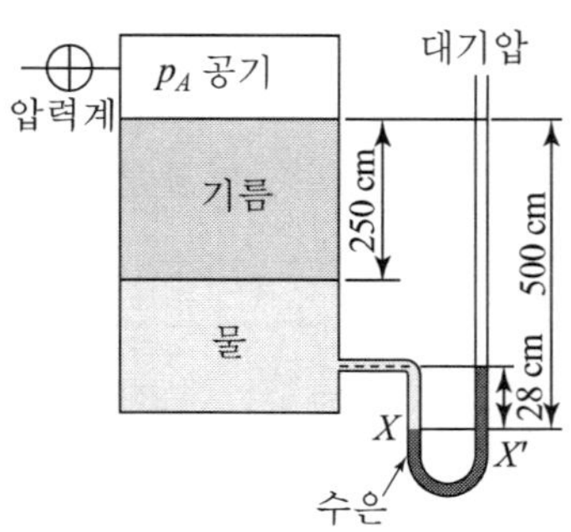

그림 [문 3.2]

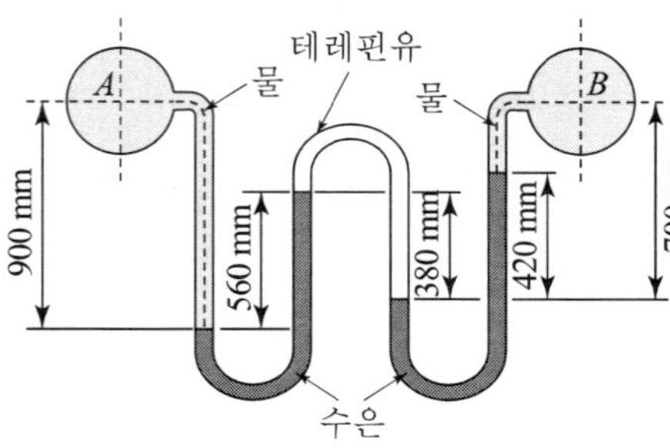

그림 [문 3.3]

3. 그림[문 3.3]에서 A, B 두 점간의 압력차를 구하라. 단, 물, 수은, 테레핀유의 비중을 각각 1.0, 13.6, 0.87이라 한다.

답 121.3 kPa

4. 물이 흐르고 있는 수평 관의 두 단면 A, B에 차압계가 그림[문 3.4]와 같이 설치되어 있다. U자관 내에는 비중 13.57의 수은이 들어 있을 때 단면 A, B간의 차압을 구하라.

답 69.1 kPa

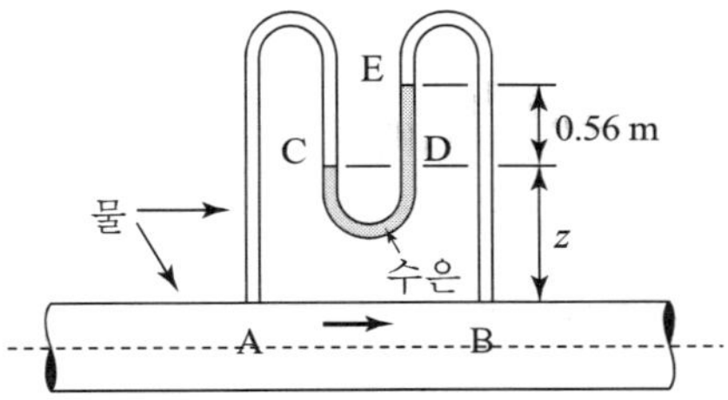

그림 [문 3.4]

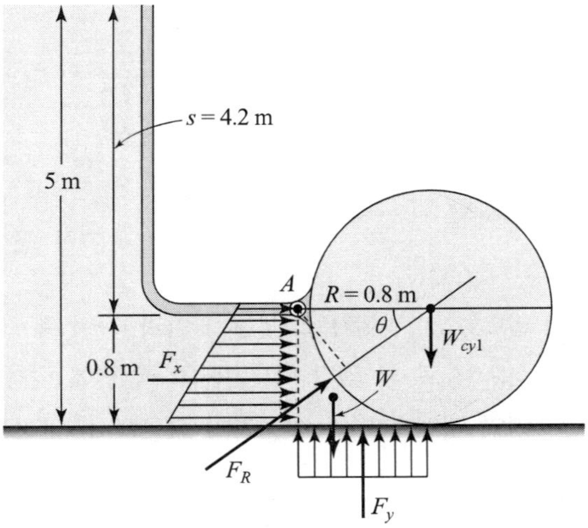

그림 [문 3.5]

5. 그림[문 3.5]와 같이 자동수문으로서 반경 0.8 m, 길이 1 m인 실린더(고체 원주)가 이용되고 있다. 그것은 A점에서 힌지로 연결되어 있으며. 수면은 바닥으로부터 5 m이다. (1) 수문에 작용하는 힘과 수문이 열릴 때의 작용선, (2) 실린더 1 m당 중량을 각각 구하라.

답 (1) 52.3 kN, 46.4°, (2) 37.9 kN

전압력

6. 밀도 900 kg/m^{3}인 기름을 저장하고 있는 유조(원주형)가 있다. 유면의 높이는 5 m, 유조의 직경 30 m일 때 저면에 작용하는 전압력과 유조저면의 압력을 구하라.

답 31.17 MN, 44.1 kPa

7. 비중 0.9인 액체가 2bar의 압력(게이지압)이 되기 위해서는 액면으로부터 얼마의 깊이가

되는가?

답 22.66 m

8. 그림[문 3.8]에 있어서 플런저 A와 피스턴 B의 면적을 각각 0.01 m^2, 0.5 m^2, B의 중량을 50 kN 이라 한다. 용기와 연결관 내에는 비중 0.8의 기름이 차 있다. A의 중량을 무시할 수 있다고 할 때 평형을 유지하는데 필요한 힘 P의 크기를 구하라.

답 686.4 N

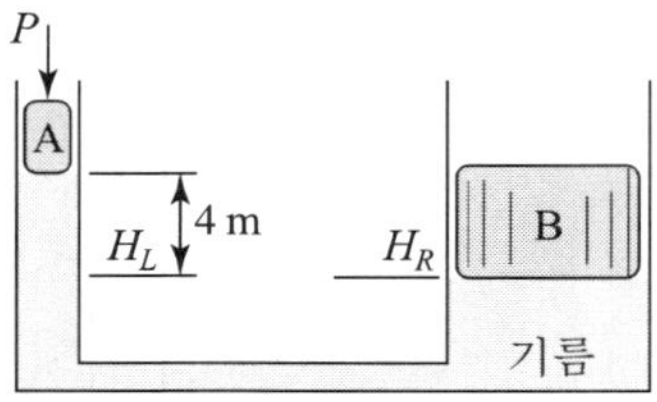

그림 [문 3.8]

9. 밀도 ρ인 액체가 그림[문 3.9]과 같이 폭 W 인 수직평판(장방형)의 양쪽에 각각 높이 H_A, H_B로 차 있다. 이 평판의 각 면에 작용하는 전압력 F_A와 F_B를 각각 구하라. 또 양면의 액체에 의한 합성력의 작용점 y(저면으로부터의 거리)를 구하는 식을 표시하라.

답 $F_A = \frac{1}{2}\rho g W H_A^{\,2}$, $F_B = \frac{1}{2}\rho g W H_B^{\,2}$, $y = \frac{1}{3}\frac{H_A^{\,2} + H_A H_B + H_B^{\,2}}{H_A + H_B}$

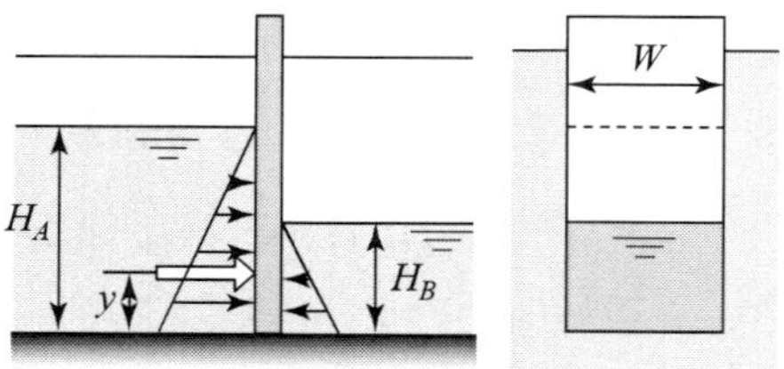

그림 [문 3.9]

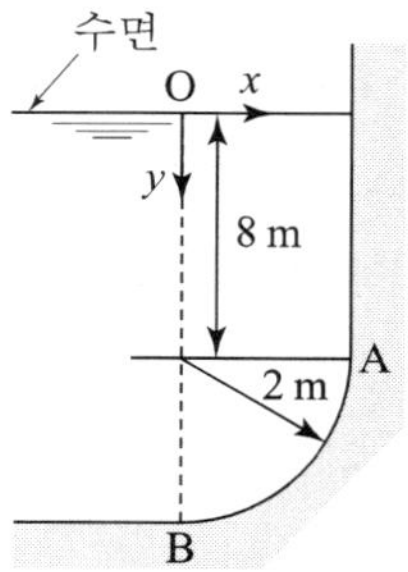

그림 [문 3.10]

10. 그림[문 3.10]과 같은 4분 원통형 측벽 AB에 작용하는 전압력 F_x, F_y 및 그 중심 x_c, y_c 를 구하라. 단, 지면에 대한 수직방향 길이는 1 m이다.

답 $F_x = 176.4$ kN, $F_y = 187.59$ kN, $x_c = 0.9752$ m, $y_c = 9.037$ m

11. 그림[문 3.11]의 수문 AB는 폭 2 m이고 점 A는 힌지이다. 압력계 G의 읽음은 −15 kPa (게이지압)이며, 오른쪽 수조에는 비중 0.8의 기름이 들어있다. 수문 AB를 평형상태로 유지하기 위해서는 점 B에 얼마의 수평 힘이 필요한가?

답 5.9 kN(왼쪽으로)

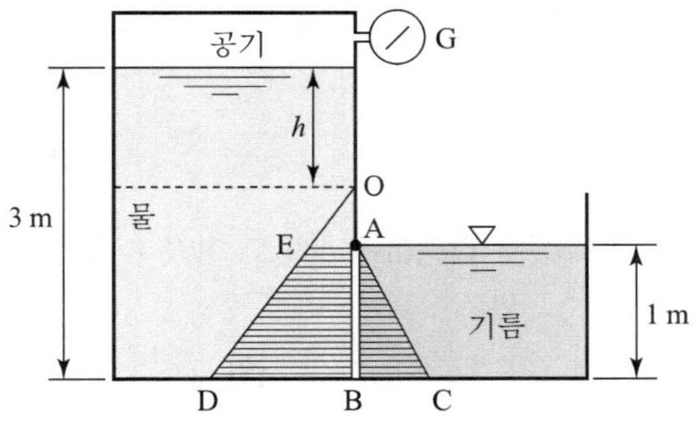

그림 [문 3.11]

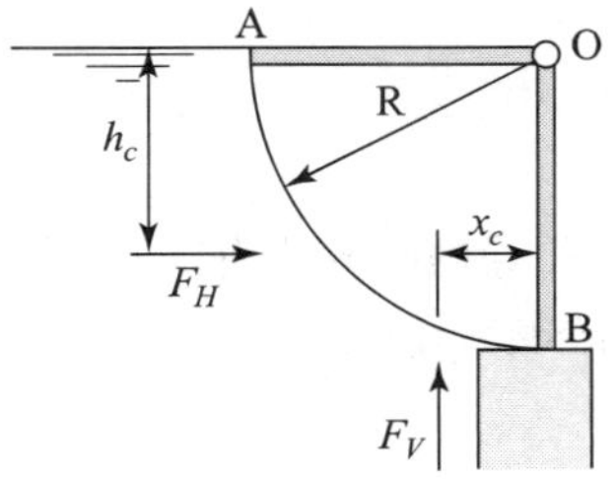

그림 [문 3.12]

12. 그림[문 3.12]와 같은 2차원적인 곡면 AB에 작용하는 단위 폭 당 힘의 수평 및 수직성분과 그 각각의 작용점을 구하고, 점 O주위의 힘의 모멘트를 구하라.

답 $F_H = \gamma R^2/2$, $F_V = \gamma\pi R^2/4$, $x_c = 4R/3\pi$, 모멘트=0

부력

13. 그림[문 3.13]과 같이 직경 1.3 m, 무게 9.8 kN인 구(공) 모양의 부체(浮體)가 바닥에 고정된 케이블에 의해 유지되고 있다. 이 부체가 완전히 잠겨있는 경우, 케이블의 장력을 구하라.

답 1.4734 kN

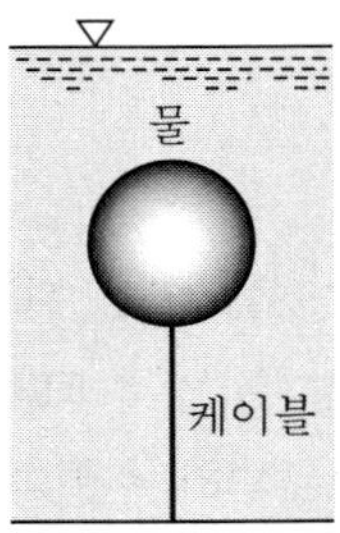

그림 [문 3.13]

14. 2 m^3의 정육방체인 얼음을 바닷물에 띄우면 해면에 나오는 높이는 얼마일까? 단, 얼음과 바닷물의 비중은 각각 0.92, 1.02이다.

답 0.1235 m

15. 물 속에 단면 5 cm × 5 cm, 길이 1 m인 목재를 수직으로 세워 수면위로 30 cm만큼 나오게 하고 싶다. 하단에 납을 얼마나 매달면 될까? 단, 납 및 목재의 비중은 각 11.4, 0.65이다.

답 1.341 N

16. 공기 중에서 무게가 1 kN 인 물체를 물 속에서 측정하면 600 N 이었다. 물체의 체적과 비중을 구하라.

답 $\overline{V} = 0.0408\ m^3$, $s = 2.5$

17. 그림[문 3.17]은 비중계로서 부력의 원리를 이용하여 액체의 비중을 측정한다. 밑 부분에는 안정성을 위하여 추가 들어있고, 이 비중계의 무게는 20×10^{-3} N, 직경 d는 3.5 mm의 비중계를 비중 1.1의 액체에 넣었을 때 높이 h를 구하라.

답 19.3 mm

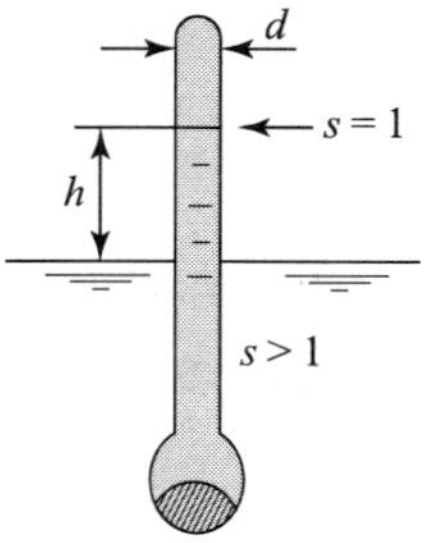

그림 [문 3.17]

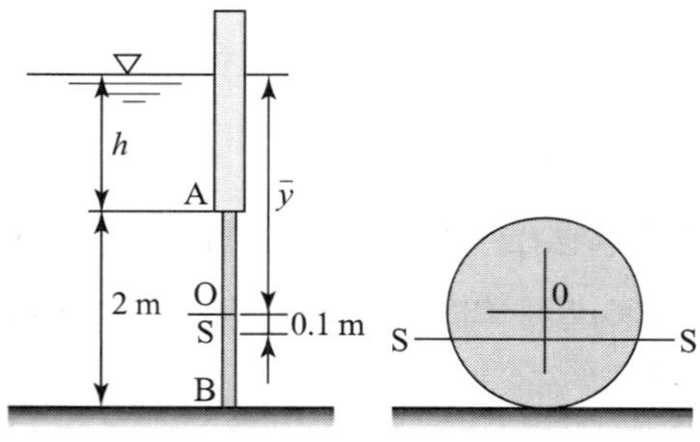

그림 [문 3.18]

상대적 평형

18. 그림[문 3.18]과 같은 직경 2 m의 원형 수문 AB가 있으며, 중심으로부터 10 cm밑의 수평축 S주위에 시계방향으로 회전할 수 있게 되어있다. S주위에 시계방향의 비평형 모멘트가 생기지 않게 하기 위한 점 A로부터 수면까지의 높이 h를 구하라.

답 $h < 1.5m$

19. 직경 1 m, 높이 3 m인 개방 원통형 탱크에 물을 채우고, 중심축을 120 rpm으로 회전시킬 때 중심으로부터 30 cm인 점의 탱크 밑면에 작용하는 게이지압을 구하라.

답 16.76 kPa

베르누이 정리

20. 그림[문 3.20]과 같이 공기탱크로부터 직경 3.5 cm인 호스를 통해 정상상태로 공기가 유출하여 직경 1 cm의 노즐로부터 대기로 배출된다. 탱크 내 압력은 게이지압 3 kPa로 일정하게 유지되며 대기는 101.3 kPa, 15 ℃이다. 유량과 호스내의 압력을 각각 구하라.

답 $0.00542\ m^3/s$, $2.978\ kPa_{gage}$

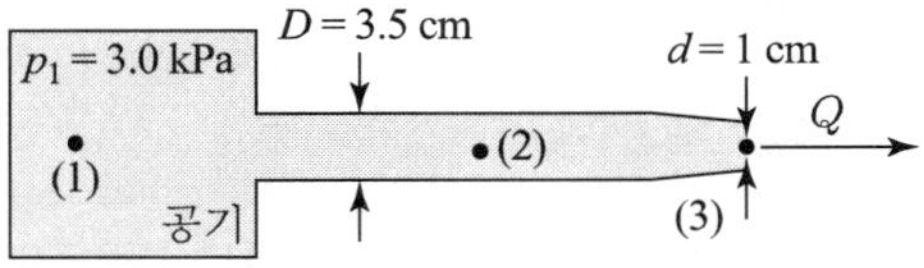

그림 [문 3.20]

21. 탱크 내에 물이 6 m높이로 차있다. 그 탱크 밑면에 직경 5 cm의 오리피스로부터 15 l/s의 물이 유출할 때 그 축류부의 속도가 10 m/s이었다. 속도계수, 유량계수, 수축계수를 각각 구하라.

답 0.922, 0.7045, 0.764

22. 가압 탱크의 수면으로부터 5 m깊이의 단면에 있는 작은 구멍으로부터 물이 23 m/s로 유출하고 있다. 수면 상에는 얼마의 압력이 작용하고 있는가?

답 215.5 kPa

23. 그림[문 3.23]에서 교축부 ①의 $d_1 = 50\ \text{mm}$, 출구부 ②의 $d_2 = 150\ \text{mm}$인 경우, 아래 용기중의 물을 흡상시키는 높이 H_s는 얼마인가? 유량은 $20\ l/s$이다.

답 5.23 m

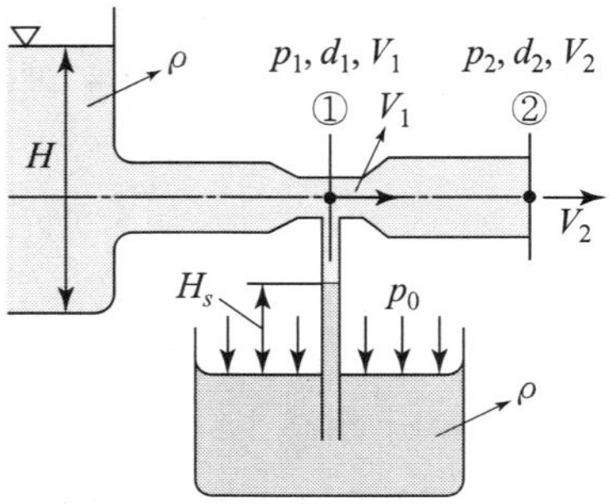

그림 [문 3.23]

24. 탄산가스가 흐르고 있는 관로에 피토관을 삽입하여 25 m/s의 속도를 구하였다. 정압이 100 kPa, 온도가 15 ℃일 때 전압을 구하라.

답 100.57 kPa

25. 물이 수조의 수면보다 2 m 높은 사이펀 관을 통해서 수면보다 4 m 하단에서 유출한다. 이때 유출속도와 사이펀 관의 상부에서의 절대압력을 구하라. 마찰은 무시한다.

답 8.854 m/s, 42.53 kPa

26. 그림[문 3.26]과 같은 사이펀에 물이 흐르고 있다. 물의 포화증기압이 3.2 kPa(절대압), 대기압이 101.3 kPa일 때 물이 흐르기 위한 S점의 최대높이를 구하라.

답 8.01 m

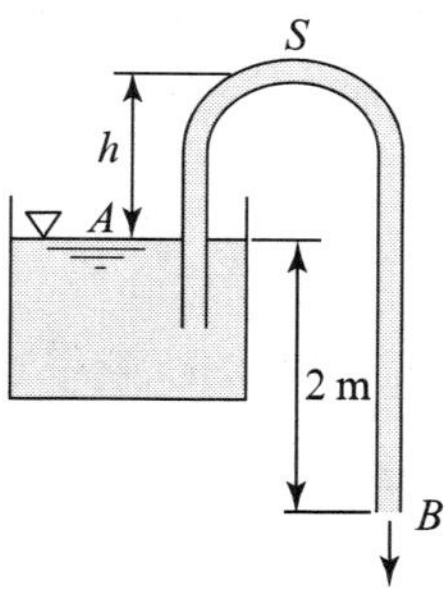

그림 [문 3.26]

27. 폭 4 m인 수로에 4각 위어(폭 : 2.6 m, 높이 : 0.7 m)를 설치하여 측정한 수두가 0.375 m 이었다. 수로를 흐르는 유량을 구하라.

답 65.04 m^3/min

28. 상향으로 분출하는 분수를 설계하려 한다. 분출높이를 10 m로 하고자 할 때 속도계수 0.9의 노즐을 사용하면 필요한 압력은 얼마인가?

답 120.99 kPa

29. 그림[문 3.29]와 같은 벤츄리관에 $\gamma = 12\ \mathrm{N/m^3}$의 공기가 $1.5\ \mathrm{m^3/s}$로 흐른다. 물을 피에조미터로 관로단면까지 흡상시키기 위한 최대 단면적 A_2를 구하라. 단, 단면 ①의 압력은 3 kPa, 단면적 $A_1 = 0.1\ \mathrm{m^2}$, 공기의 압축성은 무시한다.

답 $0.0164\ \mathrm{m^2}$

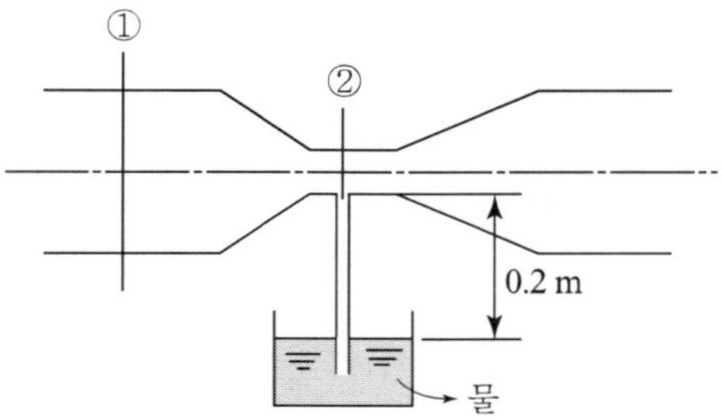

그림 [문 3.29]

유동계의 에너지

30. 어떤 엔진의 출력을 수동력계로 측정할 때, 매분회전수 n=1500 rpm, 토크 T=900 [N·m]이며, 수동력계에는 t_1=20 ℃의 냉각수를 매시 3500 l 순환시키려면, 엔진의 출력(kW)과 냉각수의 출구온도 t_2는 각각 얼마인가.

답 141.37 kW, 54.73 ℃

제 4 장

운동량 보존의 원리

4.1 운동량의 원리

개방계의 선형 운동량 방정식은 2장의 식 (2.19)와 같이 표시하였다. 즉

$$\Sigma F_{CV} = [\dot{m}\, V]_e - [\dot{m}\, V]_i \tag{2.19}$$

그림 4.1과 같은 유동계에서 제어체적을 단면 ①과 ②사이의 체적으로 선택하면 그 시각 t에서는 **계**(system)와 **제어체적**(control volume)이 일치한다(음영부분 영역). 그러나 미소시간이 지나 유체가 유동하여 $t+\Delta t$에서는 계가 점선으로 표시한 체적으로 변화한다.

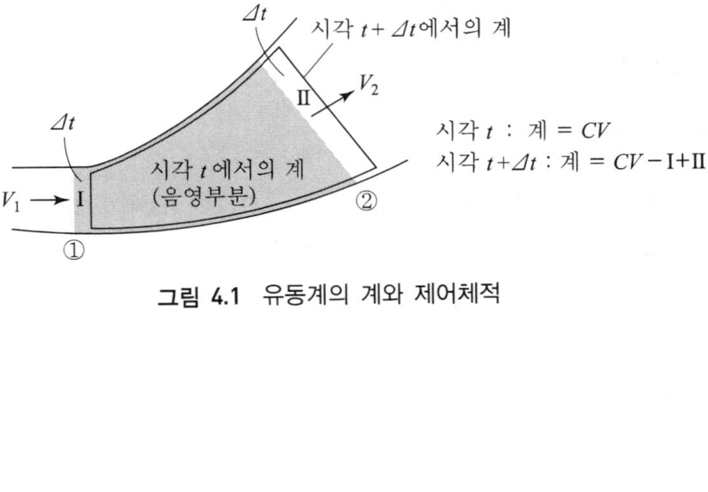

그림 4.1 유동계의 계와 제어체적

이 경우, 식 (2.19)의 좌변은 제어체적내의 유체에 작용하는 힘의 총합(ΣF 로 표시)이며. 우변 제1항은 제어체적으로부터 유출하는 유체의 **운동량**($\dot{m}_2 V_2$로 표시), 우변 제2항은 제어체적으로 유입하는 유체의 운동량($\dot{m}_1 V_1$으로 표시)이다.

질량유량 $\dot{m} = \rho Q$ 이므로 힘의 총합은

$$\Sigma F = \dot{m}_2 V_2 - \dot{m}_1 V_1 = \rho_2 Q_2 V_2 - \rho_1 Q_1 V_1 \tag{4.1}$$

흐름이 정상류이면 식 (4.2)와 같이 정리할 수 있다.

$$\dot{m}_1 = \dot{m}_2 = \rho_1 Q_1 = \rho_2 Q_2 = \dot{m}$$

$$\therefore \Sigma F = \rho Q(V_2 - V_1) = \dot{m}(V_2 - V_1) \tag{4.2}$$

2장의 식 (2.23)에서 서술한 바와 같이 제어체적에 작용하는 힘은 체적력(중력)과 표면력(압력, 점성력)의 합이다. 이것은 벡터량이므로 3차원적으로 생각할 때 각 방향(x, y, z)의 성분은 각각 ΣF_x, ΣF_y, ΣF_z 이며 각 경우의 속도성분도 그 방향의 성분(예, V_2의 x방향성분 : V_{2x})으로 표시한다. 즉

$$\Sigma F_x = \dot{m}(V_{2x} - V_{1x}) = \rho Q(V_{2x} - V_{1x}) \tag{4.3a}$$

$$\Sigma F_y = \dot{m}(V_{2y} - V_{1y}) = \rho Q(V_{2y} - V_{1y}) \tag{4.3b}$$

$$\Sigma F_z = \dot{m}(V_{2z} - V_{1z}) = \rho Q(V_{2z} - V_{1z}) \tag{4.3c}$$

4.2 운동량 원리에 의한 힘의 작용

1) 관에 작용하는 힘

(1) 직관에 작용하는 힘

그림 4.2(a)에는 점차 축소 관(reducer)을 갖는 직관에 유체가 단면 1로부터 단면 2로 유동한다. 그림 4.2(b)도에는 제어체적(CV), 즉 점차 축소관 속에 들어있는 유체에 작용하는 힘을 도시하였으며, 상류 측에 $p_1 A_1$, 하류 측에 $p_2 A_2$의 힘이 x방향으로 작용하고

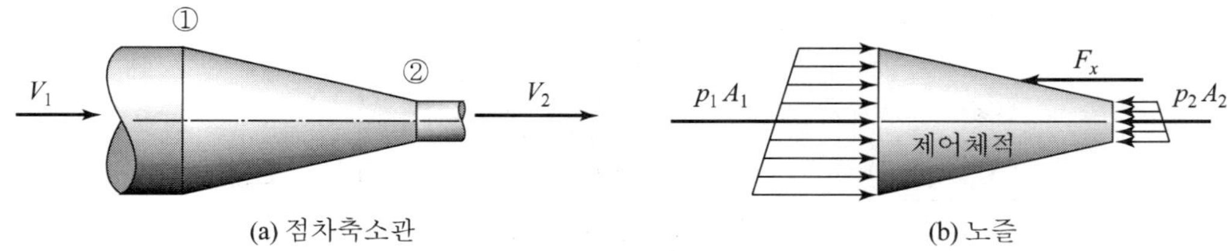

그림 4.2 점차 축소관 및 노즐

F_x는 그 방향의 반력이다. 벽에 미치는 압력의 세기는 관의 직경이 감소함에 따라 감소한다. 따라서 $(p_1A_1 - p_2A_2)$는 증가한다.

식 (4.3a)를 적용하면, 관 벽의 유체에 대한 반력은 다음과 같다.

$$\sum F_x = p_1A_1 - p_2A_2 - F_x = \dot{m}(V_{2x} - V_{1x})$$

$$\therefore F_x = p_1A_1 - p_2A_2 - \dot{m}(V_{2x} - V_{1x}) \tag{4.4}$$

유체가 단면 2로부터 대기 중으로 분출하는 노즐의 경우에는 p_2가 대기압이므로 식 (4.4)로부터 다음과 같이 표시된다.

$$F_x = p_1A_1 - \dot{m}(V_{2x} - V_{1x}) \tag{4.5}$$

식 (4.5)의 p_1은 게이지 압력이며, 힘 F_x는 유체가 노즐을 우측으로 미는 힘과 같게 된다.

(2) 곡관에 작용하는 힘

1) 그림 4.3에는 곡관의 경우로서 1단면의 유속은 수평방향, 2단면의 유속은 수평과 θ의 방향이며 관 벽의 유체에 대한 반력을 F로 표시하고, x방향의 분력 F_x, y방향의 분력은 F_y로 표시하였다.

식 (4.3a)를 적용시키면 반력의 x 방향 성분은

$$\sum F_x = p_1A_1 - p_2A_2\cos\theta - F_x = \dot{m}(V_{2x} - V_{1x})$$

$$\therefore F_x = p_1A_1 - p_2A_2\cos\theta - \dot{m}(V_2\cos\theta - V_1) \tag{4.6}$$

식 (4.3b)를 적용하면 반력의 y 방향 성분은 다음 식으로 표시된다.

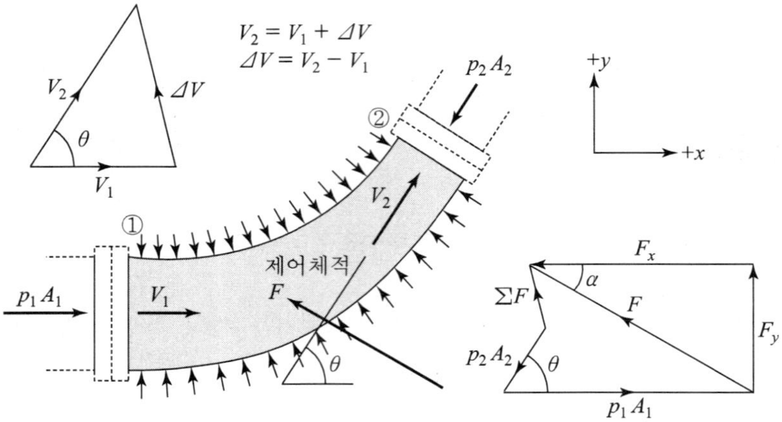

그림 4.3 곡관

$$\sum F_y = -p_2 A_2 \sin\theta - 0 + F_y = \dot{m}(V_{2y} - V_{1y})$$

$$\therefore F_y = p_2 A_2 \sin\theta + \dot{m} V_2 \sin\theta \tag{4.7}$$

따라서 전 반력과 그 방향은 각각 다음과 같다.

$$F = \sqrt{F_x{}^2 + F_y{}^2} \tag{4.8}$$

$$\theta = \tan^{-1}\frac{F_y}{F_x} \tag{4.9}$$

2) 그림 4.4는 180°곡관의 경우로서 식 (4.3a)를 적용하면 x방향의 반력을 구할 수 있다. 속도벡터의 x방향 성분을 u라 할 때 x방향의 반력은 다음 식으로 구할 수 있다.

$$\Sigma F_x = p_1 A_1 - F_x + p_2 A_2 = \dot{m}(V_{2x} - V_{1x}) = \dot{m}(-u_2 - u_1)$$

$$\therefore \; F_x = p_1 A_1 + p_2 A_2 + \dot{m}(u_1 + u_2) \tag{4.10}$$

식 (4.3b)를 적용시키면 y방향의 반력을 구할 수 있다. 이 경우에는 $V_1 = v_1$, $V_2 = v_2$이다(v는 속도벡터의 y방향 성분임).

$$\Sigma F_y = -F_y = \dot{m}(V_{2y} - V_{1y}) = \dot{m}(v_2 - v_1)$$

$$\therefore \; F_y = \dot{m}(v_1 - v_2) = 0 \tag{4.11}$$

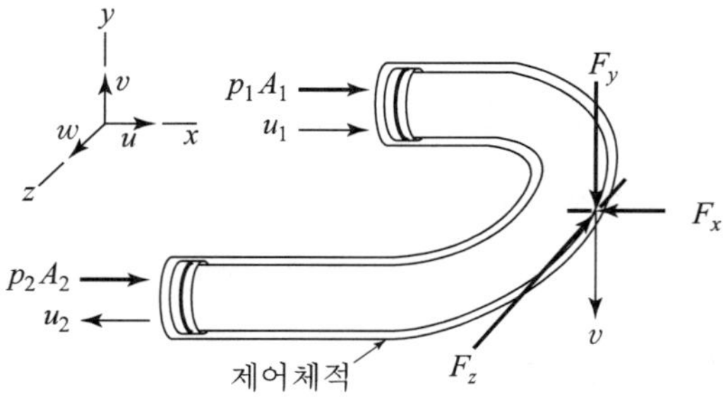

그림 4.4 180° 곡관

이것은 V_1과 V_2의 성분 중 y방향의 성분은 없으므로 $v_1 = v_2 = 0$이기 때문이며, 따라서 y방향의 힘은 작용하지 않는다.

예제 4.1

그림[예제 4.1]과 같이 단면 감소형 엘보의 입구에서 질량유량 $\dot{m} = 15\ \text{kg/s}$의 물이 유입하여 출구에서 유출한다. $A_1 = 100\ \text{cm}^2$, $A_2 = 6\ \text{cm}^2$일 때 다음을 구하라. (1) 입구 중심에서의 게이지 압력, (2) 이 엘보우를 지탱하기 위한 F_{RX}와 F_{RY}를 구하라.

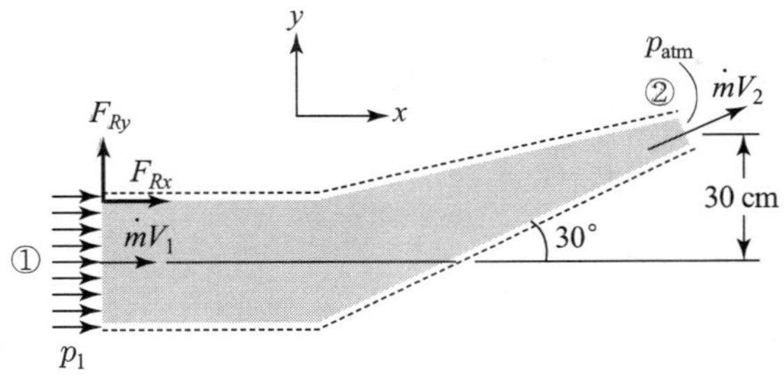

그림 [예제 4.1]

풀이 (1) $V_1 = \dfrac{\dot{m}}{\rho A_1} = \dfrac{15}{1000 \times 0.01} = 1.5\ \text{m/s}$,

$$V_2 = \frac{\dot{m}}{\rho A_2} = \frac{15}{1000 \times 0.0006} = 25\ \text{m/s}$$

베르누이 식으로부터

$$p_1 - p_2 = \rho g\left(\frac{V_2^{\,2} - V_1^{\,2}}{2g} + z_2 - z_1\right) = 1000 \times 9.81 \times \left(\frac{25^2 - 1.5^2}{2 \times 9.81} + 0.3\right) \times 10^{-3}$$

$$= 314.32\text{kPa} = p_{1gage}$$

(2) $F_{RX}+p_1A_1=\dot{m}\,V_2\cos\ \theta-\dot{m}\,V_1$

$$\therefore\ F_{RX}=\dot{m}(V_2\cos\theta-V_1)-p_1A_1=15\times(25\cos 30^\circ-1.5)-314320\times 0.01$$

$$=-2840.94\text{ N}$$

$$F_{RY}=\dot{m}\,V_2\sin\theta=15\times 25\sin 30^\circ=187.5\text{ N}$$

예제 4.2

예제 4.1에서 $\theta=180^\circ$ 로 하여 그림[예제 4.2]와 같은 엘보에서는 지탱하기 위한 힘이 얼마가 되는가? 입구와 출구의 위치는 30 cm차이다.

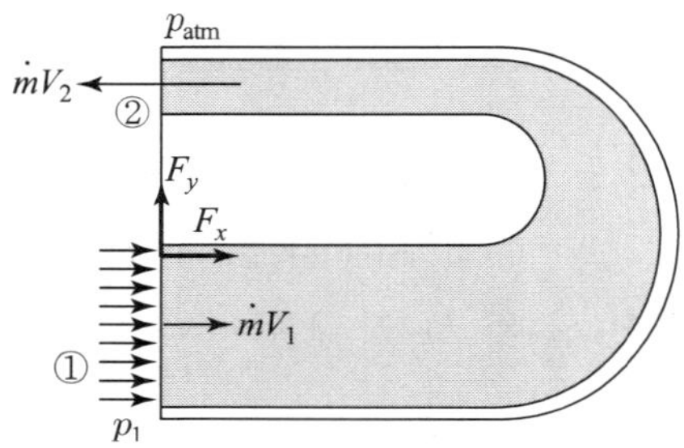

그림 [예제 4.2]

풀이 $F_x+p_1A_1=\dot{m}(-V_2)-\dot{m}\,V_1$

$$\therefore F_x=-\dot{m}(V_2+V_1)-p_1A_1$$

$$=-15\times(25+1.5)-(314320\times 0.01)=-3540.7\text{ N}$$

$$F_y=0$$

---

2) 평판에 작용하는 힘

(1) 경사 분류에 의한 힘

그림 4.5와 같이 노즐로부터 2차원 자유분류가 정지하고 있는 고정평판에 각도 θ로 충돌하여 두 방향으로 흐르는 경우, 유체가 벽면에 충돌하여 생기는 에너지 손실 및 마찰의 영향을 무시하면 $V_1=V_2=V$이다. 이 경우, 평판에 수직방향에 대한 힘에 대하여

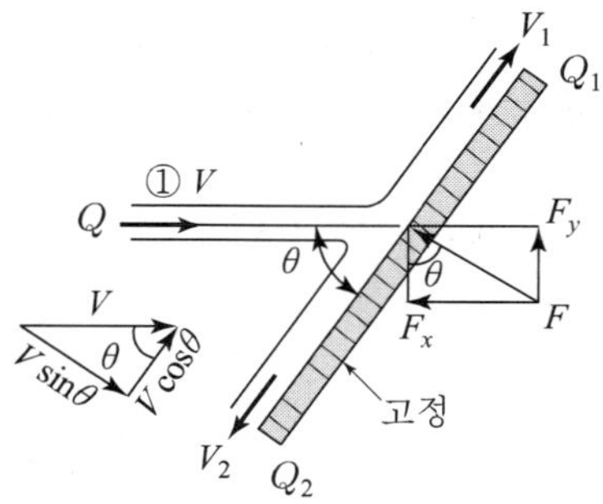

그림 4.5 경사분류

식 (4.2)를 적용하면

$$\Sigma F = -F = \dot{m}(0 - V\sin\theta)$$

$$\therefore \; F = \dot{m}V\sin\theta \tag{4.12}$$

이 힘의 x 및 y방향의 분력 F_x 및 F_y는 각각 다음과 같다.

$$F_x = F\sin\theta = \dot{m}V\sin^2\theta \tag{4.13}$$

$$F_y = F\cos\theta = \dot{m}V\sin\theta \cdot \cos\theta = \frac{1}{2}\dot{m}V\sin 2\theta \tag{4.14}$$

주 분류에 의한 힘 중에서 판에 평행한 방향의 운동량은 충돌 후 양방향의 운동량의 차와 같으므로

$$\dot{m}V\cos\theta = \dot{m}_1 V - \dot{m}_2 V \quad \text{또는} \quad \rho QV\cos\theta = \rho Q_1 V - \rho Q_2 V \tag{4.15}$$

$Q = Q_1 + Q_2$이므로 양방향으로 흐르는 유량은 각각 다음과 같다.

$$Q_1 = \frac{Q}{2}(1 + \cos\theta) \tag{4.16}$$

$$Q_2 = \frac{Q}{2}(1 - \cos\theta) \tag{4.17}$$

(2) 수직분류에 의한 힘

그림 4.6은 노즐로부터 분출하는 분류가 고정된 수직평판에 충돌하는 경우로서 고정 수직평판의 직경 $D < 6d$ (d: 분류직경)인 조건으로 비교적 평판이 작은 경우이다. 이 경

우는 분류가 평판 끝부분에서 수평과 각도 β방향으로 방향변환을 하므로 분류방향의 분속도는 $V\cos\beta$가 된다. 따라서 운동량의 식을 적용하면

$$\Sigma F_x = -F_x = \dot{m}(V\cos\beta - V)$$

$$\therefore F_x = \dot{m}V(1-\cos\beta) \tag{4.18}$$

그러나 평판의 직경 $D > 6d$ 인 조건으로 비교적 평판이 큰 경우는 분류가 평판을 넘지 못하므로 분류방향의 분속도는 0이며, $n = l/d$ (l : 노즐－평판간 거리, d : 노즐 직경)로 할 때 $D \geq 5d/\sqrt{n}$ 의 조건에서 F_x는 다음 식으로부터 구할 수 있다.

$$\Sigma F_x = -F_x = \dot{m}(0 - V)$$

$$\therefore F_x = \dot{m}V = \rho QV \tag{4.19}$$

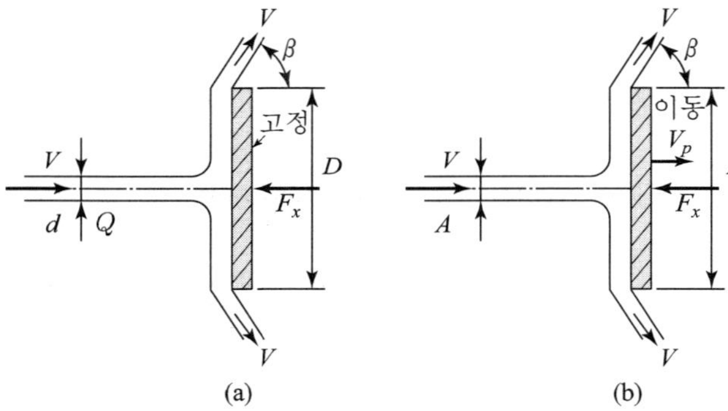

그림 4.6 수직분류

(3) 움직이는 평판에 미치는 힘

그림 4.6에서 수직평판이 분류방향으로 속도 V_P로($V_P < V$) 운동하고 있는 경우에 분류가 속도 V로 평판에 충돌하면 분류와 평판간의 상대속도 $w = V - V_P$가 된다. 이 경우도 분류와 평판을 따라 흐르는 유체의 손실은 무시하고 흐름의 내부와 외부가 동일압력이며 분류가 평판에 수직으로 충돌하는 상태라고 하자.

$D < 6d$ 인 작은 평판의 경우, 평판이 받는 실제의 체적유량은 상대속도 $w = V - V_P$를 이용하면 $Q' = Aw = A(V - V_p)$이며, 평판 끝에서의 분류방향 분속도는 $w\cos\beta =$

$(V-V_P)\cos\beta$이므로

$$\Sigma F_x = -F_x = \rho Q'(w\cos\beta - w) = \rho A(V-V_p)^2(\cos\beta - 1)$$

$$\therefore F_x = \rho A(V-V_P)^2(1-\cos\beta) \tag{4.20}$$

그러나 $D > 6d$ 인 큰 평판의 경우는 $\beta = \pi/2$이므로 식 (4.20)에 대입하면

$$F_x = \rho A(V-V_P)^2 \tag{4.21}$$

이 경우, 다수의 평판이 차례로 연속하여 분류에 의해 충돌하는 장치에서는 충돌유량은 분류의 유량이 전부 유효하게 이용되므로 $Q' = AV$ 로 되어 다수의 평판에 미치는 힘 F_N은 다음과 같이 계산한다.

$$F_N = \rho AV(V-V_P) \tag{4.22}$$

예제 4.3

그림 4.6(a)와 같이 직경 $D=20$ cm의 고정평판에 직경 $d=2.5$ cm의 노즐로부터 $14\,l/s$의 물이 충돌할 때 받는 힘을 구하라.

풀이 $V = \dfrac{Q}{a} = \dfrac{14\times10^{-3}}{(\pi/4)\times0.025^2} = 28.52$ m/s

$D > 6d$이므로 식 (4.19)로부터

$F_x = \rho QV = 1000\times14\times10^{-3}\times28.52 = 399.28$ N

예제 4.4

직경 40 mm의 수분류가 30 m/s의 속도로 고정평판과 60°의 각도로 충돌할 때 평판의 반력에 대한 분류방향의 분력 F_x 및 그 수직방향 분력 F_y를 각각 구하라.(그림 4.5참조)

풀이 $Q = AV = \dfrac{\pi}{4}d^2V = \dfrac{\pi}{4}0.04^2\times30 = 0.0377$ m^3/s

$F = \dot{m}V\sin\theta = 1000\times0.0377\times30\sin60° = 979.5$ N

$\therefore F_x = F\sin\theta = 979.5\sin60° = 848.27$ N

$F_y = F\cos\theta = 979.5\cos60° = 489.75$ N

예제 4.5

직경 25 mm의 노즐로부터 분출속도 35 m/s의 분류수가 같은 방향으로 10 m/s의 속도로 운동하고 있는 큰 평판에 수직으로 충돌할 때 평판에 미치는 힘과 동력을 각각 구하라.

풀이 식 (4.21)로부터 $F_x = \rho A(V - V_P)^2 = 1000 \times \frac{\pi}{4} 0.025^2 \times (35-10)^2 = 306.8\ \text{N}$

$\therefore P = F_x V_P = 306.8 \times 10 = 3068\ \text{W} = 3.068\ \text{kW}$

3) 곡면판에 작용하는 힘

(1) 고정 곡면판에 미치는 힘

그림 4.7과 같이 고정된 곡면판의 입구 ①에서 노즐로부터 분출된 분류가 수평방향으로 분류속도 V로 유입하여 출구 ②에서는 α의 각도로 유출하는 경우를 생각하자.

정상류, 비압축성 유체가 마찰력 및 중력을 무시하고 분류 내부압력이 외부압력과 같다고 가정할 때 x방향에 운동량의 식을 적용하면

$$\Sigma F_x = -F_x = \dot{m}(V\cos\alpha - V)$$

$$\therefore\ F_x = \dot{m}V(1 - \cos\alpha) \tag{4.23}$$

y방향에 대해서는

$$\Sigma F_y = F_y = \dot{m}(V\sin\alpha - 0)$$

$$\therefore\ F_y = \dot{m}V\sin\alpha \tag{4.24}$$

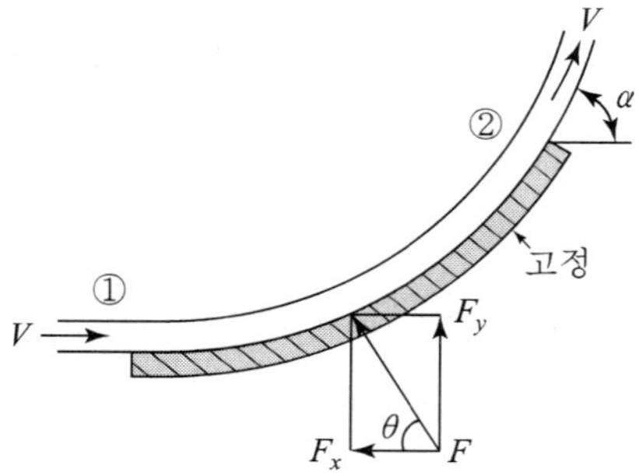

그림 4.7 고정곡면판의 힘

합력 F 와 작용방향은 각각 다음과 같다.

$$F = \sqrt{F_x{}^2 + F_y{}^2} = \dot{m}V\sqrt{(1-\cos\alpha)^2 + \sin^2\alpha}$$

$$= \dot{m}V\sqrt{2(1-\cos\alpha)} = 2\dot{m}V\sin\frac{\alpha}{2} \tag{4.25}$$

$$\theta = \tan^{-1}\frac{F_y}{F_x} \tag{4.26}$$

여기서 F 가 최대인 조건은 $\alpha = 180°$ 인 경우이며, 그 값은 $F = 2\dot{m}V$가 되어 수직분류의 2배가 된다(식 4.19참조).

(2) 움직이는 곡면판에 미치는 힘

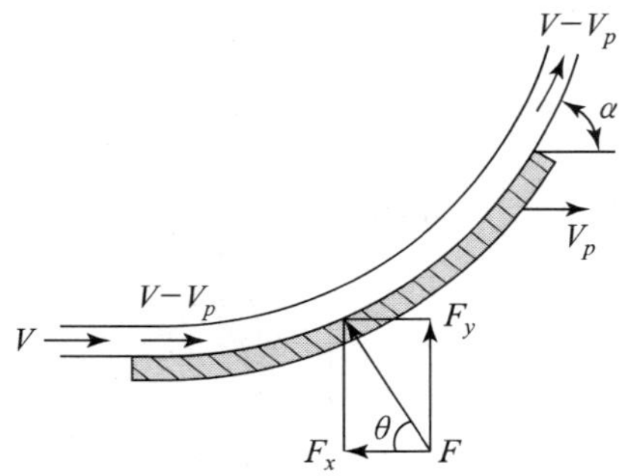

그림 4.8 움직이는 곡면판의 힘

그림 4.8과 같이 분류속도 V, 곡면판이 분류의 유동방향으로 V_P의 속도로 운동하는 경우, 분류는 상대속도 $w = V - V_P$로 충돌하며, 충돌 체적유량은 $Q' = Aw = A(V - V_p)$이다. 따라서 x방향에 대한 운동량의 식을 적용하면

$$\Sigma F_x = -F_x = \rho Q'(w\cos\alpha - w) = \rho A(V - V_p)^2(\cos\alpha - 1)$$

$$\therefore\ F_x = \rho A(V - V_P)^2(1-\cos\alpha) \tag{4.27}$$

y방향에 대해서는 다음과 같이 정리할 수 있다.

$$\Sigma F_y = F_y = \rho Q'(w\sin\alpha - 0)$$

$$\therefore F_y = \rho A(V - V_P)^2 \sin\alpha \tag{4.28}$$

다수의 곡면판에 연속적으로 충돌하는 경우에는 $Q' = AV$ 이므로

$$F_N = \rho A V(V - V_P)(1 - \cos\alpha) \tag{4.29}$$

1개의 곡면판에서 얻을 수 있는 동력 P는 다음 식으로부터 구한다.

$$P = F_x \cdot V_P = \rho A(V - V_P)^2 V_P(1 - \cos\alpha) \tag{4.30}$$

예제 4.6

(1) 그림 4.7과 같은 고정 곡면판에 수분류의 직경이 50 mm, 유량 5 m^3/min로 충돌시킬 때 $\alpha = 60°$ 인 경우 곡면판에 미치는 힘 F 를 구하라. (2) 위와 동일한 조건에서 그림[예제 4.6]과 같이 $\alpha = 180°$ 인 경우의 F 를 구하라.

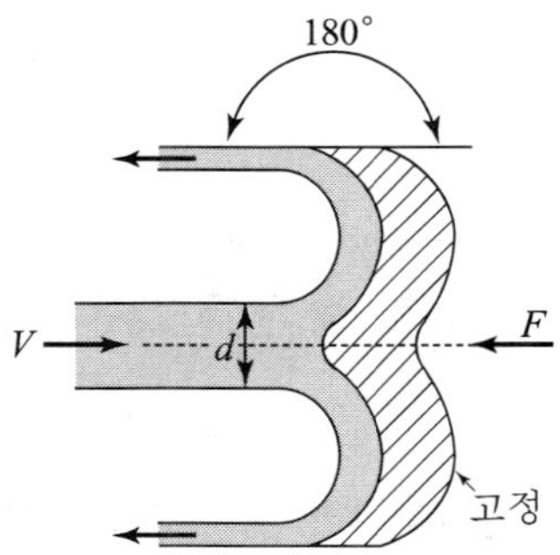

그림 [예제 4.6]

풀이 $V = \dfrac{Q}{A} = \dfrac{5/60}{(\pi/4)0.05^2} = 42.44 \text{ m/s}$

(1) $F_x = \dot{m}V(1 - \cos\ \alpha) = 1000 \times 5/60 \times 42.44 \times (1 - \cos\ 60°) = 1768.33 \text{ N}$

$F_y = \dot{m}V\sin\alpha = 1000 \times 5/60 \times 42.44 \times \sin\ 60° = 3062.84 \text{ N}$

$\therefore\ F = \sqrt{F_x^{\,2} + F_y^{\,2}} = \sqrt{1768.33^2 + 3062.84^2} = 3536.66 \text{ N}$

(2) 식 (4.25)에서 $\alpha = 180°$ 이므로

$F = 2\dot{m}V = 2 \times 1000 \times 5/60 \times 42.44 = 7073.33 \text{ N}$

예제 4.7

직경 60 mm, 속도 50 m/s의 수분류가 같은 방향으로 18 m/s의 속도로 운동하는 곡면판에 충돌할 때 수분류가 곡면판에 미치는 힘은 얼마인가? 단, $\alpha = 150°$ 이다.

풀이 $A = \frac{\pi}{4} \times 0.06^2 = 0.002827 \text{ m}^2$

식 (4.27)로부터

$$F_x = \rho A(V - V_P)^2(1 - \cos\alpha) = 1000 \times 0.002827 \times (50 - 18)^2(1 - \cos 150°)$$

$$= 5401.86 \text{ N}$$

식 (4.28)로부터

$$F_y = \rho A(V - V_p)^2 \sin\alpha = 1000 \times 0.002827 \times (50 - 18)^2 \sin 150° = 1447.424 \text{ N}$$

$$\therefore F = \sqrt{{F_x}^2 + {F_y}^2} = \sqrt{5401.86^2 + 1447.424^2} = 5592.42 \text{ N}$$

그러나 분류방향으로 미치는 힘은 F_x의 값이다.

4.3 운동량 원리의 공학적 응용

1) 충동수차의 동력

고낙차 수두를 이용하여 동력을 얻는 **충동수차**(impulse hydraulic turbine)의 대표적인 것은 **펠톤수차**(pelton turbine)이며, 이것은 운동량의 원리를 이용한 예이다. 즉 물의 위치 에너지를 수차에서 기계적 에너지(속도 에너지 또는 압력 에너지)로 변환시켜 동력을 얻는다.

그림 4.9와 같이 펠톤수차에서는 V_P의 속도로 회전하고 있는 다수의 버킷(bucket)에 단면적 A의 노즐로부터 분출한 분류가 V의 속도로 모두 충돌하여 유효하게 작용하므로 충돌유량은 $Q = AV$ 가 되며 상대속도 $w = V - V_P$일 때 버킷에 미치는 분류방향의 힘은 식 (4.31)과 같아진다.

$$F_x = \rho AV(V - V_P)(1 - \cos\alpha) = \dot{m}(V - V_P)(1 - \cos\alpha) \tag{4.31}$$

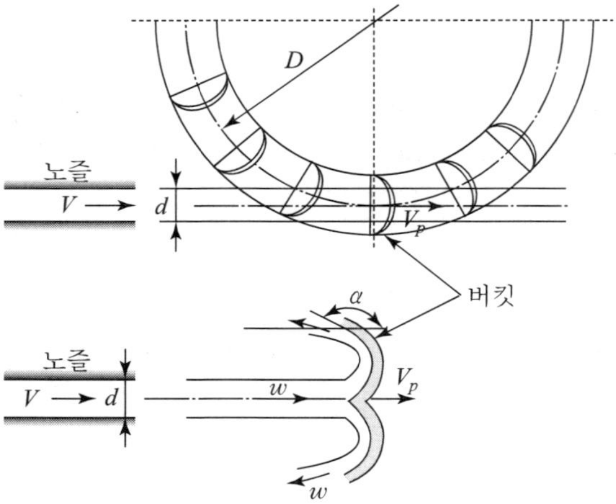

그림 4.9 충동수차

동력은 식 (4.31)에 원주속도 V_P를 곱하여

$$P = F_x \cdot V_P = \dot{m}(V - V_P)V_P(1 - \cos\alpha) \tag{4.32}$$

여기서 최대동력의 조건은 $\dfrac{\partial P}{\partial V_P} = 0$으로부터 $V_P = V/2$이므로, 최대동력은 다음과 같다.

$$P_{max} = \dot{m}\frac{V^2}{4}(1 - \cos\alpha) \tag{4.33}$$

특히 $\alpha = 180°$ 인 경우는 $P_{max} = \dot{m}V^2/2$ 이 되어 분류가 갖는 전 속도에너지가 전부 동력으로 버킷에 작용한다.

예제 4.8

그림[예제 4.8]과 같은 버킷이 펠톤수차의 원주 상에 연속적으로 설치되어 있다고 할 때 수분류가 버킷에 미치는 힘 및 동력을 각각 구하라.

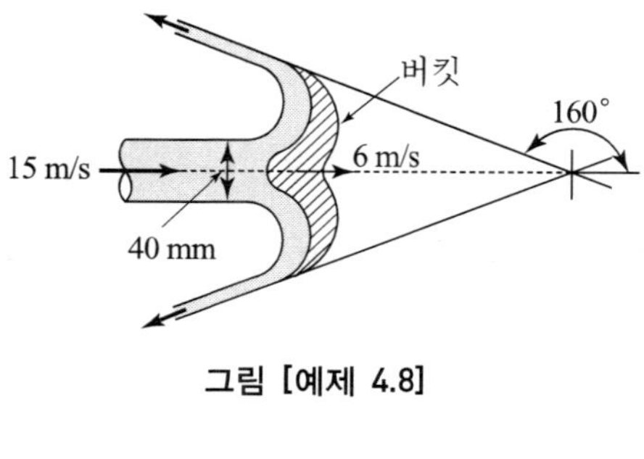

그림 [예제 4.8]

풀이 버킷에 연속적으로 충돌하는 유량은

$$Q = AV = \frac{\pi}{4}0.04^2 \times 15 = 0.019 \text{ m}^3/\text{s}$$

식 (4.31)로부터 버킷에 미치는 힘은

$$F_x = \dot{m}(V - V_P)(1 - \cos\alpha) = 1000 \times 0.019 \times (15 - 6) \times (1 - \cos 160°)$$

$$= 331.69 \text{ N}$$

동력 $P = F_x V_P = 331.69 \times 6 = 1990.14\ W = 1.99 \text{ kW}$

2) 분사추진

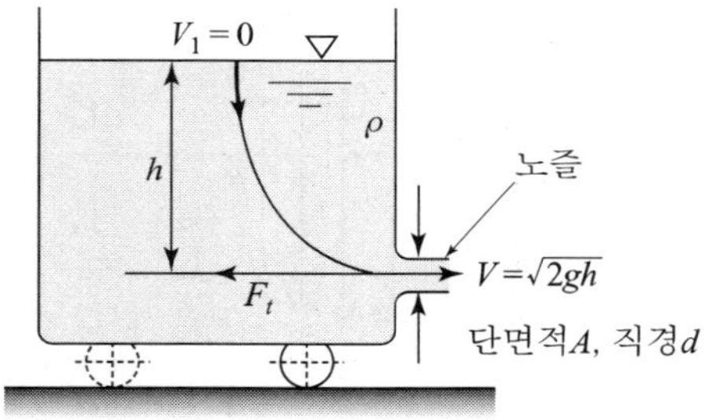

그림 4.10 분사추진

그림 4.10과 같이 큰 수조의 하부 쪽에 단면적 A(직경 d)의 노즐을 수면으로부터 h의 깊이에 설치하여 물이 $V_2 = V = \sqrt{2gh}$ 의 유속으로 유출한다.
이때 분류가 수조에 미치는 힘, 즉 **추력**(thrust force) F_t는 운동량의 식을 적용하면 다음과 같다.

$$\sum F_x = -F_t = \dot{m}(V_2 - V_1) = \dot{m}V$$

$$\therefore\ F_t = -\dot{m}V = -\rho A V^2 = -2\rho g h A \tag{4.34}$$

여기서 음(−)의 부호는 분류의 방향과 반대방향을 나타낸다. ρgh는 수면으로부터 h의 깊이에 작용하는 압력이며, ρghA는 노즐에 작용하는 전압력으로서 분류에 의한 추력은 이 전압력의 2배이다.

예제 4.9

그림 4.10과 같은 수조에서 그 하부에 설치한 직경 30 mm의 노즐로부터 물이 분출될 때 분사추력 F_t를 구하라. 단, 수면으로부터 노즐까지의 깊이는 18 m이다.

풀이 $F_t = -2\rho ghA = -2\times 1000\times 9.8\times 18\times \dfrac{\pi}{4}0.03^2 = -249.38\ \text{N}$ (왼쪽방향)

3) 프로펠러와 풍차

(1) 프로펠러

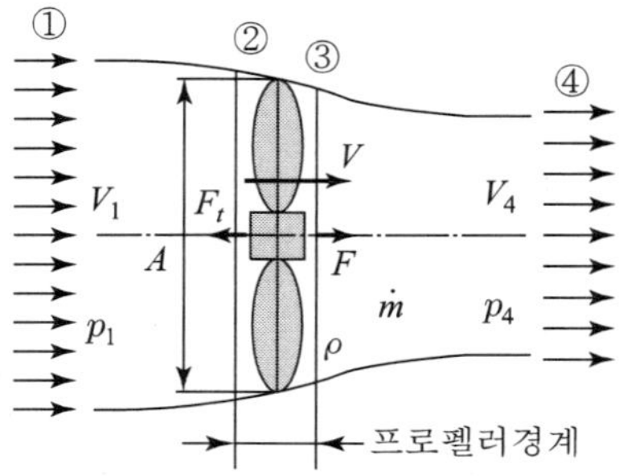

그림 4.11 프로펠러

프로펠러(propeller)는 유체 속에서 회전시킬 때 그 유체가 갖는 운동량을 변화시켜 추진에 필요한 추력을 발생시킨다. 그림 4.11과 같이 프로펠러에 에너지를 가하여 프로펠러의 날개를 회전시키면 추력 F_t가 발생하여 좌측방향으로 속도 V_1으로 전진한다. 상대적으로 생각하면 정지상태의 프로펠러로 유체가 V_1의 속도로 유입한다고 생각할 수 있다.

유체가 비압축성이며 마찰이 없다고 하면, 유체가 입구단면 ①로부터 프로펠러의 상류 ②로 접근하면서 가속되고 압력은 p_1으로부터 p_2로 감소한다. 유체가 프로펠러를 통과하면서 에너지를 얻으므로 압력이 다시 증가하여 $p_3 > p_2$가 되며, 이 압력은 다시 출구에서 팽창에 의해 속도에너지로 변하여 출구단면 ④에서 V_4로 증속된다. 여기서 압력 p_4는 단면 ①의 압력 p_1까지 회복된다. 이때 프로펠러에 에너지를 가해줌으로서 유체에 전달되는 힘을 F 라 하면 그 방향은 오른쪽 방향이다. 또한 $p_3 > p_2$이므로 프로펠러는 왼쪽방향으로 추력 F_t를 발생시켜 결국 V_1의 속도로 왼쪽으로 진행하게 되는데, 그 크기는 같으므로 $F = F_t$ 이다.

운동량의 원리를 적용하면

$$\Sigma F_x = F = \dot{m}(V_4 - V_1) = \rho A V(V_4 - V_1) \tag{4.35}$$

추력은

$$F_t = (p_3 - p_2)A \tag{4.36}$$

①단면과 ②단면, 그리고 ③단면과 ④단면 사이에 베르누이식을 적용하면

$$p_1 + \frac{1}{2}\rho V_1^{\,2} = p_2 + \frac{1}{2}\rho V^2$$

$$p_3 + \frac{1}{2}\rho V^2 = p_4 + \frac{1}{2}\rho V_4^{\,2}$$

이 되며, $p_1 = p_4$를 고려하여 $p_3 - p_2$에 대하여 정리하면 다음과 같다.

$$p_3 - p_2 = \frac{1}{2}\rho(V_4^{\,2} - V_1^{\,2}) \tag{4.37}$$

식 (4.37)을 식 (4.36)에 대입하여 $F = F_t$의 관계에 따라 식 (4.35)와 연관시키면, 프로펠러를 통과하는 유체의 속도는

$$V = \frac{V_1 + V_4}{2} \tag{4.38}$$

따라서 추력은 다음과 같이 정리할 수 있다.

$$F_t = (p_3 - p_2)A = \rho A \frac{V_1 + V_4}{2}(V_4 - V_1) = \frac{1}{2}\rho A(V_4^{\,2} - V_1^{\,2}) \tag{4.39}$$

프로펠러에 가해 주어야 할 동력(입력) P_i 는 유체에 힘 F 를 가해 유체가 V의 속도로 프로펠러를 통과하게 하는데 필요한 동력이므로

$$P_i = F \cdot V = F_t \cdot V = \frac{1}{2}\rho A V(V_4^{\,2} - V_1^{\,2}) = \frac{1}{2}\dot{m}(V_4^{\,2} - V_1^{\,2}) \tag{4.40}$$

프로펠러에 의한 출력 P_O는 추력 F_t를 발생시켜 V_1의 속도로 진행하는 결과이므로

$$P_O = F_t \cdot V_1 = \frac{1}{2}\rho A(V_4^{\,2} - V_1^{\,2})V_1 \tag{4.41}$$

따라서 프로펠러의 이론효율은 다음과 같다.

$$\eta_P = \frac{P_O}{P_i} = \frac{(1/2)\rho A(V_4^{\ 2} - V_1^{\ 2})V_1}{(1/2)\rho A V(V_4^{\ 2} - V_1^{\ 2})} = \frac{V_1}{V} \tag{4.42}$$

(2) 풍차

풍차(wind mill)는 전술한 프로펠러와는 에너지 수수면에서 반대이다. 즉 프로펠러의 경우는 프로펠러에 에너지를 가하여 유체가 그 에너지를 받아 압력이 증가하지만, 풍차의 경우는 그림 4.12와 같이 바람의 속도에너지를 풍차가 받으므로 유체는 에너지를 빼앗기는 결과가 되어 압력이 감소하고($p_3 < p_2$) 힘 F 의 방향이 프로펠러와 반대방향으로 된다.(유체가 풍차에 힘 F 를 주므로 유체 쪽에서 볼 때는 힘 F 를 빼앗김) 따라서 운동량의 식을 적용하면

$$\Sigma F_x = -F = \dot{m}(V_4 - V_1) = \rho A V(V_4 - V_1)$$

식 (4.38)을 위식에 대입하면 유체가 풍차에 주는 힘 F 는

$$F = \rho A \frac{V_1 + V_4}{2}(V_1 - V_4) = \frac{1}{2}\rho A(V_1^{\ 2} - V_4^{\ 2}) \tag{4.43}$$

풍차의 출력은 위식의 힘 F 와 풍차를 통과하는 공기의 유속 $V = (V_1 + V_4)/2$ 의 곱이므로

$$P_0 = F \cdot V = \frac{1}{4}\rho A(V_1^{\ 2} - V_4^{\ 2})(V_1 + V_4) \tag{4.44}$$

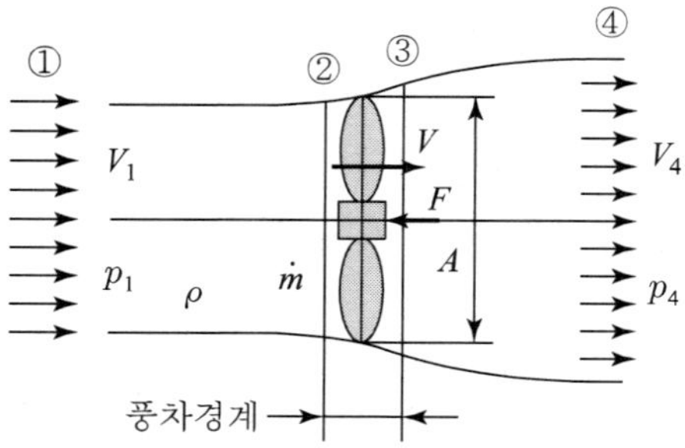

그림 4.12 풍차

주어진 풍속 V_1으로부터 풍차가 얻을 수 있는 최대동력은 $\partial P_0 / \partial V_4 = 0$으로부터 구할 수 있으며, 그 결과 $V_4 = \frac{1}{3} V_1$이므로 식 (4.44)에 대입하면

$$P_{\max} = \frac{8}{27} \rho A V_1^{\ 3} \tag{4.45}$$

풍차의 정면면적 A에 대하여 풍속 V_1으로 이용 가능한 전동력 $P_i = F_{\max} \cdot V_1$이다. 여기서 $F_{\max}$은 식 (4.43)에서 $V_4 = 0$로 취한 값이므로

$$P_i = \frac{1}{2} \rho A V_1^{\ 3} \tag{4.46}$$

따라서 풍차의 효율은

$$\eta_W = \frac{P_0}{P_i} = \frac{\rho A (V_1^{\ 2} - V_4^{\ 2})(V_1 + V_4)/4}{\rho A V_1^{\ 3}/2} = \frac{(V_1^{\ 2} - V_4^{\ 2})(V_1 + V_4)}{2 V_1^{\ 3}} \tag{4.47}$$

예제 4.10

밀도 $\rho = 1.22\ \mathrm{kg/m^3}$인 공기 중을 항공기가 350 km/h로 비행하고 있다. 항공기의 앞쪽에는 직경 2 m의 프로펠러가 2개 부착되어 있으며, 이를 통과하는 풍량이 800 $\mathrm{m^3/s}$ 일 때, (1) 추진력, (2) 프로펠러 전후의 압력차, (3) 이론효율, (4) 이론 소요동력을 구하라.

풀이 (1) $V_1 = \dfrac{350 \times 10^3}{3600} = 97.22\ \mathrm{m/s}$, $\quad V = \dfrac{Q}{A} = \dfrac{800}{2 \times (\pi/4) \times 2^2} = 127.32\ \mathrm{m/s}$

식 (4.38)로부터 $V_4 = 2V - V_1 = 2 \times 127.32 - 97.22 = 157.42\ \mathrm{m/s}$

$\therefore$추진력 $F_t = \dot{m}(V_4 - V_1) = \rho Q (V_4 - V_1) = 1.22 \times 800 \times (157.42 - 97.22)$

$= 58755.2\ \mathrm{N} = 58.76\ \mathrm{kN}$

(2) 식 (4.37)로부터

$$p_3 - p_2 = \frac{1}{2} \rho (V_4^2 - V_1^2) = \frac{1}{2} \times 1.22 \times (157.42^2 - 97.22^2) = 9350.9\ \mathrm{Pa}$$

(3) $\eta_p = \dfrac{V_1}{V} = \dfrac{97.22}{127.32} = 0.7636$

(4) $P_i = \dfrac{P_O}{\eta_p} = \dfrac{F_t V_1}{\eta_p} = \dfrac{58.76 \times 97.22}{0.7636} = 7481.2\ \mathrm{kW}$

예제 4.11

15 m/s의 계절풍속에 직경 8m의 풍차를 설치하고, 하류 쪽의 속도를 측정한 결과 7.5 m/s이었다. 공기밀도를 1.2 kg/m^{3}라 하면, 이상적인 풍차의 동력을 구하라.

풀이 식 (4.43)으로부터

$$F=\frac{1}{2}\rho A(V_1{}^2-V_4{}^2)=\frac{1}{2}\times 1.2\times(\pi/4)8^2\times(15^2-7.5^2)=5089.4N=5.0894\text{ kN}$$

$$P_o=F\cdot V=F\times\frac{1}{2}(V_1+V_4)=5.0894\times\frac{1}{2}\times(15+7.5)=57.26\text{ kW}$$

4.4 각운동량의 원리 및 응용

1) 각운동량의 원리

질량 m 의 물체가 외력 F 를 받아 속도 V 로 움직이는 운동은, 2장의 식 (2.7)의 운동량의 식으로 표시하였다.

$$\frac{d}{dt}(mV)=F \tag{4.48}$$

원점으로부터 측정한 위치벡터를 r 이라 하고, 위식에 곱하면(벡터곱)

$$r\times\frac{d}{dt}(mV)=r\times F \tag{4.49}$$

가 되며, 좌변에 관련하여

$$\frac{d}{dt}(r\times mV)=\frac{dr}{dt}\times mV+r\times\frac{d}{dt}(mV) \tag{4.50}$$

가 성립한다. $\frac{dr}{dt}=V$ 인 것을 고려하면 식 (4.50)의 우변 제1항은 0이므로 $(i\times i=0)$ 다음과 같이 된다.

$$\frac{d}{dt}(r\times mV)=r\times\frac{d}{dt}(mV) \tag{4.51}$$

따라서 식 (4.51)과 식 (4.49)로부터

$$\frac{d}{dt}(r \times mV) = r \times F$$

$$\text{또는 } \Sigma(r \times V)_o \dot{m}_o - \Sigma(r \times V)_i \dot{m}_i = \Sigma(r \times F)_{CV} \tag{4.52}$$

여기서 첨자 i, o, CV는 각각 in, out, control volume을 의미한다.

그림 4.13과 같이 위치벡터 r과 외력 F 가 이루는 각 θ 를 r 방향으로부터 F 가 이루는 각으로 정의한다. 따라서

$$|r \times F| = |r| \cdot |F| \sin\theta \tag{4.53}$$

이며, 방향이 벡터 r 및 F 를 포함하는 평면에 수직이고 회전방향은 반시계 방향이다. 이것은 외력 F 가 원점 주위에 미치는 회전효과, 즉 원점 O에 관한 외력 F 의 모멘트이다.

마찬가지로 식 (4.52)의 좌변에 있는 $r \times mV$ 는, 운동량 mV 의 원점에 관한 모멘트이며 **각운동량**(moment of momentum 또는 angular momentum)이라 한다. 따라서 식 (4.52)는 "각운동량의 단위시간당 변화는 물체에 작용하는 힘의 모멘트와 같다."는 것을 나타낸다. 이것을 **각운동량 방정식**(moment of momentum equation)이라 한다.

그림 4.14와 같이 유체가 고정 유로 내를 흐르는 경우에 대해 생각하자.

검사면을 ABCD로 취하면 중심 O주위의 각운동량의 변화는 검사면내의 유체에 작용하는 토크 $T(=r \times F)$ 와 같다. 그리고 식 (4.52)의 좌변을 출구 쪽 적분치와 입구 쪽 적분치의 차로 표시한다.

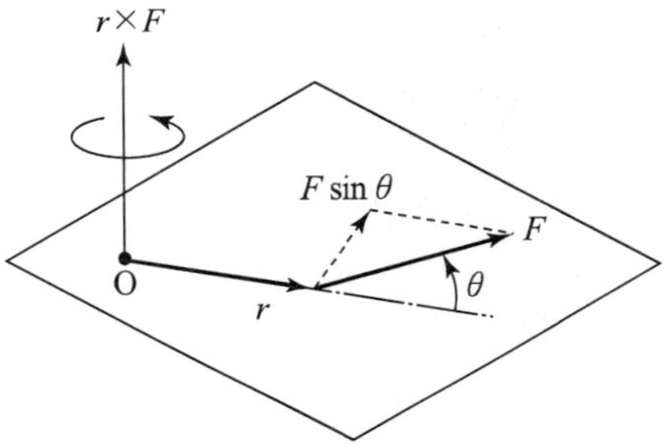

그림 4.13 외력의 모멘트

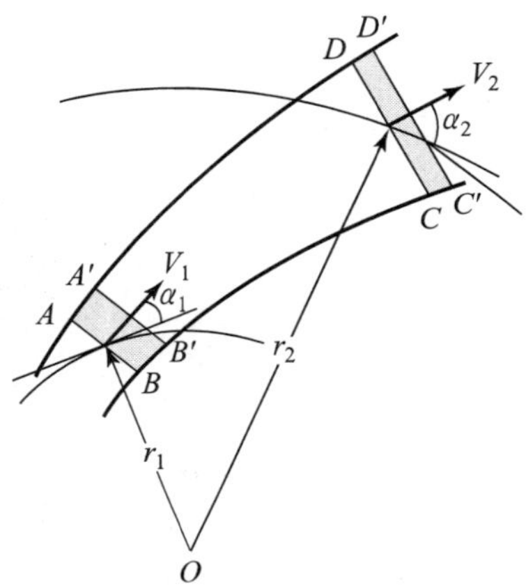

그림 4.14 중심 O를 회전하는 흐름

$$\int_{CD}(r_2 \times V_2)d\dot{m} - \int_{AB}(r_1 \times V_1)d\dot{m} = T \tag{4.54}$$

좌변의 값이 0보다 큰 경우는 그림 4.14에서 시계방향의 토크 T 가 작용함을 의미한다. 검사면의 입구 및 출구의 속도가 각각 일정하다고 하면, 스칼라량으로 $|V_1| = V_1$, $|V_2| = V_2$로 표시하면 식 (4.54)는 다음과 같이 표시할 수 있다.

$$T = \dot{m}(r_2 V_2 \cos\alpha_2 - r_1 V_1 \cos\alpha_1) \tag{4.55}$$

2) 원심펌프에 대한 응용

그림 4.15는 **원심펌프**의 회전차 입구와 출구에서의 유동현상과 속도 삼각형을 나타낸다. 회전차 입구와 출구의 원주속도를 각각 u_1, u_2, 물의 절대속도를 각각 v_1, v_2, 상대속도를 w_1, w_2, 반경을 각각 r_1, r_2, 회전차 입구유입각도 α_1, 회전차 출구유출각도 α_2, 회전차의 입구 및 출구의 각도를 각각 β_1, β_2라 하면, 회전차의 유입전과 유입후의 단위 시간당 유체의 각운동량의 차는 토크로서 식 (4.55)와 같으며, 동력 P는 토크 T 와 회전각속도 ω를 곱하여 다음과 같이 표시할 수 있다.

$$P = T\omega = \dot{m}(u_2 v_2 \cos\alpha_2 - u_1 v_1 \cos\alpha_1) \tag{4.56}$$

단, $u_1 = r_1\omega$, $u_2 = r_2\omega$이다.

식 (4.56)에서 동력 $P > 0$인 경우는 펌프, 동력 $P < 0$인 경우는 수차의 흐름에 해당되

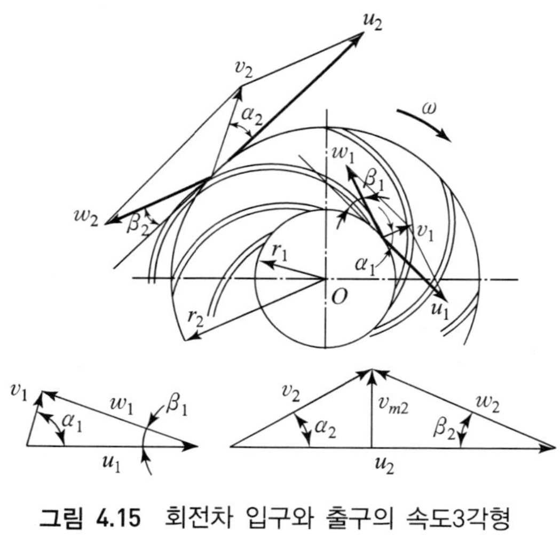

그림 4.15 회전차 입구와 출구의 속도3각형

며, 펌프의 경우는 유체가 r_1에서 회전유로로 유입하여 r_2로 유출하는데, 수차의 경우는 그 역이 된다.

손실을 고려하지 않는 이상적인 펌프의 **전 양정**(total head, 全揚程), 즉 **이론양정**을 H_{th}라 하면 발생동력은

$$P = \dot{m} g H_{th} \tag{4.57}$$

이므로, 식 (4.56)과의 관계로부터 이론양정은 다음과 같이 표시된다.

$$H_{th} = \frac{1}{g}(u_2 v_2 \cos\alpha_2 - u_1 v_1 \cos\alpha_1) \tag{4.58}$$

일반적으로 회전차로 유입하는 액체는 선회운동을 하지 않으므로 $\alpha_1 = 90^\circ$를 위식에 적용하면 깃 수 무한인 최대 이론양정이 된다.

$$H_{th\infty} = \frac{1}{g} u_2 v_2 \cos\alpha_2 \tag{4.59}$$

그림 4.15의 속도삼각형으로부터 $v_2 \cos\alpha_2 = u_2 - w_2 \cos\beta_2$이므로 식 (4.59)는 다음과 같이 나타낼 수 있다.

$$H_{th\infty} = \frac{1}{g} u_2 (u_2 - w_2 \cos\beta_2) \tag{4.60}$$

3) 살수기에 대한 응용

그림 4.16에 나타낸 회전 **살수기**(sprinkler)를 생각하자.

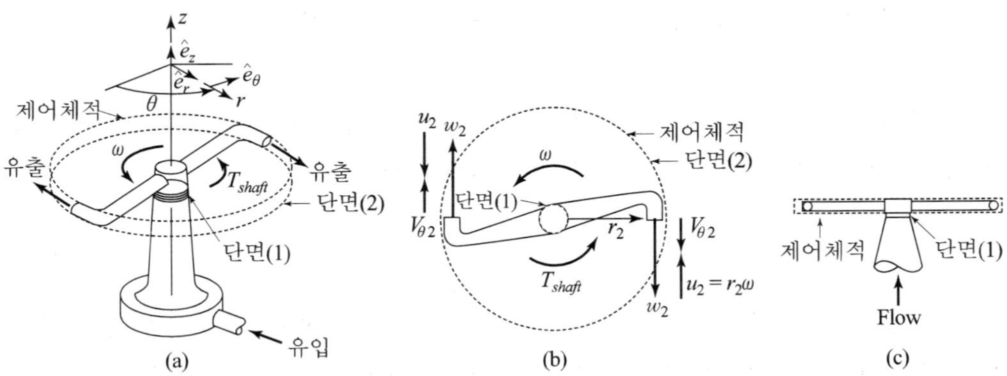

그림 4.16 살수기

살수기의 하부 쪽으로부터 공급되는 유체가 입구인 단면(1)을 통과하여 출구인 단면(2)로부터 유출하는 동안에 유동방향과 유동량이 변화하므로 토크를 발생시켜 z 축을 중심으로 반시계방향으로 회전한다. 제어체적은 점선으로 표시한 원판형태의 영역으로 택하고 그 안의 물도 포함한다.

단면(1)에서의 물은 살수기 암의 유로를 통해 흘러 두 노즐에서 유출하여 V의 속도로 제어체적을 떠난다. 유체에 대해서는 $r\times V$와 회전축이 수직이므로 $r\times V$의 회전축방향의 성분은 없다. 노즐로부터 분출하는 절대속도는 V이며 암(길이 : r)의 회전(각속도 ω)에 의한 원주방향 속도는 u인데 V와 방향이 반대이다.

노즐에서 관찰한 노즐출구 유동속도(절대속도) V는 상대속도 w, 고정된 검사표면에서 측정된 움직이는 노즐의 속도 u 라 할 때 다음과 같은 벡터의 관계가 성립한다.

$$V = w - u \tag{4.61}$$

그림 4.16의 스프링클러에 대해서는 다음의 관계가 성립한다.

$$\left|\Sigma(r\times V)_o \dot{m}_o - \Sigma(r\times V)_i \dot{m}_i\right|_{axial} = (-r_2 V_{\theta 2})\dot{m} \tag{4.62}$$

여기서 $V_{\theta 2}$는 노즐에서 유출되는 유동속도의 검사체적에 대한 접선방향 성분의 크기이며, 질량보존의 원리에 따라 $\dot{m}$은 두 노즐을 통한 전체의 질량유량이다. 그리고 첨자 i와 O는 각각 in, out을 의미한다. $r\times V$의 축방향 성분에 대한 부호는 V_θ와 u가 같은 방향인 경우에는 +, 반대방향인 경우에는 −를 사용한다.

그림 4.16의 스프링클러에 대하여 축 토크는 다음과 같이 나타낼 수 있으며

$$\Sigma[(r\times F)_{CV}]_{axial} = T_{shaft} \tag{4.63}$$

그림에서 보듯이 T_{shaft}를 정(+)으로 취급하여 암의 회전방향과 같은 방향으로 가정하였다.

그런데 식 (4.62)와 식 (4.63)으로부터 그림 4.16의 스프링클러에 대한 각운동량 모멘트 방정식인 식 (4.52)의 우변은 축 토크를 나타내므로

$$T_{shaft} = -r_2 V_{\theta_2}\dot{m} \tag{4.64}$$

이 식에서 부(−)의 부호의 의미는 축 토크의 가정에서 회전방향과 동일한 방향으로 가정하였으나 T_{shaft}는 회전방향의 반대방향으로 작용함을 뜻한다. 따라서 그림 4.16의

T_{shaft}의 방향은 표시방향과 반대방향(시계방향)이 된다.

축동력 $\dot{W}_{shaft}$는 축의 회전각속도 ω와 T_{shaft}를 곱하여 구한다.

$$\dot{W}_{shaft} = T_{shaft} \cdot \omega = -r_2 V_{\theta 2}\dot{m} \cdot \omega \quad \text{또는} \quad \dot{W}_{shaft} = -u_2 V_{\theta 2}\dot{m} \tag{4.65}$$

이 축일은 계가 외부에 한 일, 즉 유체가 축에 한 일이다.

4) 회전기계의 축일

회전기계를 통과하는 일반적인 1차원 유동에 각운동량 모멘트 식인 식 (4.52)를 적용하여 그림 4.16의 살수기에서 사용한 해석을 하면 축 토크에 대한 다음의 식을 얻는다.

$$T_{shaft} = -\dot{m}_{in}(\pm r_{in} V_{\theta in}) + \dot{m}_{out}(\pm r_{out} V_{\theta out}) \tag{4.66}$$

여기서 부호 "+" 또는 "−"는 $(r \times V)_{axial}$의 방향에 따라 결정된다. 즉 V_θ와 깃(blade)의 속도 u의 방향을 비교하는 것이다. 만일 V_θ와 u가 같은 방향이면 rV_θ는 양(+)이고, 반대방향이면 rV_θ는 음(−)이다.(그림 4.17참조)

T_{shaft}가 회전축에서 ω와 같은 방향이면 축 토크의 부호는 양(+)이고, 그렇지 않으면 음(−)이다.

축 동력 $\dot{W}_{shaft}$와 축 토크 T_{shaft}는 다음의 관계가 있다.

$$\dot{W}_{shaft} = T_{shaft} \cdot \omega \tag{4.67}$$

따라서 식 (4.67)은 다음과 같이 표시할 수 있다.

$$\dot{W}_{shaft} = -\dot{m}_{in}(\pm r_{in}\omega V_{\theta in}) + \dot{m}_{out}(\pm r_{out}\omega V_{\theta out}) \tag{4.68}$$

$u = r\ \omega$이므로 다시 쓰면

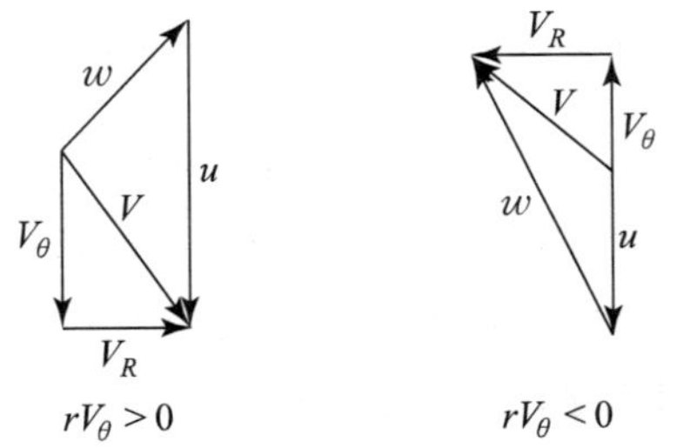

그림 4.17 회전기계의 속도벡터

$$\dot{W}_{shaft} = -\dot{m}_{in}(\pm u_{in} V_{\theta in}) + \dot{m}_{out}(\pm u_{out} V_{\theta out}) \tag{4.69}$$

V_θ와 u가 같은 방향인 경우는 $u V_\theta$의 부호가 "+", 반대방향인 경우는 "−"가 사용된다.

식 (4.69)에서 $\dot{W}_{shaft}$가 양의 값이면 동력이 검사체적으로 가해지는 경우(펌프 등)이며, $\dot{W}_{shaft}$가 음의 값이면 동력이 검사체적으로부터 발생하는 경우(터빈 등)이다.

단위 질량당 축일은 $\dot{m}_{in} = \dot{m}_{out} = \dot{m}$인 경우, 다음과 같다.

$$w_{shaft} = -(\pm u_{in} V_{\theta in}) + (\pm u_{out} V_{\theta out}) \tag{4.70}$$

예제 4.12

그림 4.15와 같은 원심펌프에서 출구경 $D_2 = 2r_2 = 420\ \mathrm{mm}$, 회전차의 출구각도 $\beta_2 = 25^\circ$ 이다. 이 회전차가 각속도 ω=180 rad/s, 회전차 출구의 상대속도 $w_2 = 12\ \mathrm{m/s}$, $Q = 8.4\ \mathrm{m^3/min}$의 물을 토출하고 있다. 물의 유입각도 $\alpha_1 = 90^\circ$ 일 때 펌프의 동력 P와 최대 이론양정 $H_{th\infty}$를 구하라.

풀이 회전속도 $n = 60\omega/2\pi = (60\times180)/2\pi = 1718.9$ rpm

회전차 출구의 원주속도 $u_2 = \dfrac{\pi D_2 n}{60} = \dfrac{\pi \times 0.42 \times 1718.9}{60} = 37.8\ \mathrm{m/s}$

$\alpha_1 = 90^\circ$ 이므로 $v_2 \cos\alpha_2 = u_2 - w_2 \cos\beta_2$를 식 (4.56)에 적용하면 동력 P는

$$P = \dot{m} u_2 (u_2 - w_2 \cos\beta_2) = 1000 \times \frac{8.4}{60} \times 37.8(37.8 - 12\cos 25^\circ)$$

$$= 142483.4\ \mathrm{W} = 142.5\ \mathrm{kW}$$

최대 이론양정

$$H_{th\infty} = \frac{1}{g} u_2 (u_2 - w_2 \cos\beta_2) = \frac{1}{9.8} \times 37.8 \times (37.8 - 12\cos 25^\circ) = 103.85\ \mathrm{m}$$

예제 4.13

그림[예제 4.13]과 같이 회전하는 sprinkler의 하부로부터 물이 1.2 l/s의 일정한 비율로 sprinkler에 유입하고 있다. 각 노즐출구의 단면적이 25 $\mathrm{mm^2}$일 때 (1) sprinkler head회전체가 정지하고 있는 경우, (2) sprinkler head회전체가 500 rpm으로 회전하는 경우, (3) 그 회전체가 0에서 500 rpm으로 가속되는 경우, 각 노즐로부터 유출하는 물의 평균속도(노즐에 대한 상대속도)를 구하라.

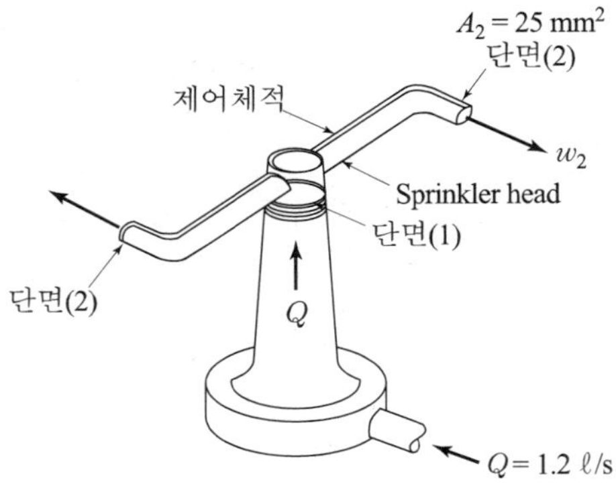

그림 [예제 4.13]

풀이 검사체적에 대해 연속방정식을 적용하면

$$\Sigma \rho_o A_o w_o - \Sigma \rho_i A_i w_i = 0$$

$\therefore 2\rho_2 A_2 w_2 - \rho_1 A_1 w_1 = 0, \quad \rho_1 = \rho_2 = \rho$이며 $Q = A_1 w_1$를 적용하면

$$w_2 = \frac{Q}{2A_2} = \frac{1.2 \times 10^{-3}}{2 \times 25 \times 10^{-6}} = 24\ \text{m/s}$$

w_2의 값은 sprinkler head의 회전속도와는 무관하며 (1), (2), (3)의 경우에 대해 각 노즐로부터 유출하는 물의 노즐에 대한 상대속도를 나타낸다. 정지 좌표계에서의 출구속도 V_2는 sprinkler head의 회전속도에 따라 변하여

$$V_2 = w_2 - u$$

이며, $u = R\omega$는 노즐의 원주속도, R은 반경, ω는 각속도이다.

예제 4.14

그림[예제 4.14]와 같은 sprinkler(예제 4.13과 동일)에서 $Q = 1.2\ l/s$의 물이 유입되고 노즐 출구 단면적은 $25\ \text{mm}^2$, 회전축으로부터 노즐 중심선까지의 반경 $r_2 = 200\ \text{mm}$이다.

(1) sprinkler를 고정시키려면 얼마의 저항 토크가 필요한가?

(2) sprinkler가 500 rpm의 일정한 각속도로 회전할 때 저항토크를 구하라.

(3) 저항토크가 없는 경우 sprinkler의 회전속도를 구하라.

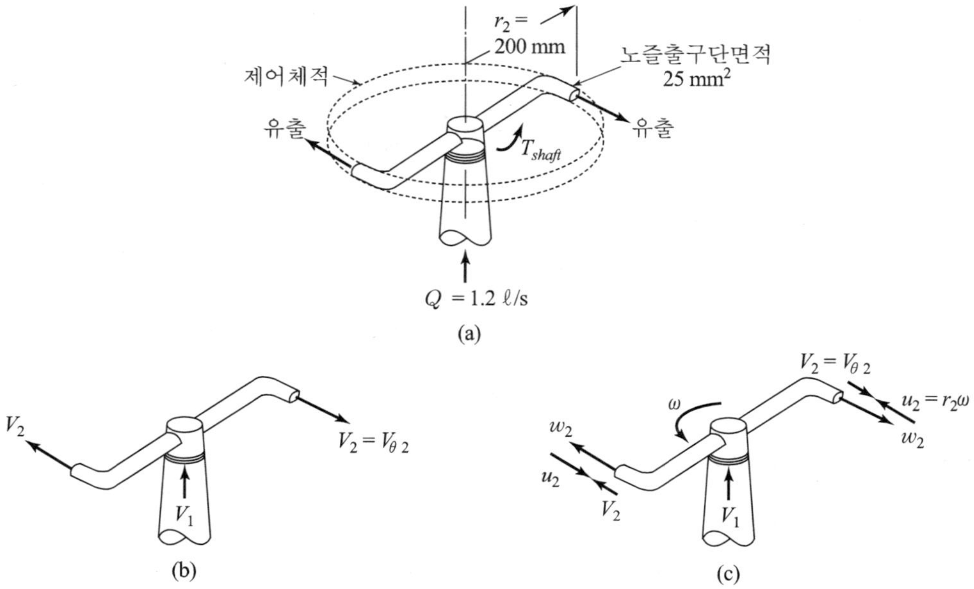

그림 [예제 4.14]

풀이 (1) $T_{shaft} = -\dot{m} r_2 V_{\theta 2}$, $\quad V_{\theta 2} = V_2$(검사체적이 고정되고 노즐로부터 유체가 접선방향으로 유출하기 때문)이므로 예제 4.13으로부터 $V_2 = 24\ \mathrm{m/s}$를 이용하면

$$\therefore T_{shaft} = -\dot{m} r_2 V_2 = -1000 \times (1.2 \times 10^{-3}) \times 0.2 \times 24 = -5.76\,\mathrm{N \cdot m}$$

(2) 예제 4.13으로부터 $w_2 = 24\ \mathrm{m/s}$, $\quad u_2 = r_2 \omega = r_2 \dfrac{2\pi n}{60}$

$$\therefore V_2 = w_2 - u_2 = 24 - 0.2 \times 2\pi \times 500/60 = 13.53\ \mathrm{m/s}$$

$$\therefore T_{shaft} = -\dot{m} r_2 V_2 = -1000 \times (1.2 \times 10^{-3}) \times 0.2 \times 13.53 = -3.2472\ \mathrm{N \cdot m}$$

(3) 저항토크가 없는 경우에 최대 회전속도가 발생한다. 여기서

$T_{shaft} = -\dot{m} r_2 (w_2 - r_2\omega) = 0$이므로

$$\omega = \frac{w_2}{r_2} = \frac{24}{0.2} = 120\ \mathrm{rad/s}, \quad \text{또는 } \omega = \frac{2\pi n}{60}$$

$$\therefore\ n = \frac{60}{2\pi}\omega = 60 \times 120/2\pi = 1145.92\ \mathrm{rpm}$$

연습문제 exercise 04

평판에 작용하는 힘

1. 정지평판에 60도의 위치로부터 내경 30 mm인 노즐로부터 분출되는 수분류를 속도 40 m/s로 충돌시킨다. 이때 평판에 수직으로 작용하는 힘을 구하라.

답 979.45 N

2. 직경 40 mm의 2차원 수분류가 60°의 각도로 설치되어 있는 평판에 속도 10 m/s로 충돌한 후 상하로 분리된다. 이 상하의 분류량의 비율 및 평판이 흐름방향으로 작용하는 반력을 구하라. 단, 마찰저항은 무시한다.

답 $Q_1/Q_2 = 3$, 94.25 N

3. 그림[문 4.3]과 같이 수조에서 분류가 수직으로 놓여진 판에 충돌할 때, 판이 받는 힘은 얼마인가. 또, $L=0$인 경우의 몇 배인가? 손실은 무시한다.

답 $L=0$인 경우 : 980 N, $L \neq 0$인 경우 : 1960 N ∴2배

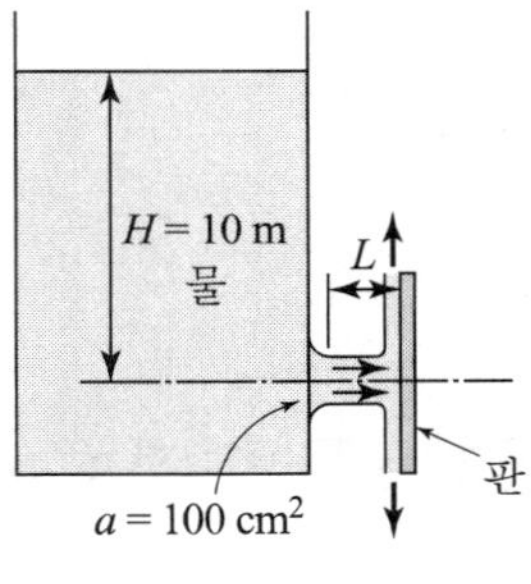

그림 [문 4.3]

4. 그림[문 4.4]와 같이 폭 3 m인 수로에 물이 흐를 때 빗금 친 구조물에 작용하는 수평 반력을 구하라.

답 4.91 kN

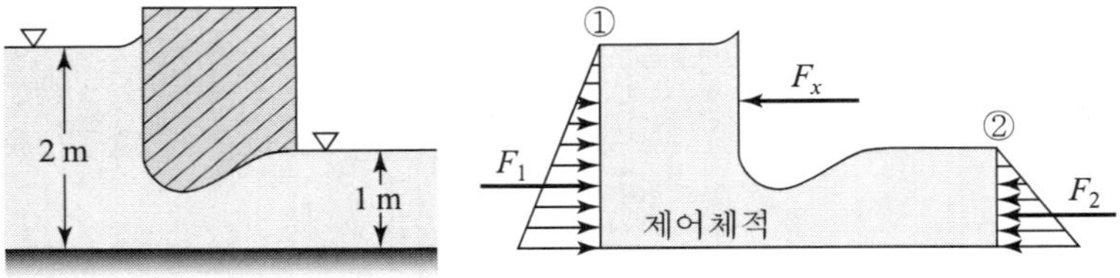

그림 [문 4.4]

5. 구경 40 mm의 노즐로부터 물이 40 m/s의 속도로 분출하여 분류방향으로 20 m/s의 속도로 움직이는 큰 평판에 충돌할 때 동력을 구하라.

답 10.053 kN

6. 그림[문 4.6]과 같이 직경 2 cm의 수분류가 속도 15 m/s로 원추에 충돌하여 각도 30°의 방향으로 흘러 나갈 때 원추가 받는 힘을 구하라. 마찰력은 무시한다.

답 9.47 N

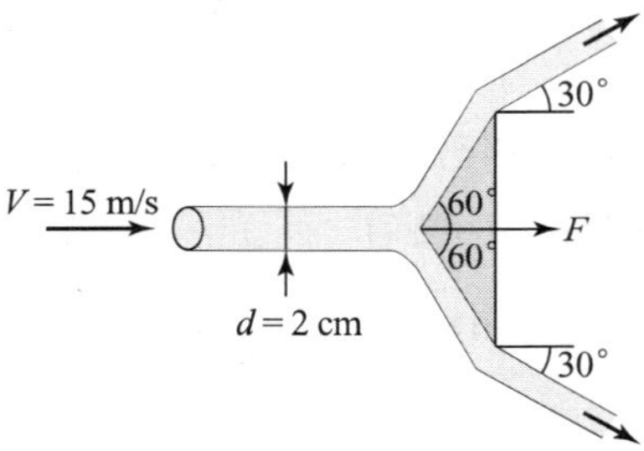

그림 [문 4.6]

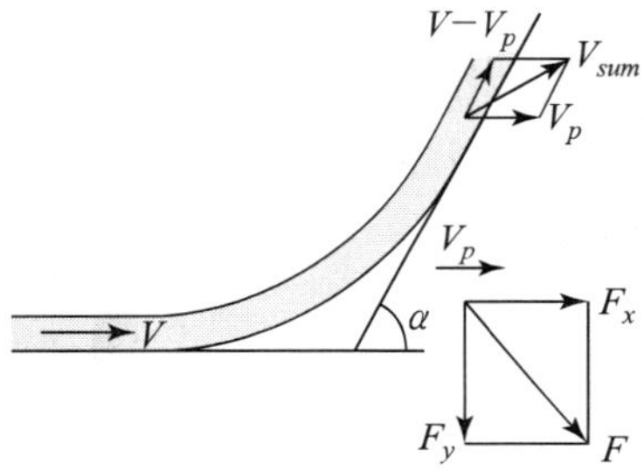

그림 [문 4.7]

곡면판에 작용하는 힘

7. 그림[문 4.7]과 같은 곡면판에 속도 $V = 30$ m/s, 질량유량 $\dot{m} = 3$ kg/s 의 물이 $\alpha = 45°$의 방향으로 유출한다.

(a) 곡면판이 정지하는 경우, 분류가 곡면판에 미치는 힘을 구하라.

(b) 곡면판이 분류와 같은 방향으로 속도 $V_p = 10$ m/s로 움직일 때 분류가 곡면판에 미치는 힘을 구하라. 또 이때 곡면판에 미치는 동력을 계산하라. 단, 곡면판으로부터 유출속도는 유입속도와 같다고 한다.

답 (a) 68.88 N, (b) 30.615 N, 117.16 W

8. 고정 곡면판을 따라서 직경 50 mm, 속도 25 m/s의 수분류가 유입하여, 160°방향으로 방

향이 바뀌어 유출하고 있다. 곡면판의 마찰은 무시하고 곡면판에 걸리는 힘 및 방향을 구하라.

답 2.417kN, $-10°$

9. 그림[문 4.9]와 같은 반구내면에 15°의 각을 이루면서 직경 2 cm의 수분류가 속도 20 m/s로 충돌할 때 반구가 받는 힘과 방향을 구하라. 단, 물의 마찰력과 중력은 무시한다.

답 249.13N, $-7.5°$

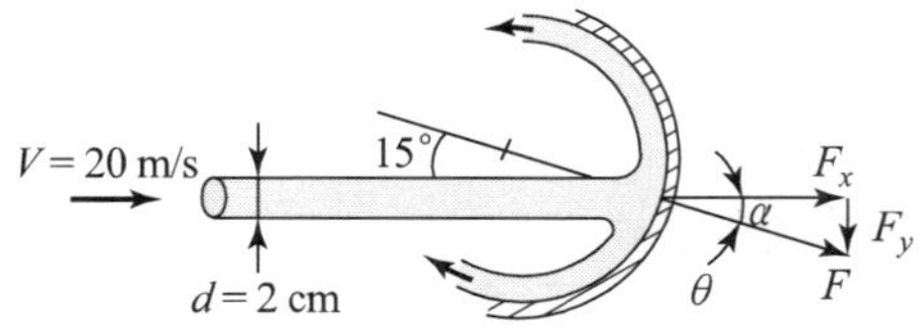

그림 [문 4.9]

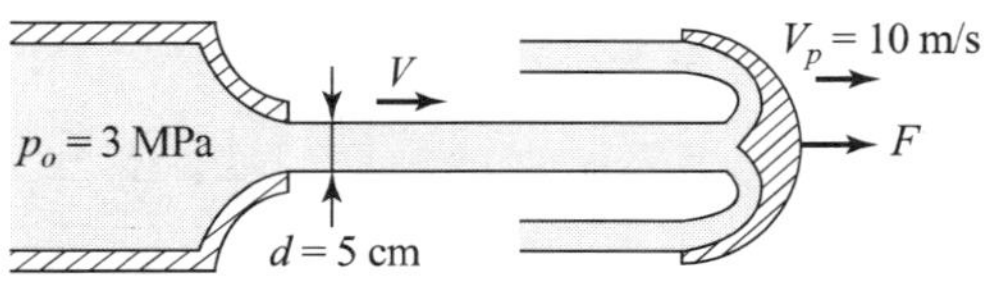

그림 [문 4.10]

10. 그림[문 4.10]과 같이 물이 노즐에서 분출하여, 속도 V_p 로 분류와 같은 방향으로 움직이고 있는 반구형의 버킷에 충돌하고 있다. 버킷이 받는 힘을 구하라. 단, 물의 점성 및 노즐 내 상류의 유속은 무시하고 노즐의 유량계수는 1로 하며, p_o는 게이지압이다.

답 17.87 kN

11. 그림[문 4.11]과 같이 수분류가 $V=18\ \text{m/s}$의 속도로 45°의 곡면날개에 충돌하여 유입수분류의 방향으로 날개가 $V_p=6\ \text{m/s}$로 이동할 때 반력 F_x와 F_y를 각각 구하라. 단, 수분류의 직경은 45 mm이다.

답 $F_x=390.97\ \text{N}$, $F_y=161.94\ \text{N}$

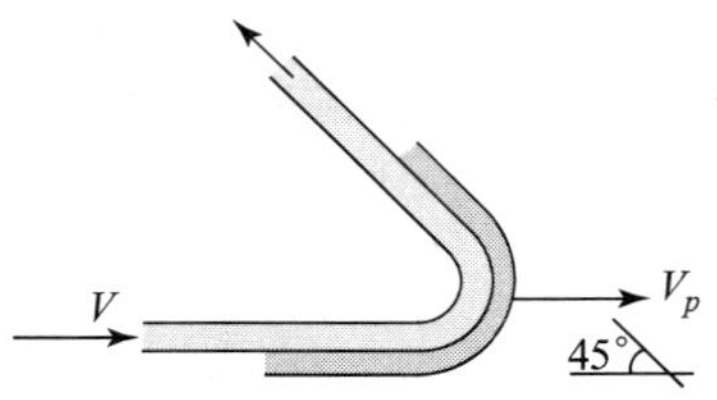

그림 [문 4.11]

12. 유량 100 l/s, 유속 10 m/s의 수분류가 분류방향으로 8 m/s의 속도로 움직이고 있는 곡면판을 따라서 유입하고, 60°전향 후에 유출시킬 때의 곡면판에 미치는 힘과 방향을 구하라.

답 40 N, $-60°$

곡관에 작용하는 힘

13. 그림[문 4.13]과 같은 90°곡관을 통하여 물이 흐를 때 곡관이 받는 힘의 크기와 방향을 구하라. 단, 관의 직경 30 cm, 유량 15 m^3/min, 물의 밀도 1000 kg/m^3, 곡관의 입구와 출구에서 유체의 게이지압은 1 kPa이다.

답 1350.48 N, −45°

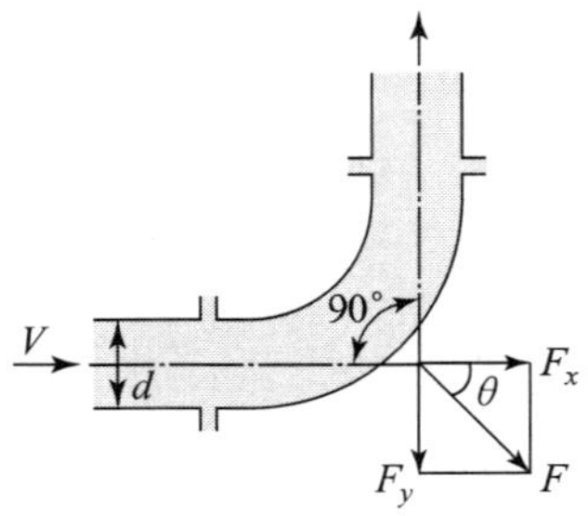

그림 [문 4.13]

14. 내경 1 m인 90°엘보 속을 밀도 1000 kg/m^3인 물이 2 m/s로 흐르고 있을 때, 엘보가 받는 힘을 구하라.

답 4442.9 N

분사추진

15. 배의 뒷면에 직경 50 mm의 노즐로부터 수분류가 500 N의 추력을 발생시키고 있다. 분류의 손실을 무시하면 분류의 비(比)속도에너지는 얼마인가?

답 127.36 J/kg

16. 배의 뒤편에 직경 50 mm의 노즐로부터 수분류가 500 N의 추력을 발생시킬 때, 이 노즐의 분출속도를 구하라.

답 15.96 m/s

17. 제트추진식 보트가 유량 2.5 m^3/s, 상대속도 20 m/s의 분류를 분출하면서 2 m/s의 속도로 흐르는 강을 거슬러 올라간다. 보트의 절대속도가 8 m/s일 때 추력은 얼마인가?

답 25 kN

프로펠러

18. 정지상태의 물 위를 보트가 50 km/h의 속도로 항해하고 있다. 보트에 부착된 프로펠러의 직경이 50 cm, 프로펠러를 지나는 유량은 5 m^3/s 일 때 (1)추력, (2)이론효율, (3)이론소요동력, (4)프로펠러의 출력을 각각 구하라.

답 (1)115.76 kN , (2)54.54 %, (3)2.948 MW , (4)1.608 MW

19. 내경 700 mm의 대형 환풍기의 공기가 20 m/s의 속도로 흐르고 있다. 이 환풍기의 효율을 75 %로 하여 이 모터의 동력을 구하라. 단, 공기밀도는 1.2 kg/m^3으로 한다.

답 2.463 kW

충동수차

20. 그림 4.16과 같은 임펠러에서 $r_1 = 10$ cm, $r_2 = 15$ cm, $\alpha_1 = 90°$, $V_2 \cos\alpha_2 = 4$ m/s, $Q = 0.3$ m^3/s 일 때 임펠러가 받는 토크는 얼마인가? 사용유체는 물이다.

답 180 N · m

살수기

21. 그림[문 4.21]과 같이 살수기의 노즐에서 분출속도가 10 m/s이다. 노즐의 직경이 10 mm 일 때 토크와 회전속도를 구하라. 단, 마찰손실은 무시한다.

답 2.3565 N · m, 33.33 rad/s

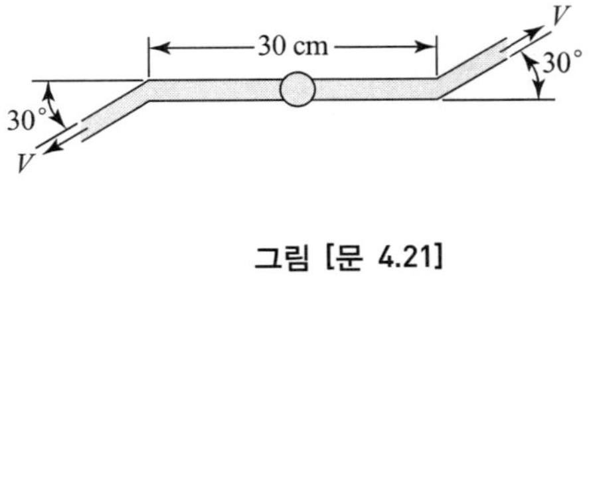

그림 [문 4.21]

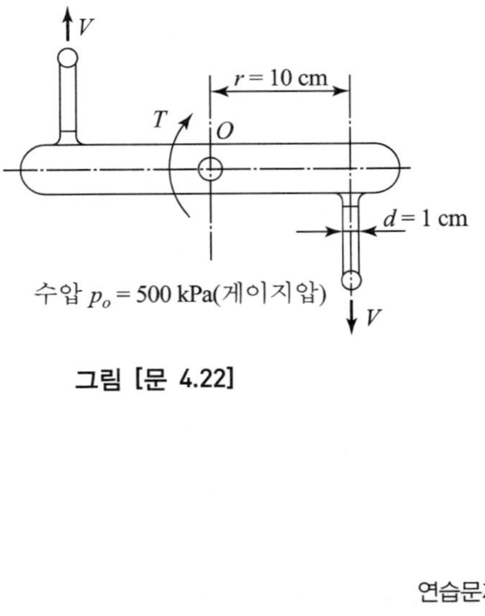

그림 [문 4.22]

22. 그림[문 4.22]에 표시하는 스프링클러의 수압이 500 kPa(게이지압)일 때, 스프링클러가 회전하지 않고 정지하도록 하기 위해서 필요한 토크는 얼마인가? 단, 스프링클러의 반경은 10 cm, 노즐직경은 1 cm로 하고, 노즐의 유량계수는 1로 한다.

답 15.705 N · m

분기관에 작용하는 힘

23. 그림[문 4.23]과 같이 더블 노즐로부터 물이 유출하는 경우에 노즐에 작용하는 물의 x방향 힘과 y방향 힘에 대한 반력 F_x, F_y를 구하고. 그 합력 및 방향을 구하라. 단, 두 노즐의 분출속도는 12 m/s로 동일하며 물의 비중량 $\gamma = 9.8\ \mathrm{kN/m^3}$, 마찰은 무시한다.

답 $F_x = 257.49\ \mathrm{N}\ (\leftarrow)$, $F_y = 15.49\,\mathrm{N}\ (\downarrow)$, $F = 257.96\,\mathrm{N}$, 3.44°

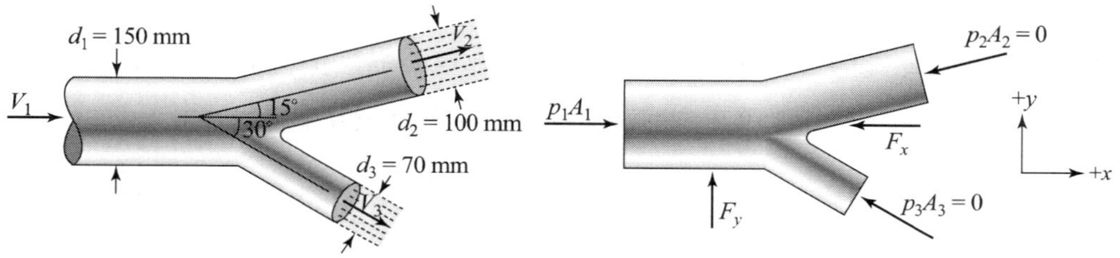

그림 [문 4.23]

제 5 장

내부유동 (internal flow)

물이나 기름 또는 도시가스 등과 같이 유체의 수송에 관로가 이용되며, 이러한 관내의 흐름을 **관내유동**(pipe flow or duct flow) 또는 **내부유동**(internal flow)이라 한다. 이와 같이 유체가 관내를 흐를 때 유체가 갖는 점성으로 인하여 마찰에 의한 전단응력이 발생하고, 단면상에는 일반적으로 벽에 가까운 영역에서 마찰의 영향으로 유속이 느려져 한 단면상의 유속분포는 중앙에서 가장 크고 벽면에 가까울수록 작아지는 형태로 이루어진다.

또한 관로 계에서 각 부분에 와류가 발생・혼합하는 복잡한 유동현상이 나타나므로 점성작용과 함께 에너지 손실을 야기 시킨다. 따라서 단위시간당 일정량의 유체를 수송시키기 위해서는 손실에너지 만큼의 에너지를 지속적으로 공급해야 한다.

이 장에서는 관로 내를 흐르는 유체의 점성에 의한 유동상태와 유동특성을 기술하고 관로유동의 에너지 및 점성에 의한 손실 에너지에 대하여 해석하며, 그 외 제 손실에너지에 대하여 기술한다.

5.1 운동방정식

1) 비점성유체의 운동방정식

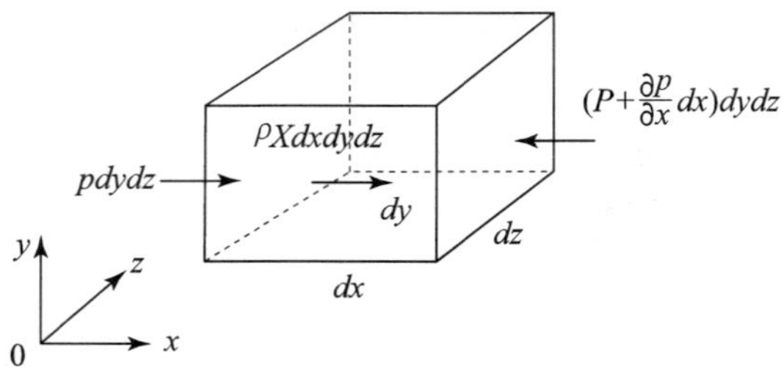

그림 5.1 직각 좌표계(압력 및 체적력)

그림 5.1과 같이 유체유동중의 미소 제어체적에 대한 3차원 직각 좌표계를 설정하여 뉴턴의 운동 제2법칙을 적용하기로 한다.

비점성유체의 3차원 유동이 비정상류인 경우, x , y , z 방향의 각속도 성분을 각각 u, v, w 라 하면 다음과 같은 함수관계가 성립한다.

$$u = u(t, x, y, z), \quad v = v(t, x, y, z), \quad w = w(t, x, y, z)$$

각 방향의 가속도를 a_x, a_y, a_z 라 하면

$$a_x = \frac{du}{dt} = \frac{1}{dt}(\frac{\partial u}{\partial t}dt + \frac{\partial u}{\partial x}dx + \frac{\partial u}{\partial y}dy + \frac{\partial u}{\partial z}dz)$$

$$= \frac{\partial u}{\partial t} + u\frac{\partial u}{\partial x} + v\frac{\partial u}{\partial y} + w\frac{\partial u}{\partial z} \tag{5.1a}$$

$$a_y = \frac{dv}{dt} = \frac{1}{dt}(\frac{\partial v}{\partial t}dt + \frac{\partial v}{\partial x}dx + \frac{\partial v}{\partial y}dy + \frac{\partial v}{\partial z}dz)$$

$$= \frac{\partial v}{\partial t} + u\frac{\partial v}{\partial x} + v\frac{\partial v}{\partial y} + w\frac{\partial v}{\partial z} \tag{5.1b}$$

$$a_z = \frac{dw}{dt} = \frac{1}{dt}(\frac{\partial w}{\partial t}dt + \frac{\partial w}{\partial x}dx + \frac{\partial w}{\partial y}dy + \frac{\partial w}{\partial z}dz)$$

$$= \frac{\partial w}{\partial t} + u\frac{\partial w}{\partial x} + v\frac{\partial w}{\partial y} + w\frac{\partial w}{\partial z} \tag{5.1c}$$

제어체적의 유체밀도를 ρ라 할 때 그 질량 $m = \rho dx \cdot dy \cdot dz$ 이므로 x 방향의 힘은 Newton의 운동 제2법칙에 의하여 다음과 같이 표시된다.

$$\Sigma F_x = ma_x = \rho dxdydz(\frac{\partial u}{\partial t} + u\frac{\partial u}{\partial x} + v\frac{\partial u}{\partial y} + w\frac{\partial u}{\partial z}) \tag{5.2}$$

x 방향으로 작용하는 힘의 총합 ΣF_x는 압력차에 의한 힘과 x 방향의 체적력 X에 의

한 힘의 합이다. 그림 5.1에서 X, Y, Z는 각각 x, y, z방향의 단위질량당 체적력을 나타낸다.

먼저 그림 5.1의 제어체적에 대한 x방향의 압력차에 의한 힘은

$$pdydz - (p + \frac{\partial p}{\partial x}dx)dydz = -\frac{\partial p}{\partial x}dxdydz$$

가 되며, 단위질량당 유체에 작용하는 체적력 $K(X, Y, Z)$에 의한 x방향의 힘은 $\rho Xdxdydz$이므로 ΣF_x는 다음과 같다.

$$\Sigma F_x = \rho Xdxdydz - \frac{\partial p}{\partial x}dxdydz \tag{5.3}$$

식 (5.3)을 식 (5.2)에 대입하여 정리하면 다음과 같이 된다.

$$-\frac{1}{\rho}\frac{\partial p}{\partial x} + X = \frac{\partial u}{\partial t} + u\frac{\partial u}{\partial x} + v\frac{\partial u}{\partial y} + w\frac{\partial u}{\partial z}$$

같은 방법으로 y방향과 z방향에 대하여 구할 수 있으며, 그 결과를 각각 x, y, z방향에 대하여 정리하면 식 (5.4)로 나타낼 수 있다.

$$\frac{\partial u}{\partial t} + u\frac{\partial u}{\partial x} + v\frac{\partial u}{\partial y} + w\frac{\partial u}{\partial z} = -\frac{1}{\rho}\frac{\partial p}{\partial x} + X \tag{5.4a}$$

$$\frac{\partial v}{\partial t} + u\frac{\partial v}{\partial x} + v\frac{\partial v}{\partial y} + w\frac{\partial v}{\partial z} = -\frac{1}{\rho}\frac{\partial p}{\partial y} + Y \tag{5.4b}$$

$$\frac{\partial w}{\partial t} + u\frac{\partial w}{\partial x} + v\frac{\partial w}{\partial y} + w\frac{\partial w}{\partial z} = -\frac{1}{\rho}\frac{\partial p}{\partial z} + Z \tag{5.4c}$$

위 식은 비점성유체(이상유체)의 운동방정식이며, **Euler의 운동방정식**(Euler's equation of motion)이라 한다. 이 식의 좌변 제1항은 국소 가속도의 항, 좌변의 나머지 항들은 유체입자의 위치가 변함에 따르는 가속도를 나타내며 대류 항(對流項)이라 한다. 우변은 외력으로서 제1항은 압력차에 의한 힘, 제2항은 체적력을 나타낸다.

흐름이 정상류인 경우는 좌변 제1항이 소거되고, 체적력이 존재하지 않는 경우에는 우변 제2항이 소거된다. 또한 유동이 2차원 유동인 경우에는 좌변 제4항이 소거된다.

2) 점성유체의 운동방정식

이상유체(비점성유체)에 대한 Euler의 운동방정식 (5.4)는 점성력을 고려하지 않았다. 그러나 실제의 유체는 점성유체이므로 점성에 의한 변형에 따르는 점성력을 고려해야 하므로 식 (5.3)의 우변에 x방향에 대한 점성력 $\mu(\frac{\partial^2 u}{\partial x^2}+\frac{\partial^2 u}{\partial y^2}+\frac{\partial^2 u}{\partial z^2})dxdydz$을 추가하여 정리하면 다음 식으로 표시된다.

$$\frac{\partial u}{\partial t}+u\frac{\partial u}{\partial x}+v\frac{\partial u}{\partial y}+w\frac{\partial u}{\partial z}=-\frac{1}{\rho}\frac{\partial p}{\partial x}+X+\nu(\frac{\partial^2 u}{\partial x^2}+\frac{\partial^2 u}{\partial y^2}+\frac{\partial^2 u}{\partial z^2}) \tag{5.5a}$$

y방향과 z방향에 대해서도 같은 방법으로 정리하면

$$\frac{\partial v}{\partial t}+u\frac{\partial v}{\partial x}+v\frac{\partial v}{\partial y}+w\frac{\partial v}{\partial z}=-\frac{1}{\rho}\frac{\partial p}{\partial y}+Y+\nu(\frac{\partial^2 v}{\partial x^2}+\frac{\partial^2 v}{\partial y^2}+\frac{\partial^2 v}{\partial z^2}) \tag{5.5b}$$

$$\frac{\partial w}{\partial t}+u\frac{\partial w}{\partial x}+v\frac{\partial w}{\partial y}+w\frac{\partial w}{\partial z}=-\frac{1}{\rho}\frac{\partial p}{\partial z}+Z+\nu(\frac{\partial^2 w}{\partial x^2}+\frac{\partial^2 w}{\partial y^2}+\frac{\partial^2 w}{\partial z^2}) \tag{5.5c}$$

이 되며, 이 식을 **Navier−Stokes의 운동방정식**(Navier−Stokes equation)이라 한다. 이 식들의 우변 제3항은 각각 x, y, z방향의 점성력 항이다.

5.2 층류와 난류

내부유동(internal flow)은 파이프(pipe), 덕트(duct), 튜브(tube)등의 내측으로 유체(액체 또는 기체)가 유동함을 의미한다. 일반적으로 단면이 원형인 경우를 파이프(특히 액체가 유동하는 경우)라 하고, 비원형인 경우를 덕트(특히 유동유체가 가스인 경우)라 하며, 원형단면의 직경이 비교적 작은 파이프를 튜브라고 한다.

이러한 관로들은 그 내부를 흐르는 유체가 점성을 가지며, 따라서 관로의 벽면과 점성 마찰로 인하여 벽면 근처에서 유속이 감소하고, 관 벽으로부터 가장 먼 거리인 중심에서는 그 영향이 제일 작으므로(no slip) 유속이 가장 크다.

그림 5.2에서 (a)도는 실제의 속도분포이며, (b)도는 마찰이 없다고 가정한 경우(비점성 유체유동)의 속도분포로서 그 단면의 대표속도를 결정할 때는 (a)도의 단면 평균속도 V_m을 이용한다. 따라서 질량보존의 원리를 적용하면 이 파이프를 유동하는 질량유량은 다음과 같이 평균속도 V_m을 이용하여 나타낸다.

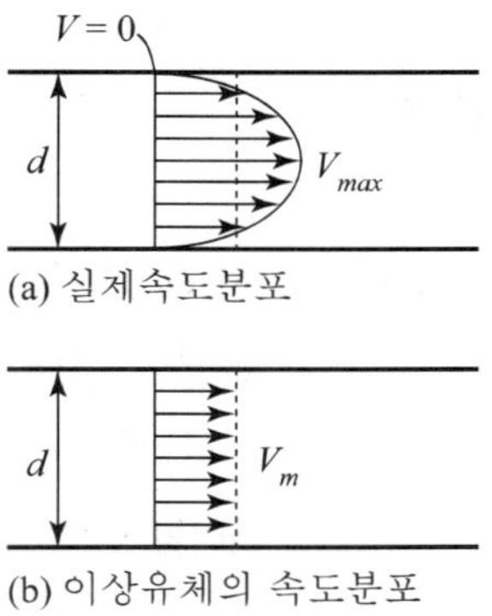

그림 5.2 관내 속도분포

$$\dot{m} = \rho A V_m \tag{5.6}$$

여기서 ρ는 유체의 밀도, A는 단면적으로서 원형 파이프의 경우 $\pi d^2/4$이 된다.

1) 층류유동

자연계에 있어서 흐름의 상태를 층류와 난류로 대별할 수 있다. 일반적으로 이러한 구분은 1880년경 O.Reynolds(영국)에 의해서 행해진 실험결과에 따른다.

Reynolds는 그림 5.3과 같이 직경 1/4" ~ 1"의 유리관을 수평으로 설치하여 수조내의 물을 흘리면서, 그 입구에는 착색 액인 아닐린용액을 주입하였다. 그리고 유리관의 직경과 유량, 또는 수온을 변화시켜 물의 점성계수를 변화시키는 등 흐름의 조건을 변화시키고, 유리관 내에서 흐르는 착색 액의 모양을 조사하였다. 그 결과에 의하면, 유리관이 가늘고 유량이 작은 경우에는 주입한 착색 액은 유리관의 전 길이에 걸쳐서 관의 축 방향으로 직선을 이루며 흐르는 것을 관찰하였다. 그러나 유속을 증대시켜 가면 착색 액은

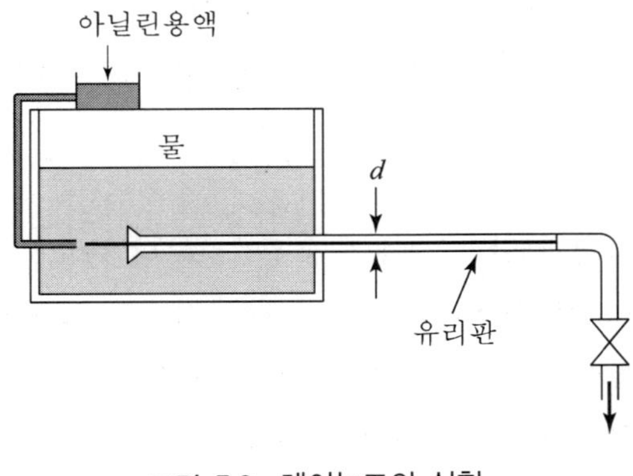

그림 5.3 레이놀즈의 실험

점차로 파형(波形)으로 흐트러지게 되며, 또한 유리관의 직경을 크게 하고 유속을 증대시키며 동점성계수를 감소시키면 착색 액은 불규칙한 파상(波狀)으로 되어 관 단면 전체로 확대되는 것을 관찰하였다.

이것은 유속과 관경이 작을수록, 물의 입자와 착색 액의 입자는 서로 혼합하지 않고 일정하게 축 방향으로 이동하는데, 유속과 관경이 증대되고 동점성계수를 감소시키면 유체는 관축에 수직한 방향으로도 속도성분을 갖게 되어 혼합 상태로 됨을 나타낸다. 이 두 가지 흐름의 상태는 그의 이름을 따서 **레이놀즈수**(Reynolds number)라 불리는 무차원수 Re 로 정해진다는 것을 발견하였으며, 다음과 같이 표시하였다.

$$Re = \frac{\rho V d}{\mu} = \frac{Vd}{\nu} \tag{5.7}$$

위 식의 V, d 는 각각 흐름을 나타내는 대표속도, 대표길이이며, 관내 유동에서는 각 평균속도, 내경이 된다. $\nu(=\mu/\rho)$는 동점성계수, ρ는 밀도, μ는 점성계수이다.

원관이 아닌 경우의 대표길이는 **수력직경**(hydraulic diameter) $D_h = 4R_h$ 로 하며 ,R_h는 **수력반경**으로 다음과 같이 정의된다.

$$R_h = \frac{A}{S} \tag{5.8}$$

여기서 A는 단면적, S는 **접수(接水)길이**이다. 예로서 4각 덕트의 두 변의 길이가 각각 a, b 이면 $D_h = 4R_h = 4ab/2(a+b) = 2ab/(a+b)$ 가 되며, 환상 원관(외경 D, 내경 d) 에서는 $D_h = 4R_h = 4(\pi/4)(D^2 - d^2)/\pi(D+d) = (D-d)$ 가 대표길이가 된다.

레이놀즈수의 물리적 의미는, 유체가 갖는 관성력에 의한 힘과 점성력과의 비이다. 레이놀즈수 Re가 **임계(臨界) 레이놀즈수**(critical Reynolds number) Re_c보다 작은 흐름은 **층류**(laminar flow, 層流)이고, Re_c보다 큰 흐름은 **난류**(turbulent flow, 亂流)로 구별된다.

원관 내 유동에서의 임계 레이놀즈수 Re_c는 Schiller에 의하면

$$Re_c = 2320$$

으로 나타내고 있다. 그런데 난류 상태의 흐름으로부터 속도가 감소하여 층류로 바뀌는 한계의 레이놀즈수를 하 임계레이놀즈수, 층류 상태의 흐름으로부터 속도가 증가하여 난류로 바뀌는 한계의 레이놀즈수를 상 임계레이놀즈수라 하며, 보통 상 임계레이놀즈수는 5000이 상한이지만, Re_c=10000까지도 층류 상태를 유지하는 경우가 있다.

두 임계 레이놀즈수 사이의 유동은 층류와 난류의 상태가 불규칙하게 전환되는 소위 천이유동이다.

원관이 아닌 경우의 흐름에 대한 임계 레이놀즈수는 다음과 같이 정하고 있다.

평행평판 사이의 흐름 : $Re_c \fallingdotseq 1000$ (평균속도 : V, 대표길이 : 판 사이의 간격)

개수로(開水路)의 흐름 : $Re_c \fallingdotseq 500$ (평균속도 : V, 대표길이 : 수심)

구(sphere, 球) 주위의 흐름 : $Re_c \fallingdotseq 1$ (근접속도 : V, 대표길이 : 구의 직경)

층류유동(laminar flow, 層流流動)은 유체입자가 얇은 층을 이루며 유적선을 따라 운동하는데, 이때 서로 다른 유선을 가로지르지 않고 자기 유선을 따라 운동하므로 이웃하는 층과 층은 매끄럽게 미끄러지면서 흐른다. 난류로 전향하려는 경향은 인접층간의 상대운동을 저지시키는 점성 전단력에 의하여 억제된다.

이와 같은 층류유동은 주로 낮은 유속에서 나타나며 유체의 점성이 유동의 성질에 중요한 역할을 한다. 일반적으로 관내 유동에서는 $Re \le 2320$의 경우를 층류로 취급한다.

2) 난류유동

공학 상 실제로 일어나는 대부분의 흐름, 예를 들면 플랜트에서의 유체 수송관, 터보기계의 회전차 등의 내부 흐름은 속도, 압력, 온도 등이 시간적으로 불규칙하게 변하고 있다. 이와 같이 속도 등이 시간적으로 불규칙한 변동성분을 갖는 흐름을 **난류유동**(turbulent flow, 亂流流動)이라 한다. 유동장내의 어느 한 점에서 순간순간의 속도를 열선 풍속계를 이용하여 측정한 예를 그림 5.4(a)에 표시하였으며, 유속 V 는 시간의 경과와 더불어 계속 변동하고 있다. 이 변동속도 성분 V'은 보통의 흐름에서는 시간 평균속도 $V_{t,m}$에

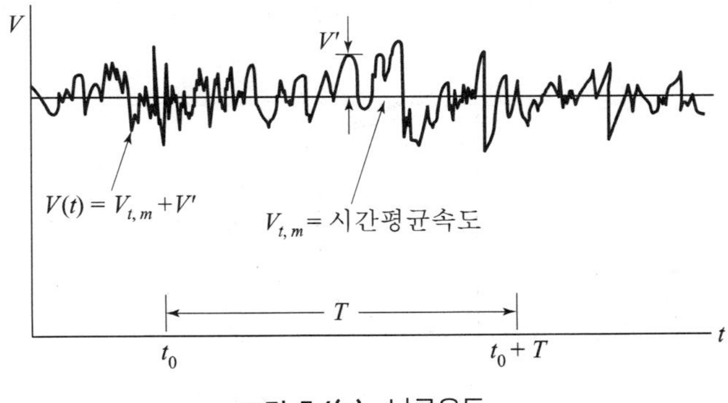

그림 5.4(a) 난류유동

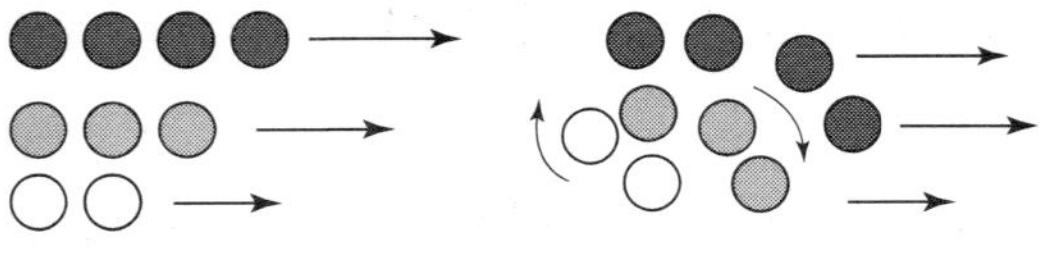

그림 5.4(b) 층류 및 난류에서 유체입자의 운동

대하여 1~3% 정도이다.

또한, 난류에서는 공간적인 관점에서 유체의 속도성분이 변동한다. 그 모양을 층류의 경우와 더불어 유체 입자의 거동에 대하여 그림 5.4(b)에 표시하였다. 레이놀즈수가 작은 층류에서는 속도가 빠른 유체 입자와 느린 유체 입자가 점성에 의해 서로 맞당기면서 그림 5.4(b)의 (1)과 같이 정연하게 흐른다. 그러나 레이놀즈수가 큰 난류가 되면 이와 같은 흐름은 불안정해지고, 그림 5.4(b)의 (2)와 같은 와동이 발생한다. 이 와동의 방향은 3차원적이며 와동의 크기나 세기도 가지각색이다. 또 그 발생 장소나 주기도 대단히 불규칙하다.

전단류에 있어서 이러한 난류의 와동현상은 속도 또는 온도가 높은 유체와 낮은 유체를 혼합시키는 작용을 하므로, 층류에 비하여 운동량이나 열량의 전달능력이 대단히 크고, 그 결과 층류의 경우와는 속도분포나 온도분포가 달라진다.

그림 5.5에는 관내의 속도분포를 층류와 난류의 경우에 대하여 정성적으로 비교하였다. 이 그림에서 층류의 경우는 후술하는 바와 같이 포물선 형태의 속도분포를 이룬다. 그러나 난류의 경우, 벽면으로부터 떨어진 단면상에서는 와동에 의하여 속도가 일정해지는 경향을 볼 수 있다. 한편, 벽면 근처에서는 흐름이 벽면에 막히므로 벽면에 수직방향 속도성분이 없어지며 와동입자가 존재하지 않게 된다. 이와 같이 벽면에 극히 가까운 얇은 층을 **점성저층**(viscous layer, 粘性底層)이라 한다.

점성저층이 형성됨에 따라 벽면에서의 전단응력은 층류의 경우와 마찬가지로

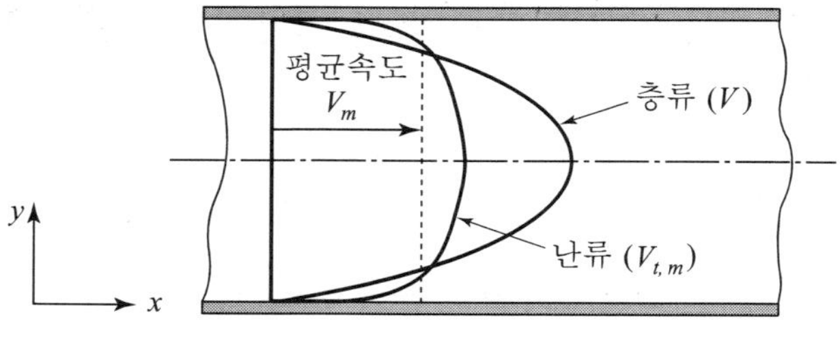

그림 5.5 관내유동의 속도분포

$$\tau_w = \mu(\frac{dV_{t,m}}{dy})_{y=0} \ , \quad (V_{t,m} \ : \text{시간 평균속도}) \tag{5.9}$$

로 주어진다. 그림 5.5에서 보듯이 벽면에서 어느 정도 떨어진 위치에서부터 속도가 거의 일정해지고 점성저층에 있어서의 속도구배 $dV_{t,m}/dy$ 가 증가하여 벽면에 작용하는 전단응력은 층류에 비하여 훨씬 크다. 그 전단응력에 대하여 기술한다.

층류와 난류의 근본적인 차이점은 유체의 여러 가지 매개변수들이 무작위적인 거동에 따른다. 그림 5.4(a)에서 보는 바와 같이 일반적으로 시간평균치(예로 $V_{t,m}$)로 나타내므로 만일 속도 $V=V(x,y,z,t)$의 함수관계를 갖는다면 시간평균속도 $V_{t,m}$은

$$V_{t,m} = \frac{1}{T}\int_{t_o}^{t_o+T} V(x,y,z,t)dt \tag{5.10}$$

이 되며, 시간간격 T 는 변동 주기시간보다는 길지만 비정상성의 시간보다는 훨씬 짧다.

순간속도 V 를 $V_{t,m}$으로 대체시켜 층류유동에 대한 점성전단응력의 개념($\tau = \mu\frac{dV}{dy}$)을 난류유동으로 확장하면 실험결과로부터 맞지 않음이 밝혀졌다. 즉, 난류유동에서 전단응력은 단지 시간평균의 구배에 비례하지 않는다는 것이다($\tau \neq \mu\frac{dV_{t,m}}{dy}$). 따라서 새로운 매개변수인 **와점성계수**(η)를 도입하여 난류유동에 대한 전단응력을 다음과 같이 표현한다.

$$\tau_{turb} = \eta\frac{dV_{t,m}}{dy} \tag{5.11}$$

그러나 와점성계수 η는 **절대점성계수** μ와는 달리 유체와 유동상태에 의존하는 함수이므로 난류유동의 조건마다 다르고 난류유동장의 각 지점마다 다른 값을 갖게 된다.

η의 근사 값을 구하기 위해 몇몇 반 경험적인 이론들이 제안되었으며, 대표적인 예로서 난류의 진행과정을 각기 다른 속도를 갖는 영역간 거리인 **혼합거리** l_m 사이에서 유체 입자 덩어리의 불규칙적인 전달을 한다고 생각하여 아래의 식으로 나타내고 있다.

$$\eta = \rho {l_m}^2 \left| \frac{dV_{t,m}}{dy} \right| \tag{5.12}$$

따라서 **난류전단응력**은 다음과 같이 나타낼 수 있다.

$$\tau_{turb} = \rho l_m^{\ 2} (\frac{dV_{t,m}}{dy})^2 \tag{5.13}$$

그런데 혼합거리 l_m은 유동장 전체에 걸쳐 일정하지 않으므로 유동장에 걸쳐 l_m이 어떻게 변화하는가에 대한 추가적인 가정이 필요하다.

5.3 관 마찰의 기본 식

그림 5.6과 같이 점성유체가 발달된 흐름의 영역에서 단면적 A가 일정한 직관 내에 정상류로 유동하는 경우를 생각하자.

관로의 단면형상은 여러 종류가 있지만 대표적으로 원형단면의 경우로서 반경 r, 길이 dx인 미소 제어체적에 대하여 유동방향에 대한 힘의 평형 식은 다음과 같다.

$$pA_c - (p + \frac{dp}{dx}dx)A_c - \tau S_c dx = 0$$

$$\therefore - A_c dp = \tau S_c dx \tag{5.14}$$

여기서 A_c 및 S_c는 각각 제어체적의 단면적, 접수길이이다. 이 제어체적을 $r = R$ (벽면)까지 확장시키면 $A_c \to A$, $S_c \to S$ 로 되어 전단응력 τ는 벽면전단응력 τ_w로 표기할 수 있으므로 식 (5.14)는

$$- Adp = \tau_w S dx \tag{5.15}$$

로 되며, 식 (5.8)에서 수력반경(hydraulic radius) R_h는 단면적 A와 접수길이 S의 비

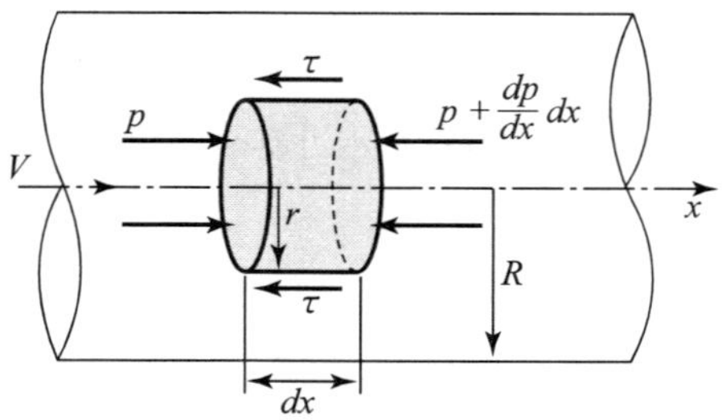

그림 5.6 원관내의 정상류

로 정의하였고, 비압축성, 정상류계에서 벽면전단응력 τ_w는 다음과 같은 물성치와의 함수관계가 있다.

$$\tau_w = f(\rho, \mu, V, R_h) \tag{5.16}$$

이 관계를 차원해석에 의하면(7장 참조), $\pi_1 = \dfrac{\rho V R_h}{\mu} = Re$, $\pi_2 = \dfrac{\tau_w}{\rho V^2/2}$의 무차원수가 얻어지므로 다음의 식으로 정리할 수 있다.

$$\tau_w = c_f(Re)\frac{\rho V^2}{2} \tag{5.17}$$

식 (5.8)과 식 (5.17)을 식 (5.15)에 적용하면

$$-A dp = \tau_w S dx = c_f(Re) S dx \frac{\rho V^2}{2}$$

이 되며, γA로 나누어 정리하면 다음식이 얻어진다.

$$-\frac{dp}{\gamma} = c_f(Re)\frac{dx}{R_h}\frac{V^2}{2g} \tag{5.18}$$

위 식을 기초로 원관의 경우와, 원관이 아닌 덕트의 마찰손실의 식을 구해보자.

1) 원관의 경우

직경 d인 원관의 경우는 $R_h = d/4$이므로 $4c_f = f$ 라 놓으면 식 (5.18)은

$$-\frac{dp}{\gamma} = f\frac{dx}{d}\frac{V^2}{2g} \tag{5.19}$$

로서 f 를 **관 마찰계수**(pipe friction coefficient)라 한다.

이 관 마찰계수 f 는 상사원리(相似原理)로부터 레이놀즈수 Re와 벽면조도(상대조도 ϵ/D)의 함수로 표시되며, 실험 또는 이론해석으로 구해지고 있다.

$$f = f(Re, \epsilon/D) \tag{5.20}$$

식 (5.19)에서 제어체적의 미소길이 dx를 임의의 관 길이 l 로, 미소 압력강하 $(-dp)$를 Δp로 확장시키면, $\Delta p/\gamma$는 그 사이에서의 **마찰손실수두**(friction head loss) h_f를 나타

내며 다음 식으로 표시된다.

$$h_f = \frac{\Delta p}{\gamma} = f\frac{l}{d}\frac{V^2}{2g} \tag{5.21}$$

이 식을 **Darcy-Weisbach의 식**이라 한다.

식 (5.17)에서 $c_f = f/4$ 이므로 **벽면 전단응력** τ_w는 다음과 같이 표시할 수 있다.

$$\tau_w = \frac{f}{4}\frac{\rho V^2}{2} = f\frac{\rho V^2}{8} \tag{5.22}$$

2) 원관이 아닌 경우

원관이 아닌 덕트의 경우는 원관의 직경 대신에 등가직경인 **수력직경** D_h를 적용한다.

$$D_h = 4R_h = 4\frac{A}{S} \tag{5.23}$$

따라서 위 식과 $c_f = f/4$ 를 식 (5.18)에 적용하면 마찰손실수두는

$$h_f = \frac{\Delta p}{\gamma} = f\frac{l}{D_h}\frac{V^2}{2g} \tag{5.24}$$

이 되며, 예로서 2변의 길이가 각각 a, b 인 4각 덕트(장방형 관로)의 경우는 $D_h = 4R_h = \frac{4ab}{2(a+b)} = \frac{2ab}{a+b}$가 된다.

예제 5.1

직경 10 cm인 원관 내를 기름(비중 0.85, $\nu = 1.8\times10^{-5}\ \mathrm{m^2/s}$)이 유량 $0.8\ l/s$로 흐르고 있다. 이 관의 마찰계수 $f = 0.18$ 이다. 벽면 전단응력과 관 길이 1 m당 마찰 손실수두를 각각 구하라.

풀이 관내 속도 $V = \frac{Q}{A} = \frac{0.8\times10^{-3}}{(\pi/4)\times0.1^2} = 0.102\ \mathrm{m/s}$

식 (5.22)의 벽면 전단응력은

$$\tau_w = f\frac{\rho V^2}{8} = 0.18\times\frac{850\times0.102^2}{8} = 0.199\ \mathrm{N/m^2}$$

식 (5.21)로부터 마찰 손실수두는

$$h_f = f\frac{l}{d}\frac{V^2}{2g} = 0.18\times\frac{1}{0.1}\times\frac{0.102^2}{2\times 9.8} = 9.55\times 10^{-4}\ \text{m}$$

예제 5.2

각 변의 길이가 5 cm×3 cm인 장방형 단면의 매끄러운 관로를 평균속도 2 m/s로 물이 흐른다. 관의 길이 5 m일 때 관 마찰계수 $f = 0.03$ 이라면 마찰 손실수두는 얼마인가?

풀이 $D_h = 4R_h = 4\frac{A}{S} = 4\times\frac{3\times 5}{2\times(3+5)} = 3.75\ \text{cm}$

$$\therefore h_f = f\frac{l}{D_h}\frac{V^2}{2g} = 0.03\times\frac{5}{0.0375}\times\frac{2^2}{2\times 9.8} = 0.8163\ \text{m}$$

5.4 원관 내의 유동과 마찰손실

1) 원관 내의 층류유동

(1) 유동특성

완전히 발달한 흐름의 속도분포는 하류방향으로 변화하지 않으므로, 관 마찰손실에 의해 생기는 압력손실 Δp의 작용력과 유체의 점성에 의해서 생기는 전단응력 τ의 마찰력이 평형을 이루게 된다.

그림 5.7의 원관 내 층류유동이 비압축성, 점성류인 경우, 제어체적을 반경 r, 길이 dx인 원주부분으로 하여 유동방향에 대한 힘의 평형 식은 다음과 같다.

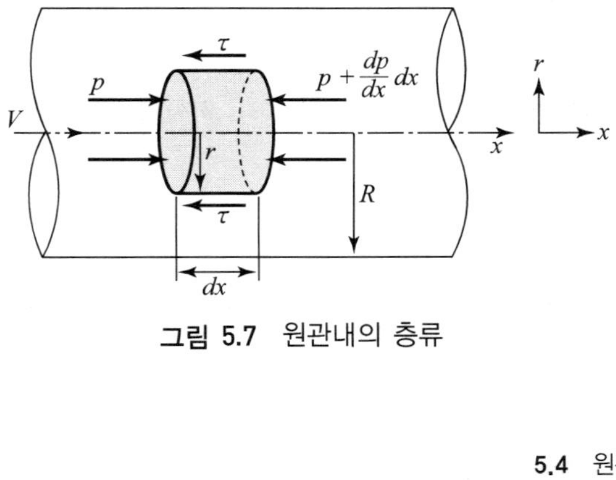

그림 5.7 원관내의 층류

$$p\pi r^2 - (p + \frac{dp}{dx}dx)\pi r^2 - \tau 2\pi r dx = 0$$

$$\therefore \ \tau = -\frac{r}{2}\frac{dp}{dx} \tag{5.25}$$

층류($Re \leq 2320$)에서의 전단응력은 Newton의 점성법칙에서 $r > 0$ 영역에서는 r의 증가에 따라 속도가 감소하여 속도구배 dV/dr의 부호는 음(−)으로 되어

$$\tau = -\mu\frac{dV}{dr} \tag{5.26}$$

이 되며, 식 (5.25)와 식 (5.26)으로부터

$$\frac{dV}{dr} = \frac{r}{2\mu}\frac{dp}{dx} \tag{5.27}$$

압력구배 dp/dx는 r에 대하여 일정하므로 식 (5.27)을 적분하면

$$V = \frac{r^2}{4\mu}\frac{dp}{dx} + C \tag{5.28}$$

경계조건 $r = R$ 에서 $V = 0$ 을 위식에 적용하여 정리하면 다음과 같이 속도분포의 식이 얻어진다.

$$V = \frac{R^2}{4\mu}(-\frac{dp}{dx})[1 - (\frac{r}{R})^2] \tag{5.29}$$

위의 식은 중심선(r = 0)에서 속도가 최대(V_{max})인 회전포물면임을 알 수 있다. $V > 0$ 이 되기 위해서는 $\frac{dp}{dx} < 0$ 이므로 압력은 흐름방향으로 감소한다.

$r = 0$ 에서 $V = V_{max}$ 이므로 최대속도는 다음 식으로 표시된다.

$$V_{max} = \frac{R^2}{4\mu}(-\frac{dp}{dx}) \tag{5.30}$$

속도분포(식 5.29)를 최대속도(식 5.30)의 항으로 표시하면 다음과 같다.

$$\frac{V}{V_{max}} = 1 - (\frac{r}{R})^2 \tag{5.31}$$

식 (5.25) 및 식 (5.29)로부터 속도분포와 전단응력(마찰응력)분포는 그림 5.8a에 나타

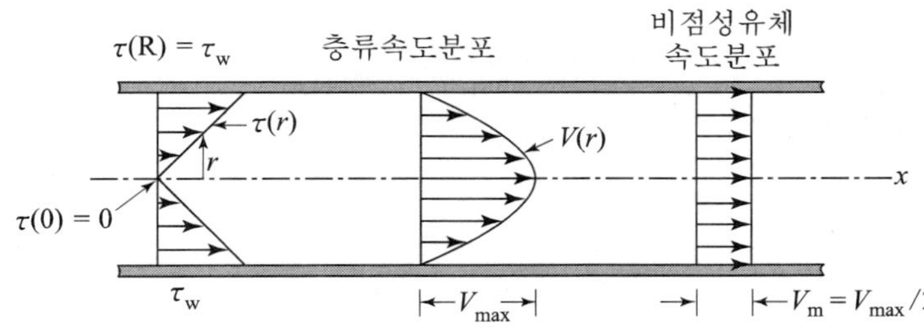

그림 5.8a 원관내의 전단응력 및 속도분포

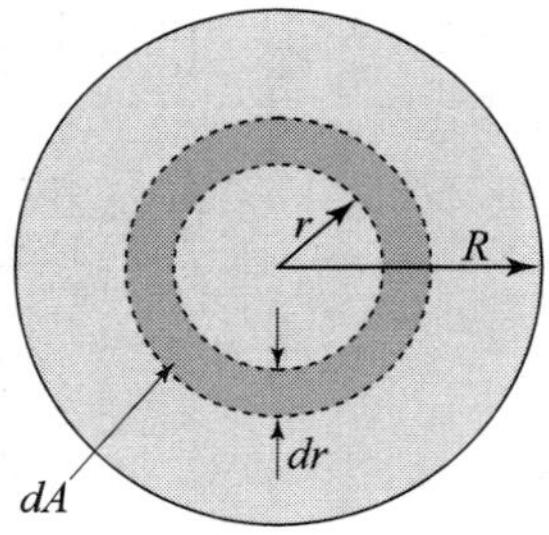

그림 5.8b 원관내 미소면적

내었다.

한편, 원관 내를 흐르는 체적유량 Q 는 그림 5.8b에 표시하듯이 미소면적 $dA = 2\pi r dr$을 통해 흐르는 미소유량과 속도분포의 식 (5.29)를 이용하여 적분하면

$$Q = \int_0^R 2\pi r V dr = \frac{\pi R^4}{8\mu}\left(-\frac{dp}{dx}\right) \tag{5.32}$$

평균속도 V_m 은

$$V_m = \frac{Q}{\pi R^2} = \frac{R^2}{8\mu}\left(-\frac{dp}{dx}\right) = \frac{1}{2} V_{max} \tag{5.33}$$

이 되어 식 (5.30)과 비교하면 중심선상의 최대속도의 1/2임을 알 수 있다. 압력구배 dp/dx는 흐름방향으로 일정하고 압력은 감소한다. 관 길이 l 사이의 압력강하 Δp를 이용하여 다시 쓰면 $-\frac{dp}{dx} = \frac{\Delta p}{l}$ 이므로 식 (5.32)는 다음과 같이 된다.

$$Q = \frac{\pi R^4}{8\mu}\frac{\Delta p}{l} = \frac{\pi d^4}{128\mu}\frac{\Delta p}{l} \tag{5.34a}$$

$$\text{또는} \quad \Delta p = \frac{128\mu l Q}{\pi d^4} \tag{5.34b}$$

위 식은 압력손실이 체적유량에 비례함을 의미하며, 이 식을 만족하는 흐름을 **하겐·포아젤리 흐름**(Hagen－Poiseuille flow)이라 하며, 이 식을 **하겐·포아젤리의 식**이라 한다.

수평원관이 아닌 경사원관의 경우에는 식 (5.25)~식 (5.33)에서의 $-\frac{dp}{dx}$를 $-\frac{d(p+\gamma z)}{dx}$로 대체시켜 구할 수 있다. 만일 원관이 수평으로부터 각도 θ만큼 경사를 이룬다면 유량 및 평균속도는 다음과 같다.

$$Q = \frac{\pi d^4}{128\mu} \frac{(\Delta p - \rho g l \sin\theta)}{l} \tag{5.35}$$

$$V_m = \frac{(\Delta p - \rho g l \sin\theta) d^2}{32\mu l} \tag{5.36}$$

(2) 관 마찰계수

하겐-포아젤리의 식 (5.34b)를 Darcy방정식 (5.21)에 대입하면 **층류유동의 관 마찰계수** f_{lam}는

$$f_{lam} = \frac{64\nu}{Vd} = \frac{64}{Re} \tag{5.37}$$

가 되며, 이 식은 관이 매끄러운 경우나 거친 경우 모두 적용되며, 원관 내의 층류($Re < 2300$)유동의 관 마찰계수의 이론식으로서 실험결과와 잘 일치한다.

예제 5.3

밀도 $850\ \mathrm{kg/m^3}$, 점성계수 $2.5 \times 10^{-3}\ \mathrm{Pa \cdot s}$ 인 기름이 내경 20 mm, 길이 1 m인 수평관내를 $100\ \mathrm{cm^3/s}$ 의 유량이 흐르고 있다. 이때 압력 강하량을 구하라.

풀이 유속 $V = \dfrac{Q}{A} = \dfrac{100 \times 10^{-6}}{(\pi/4) \times 0.02^2} = 0.3183\ \mathrm{m/s}$

$$\therefore Re = \frac{\rho V d}{\mu} = \frac{850 \times 0.3183 \times 0.02}{2.5 \times 10^{-3}} = 2164.4 < 2320$$

따라서 층류이므로, 식 (5.34b)로부터

$$\Delta p = \frac{128\mu l Q}{\pi d^4} = \frac{128 \times 2.5 \times 10^{-3} \times 1 \times 100 \times 10^{-6}}{\pi \times 0.02^4} = 63.66\ \mathrm{Pa}$$

예제 5.4

그림[예제 5.4]와 같은 경사 원관에 밀도 $815\ \mathrm{kg/m^3}$, 점성계수 $0.04\ \mathrm{Pa \cdot s}$ 인 유체가 흐르고 있다. 유동방향을 결정하고 유량과 레이놀즈수를 각각 구하라.

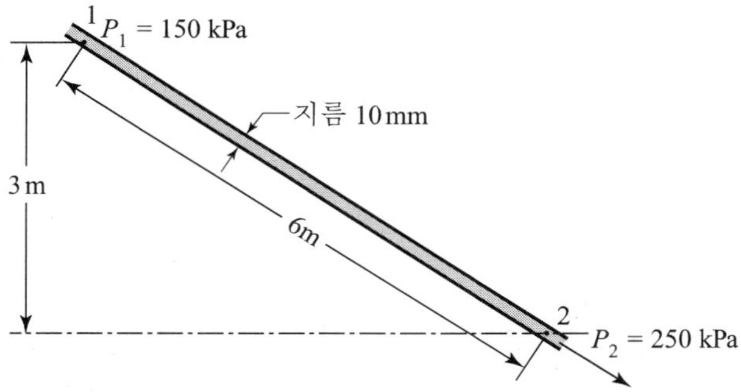

그림 [예제 5.4]

풀이 단면 1 : $p_1 + \rho g z_1 = 150 \times 10^3 + 815 \times 9.8 \times 3 = 17396$ Pa

단면 2 : $p_2 + \rho g z_2 = 250000$ Pa

∴ 단면 2의 에너지가 단면 1보다 크므로 유동방향은 2에서 1로 흐른다. 유량은 식 (5.32)의 $\dfrac{dp}{dx}$ 대신에 $\dfrac{d}{dx}(p+\gamma z)$ 로 대치하면 되므로

$$-\frac{d}{dx}(p+\gamma z) = \frac{250000-173961}{6} = 12673 \text{ N/m}^3$$

따라서 유량 Q 는 식 (5.34a)에서 $\Delta p/l = 12673 \text{ N/m}^3$ 이므로

$$Q = \frac{\pi d^4}{128\mu}\frac{\Delta p}{l} = \frac{\pi \times 0.01^4}{128 \times 0.04} \times 12673 = 7.776 \times 10^{-5} \text{ m}^3/\text{s}$$

$$\text{평균속도} \quad V_m = \frac{Q}{A} = \frac{7.776 \times 10^{-5}}{(\pi/4) \times 0.01^2} = 0.99 \text{ m/s}$$

$$\text{레이놀즈수} \quad Re = \frac{\rho V_m d}{\mu} = \frac{815 \times 0.99 \times 0.01}{0.04} = 201.7$$

$Re < 2320$ 이므로 층류유동이 확인되어, 위에서 구한 유량과 속도의 값은 타당하다.

2) 원관 내의 난류유동

(1) 유동특성

원관 내의 난류유동은 층류에 비하여 훨씬 복잡하며 벽면 근처의 난류유동은 그림 5.9와 같이 3개의 층으로 구분하기도 한다. 즉 **층류저층**(laminar sublayer, 層流底層) 또는 **점성저층**(viscous sublayer, 粘性底層)이라 불리는 벽면 근처의 얇은 층은 전체 흐름이 난류

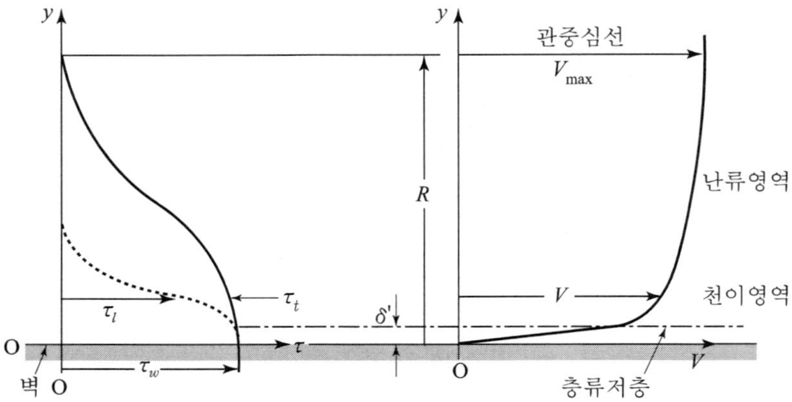

(a) 전단응력　　　　(b) 속도분포

그림 5.9 원관의 난류흐름에 대한 전단응력 및 속도분포

라 하더라도 층류의 성질을 가지므로 Newton의 점성법칙을 만족하며, 그 두께를 δ'라 표시할 때 $y > \delta'$ 영역에서는 난류의 성질을 갖는 영역이 된다.

난류의 속도분포에 대해서는 여러 제안이 있지만, 여기서는 Prandtl－Karman이 차원해석(dimensional analysis)에 의하여 얻은 다음과 같은 지수법칙(power law)의 간편한 식을 소개한다.

속도 V는 점성계수 μ, 밀도 ρ, 벽면전단응력 τ_w 및 벽면으로부터의 거리 y의 함수라고 생각되므로

$$V = f(\mu, \rho, \tau_w, y) \tag{5.38}$$

라고 놓고, 벽면전단응력의 식 (5.22)에 있어서 관 마찰계수 f 에 후술하는 Blasius의 식 $f = 0.3164Re^{1/4}$을 적용하면

$$\tau_w = 0.03955\rho {V_m}^{7/4}\nu^{1/4}d^{1/4} \tag{5.39}$$

이므로 $\tau_w \propto {V_m}^m$ (V_m : 평균유속)이라 놓고, 또 $V \propto V_m$로 가정하면 식 (5.38)은 다음과 같이 표시할 수 있다.

$$V = B\mu^\alpha \rho^\beta y^\gamma {\tau_w}^{\frac{1}{m}}$$

이 식을 차원해석하면 다음의 관계식을 얻는다.

$$V = B\left(\frac{y}{\nu}\right)^{\frac{2}{m}-1}\left(\frac{\tau_w}{\rho}\right)^{\frac{1}{m}} \tag{5.40}$$

식 (5.39)로부터 $m = 7/4$이므로 위 식으로부터 다음의 관계가 성립한다.

$$V \propto y^{1/7}$$

관 중심 $y = R$에서 $V = V_{\max}$을 고려하면 다음과 같은 난류의 속도분포식이 얻어진다.

$$\frac{V}{V_{\max}} = \left(\frac{y}{R}\right)^{\frac{1}{7}}, \quad \text{난류} \tag{5.41}$$

이 식을 $\frac{1}{7}$**승 법칙**(one－seventh law)이라 한다.

Nikuradse는 $Re = 4\times10^3 \sim 3\times10^6$의 범위에서 실험을 행하여 **난류속도분포**는 다음과 같은 $\frac{1}{n}$승 법칙 또는 지수법칙으로 다음과 같이 표시하였다.

$$\frac{V}{V_{\max}} = \left(\frac{y}{R}\right)^{\frac{1}{n}} \tag{5.42}$$

지수 n의 값은 다음과 같이 Re수에 따라 변화한다.

$$n = 3.45Re^{0.07} \tag{5.43}$$

지수법칙 식 (5.42)은 사용이 편리하지만, 관 중심이나 관 벽에서의 속도구배 dV/dy의 값 등이 실험과 다른 값을 갖는다는 점이 있다.

연속의 식을 이용하면 체적유량은 다음과 같으며,

$$Q = \int_0^R V\,2\pi(R-y)dy = \pi R^2 V_m \tag{5.44}$$

위 식에 식 (5.42)를 적용하여 풀면 평균속도 V_m은 다음과 같이 얻을 수 있다.

$$\frac{V_m}{V_{\max}} = \frac{2n^2}{(n+1)(2n+1)} \tag{5.45}$$

실험에 의해 평균속도 V_m은 다음의 관계식으로 표시된다.

$$V_m = \left(\frac{1}{1.22} \sim \frac{1}{1.25}\right) V_{\max} \tag{5.46}$$

(2) 매끈한 원관의 관마찰계수

유동이 불규칙하므로 해석적으로 관 마찰계수를 구하는 것이 용이하지 않으나 많은 실험식들이 알려져 있으며, 그 중 벽면이 매끈한 원관(smooth pipe)의 난류유동($Re > 2300$)에 대한 관 마찰계수의 실험식들을 소개한다.

먼저 Blasius는 흐름의 상사칙으로부터 매끄러운 관 벽의 경우, f 는 Re만의 함수로서 다음과 같은 실험식을 제안하였다.

$$f = 0.3164 Re^{-1/4}, \quad (Re = 3\times10^3 \sim 10^5) \tag{5.47}$$

이 식을 **Blasius의 식**이라 하며, 마찰손실수두는 $h_f \propto V^{7/4}$ 의 관계가 있다. 이 범위에서 Blasius의 식을 식 (5.22)에 대입하면 벽면전단응력 τ_w 는 다음 식으로 표시된다.

$$\tau_w = f\frac{\rho V^2}{8} = 0.03955\rho V^2 Re^{-1/4} \tag{5.48}$$

식 (5.47)보다 Re가 좀 더 큰 영역에 적용할 수 있는 실험식으로는 Nikuradse의 다음 식이 제안되었다.

$$f = 0.0032 + 0.221 Re^{-0.237}, \quad (Re = 10^5 \sim 3\times10^6) \tag{5.49}$$

좀 더 넓은 Re 영역에서 사용되는 식으로서 다음에 나타내는 **Petukhov의 식**을 들 수 있다.

$$f = (0.79\ln Re - 1.64)^{-2}, \quad (Re = 3\times10^3 \sim 5\times10^6) \tag{5.50}$$

Prandtl－Karman에 의해 발표된 다음의 식은 비교적 넓은 Re 영역에서 사용할 수 있으나 계산이 조금 복잡하다.

$$\frac{1}{\sqrt{f}} = 2.0\log(Re\sqrt{f}) - 0.8, \quad (Re = 3\times10^3 \sim 3.4\times10^6) \tag{5.51}$$

Colebrook는 넓은 Re 영역에서 계산이 용이한 다음의 식을 제안하였다.

$$\frac{1}{\sqrt{f}} = 1.8\log\left(\frac{Re}{6.9}\right), \quad (Re = 4\times10^3 \sim 10^8) \tag{5.52}$$

(3) 거친 원관의 관 마찰계수

매끈한 관과 거친 관을 구분하기 위해 **마찰속도**(friction velocity) V^*를 다음과 같이 정의한다.

$$V^* = \sqrt{\frac{\tau_w}{\rho}} \tag{5.53}$$

층류저층 두께 δ'와 벽면의 거칠기 ϵ의 관계로부터 거친 관을 다음과 같이 구분한다.

1) $\epsilon < \dfrac{\delta'}{1.7}$ 또는 $\dfrac{V^*\epsilon}{\nu} < 5$ 의 경우 : 매끈한 관

2) $\epsilon > \dfrac{\delta'}{0.08}$ 또는 $\dfrac{V^*\epsilon}{\nu} > 70$ 의 경우 : 거친 관의 완전 난류 영역

3) $\epsilon = \dfrac{\delta'}{1.7} \sim \dfrac{\delta'}{0.08}$ 또는 $\dfrac{V^*\epsilon}{\nu} = 5 \sim 70$ 의 경우 : 천이영역

매끈한 관의 관 마찰계수는 전술한 바와 같으며 거친 관의 **완전 난류영역**(후술하는 무디선도 참조)에서는 관 마찰계수가 거칠기 ϵ만에 의해 결정되며, 이 영역에 대해서는 다음과 같은 Karman의 식이 이용되고 있다.

$$\frac{1}{\sqrt{f}} = 2.0\log\left(\frac{3.7}{\epsilon/d}\right), \quad \text{(완전 난류영역)} \tag{5.54}$$

여기서 ϵ/d를 **상대조도**(relative roughness, 相對粗度)라 한다.

천이영역(무디선도 참조)에 대한 관 마찰계수는 Re와 ϵ/d의 두 변수에 의존하며 다음에 나타내는 Colebrook의 식이 이용된다.

$$\frac{1}{\sqrt{f}} = -2.0\log\left(\frac{\epsilon/d}{3.7} + \frac{2.51}{Re\sqrt{f}}\right), \quad \text{(천이영역)} \tag{5.55}$$

한편 천이영역에 적용할 수 있는 식으로서 Haaland의 식은 다음과 같다.

$$\frac{1}{\sqrt{f}} = -1.8\log\left[\left(\frac{\epsilon/d}{3.7}\right)^{1.11} + \frac{6.9}{Re}\right], \quad \text{(천이영역)} \tag{5.56}$$

관 마찰계수 f 에 대한 Re와 상대조도 ϵ/d의 함수관계를 구하는 것은 쉽지 않으나 많은 실험결과를 집대성한 선도로서 그림 5.10에 나타낸 **무디선도**(Moody chart)가 주로 이용되고 있다. 이 선도는 관 마찰계수 f 를 Re와 ϵ/d의 함수로서 나타내었으며, 다음과 같은 특성을 갖는다.

층류유동에서는 식 (5.37)에서 나타낸 $f = \dfrac{64}{Re}$로서 f 가 Re만의 함수이며 상대조도

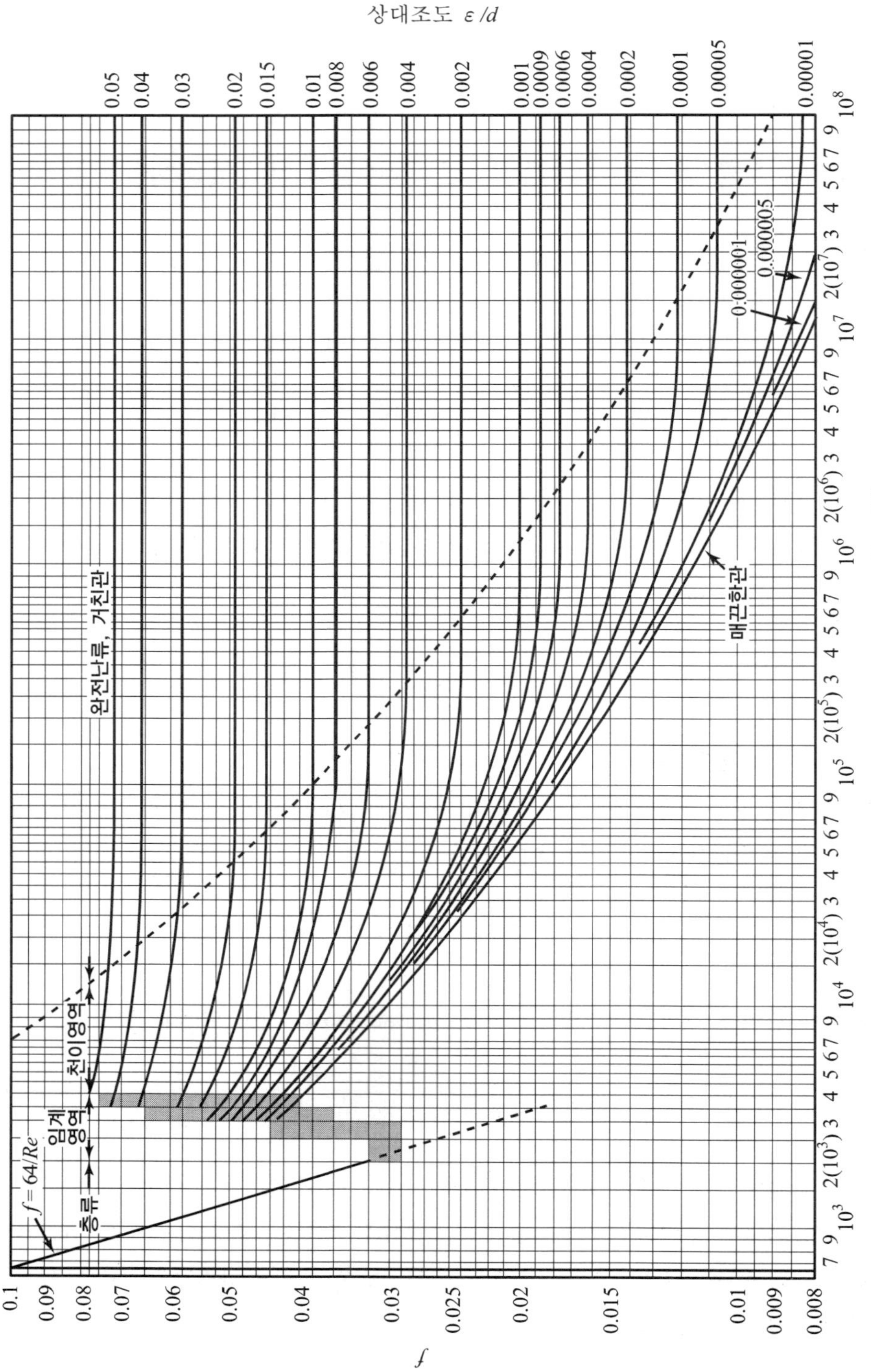
상대조도 ε/d
0.05
0.04
0.03
0.02
0.015
0.01
0.008
0.006
0.004
0.002
0.001
0.0009
0.0006
0.0004
0.0002
0.0001
0.00005
0.00001
0.000001
0.000005
완전난류, 거친관
천이영역
임계영역
층류
f = 64/Re
매끈한관
Re = Vd/ν
f

그림 5.10 무디선도

와는 무관하다. 완전 난류유동영역(무디선도 상에서 점선의 우측영역)에서는 $f = f(\epsilon/d)$ 로서 상대조도만의 함수이며 Re와는 무관하다. 그러나 천이영역에서는 $f = f(Re, \epsilon/d)$ 로서 Re와 상대조도의 함수이다.

표 5.1은 새 파이프의 등가 거칠기 ϵ값을 mm의 단위로 나타낸 것이다.

그림 5.11은 각종 파이프의 관 직경 d에 대한 상대조도 ϵ/d의 관계를 나타낸 선도이다.

표 5.1 새 파이프의 등가 거칠기

파이프	거칠기 ϵ	파이프	거칠기 ϵ
리벳강관	0.9~9.0	시판공업용 강관	0.045
콘크리트 관	0.3~3.0	연강관	0.045
목관	0.18~0.9	일반 강관	0.0015
주철관	0.26	플라스틱, 유리관	0.0
아연도금 관	0.15		

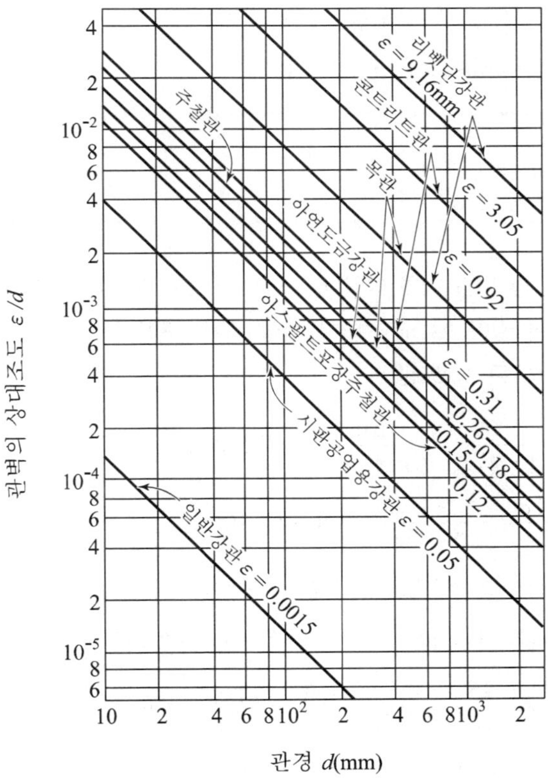

그림 5.11 실용관의 상대조도

예제 5.5

밀도 $\rho = 900\ \mathrm{kg/m^3}$, 동점성계수 $\nu = 1 \times 10^{-5}\ \mathrm{m^2/s}$ 인 기름이 200 mm인 직경의 주철관을 통해 1 km를 유량 $0.2\ \mathrm{m^3/s}$ 로 흐르고 있다. (1) 손실수두, (2) 하향으로 5° 기울어진 경사관을 흐른다면 압력 강하량을 각각 구하라.

풀이 (1) $V = \dfrac{Q}{\pi d^2/4} = \dfrac{0.2}{\pi \times o.2^2/4} = 6.4\ \mathrm{m/s}$

$$Re_d = \frac{Vd}{\nu} = \frac{6.4 \times 0.2}{1 \times 10^{-5}} = 128000$$

표 5.1로부터 ε=0.26 mm, $\therefore \epsilon/d = 0.26/200 = 0.0013$

무디선도로부터 $f = 0.0225$

$$\therefore h_f = f\frac{l}{d}\frac{V^2}{2g} = 0.0225 \times \frac{1000}{0.2} \times \frac{6.4^2}{2 \times 9.81} = 234.86\ \mathrm{m}$$

(2) $h_f = \dfrac{\Delta p}{\rho g} + z_1 - z_2 = \dfrac{\Delta p}{\rho g} + l\ \sin 5^\circ$

$$\therefore \Delta p = \rho g (h_f - l\ \sin 5^\circ) = 900 \times 9.81(234.86 - 1000 \sin 5^\circ)$$

$$= 1304080.9\ \mathrm{Pa} = 1.304\ \mathrm{MPa}$$

예제 5.6

관 직경 $d = 100\ \mathrm{mm}$ 인 원관 내를 유량 $Q = 0.025\ \mathrm{m^3/s}$ 로 20°C의 물이 흐를 때 관의 재질이 다음과 같은 경우에 관 길이 100 m당 마찰 손실수두를 구하라.

(1)황동관, (2)ε=1 mm의 콘크리트관

풀이 평균속도 $V = \dfrac{Q}{(\pi/4)d^2} = \dfrac{0.025}{(\pi/4) \times 0.1^2} = 3.183\ \mathrm{m/s}$

따라서 $Re = \dfrac{Vd}{\nu} = \dfrac{3.183 \times 0.1}{1.007 \times 10^{-6}} = 3.161 \times 10^5$

(1) 황동관의 경우는 매끈한 관이므로 식 (5.49)로부터

$$f = 0.0032 + 0.221 Re^{-0.237} = 0.0032 + 0.221 \times (3.161 \times 10^5)^{-0.237} = 0.0142$$

$$\therefore h_f = f\frac{l}{d}\frac{V^2}{2g} = 0.0142 \times \frac{100}{0.1} \times \frac{3.183^2}{2 \times 9.8} = 7.34\ \mathrm{m}$$

(2) $\epsilon/d = 0.01$ 이므로 무디선도로부터 $f = 0.038$ 이다.

$$\therefore h_f = f\frac{l}{d}\frac{V^2}{2g} = 0.038 \times \frac{100}{0.1} \times \frac{3.183^2}{2 \times 9.8} = 19.64 \text{ m}$$

5.5 비원형 덕트의 관 마찰계수

비원형인 덕트의 경우, 완전히 발달된 유동의 해석은 원형 파이프의 결과에 따르지만 그것은 좀 더 복잡하다. 층류유동에 대해서는 연속의 식과 운동량의 식을 정확히 풀 수 있으며, 난류유동에 대해서는 대수법칙의 속도분포 식을 사용할 수 있다. 또 수력직경의 사용은 문제해결에 유용하다.

비원형 덕트의 경우, 수력반경 R_h는 식 (5.8)에서, 수력직경 D_h는 식 (5.23)에서, 마찰 손실수두 h_f는 식 (5.24)에서 이미 제시하였다.

또한 원형 파이프에서 벽면 전단응력 τ_w와 관 마찰계수 f의 관계식은 식 (5.22)로 나타내었다. 이 식에서 비원형 덕트의 관 마찰계수도 같은 식에 따른다고 하면

$$f = \frac{8\tau_w}{\rho V^2} \tag{5.57}$$

이 되며, 차원해석(7장 참조)을 하면 수력직경을 포함하는 Re와 상대조도 ϵ/D_h의 함수관계가 얻어진다.

$$f = f\left(\frac{VD_h}{\nu}, \frac{\epsilon}{D_h}\right) \tag{5.58}$$

따라서 실험 데이터를 관련시킨다. 그러나 이렇게 새로운 길이(수력직경)의 항으로 무디선도에 정확히 일치하기를 기대할 수는 없다. 즉 다음과 같은 오차범위의 정확도를 갖는다.

$$f \approx \frac{64}{Re_{Dh}} \quad : \pm 40\% \text{ (층류)} \tag{5.59a}$$

$$f \approx f_{Moody}\left(Re_{Dh}, \frac{\epsilon}{D_h}\right) \quad : \pm 15\% \text{ (난류)} \tag{5.59b}$$

5.6 평행평판 사이의 유동과 마찰손실

1) 층류유동

(1) 고정평판사이의 유동

그림 5.12와 같이 평판사이의 간격이 2h인 무한 평행평판 사이의 정상류인 층류유동 ($Re = V_m(2h)/\nu < 1000$)을 생각하자. 이 그림에서 유체는 x방향으로만 흐르며 점성으로 인해 벽면에서의 유속은 0, 중앙에서 속도가 최대속도(V_{max})이고 속도분포는 중심선에 대하여 대칭이다. 여기서 그림 5.12(b)의 x방향의 속도성분 u만 존재하고, y방향의 속도성분 $v=0$, z방향의 속도성분 $w=0$이며, u를 V로 표시한다.

흐름이 x방향으로만 이루어지므로 압력도 x방향으로만 변화하고 한 단면상에서는 일정하다.

이 경우, 연속방정식 식 (2.37)로부터 $\frac{\partial u}{\partial x}=0$이다. 무한평판에서 z방향으로의 u의 변화는 무시될수 있고, 정상유동의 경우 $\frac{\partial u}{\partial t}=0$, $u=u(y)$이다. 그리고 수직방향(y)의 체적력 Y는 $-\rho g$이다. 이 조건들을 식 (5.5)인 Navier-Stokes방정식에 적용하면(u를 V로 표시함) 다음과 같다.

$$0 = -\frac{\partial p}{\partial x} + \mu\left(\frac{\partial^2 V}{\partial y^2}\right) \tag{5.60a}$$

$$0 = -\frac{\partial p}{\partial y} - \rho g \tag{5.60b}$$

$$0 = -\frac{\partial p}{\partial z} \tag{5.60c}$$

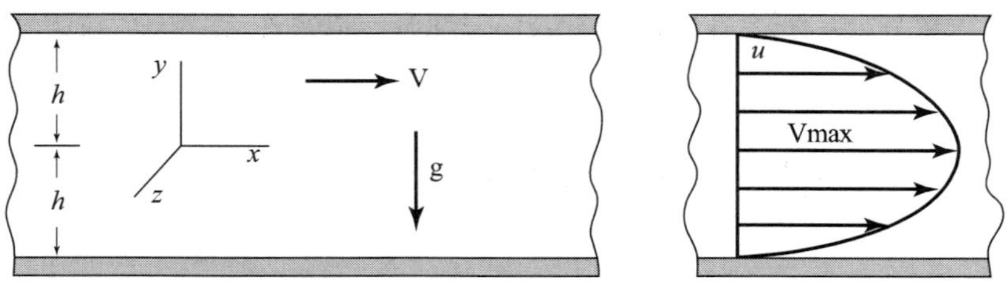

(a) (b)

그림 5.12 평행평판 사이의 유동

식 (5.60b)를 적분하면

$$p = -\rho g y + f_1(x) \tag{5.61}$$

식 (5.60a)를 적분하면(압력은 x 방향으로만 변화하므로 $\partial p/\partial x \to dp/dx$로 표시함)

$$\frac{dV}{dy} = \frac{y}{\mu}\frac{dp}{dx} + c_1$$

다시 적분하면

$$V = \frac{y^2}{2\mu}\frac{dp}{dx} + c_1 y + c_2 \tag{5.62}$$

경계조건은 $y = \pm h$에서 $V = 0$이며, 식 (5.62)에 적용하면 $c_1 = 0$, $c_2 = -\frac{1}{2\mu}\frac{dp}{dx}h^2$이므로 이들을 식 (5.62)에 대입하면 속도분포가 다음 식으로 표시된다(포물선 형상).

$$V = -\frac{1}{2\mu}\frac{dp}{dx}(h^2 - y^2) \tag{5.63}$$

최대속도 V_{max}은 중심선상($y = 0$)에서 얻어지므로 식 (5.63)에 적용하면 다음과 같다.

$$V_{max} = \frac{h^2}{2\mu}\left(-\frac{dp}{dx}\right) \tag{5.64}$$

단면적 ($2h \times b$)를 통해 흐르는 체적유량 Q는 속도분포의 식 (5.63)을 단면상에 걸쳐 적분하면(b는 유로의 폭)

$$Q = \int_{-h}^{h} V(dy \times b) = \frac{1}{2\mu}\left(-\frac{dp}{dx}\right)\int_{-h}^{h}(h^2 - y^2)b\,dy = \frac{2bh^3}{3\mu}\left(-\frac{dp}{dx}\right) \tag{5.65}$$

이 되며, 평균속도 $V_m = Q/2bh$ 이므로

$$V_m = \frac{h^2}{3\mu}\left(-\frac{dp}{dx}\right) = \frac{2}{3}V_{max} \tag{5.66}$$

또 벽면 전단응력 τ_w는 다음과 같이 된다.

$$\tau_w = -\mu\frac{dV}{dy}\Big|_{y=\pm h} = h\left(-\frac{dp}{dx}\right) \tag{5.67}$$

만일 평행평판이 경사져 있는 경우는 위의 식들 중 $-(dp/dx)$의 항을 $-\dfrac{d(p+\gamma z)}{dx}$로 대치하여 사용한다. 여기서 z 는 경사평판의 축 방향을 x, 그 축의 수직방향을 y축이라 할 때 절대 수직 축을 의미한다.

식 (5.65)로부터 $-dp/dx$ 를 $\Delta p/l$로 대치하여 표시하면 평행평판 사이의 층류유동에서 거리 l 만큼 유동함에 따라 생기는 압력 강하량은 다음과 같다.

$$\Delta p = \frac{3}{2}\frac{\mu l Q}{bh^3} \tag{5.68}$$

(2) Couette유동

두 평행평판 중에서 하나의 평판은 고정, 다른 평판은 일정한 속도 V_p로 움직이는 경우의 유체유동을 **Couette유동**이라 한다(그림 5.13참조). 압력은 식 (5.61), 속도분포는 식 (5.62)와 동일하다. 그러나 움직이는 평판의 경우, 속도에 관련되는 경계조건이 달라져 다음과 같다.

$$y=0 \rightarrow V=0, \qquad y=h \rightarrow V=V_p$$

따라서 이 조건을 식 (5.62)에 적용하면 유속은 다음과 같이 된다.

$$V = V_p\frac{y}{h} + \frac{1}{2\mu}\left(\frac{dp}{dx}\right)(y^2 - hy) \tag{5.69}$$

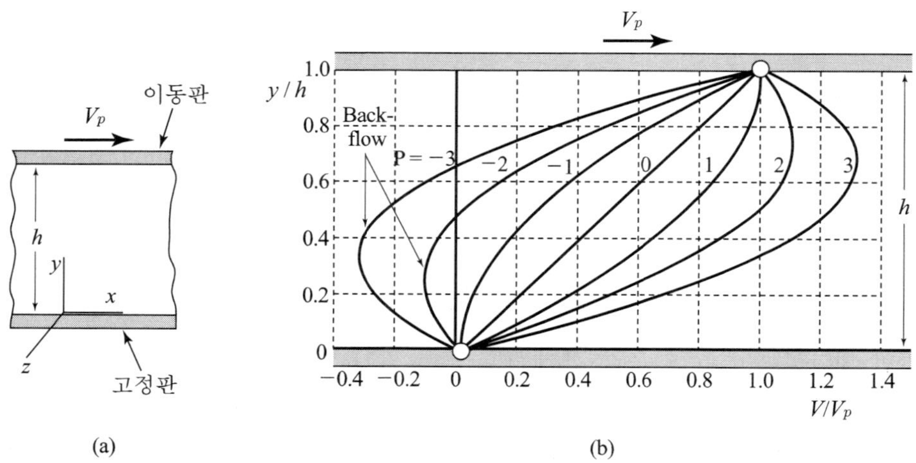

그림 5.13 Couette유동

무차원 형태로 표시하면 다음과 같다.

$$\frac{V}{V_p} = \frac{y}{h} - \frac{h^2}{2\mu V_p}\left(\frac{dp}{dx}\right)\left(\frac{y}{h}\right)\left(1-\frac{y}{h}\right) \tag{5.70}$$

실제의 속도분포는 다음의 무차원 매개변수에 따라 달라지며

$$P = -\frac{h^2}{2\mu V_p}\left(\frac{dp}{dx}\right) \tag{5.71}$$

그림 5.13의 (b)도에 그 변수의 값에 따른 여러 가지 속도형상을 표시하였다. 이때 압력구배 $dp/dx = 0$인 경우는 $\frac{V}{V_p} = \frac{y}{h}$로서 선형적 변화를 나타낸다.

2) 관 마찰계수

층류유동에서는 식 (5.67)의 $-dp/dx$를 $\Delta p/l$로 대치시키고 식 (5.68)을 적용하면

$$\tau_w = h\frac{\Delta p}{l} = h\frac{3}{2}\frac{\mu Q}{bh^3} = \frac{3\mu V_m}{h} \tag{5.72}$$

이 되므로 식 (5.22)로부터 관 마찰계수 f 는 다음과 같이 된다.

$$f = \frac{8\tau_w}{\rho {V_m}^2} = \frac{24\mu}{\rho V_m h} = \frac{24}{Re_h}, \quad \left(Re_h = \frac{V_m h}{\nu}\right) \tag{5.73}$$

위 식은 고정된 평행평판 사이의 층류유동에서 적용할 수 있는 관 마찰계수의 식이다. 그런데 이 식에서는 수력직경의 대표길이를 사용하지 않았다. 따라서 폭(b)이 넓은 경우의 수력직경은

$$D_h = \frac{4A}{S} = \lim_{b\to\infty}\frac{4(2bh)}{2b+4h} = 4h \tag{5.74}$$

가 되어 식 (5.73)에 대입하면 다음 식을 얻을 수 있다.

$$f_{lam} = \frac{96\mu}{\rho V_m(4h)} = \frac{96}{Re_{Dh}}, \quad \left(Re_{Dh} = \frac{V_m D_h}{\nu},\ D_h = 4h\right) \tag{5.75}$$

이 결과는 원관 층류의 식 (5.37)보다 33%만큼 큰 결과이다. 따라서 수력직경을 이용하게 되면 식 (5.59a)에서 오차를 유발하게 됨을 확인 할 수 있다.

평행평판 사이의 난류유동에 대한 관마찰계수는 대수법칙에 근거하여 수력직경 ($D_h = 4h$)을 이용하여 구한 다음의 식이 이용되고 있다.

$$\frac{1}{\sqrt{f}} \approx 2.0 \log \left(Re_{Dh} \sqrt{f} \right) - 1.19 \tag{5.76}$$

이 식은 원관의 난류유동($Re_d = 3 \times 10^3 \sim 3.4 \times 10^8$)영역에 대한 다음과 같은 Prandtl의 제안 식에 거의 근접한다.

$$\frac{1}{\sqrt{f}} \approx 2.0 \log \left(Re_d \sqrt{f} \right) - 0.8, \qquad (Re_d = \frac{V_m d}{\nu}) \tag{5.77}$$

식 (5.76)은 원관의 식 (5.77)과 같은 형태로 다음 식과 같이 다시 쓸 수 있다.

$$\frac{1}{\sqrt{f}} \approx 2.0 \log \left(0.64 Re_{Dh} \sqrt{f} \right) - 0.8 \tag{5.78}$$

예제 5.7

폭이 10 cm인 두 평행평판 사이의 간격이 2 mm이고, 점성계수가 1.0 Pa · s 인 물이 흐르고 있다. 이 흐름이 1 m 흐르는 사이에 120 kPa 의 압력이 강하하였다. 물의 유량과 평균유속을 구하라. 단, 물의 밀도는 1000 kg/m^{3}이다.

풀이 식 (5.68)에서 유량 Q 는

$$Q = \frac{2bh^3 \Delta p}{3\mu l} = \frac{2 \times 0.1 \times (1 \times 10^{-3})^3 \times 120 \times 10^3}{3 \times 1.0 \times 1} = 8 \times 10^{-6} \text{ m}^3/\text{s}$$

평균유속 $V_m = \dfrac{Q}{A} = \dfrac{Q}{2bh} = \dfrac{8 \times 10^{-6}}{2 \times 0.1 \times 1 \times 10^{-3}} = 0.04 \text{ m/s}$

레이놀즈수를 구하면

$$Re = \frac{\rho (2h) V_m}{\mu} = \frac{1000 \times 2 \times 10^{-3} \times 0.04}{1.0} = 0.08$$

따라서 층류($Re < 1000$)이므로 위에서 구한 유량 및 평균유속은 타당하다.

5.7 동심 2중 원관 유동과 마찰손실

1) 층류유동

그림 5.14와 같이 **동심 2중원관**에서 중심선으로부터 반경 r_1(외경)의 내측 관과 반경 r_2(내경)의 외측 관 사이의 환상 원관에 대한 층류유동을 생각하자. 흐름은 정상류, 비압축성 유체로서 중심선으로부터 반경 r의 위치에 미소두께 dr, 미소길이 dx의 환상형 미소 유체요소를 취하여 힘의 평형을 생각한다.

미소 유체요소의 단면적은 $2\pi rdr$, 내측 표면적은 $2\pi rdx$, 외측 표면적은 $2\pi(r+dr)dx$이므로 힘의 평형은

$$p2\pi rdr-(p+\frac{dp}{dx}dx)2\pi rdr-\tau 2\pi rdx+2\pi(r+dr)(\tau+\frac{d\tau}{dr}dr)dx=0$$

이며, 정리하면

$$\frac{dp}{dx}=\frac{d\tau}{dr}+\frac{\tau}{r}=\frac{1}{r}\frac{d(\tau r)}{dr}$$

$$\therefore \frac{dp}{dx}r-\frac{d(\tau r)}{dr}=0 \tag{5.79}$$

dp/dx는 단면상에서 일정하므로 식 (5.79)를 r에 대하여 적분하면

$$\frac{dp}{dx}\frac{r^2}{2}-\tau r=C_1$$

$$\therefore \tau=-\frac{r}{2}(-\frac{dp}{dx})-\frac{C_1}{r} \tag{5.80}$$

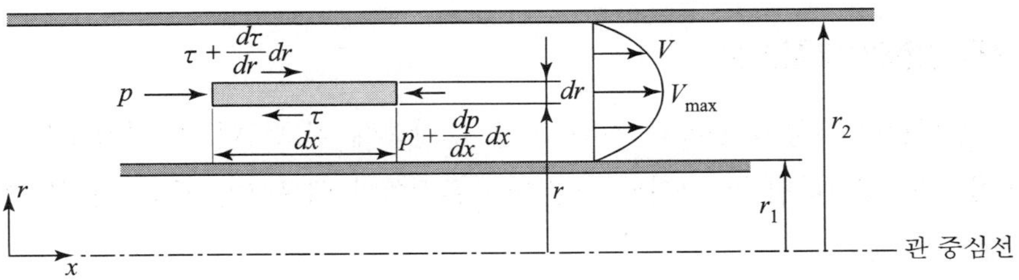

그림 5.14 2중원관내의 흐름

이 유동이 층류이므로 Newton의 점성법칙 $\tau = \mu \frac{dV}{dr}$이 성립하며, 식 (5.80)와 관련시키면

$$dV = \frac{1}{\mu}[-\frac{r}{2}(-\frac{dp}{dx}) - \frac{C_1}{r}]dr$$

위 식을 적분하면 다음과 같이 된다.

$$V = -\frac{r^2}{4\mu}(-\frac{dp}{dx}) - \frac{1}{\mu}C_1 \ln r + C_2$$

이 식에 경계조건 $r = r_2$: $V = 0$을 적용하여 C_2를 구한 후, 경계조건 $r = r_1$: $V = 0$을 적용하여 C_1을 구해 정리하면 다음과 같은 속도분포의 식이 얻어진다.

$$V = \frac{1}{4\mu}(-\frac{dp}{dx})[(r_2^2 - r^2) + \frac{r_2^2 - r_1^2}{\ln(r_2/r_1)} \ln \frac{r_2}{r}] \tag{5.81}$$

유량은 식 (5.81)을 반경 r_1으로부터 r_2까지의 환상유로에 대해 적분하면

$$Q = \int_{r_1}^{r_2} 2\pi V r dr = \frac{\pi}{8\mu}(-\frac{dp}{dx})[(r_2^4 - r_1^4) - \frac{(r_2^2 - r_1^2)^2}{\ln r_2/r_1}] \tag{5.82}$$

이 되며, 평균속도 V_m은 다음 식으로부터 구할 수 있다.

$$V_m = \frac{Q}{\pi(r_2^2 - r_1^2)} = \frac{1}{8\mu}(-\frac{dp}{dx})[(r_2^2 + r_1^2) - \frac{r_2^2 - r_1^2}{\ln r_2/r_1}] \tag{5.83}$$

이 경우에도 관로가 경사진 경우에는 $-\frac{dp}{dx}$의 항을 $-\frac{d(p+\gamma z)}{dx}$의 항으로 대치하여 계산한다.

2) 층류유동의 마찰손실

동심 2중원관의 유동이 층류인 경우, 벽면 전단력에 기초하여 관 마찰계수를 구하는 것은 복잡하다. 왜냐하면 두 가지의 전단력이 존재하기 때문이며, 내측 전단응력이 외측 전단응력보다 크다.

환상유로의 수력직경은 다음과 같다.

$$D_h = \frac{4\pi(r_2^2 - r_1^2)}{2\pi(r_2 + r_1)} = 2(r_2 - r_1) \tag{5.84}$$

이 수력직경을 이용하여 동심 2중원관의 층류유동에 대한 관 마찰계수 f 는 다음 식으로 구할 수 있다.

$$f = \frac{64\zeta}{Re_{Dh}}, \quad \zeta = \frac{(r_2 - r_1)^2 (r_2^2 - r_1^2)}{r_2^4 - r_1^4 - (r_2^2 - r_1^2)^2 / \ln(r_2/r_1)} \tag{5.85}$$

무차원 항 ζ는 수력직경에 대한 일종의 수정계수이다. 식 (5.85)를 등가 Reynolds수인 $Re_{eff}(= Vd_e/\nu)$를 이용하여 다음과 같이 다시 쓸 수 있다.

$$f = \frac{64}{Re_{eff}}, \quad Re_{eff} = \frac{1}{\zeta} Re_{Dh} \tag{5.86}$$

몇 가지의 fRe_{Dh} 와 $d_e/D_h = \frac{1}{\zeta}$의 값들은 표 5.2에 수록하였다.($Re_{Dh} = VD_h/\nu$, d_e : 등가직경, D_h : 수력직경)

표 5.2 동심 2중 원관에 대한 층류 관 마찰계수

r_1/r_2	fRe_{Dh}	$d_e/D_h = 1/\zeta$
0.0	64.00	1.000
0.00001	70.09	0.913
0.0001	71.78	0.892
0.001	74.68	0.857
0.01	80.11	0.799
0.05	86.27	0.742
0.1	89.37	0.716
0.2	92.35	0.693
0.4	94.71	0.676
0.6	95.59	0.670
0.8	95.92	0.667
1.0	96.00	0.667

3) 난류유동의 마찰손실

이 경우는 무디선도의 관로직경 d 대신에 등가직경 $d_e = 2(r_2 - r_1)/\zeta$ 로 대치하여 난류 마찰계수를 구하며 ζ는 표 5.2에 수록되어 있다. 또한 상대조도 ϵ/d 대신에 ϵ/d_e로 대치해야 한다.

예제 5.8

그림[예제 5.8]과 같은 수조에 길이 50 m의 동심원관(원관 내 반경 $r_2 = 5$ cm, 내관 외 반경 $r_1 = 3$ cm)이 수조의 수면아래 h 의 위치에 설치되어 있다. 이때 유출유량 0.01 m^3/s 을 유지하기 위해서는 수심 h 의 값이 얼마로 유지되어야 하는가? 원관의 입구영향은 무시하고 물의 밀도 $\rho = 1000$ kg/m^3, 동점성계수 $\nu = 1.02 \times 10^{-6}$ m^2/s 이며. 원관의 조도 ϵ=0.045 mm이다.

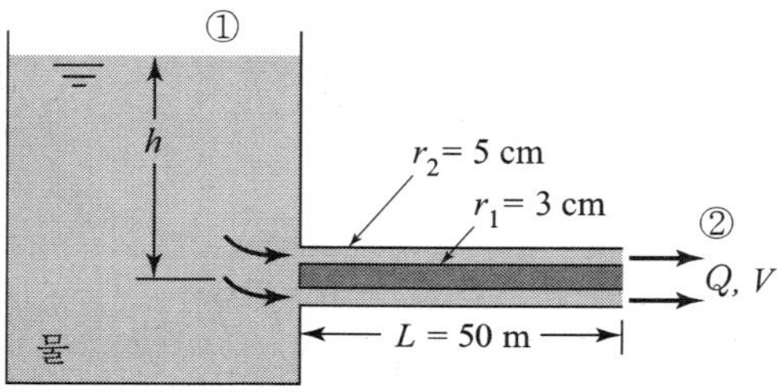

그림 [예제 5.8]

풀이 $V = \dfrac{Q}{A} = \dfrac{0.01}{\pi(0.05^2 - 0.03^2)} = 1.99$ m/s

수력직경 $D_h = 2(r_2 - r_1) = 2 \times (0.05 - 0.03) = 0.04$ m

베르누이 식으로부터 $z_1 - z_2 - V^2/2g = h_f$

$$\therefore h_f = f\frac{L}{D_h}\frac{V^2}{2g} = z_1 - z_2 - \frac{V^2}{2g} = h - \frac{V^2}{2g}$$

$$\therefore h = \frac{V^2}{2g}\left(1 + f\frac{L}{D_h}\right) \qquad (1)$$

$$Re_{Dh} = \frac{VD_h}{\nu} = \frac{1.99 \times 0.04}{1.02 \times 10^{-6}} = 78000, \qquad \epsilon/D_h = 0.045/40 = 0.001125$$

$\therefore$무디선도로부터 $f = 0.0232$이다.

$$\therefore (1)\text{식은 } h = \frac{1.99^2}{2 \times 9.81}\left(1 + 0.0232 \times \frac{50}{0.04}\right) = 6.055 \text{ m}$$

그러나 좀 더 정확한 값을 얻으려면 $d_e = D_h/\zeta = 0.67D_h = 0.67 \times 0.04 = 0.0268$ m

(여기서 0.67은 correction factor, 표 5.2에서 $r_1/r_2 = 0.6$임)

$$\therefore Re_{eff} = \frac{Vd_e}{\nu} = \frac{1.99 \times 0.0268}{1.02 \times 10^{-6}} = 52300, \quad \epsilon/d_e = \frac{0.045}{26.8} = 0.00168$$

무디선도로부터 $f = 0.0257$

$$\therefore h = \frac{1.99^2}{2 \times 9.81}(1 + 0.0257 \times \frac{50}{0.04}) = 6.686 \text{ m}$$

5.8 대표적인 비원형 덕트의 층류유동 관 마찰계수의 예

원관이 아닌 관로의 경우에는 마찰 손실수두를 나타내는 Darcy－Weisbach의 식 (5.21)에서 직경 대신에 등가직경 $d_e = 4R_h = 4\frac{A}{S}(=D_h)$로 대치시킨 식 (5.24)를 사용하면 된다. 이 경우에 레이놀즈수의 대표길이도 등가직경 d_e로서 사용한 다음 식으로 계산한다.

$$Re = \frac{Vd_e}{\nu} \tag{5.87}$$

1) 장방형 관내의 층류

그림 5.15와 같은 가로×세로=$2a \times 2b$ 인 **장방형 관로**의 층류에서는 레이놀즈수를 식 (5.88)로 표시할 때 b/a 값에 따른 원관 층류의 $f = 64/Re$ 에 대한 비율을 표 5.3에 표시하였다. 이 표에서 $b/a \to 0$ 인 경우는 간격이 아주 좁은 평행평판 사이의 층류에 해당하며, 관 마찰계수는 식 (5.89)와 같다.

$$Re = \frac{Q}{\nu(a+b)} = (\frac{Vd_e}{\nu}) \tag{5.88}$$

$$f = \frac{96}{Re} \tag{5.89}$$

또한 $b/a = 1.0$ 인 경우는 정사각형 단면의 경우로서 다음 값을 갖는다.

$$f = \frac{57}{Re} \tag{5.90}$$

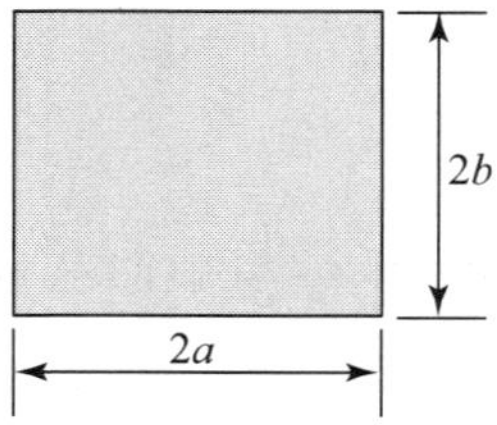

그림 5.15 장방형 관

표 5.3 장장형 관의 관마찰계수

b/a	0	0.1	0.2	0.3	0.4	0.5	0.6	0.7	0.8	0.9	1.0
$f/(64/Re)$	1.500	1.323	1.192	1.094	1.023	0.972	0.936	0.913	0.898	0.891	0.889

2) 2등변 삼각형 관내의 층류

그림 5.16과 같이 꼭지각이 2θ인 **2등변 삼각형 관로**의 층류에서는 레이놀즈수를 식 (5.91)로 표시할 때, θ의 값에 따라 원관 층류의 $f = \frac{64}{Re}$에 대한 비율을 표 5.4에 표시하였다.

$$Re = \frac{2Q}{\nu a(n + \sqrt{1+n^2})} = (\frac{Vd_e}{\nu}), \quad (n = \tan\theta) \tag{5.91}$$

θ=30°인 경우는 정삼각형 관로로서 층류에 대해서는 식 (5.92)와 같이 표시되며,

$$f = \frac{53.3}{Re} \tag{5.92}$$

θ=45°인 경우는 직각 2등변삼각형 단면의 경우로서 관 마찰계수는 식 (5.93)과 같으며, 정삼각형 관로의 경우와 거의 같다.

$$f = \frac{53}{Re} \tag{5.93}$$

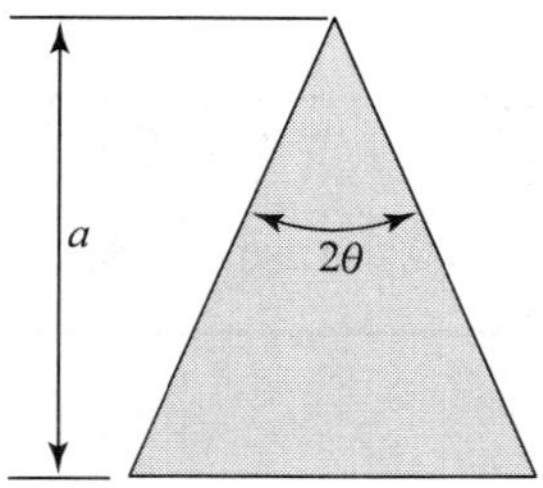

그림 5.16 이등변 삼각형

표 5.4 2등변 삼각형관의 관마찰계수

$\theta°$	0	10	20	30	40	45	50	60	70	80	90
$f/(64/Re)$	0.964	0.821	0.827	0.833	0.830	0.827	0.825	0.821	0.819	0.819	0.819

3) 동심 2중원관내의 층류

그림 5.17과 같이 외관의 반경 r_2, 내관의 반경 r_1인 동심 2중 원관의 환상유로의 층류 흐름에서 레이놀즈수는 다음 식으로 표시하며, 표 5.5에는 r_1/r_2 의 비에 따라 원관 층류 유동의 $f=\dfrac{64}{Re}$에 대한 비율을 표시하였다.

$$Re=\frac{2Q}{\nu\pi(r_1+r_2)}=(\frac{Vd_e}{\nu}) \tag{5.94}$$

$r_1/r_2=0$의 경우는 원관의 경우로서 $f=64/Re$ 이며, $r_1/r_2\to 1$의 경우는 간격이 극히 좁은 2중 원관으로서 관 마찰계수 f 는 평행평판 사이의 층류의 식 (5.89)와 동일하다.

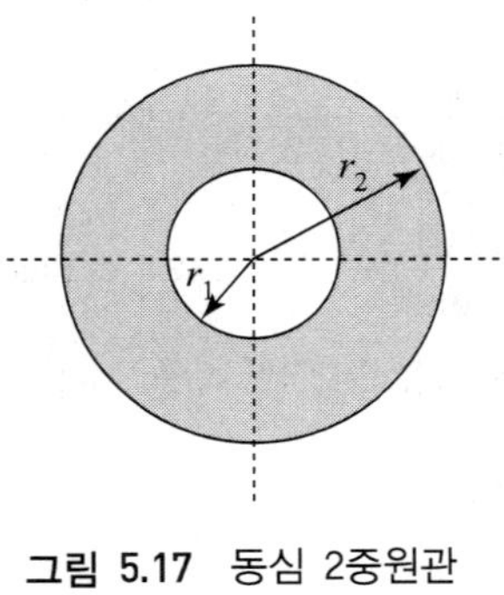

그림 5.17 동심 2중원관

표 5.5 동심 2중원관의 관마찰계수

r_1/r_2	0	0.1	0.2	0.3	0.4	0.5	0.6	0.7	0.8	0.9	1.0
$f/(64/Re)$	1.000	1.396	1.443	1.466	1.480	1.488	1.494	1.497	1.499	0.500	1.500

예제 5.9

가로 7.5 cm, 세로 3 cm인 장방형 관로에 $20\times10^{-6}\ \text{m}^2/\text{s}$ 의 동점성계수를 갖는 기름이 $50\ \text{l/min}$로 흐를 때, 3 m만큼 흐르는 동안에 마찰 손실수두를 구하라

풀이 $a=3.75$ cm, $b=1.5$ cm 인 장방형이므로 식 (5.88)로부터

$$Re=\frac{Q}{\nu(a+b)}=\frac{50\times10^{-3}/60}{20\times10^{-6}\times(0.0375+0.015)}=793.65<2320,\qquad \therefore \text{ 층류}$$

$b/a=1.5/3.75=0.4$이므로 표 5.3을 이용하면 관 마찰계수는

$$f=\frac{64}{Re}\times1.023=\frac{64}{793.65}\times1.023=0.0825$$

$$D_h=4\frac{A}{S}=4\times\frac{7.5\times3}{2(7.5+3)}=4.286\ \text{cm}$$

$$\text{유속 } V=\frac{Q}{A}=\frac{50\times10^{-3}/60}{0.075\times0.03}=0.37\ \text{m/s}$$

$$\therefore \text{ 식 (5.24)로부터 } h_f=f\frac{l}{D_h}\frac{V^2}{2g}=0.0825\times\frac{3}{4.286\times10^{-2}}\times\frac{0.37^2}{2\times9.8}\fallingdotseq 0.04\ \text{m}$$

예제 5.10

동심 2중 원관($r_2=40$ mm, $r_1=20$ mm)내에 동점성계수 $50\times10^{-6}\ \text{m}^2/\text{s}$ 인 유체가 3500 cm^3/s 의 유량으로 흐르고 있다. 길이 1 m당 마찰 손실수두를 구하라.

풀이

$$V=\frac{Q}{A}=\frac{Q}{\pi({r_2}^2-{r_1}^2)}=\frac{3500\times10^{-6}}{\pi(0.04^2-0.02^2)}=0.9284\ \text{m/s}$$

$$Re_{Dh}=\frac{VD_h}{\nu}=\frac{0.9284\times2(0.04-0.02)}{50\times10^{-6}}=742.7<2320\qquad \therefore\text{층류}$$

$r_1/r_2=0.5$이므로 표 5.2를 이용하면 관 마찰계수는

$$f=\frac{1.486\times64}{Re_{Dh}}=\frac{95.1}{742.7}=0.128$$

$$D_h = 4\frac{A}{S} = 4\times\frac{\pi(r_2^2 - r_1^2)}{2\pi(r_2 + r_1)} = 2(r_2 - r_1) = 2\times 0.02 = 0.04\ \text{m}$$

$$\therefore\ h_f = f\frac{l}{D_h}\frac{V^2}{2g} = 0.128\times\frac{1}{0.04}\times\frac{0.9284^2}{2\times 9.8} = 0.141\ \text{m}$$

5.9 관로의 부차적 손실

실제의 관로는 복잡한 경우가 많으며, 관 단면적의 변화, 흐름의 방향변화, 합류와 분기 또는 밸브 등이 있다. 이와 같은 복잡한 관로를 관로 계(piping system)라 하며 마찰손실 외에 여러 가지 손실이 생긴다. 지금까지는 마찰손실의 경우에 대하여 고찰하여 관 마찰계수를 f 라 표시하고 손실수두를 h_f로서 Darcy−Weisbach의 식인 식 (5.21)을 이용하였다.

마찰손실 이외의 관로 계에 대한 손실을 **부차적 손실**(minor loss)이라 하고, 각부의 부차적 손실수두 h_l의 크기는 일반적으로 **손실계수**(loss coefficient) k를 이용하여 다음과 같이 표시한다.

$$h_l = k\frac{V^2}{2g} \tag{5.95}$$

여기서 속도 V 는 일반적으로 각 요소에서 단면 평균속도의 가장 큰 값을 이용한다.

1) 돌연확대(급 확대) 손실

직경이 작은 관으로부터 큰 관으로 단면적이 급 확대 되는 경우를 **돌연확대**(sudden enlargement)라 한다. 이 경우에는 그림 5.18에서 보는 바와 같이 분류(噴流) 및 와동(vortex)이 발생하여 손실이 생긴다. 작은 관으로부터 큰 관으로 유입한 흐름이 큰 관의 입구로부터 관 전체로 유체가 채워지는 거리는 그 큰 직경의 약 8배의 거리로 알려져 있으며 그 사이에 손실이 발생하게 된다.

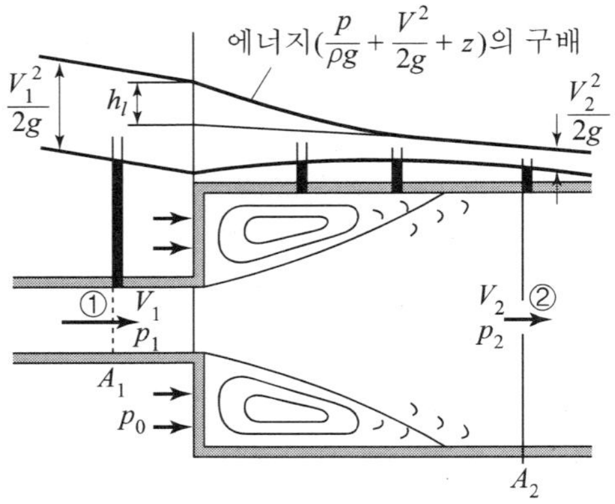

그림 5.18 돌연 확대관

그림 5.18에서 단면 ①과 단면 ② 사이에 베르누이 식은 다음과 같다.

$$\frac{p_1}{\rho g}+\frac{V_1^{\,2}}{2g}=\frac{p_2}{\rho g}+\frac{V_2^{\,2}}{2g}+h_l \tag{5.96}$$

또 운동량의 식을 적용하면

$$\Sigma F_x = p_1A_1 + p_o(A_2 - A_1) - p_2A_2 = \rho Q(V_2 - V_1) = \rho(A_2V_2^{\,2} - A_1V_1^{\,2})$$

실험에 의하면 $p_o \fallingdotseq p_1$, $Q = A_1V_1 = A_2V_2$ 이므로 위 식은 다음과 같이 정리되며

$$A_2(p_2 - p_1) = \rho A_2(V_1V_2 - V_2^{\,2})$$

양변을 $\rho g A_2$로 나누면 다음 식이 얻어진다.

$$\frac{p_2-p_1}{\rho g}=\frac{V_1V_2-V_2^{\,2}}{g} \tag{5.97}$$

식 (5.96)과 식 (5.97)로부터 돌연확대에 의한 손실수두 h_l은

$$h_l=\frac{(V_1-V_2)^2}{2g}=k_{se}\frac{V_1^{\,2}}{2g} \tag{5.98}$$

여기서 돌연확대 손실계수 k_{se}는

$$k_{se}=(1-\frac{A_1}{A_2})^2 \tag{5.99}$$

로 표시되며, 이 식을 **Borda－Carnot의 식**이라 한다.

특히 그림 5.18에서 확대 후의 단면적 A_2가 무한히 큰 경우($A_1/A_2 \fallingdotseq 0$)의 흐름에서는 $V_2 = 0$이 되며, 파이프에서 유출되는 분류(jet)가 넓은 정지 유체 중으로의 방출되는 흐름으로서 $k_{se} = 1$이 되어 분출 전의 운동에너지가 모두 손실되므로

$$h_l \fallingdotseq \frac{V_1{}^2}{2g} \tag{5.100}$$

이 되며, 이 경우는 관로가 큰 용기에 접속되는 경우에 해당된다.

2) 돌연축소(급 축소) 손실

그림 5.19와 같이 단면적이 A_1으로부터 A_2까지 **돌연축소**(급 축소)되는 관로에서는 코너부근에 여러 개의 와동이 발생하므로 손실이 생긴다. 이 경우, 흐름이 A_1으로부터 A_c까지 수축한 후 A_c로부터 A_2까지 확대된다.

연속의 식은

$$A_1 V_1 = A_c V_c = A_2 V_2 = Q \tag{5.101}$$

이므로, 흐름은 수축류에서 가속된 후 확대흐름에서 감속되게 된다. 이 현상을 **축류**(contraction, 縮流)라 한다. 돌연 축소관의 손실수두 h_l은 수축류에서의 손실과 확대흐름에서의 손실의 합이라고 생각할 수 있다.

급 축소에 의한 손실계수 k_{sc}중 A_1으로부터 A_c에 이르는 가속류의 손실계수는 거의

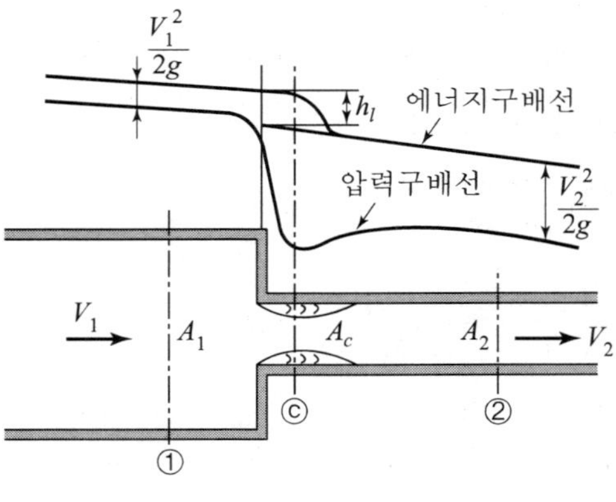

그림 5.19 돌연 축소관

0.04정도로 작으며, 그 후의 A_c로부터 A_2에 이르는 확대흐름의 손실계수는 급 확대관 내의 흐름과 동일한 식 (5.98)을 적용할 수 있다. 따라서

$$h_l = \frac{(V_c - V_2)^2}{2g} = (\frac{1}{C_c} - 1)^2 \frac{V_2^2}{2g} = k_{sc}\frac{V_2^2}{2g} \tag{5.102}$$

$$k_{sc} = (\frac{1}{C_c} - 1)^2 + 0.04 \tag{5.103}$$

여기서 수축계수 $C_c = A_c/A_2 = V_2/V_c$ 는 다음의 실험식이 이용되고 있다.

$$C_c = \frac{A_c}{A_2} = 0.582 + \frac{0.0418}{1.1 - \sqrt{A_2/A_1}} \tag{5.104}$$

관의 단면적비 A_2/A_1에 대한 수축계수 C_c와 돌연축소에 의한 손실계수 k_{sc} 는 표 5.6과 같다.

표 5.6 돌연 축소관의 수축계수 및 손실계수

A_2/A_1	0	0.1	0.2	0.3	0.4	0.5	0.6	0.7	0.8	0.9	1.0
C_c	0.617	0.624	0.632	0.643	0.659	0.681	0.712	0.755	0.813	0.892	1.00
k_{sc}	0.50	0.46	0.41	0.36	0.30	0.24	0.18	0.12	0.06	0.02	0

예제 5.11

(1) 동파이프가 $d_1 = 73.8$ mm로부터 $d_2 = 25.3$ mm로 돌연축소하는 구조이며, 물이 100 l/min로 흐를 때 돌연축소에 의한 손실수두를 구하라.

(2) 또 물을 역방향으로 유동시킬 때 돌연확대에 의한 손실수두를 구하라.

풀이 (1) k_{sc}는 표 5.6으로부터 0.459

$$V_2 = \frac{Q}{A_2} = \frac{(100/60) \times 10^{-3}}{(\pi/4)0.0253^2} = 3.315 \text{ m/s}$$

$$\therefore h_l = k_{sc}\frac{V_2^2}{2g} = 0.459 \times \frac{3.315^2}{2 \times 9.8} = 0.257 \text{ m}$$

(2) $$h_l = k_{se}\frac{V_1^2}{2g} = (1 - \frac{A_1}{A_2})^2 \frac{V_1^2}{2g} = [1 - (\frac{25.3}{73.8})^2]^2 \times \frac{3.315^2}{2 \times 9.8}$$

$= 0.437$ m(여기서 첨자 1과 2는 (1)항과 반대임)

3) 점차확대 손실

단면적이 점차 확대되는 경우(그림 5.20a참조), 확대 각 θ가 비교적 작은 경우에는 유체가 점차확대 관로를 채우면서 흐르지만 θ가 큰 경우에는 흐름이 벽으로부터 떨어져 분류(jet)가 되어 벽과 분류와의 사이에 와류가 생기므로 손실이 발생한다. 이 손실수두는 **점차 확대손실계수** k_{de}를 포함하여 다음과 같이 표시된다.

$$h_l = k_{de}\frac{V_1^{\,2}}{2g} = k' \cdot k_{se}\frac{V_1^{\,2}}{2g} \qquad (k_{de} = k' \cdot k_{se}) \tag{5.105}$$

여기서 k_{se}는 돌연확대 손실계수이다.

그림 5.20b에는 확대 각 θ에 대한 k'의 관계를 나타낸 선도이다.

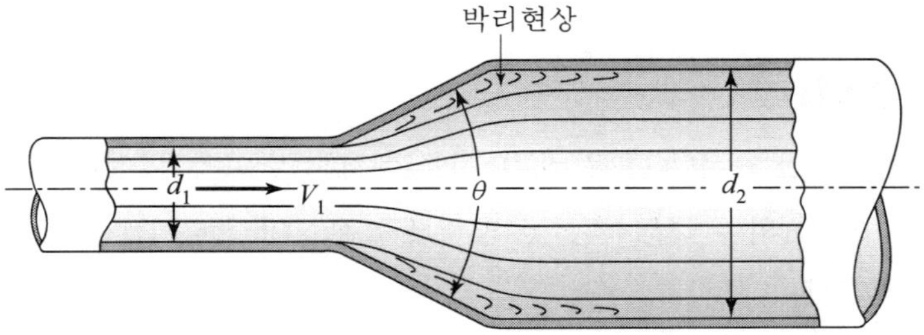

그림 5.20a 점차 확대관

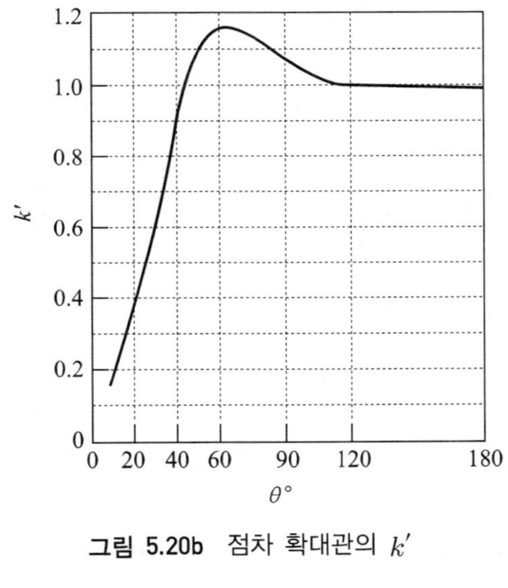

그림 5.20b 점차 확대관의 k'

예제 5.12

내경 150 mm의 관로에 물이 100 l/s 로 흐르고 있다. (1) 관로가 200 mm로 돌연확대하는 경우, (2) 관로가 $\theta = 20^\circ$ 로 200 mm까지 점차 확대하는 경우에 대해 각각 손실수두를 구하라.

풀이 (1) $V_1 = \dfrac{Q}{A} = \dfrac{100 \times 10^{-3}}{(\pi/4)0.15^2} = 5.66 \text{ m/s}$

$$\therefore \ h_l = k_{se}\frac{V_1^{\ 2}}{2g} = (1 - \frac{A_1}{A_2})^2 \frac{V_1^{\ 2}}{2g} = [1 - (\frac{150}{200})^2]^2 \frac{5.66^2}{2 \times 9.8} = 0.313 \text{ m}$$

(2) $\theta = 20^\circ$ 인 경우 그림 5.20b로부터 $k' = 0.38$

$$\therefore \ h_l = k' \ k_{se}\frac{V_1^{\ 2}}{2g} = 0.38 \times 0.313 = 0.119 \text{ m}$$

4) 점차 축소손실

축소 각이 작은 관로의 유동(그림 5.21a참조)에서는 단면적의 변화로 인한 내부 마찰이 거의 없다. 따라서 와류 등의 손실이 없으므로 손실이 작다. 점차 축소손실수두는 다음과 같이 표시할 때

$$h_l = k_{dc}\frac{V_2^{\ 2}}{2g} \tag{5.106}$$

점차 축소손실계수 k_{dc} 는 그림 5.21b의 결과를 이용한다.

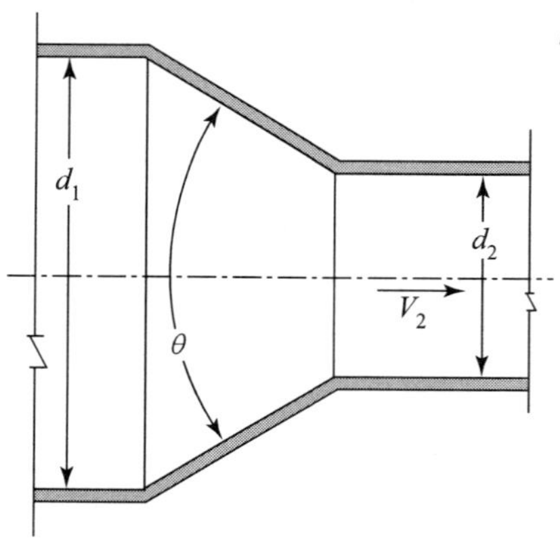

그림 5.21a 점차 축소관

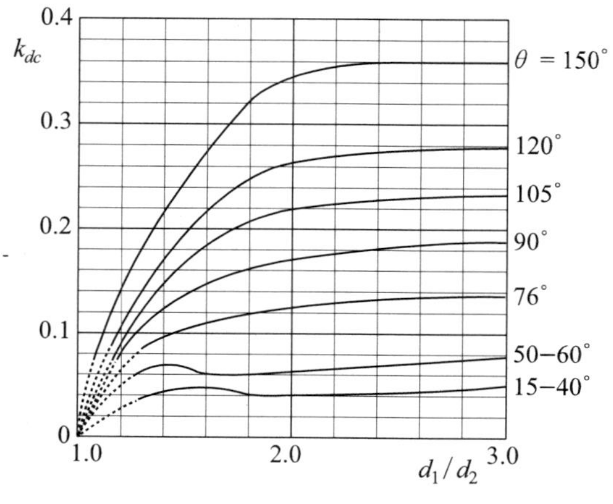

그림 5.21b 점차 축소관의 손실계수

5) 관 오리피스 손실

관로 도중에 설치한 오리피스, 즉 **관 오리피스**(그림 5.22참조)에서의 손실은 돌연축소관의 손실과 거의 같은 방법을 적용할 수 있다.

그림 5.22에서 오리피스 구멍의 면적을 A_o라 하고, 오리피스의 개구면적비를 $m = A_o/A_1$라 할 때 손실수두 및 손실계수 k_o는 각각 다음과 같다.

$$h_l = k_o \frac{V_1^{\,2}}{2g} \tag{5.107}$$

$$k_o = (\frac{1}{m} - 1)(\frac{2.75}{m} - 1.56), \ \ m = \frac{A_o}{A_1} \tag{5.108}$$

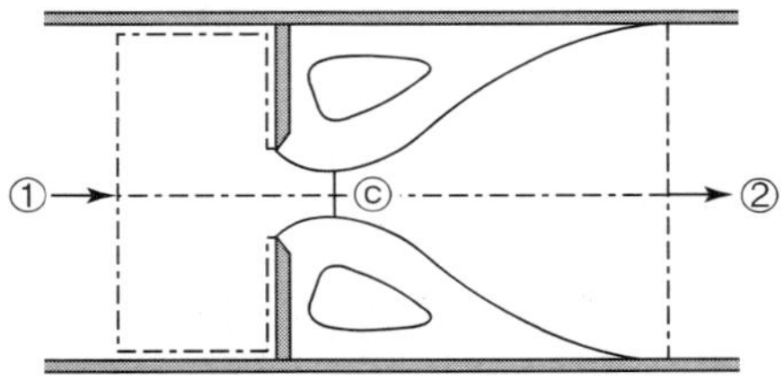

그림 5.22 관 오리피스

예제 5.13

(1) 직경 4 cm인 원관에 직경 2 cm인 원관을 접속하여 큰 관으로부터 작은 관을 향해 물이 유동할 때, 큰 관에서의 유속이 2 m/s라면 돌연 축소손실수두는 얼마인가?

(2) 만일 직경 4 cm 인 원관(유속 2 m/s)에 직경 2 cm의 관 오리피스를 설치했다면 오리피스에서의 손실수두는 얼마인가?

풀이 (1) $V_2 = V_1 \frac{A_1}{A_2} = V_1 (\frac{d_1}{d_2})^2 = 2 \times (\frac{4}{2})^2 = 8 \text{ m/s}$

식 (5.104)로부터

$$C_C = \frac{A_c}{A_2} = 0.582 + \frac{0.0418}{1.1 - d_2/d_1} = 0.582 + \frac{0.0418}{1.1 - 2/4} = 0.6517$$

$$\therefore k_{sc} = (\frac{1}{C_C} - 1)^2 = (\frac{1}{0.6517} - 1)^2 = 0.2856$$

$$\therefore h_l = k_{sc} \frac{V_2^{\,2}}{2g} = 0.2856 \times \frac{8^2}{2 \times 9.8} = 0.9326 \text{ m}$$

$$(2)\ m = \frac{A_o}{A_1} = (\frac{d_o}{d_1})^2 = (\frac{2}{4})^2 = 0.25$$

$$\therefore k_o = (\frac{1}{m} - 1)(\frac{2.75}{m} - 1.56) = (\frac{1}{0.25} - 1)(\frac{2.75}{0.25} - 1.56) = 28.32$$

$$\therefore h_l = k_o \frac{V_1^{\ 2}}{2g} = 28.32 \times \frac{2^2}{2 \times 9.8} = 5.78 \text{ m}$$

6) 벤츄리관 및 노즐의 손실

관로내의 유량을 측정하기 위하여 관로 중에 설치한 오리피스(5.9.5절), **벤츄리관**, **노즐** 등의 교축유량계에 대한 손실수두는

$$h_l = k_t \frac{V^2}{2g} \tag{5.109}$$

로 표시할 때 손실계수 k_t의 값은 그림 5.23에서 구할 수 있다. 개구 면적비(開口 面積比) $m = (d_c/d)^2 = A_c/A$는 교축부(직경 d_c)와 관로(직경 d)의 면적비이다.

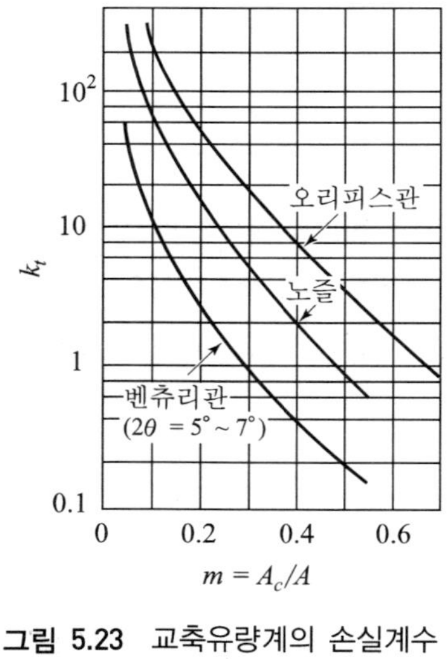

그림 5.23 교축유량계의 손실계수

7) 밸브 및 피팅(fitting)의 손실

관로중의 밸브는 유량을 조절하는 역할을 하며 여러 종류의 형식이 있다. **밸브**의 손실수두를 식 (5.110)으로 표시할 때, k_l은

$$h_l = k_l \frac{V^2}{2g} \tag{5.110}$$

밸브, **엘보우**(elbow), **티 이음**(tees)에 대하여 간단히 구할 수 있는 자료는 표 5.7에 수록하였으며, 비원형 관로(덕트)에 대한 엘보우와 **벤드**의 손실계수는 그림 5.24에 나타내었다.

표 5.7 파이프요소의 손실계수 $\left(h_l = k_l \frac{V^2}{2g}\right)$

종류	k_ℓ
a. Elbows	
Regular 90°, flanged	0.3
Regular 90°, threaded	1.5
Long radius 90°, flanged	0.2
Long radius 90°, threaded	0.7
Long radius 45°, flanged	0.2
Regular 45°, threaded	0.4
b. 180° return bends	
180° return bend, flanged	0.2
180° return bend, threaded	1.5
c. Tees	
Line flow, flanged	0.2
Line flow, threaded	0.9
Branch flow, flanged	1.0
Branch flow, threaded	2.0
d. Union, threaded	0.08
e. Valves	
Globe, fully open	10
Angle, fully open	2
Gate, fully open	0.15
Gate, 1/4 closed	0.26
Gate, 1/2 closed	2.1
Gate, 3/4 closed	17
Swing check, forward flow	2
Swing check, backward flow	∞
Ball valve, fully open	0.05
Ball valve, 1/3 closed	5.5
Ball valve, 2/3 closed	210

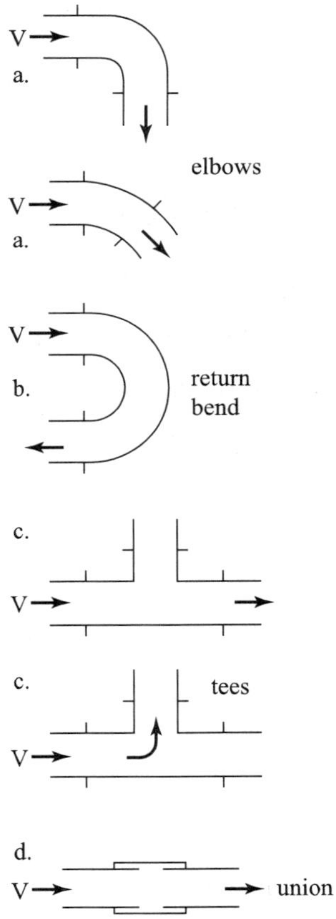

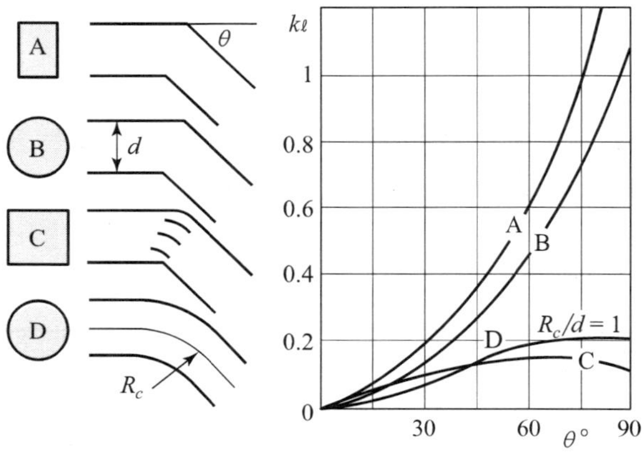

그림 5.24 덕트의 엘보 및 벤드의 손실계수

8) 곡관의 손실

관로의 내경이나 폭에 대한 곡률반경이 크고 완만하게 휘어져 있는 관을 **곡관**(bent pipe, 曲管) 또는 **벤드**(bend)라 한다. 곡관의 형상을 그림 5.25에 나타내듯이 곡률반경 R, 휨 부분의 각도 θ, 관의 직경 d, 유속을 V 라 할 때 손실수두는 식 (5.111)로 표시되며, 손실계수 k_b는 매끄러운 관 벽의 경우에 식 (5.112), 식(5.113)이 이용된다.

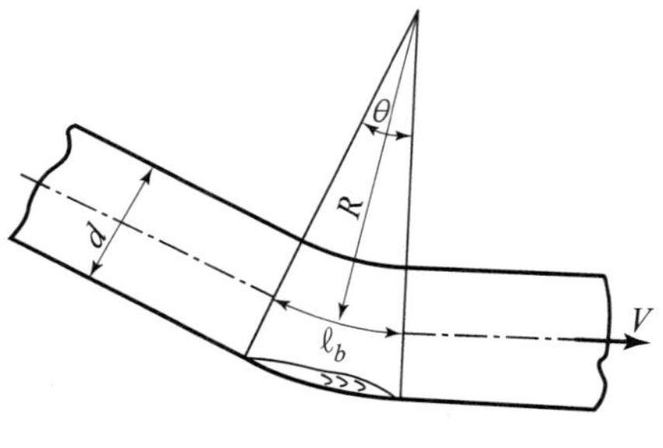

그림 5.25 곡관내의 흐름

$$h_l = k_b \frac{V^2}{2g} \tag{5.111}$$

$$k_b = 0.00515 \alpha \theta Re^{-2} \left(\frac{R}{d}\right)^{0.9}, \qquad \left[Re\left(\frac{d}{R}\right)^2 < 364\right] \tag{5.112}$$

$$k_b = 0.00431 \alpha \theta Re^{-0.17} \left(\frac{R}{d}\right)^{0.84}, \qquad \left[Re\left(\frac{d}{R}\right)^2 > 364\right] \tag{5.113}$$

여기서 α는 표 5.8에 따른다.

표 5.8 식(5.112) ~ (5.113)의 α

θ	45°	90°	180°
α	$1+5.13(R/d)^{-1.47}$	$R/d < 9.85$ 의 경우 $0.95+4.42(R/d)^{-1.96}$ $R/d > 9.85$ 의 경우 1.0	$1+5.06(R/d)^{-4.52}$

9) 관로의 입구손실 및 출구손실

(1) 입구손실

수조 또는 큰 용기에 관로를 설치하여 유체가 관로에 유입할 때는 흐름이 돌연 축소하므로 관 입구에서 손실이 발생한다. 그 손실의 크기는 관로 입구의 형상에 따라 다르다.

이 입구손실수두는 다음 식으로 표시할 때, k_i 는 **입구손실계수**이다.

$$h_l = k_i \frac{V^2}{2g} \tag{5.114}$$

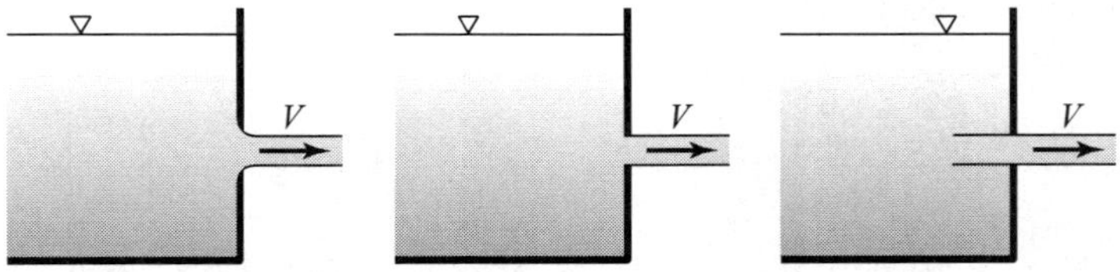

(a) 라운드형 ($k_i = 0.04$) (b) 수직에지형 ($k_i = 0.5$) (c) 삽입형 ($k_i = 0.8$)

그림 5.26 관 입구의 손실계수

그림 5.26에서 보듯이 수조의 벽면에 관로를 연결한 형태가 (a)도는 라운드형, (b)도는 수직 에지형, (c)도는 삽입형으로서 손실계수 k_i는 (a), (b), (c)로 변화할수록 커진다. 이때 (a)도의 경우는 라운딩 반경 r과 관로직경 d에 따라 그림 5.27과 같이 손실계수가 달라지며, r/d가 클수록, 즉 라운딩 반경이 클수록 손실계수는 작아진다.

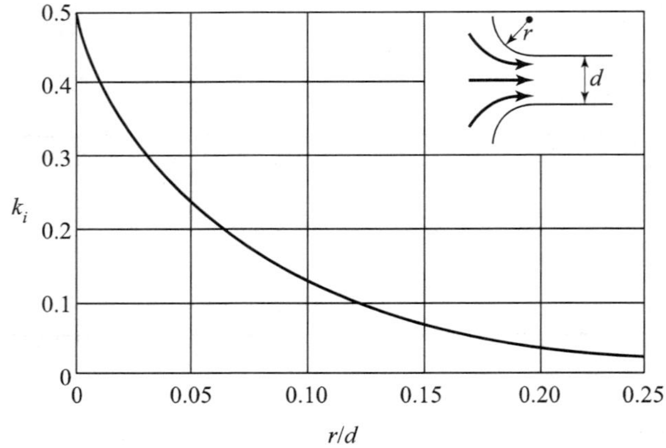

그림 5.27 관 입구의 곡률에 따른 손실계수

(2) 출구손실

관로로부터 큰 수조로 유체를 토출하는 경우에도 손실이 생기는데, 이 손실을 출구손실이라 한다. 이 경우는 관로가 급 확대하는 경우에 식 (5.98)의 손실계수 k_{se}는 식 (5.99)와 같이 표시되므로 $A_2 \to \infty$를 취하면 $k_{se} = 1$로 되어 식 (5.98)의 손실수두는 관로내의 유체가 갖는 동압(動壓)이 그대로 손실이 된다. 따라서 관로내의 유속을 V 라 할 때 출구손실수두는 다음과 같다.

$$h_l = \frac{V^2}{2g} \tag{5.115}$$

이것은 관로를 나온 유체가 와동을 일으켜 유체의 운동에너지가 점차 확산되어 점성에 의해 소실되는 것을 의미한다.

10) 조주구간에서의 손실

그림 5.28과 같이 수조로부터 관으로 유체가 유입하는 경우를 생각하자.

입구에서는 거의 일정한 속도분포를 가지며, 압력수두는 수조내보다 $V^2/2g$만큼 낮아진다(V 는 평균유속). 점성유체는 벽면 상에서 속도가 0이 되는 성질이 있으므로 벽면 상에서의 저항력이 작용하는 관 벽 부근의 유체에는 큰 전단응력이 작용한다. 따라서 일정속도의 범위는 관 중심부근으로 한정되며, 벽면 근처에서는 경계층이 발달하게 된다. 하류로 감에 따라 벽면저항으로 인한 감속의 범위는 증대하며, 드디어는 관 중심까지 그

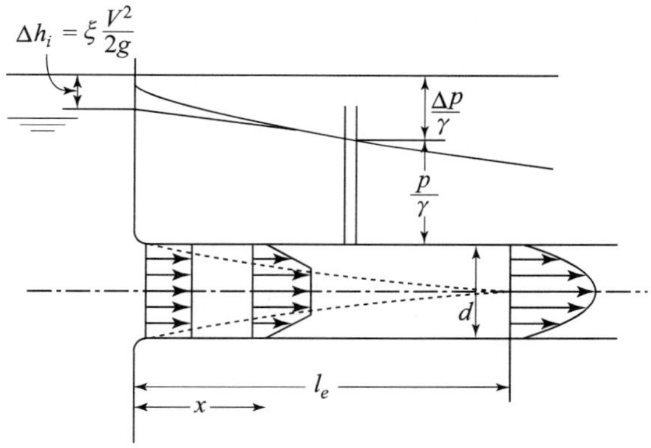

그림 5.28 조주구간의 흐름

영향이 미쳐서 단면상의 속도분포가 일정한 범위는 없어진다.

그림 5.28에 표시한 바와 같이 관 입구로부터 이와 같은 상태로 되기까지의 범위를 **조주구간**(entrance region, 助走區間) 또는 **입구구간**(inlet region, 入口區間)이라 하고, 그 길이 l_e 를 **조주거리**(entrance length or inlet length, 助走距離)라 한다. $x > l_e$ 의 범위에서는 속도분포가 x 에 관계없이 일정하다. 또 압력도 관축에 수직한 단면상에서는 일정하며, x 방향으로는 직선적으로 강하한다. 조주구간에서는 속도분포의 변화와 관 벽에서의 저항 때문에 압력강하는 $x > l_e$ 의 범위보다 크다.

조주거리 l_e 에 대해서는 여러 사람에 의해서 이론적, 실험적 연구가 행해지고 있다. 임계 레이놀즈수보다 낮은 Re 범위의 층류영역에서는, 후술하는 바와 같이 $x \geq l_e$ 의 일정한 흐름의 영역에 있어서, 관 중심부에서 최대속도를 갖는 회전 포물면 형태의 속도분포가 되지만 조주구간에서의 속도변화는 크다. 한편 난류영역에서는 유체의 난동으로 인한 혼합 때문에 속도분포는 층류의 경우보다 일정해지므로 층류만큼 속도분포의 변화가 크지는 않다.

층류와 난류에 대하여 대표적인 조주거리는 각각 다음과 같다.

$$\text{층류 : } l_e = 0.05Re \ , \quad (Re = Vd/\nu < 2100)$$

$$\text{난류 : } l_e = 1.359(Re)^{1/4} d \ , \quad (Re > 4000)$$

조주구간에서의 손실에 의한 압력강하는, 입구손실 및 속도분포의 변화에 의한 손실(손실계수 ζ로 표시)과 마찰손실($f\frac{l_e}{d}$로 표시)의 합으로서 다음과 같이 표시할 수 있다.

$$\frac{\Delta p}{\gamma} = (\zeta + f\frac{l_e}{d})\frac{V^2}{2g} \tag{5.116}$$

여기서 ζ의 값에 대해서는 다음의 값이 알려져 있다.

층류 : ζ=2.25~2.33

난류 : ζ=1.06~1.09

5.10 정상류, 단일 관로계의 에너지 식

관로 계는 흔히 펌프, 팬(fan), 터빈과 같은 장치들, 그리고 유체유동으로부터 에너지를 방출하거나 가하는 장치들을 포함하고 있다. 우리는 모든 이들 에너지 유동을 축일(shaft work)로 나타내며, 이 절에서는 관로 내의 축일과 마찰손실을 모두 포함하는 계를 생각하자.

관로 내 유동을 정상류, 비압축성 유동으로 생각하여 식 (2.27)을 단면1에서 단면2로 유동할 때, 그 제어체적내의 단위질량에 대한 에너지 식을 적용시키면 다음과 같이 표시할 수 있다. 여기서 단위 질량의 유체가 계에 입력되는 열량 $q_{12} = q_1 - q_2$, 단위질량의 유체가 계로부터 외부에 하는 일량 $w_{12} = w_2 - w_1$으로 표시하면 다음의 식으로 나타낼 수 있다.

$$q_{12} - w_{12} = (u_2 + \frac{p_2}{\rho} + \frac{{V_2}^2}{2} + gz_2) - (u_1 + \frac{p_1}{\rho} + \frac{{V_1}^2}{2} + gz_1) \tag{5.117}$$

일의 부호에 대해서는 유체에 의해 행해지는 일은 정(+)의 부호를, 그리고 유체에 행한 일은 부(−)의 부호를 적용하므로, 이 정의에 의하면 펌프의 일 w_P 는 부(−)이며, 터빈 일 w_T는 정(+)의 부호를 갖는다. 따라서 제어체적에서의 일은

$$w_{12} = w_T - w_P$$

이 된다. 이것을 적용하여 식 (5.117)을 다시 쓰면 다음과 같다.

$$\frac{p_1}{\rho g} + \frac{{V_1}^2}{2g} + z_1 + \frac{w_P}{g} = \frac{p_2}{\rho g} + \frac{{V_2}^2}{2g} + z_2 + \frac{w_T}{g} + \frac{(u_2 - u_1) - q_{12}}{g} \tag{5.118}$$

우리는 유체가 계 내로 주위온도와 동일한 온도로 유입한다고 가정하자. 그러면 유체 온도는 마찰열로 인하여 온도가 서서히 증가하며, 결과적으로 주위로 얼마간의 열전달이 일어나게 된다. 이러한 영향들을 식 (5.118)의 우변 끝항에 관련시키면 그것은 손실수두 h_L(마찰손실+부차적 손실)에 해당된다.

$$\frac{(u_2 - u_1) - q_{12}}{g} \Rightarrow \sum h_L = \sum h_f + \sum h_l = \left(\sum f \frac{l}{d} + \sum k_i\right)\frac{V^2}{2g} \tag{5.119}$$

단위 질량당 펌프수두 h_P 및 터빈을 구동하는데 유용한 터빈수두 h_T 는 각각 식 (5.118)의 좌변 4항 및 우변 4항에 해당된다.

$$h_P = \frac{w_P}{g} = \frac{\dot{W}_P}{\dot{m}g} \tag{5.120}$$

$$h_T = \frac{w_T}{g} = \frac{\dot{W}_T}{\dot{m}g} \tag{5.121}$$

식 (5.119) ~식 (5.121)을 식 (5.118)에 대입하면

$$\frac{p_1}{\rho g} + \frac{{V_1}^2}{2g} + z_1 + h_P = \frac{p_2}{\rho g} + \frac{{V_2}^2}{2g} + z_2 + h_T + \Sigma h_L \tag{5.122}$$

이 식에서 $\frac{p}{\rho g}$ 항은 **압력수두**, $\frac{V^2}{2g}$ 항은 **속도수두**, z 항은 **위치수두**이다. 수두(head)는 등가높이(equivalent elevation)의 일종이다. 예로서, 만일 펌프수두가 6 m라면 그 펌프는 압력이나 속도의 변화 없이 무마찰 유체를 6 m만큼 밀어 올릴 수 있음을 의미한다.

식 (5.122)를 다시 쓰면 다음과 같다.

$$\frac{p_1}{\rho g} + \frac{{V_1}^2}{2g} + z_1 + \frac{\dot{W}_P}{\dot{m}g} = \frac{p_2}{\rho g} + \frac{{V_2}^2}{2g} + z_2 + \frac{\dot{W}_T}{\dot{m}g} + \left(\Sigma f \frac{l}{d} + \Sigma k\right)\frac{V^2}{2g} \tag{5.123}$$

예제 5.14

그림[예제 5.14]와 같은 내경 80 mm의 관로를 흐르는 유량을 구하라. 관 마찰계수 f 는 0.03, 관 입구손실계수 $k_1 = 0.5$, 90°곡관의 손실계수 $k_2 = 1.0$, 밸브의 손실계수 $k_3 = 2.2$로 한다.

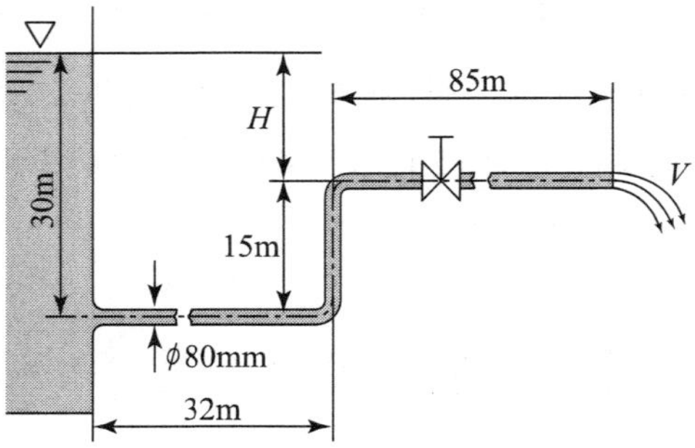

그림 [예제 5.14]

풀이 $H=(f\dfrac{l}{d}+\Sigma k_i+1)\dfrac{V^2}{2g}=[f\dfrac{l}{d}+(k_1+k_2+k_3)+1]\dfrac{V^2}{2g}$

$$=[0.03\times\frac{32+15+85}{0.08}+(0.5+2\times1.0+2.2)+1]\frac{V^2}{2g}=55.2\frac{V^2}{2g}$$

$$\therefore V=\sqrt{\frac{2gH}{55.2}}=\sqrt{\frac{2\times9.8\times15}{55.2}}=2.308\ \text{m/s}$$

$$\therefore Q=AV=\frac{\pi}{4}d^2V=\frac{\pi}{4}\times0.08^2\times2.308=0.0116\ \text{m}^3/\text{s}$$

예제 5.15

그림[예제 5.15]와 같이 좌측의 큰 수조로부터 우측의 큰 수조로 직경 200 mm의 관로를 통하여 15 °C의 물이 펌프에 의하여 수송되고 있다. 유량이 140 l/s 이면 펌프의 소요 동력은 얼마인가? 관로의 거칠기는 ε=0.046 mm이다.

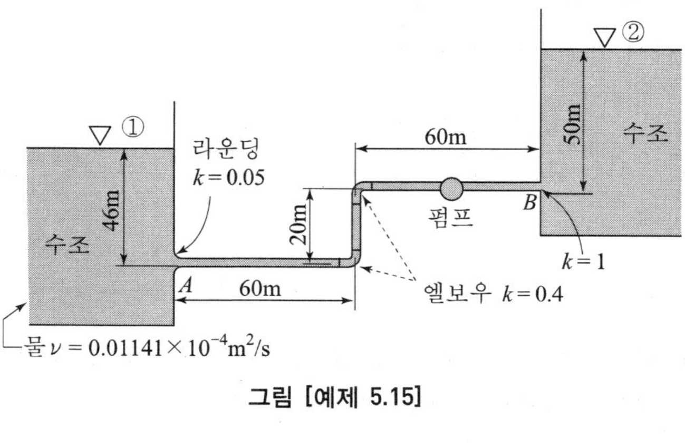

그림 [예제 5.15]

풀이 두 수조의 수면 ①과 ②사이에 베르누이 식을 적용하면

$$\frac{p_1}{\gamma}+\frac{V_1^{\ 2}}{2g}+z_1+h_P=\frac{p_2}{\gamma}+\frac{V_2^{\ 2}}{2g}+z_2+h_f+\Sigma h_L$$

그런데 $p_1=p_2$, $V_1=V_2\fallingdotseq 0$ 이므로, 관로 내의 속도를 V 라 하면

$$h_P=z_2-z_1+h_f+\Sigma h_L=(70-46)+(f\frac{l}{d}+\Sigma k_i)\frac{V^2}{2g} \tag{a}$$

유속 $V=\dfrac{Q}{A}=\dfrac{140\times 10^{-3}}{(\pi/4)\times 0.2^2}=4.456\ \text{m/s}$

$$Re=\frac{Vd}{\nu}=\frac{4.456\times 0.2}{0.01141\times 10^{-4}}=781069.2,\qquad \epsilon/d=0.046/200=0.00023$$

이므로 무디선도로부터 $f=0.0152$이다.

$\therefore$ 식 (a)는 $h_P=24+[0.0152\times\dfrac{140}{0.2}+(0.05+2\times 0.4+1)\times\dfrac{4.456^2}{2\times 9.8}=36.653\ \text{m}$

$\therefore$ 동력 $P=\gamma h_P Q=9800\times 36.653\times 140\times 10^{-3}=50287.9\ W\fallingdotseq 50.3\ \text{kW}$

5.11 관로 계의 손실

1) 분기관과 합류관

관로 망을 구성하는 복잡한 관로 계에서는 **분기관**(dividing junction, 分岐管)에 의해서 흐름을 분류(分流) 또는 합류(合流)시키는 경우가 있다. 이 경우도 흐름의 방향이 변화하므로 와류의 발생에 의한 손실이 생긴다.

그림 5.29에 분류 및 합류에 있어서 각각 손실계수 k, k^*의 예를 표시하였다.

분기관의 경우, 분기 전의 관로에서 압력, 속도, 유량, 관 길이, 관 직경, 관 마찰계수를 각각 첨자 O을 붙여 p_o, V_o, Q_o, l_o, d_o, f_o 라 하고, 분기 후의 2개의 관로에는 각각 첨자 1, 2를 붙이면 손실을 포함하는 베르누이의 식은

$$\frac{p_o}{\rho g}+\frac{V_o^{\ 2}}{2g}=\frac{p_1}{\rho g}+\frac{V_1^{\ 2}}{2g}+f_o\frac{l_o}{d_o}\frac{V_o^{\ 2}}{2g}+f_1\frac{l_1}{d_1}\frac{V_1^{\ 2}}{2g}+k_1\frac{V_o^{\ 2}}{2g} \tag{5.124a}$$

$$\frac{p_o}{\rho g}+\frac{V_o^{\ 2}}{2g}=\frac{p_2}{\rho g}+\frac{V_2^{\ 2}}{2g}+f_o\frac{l_o}{d_o}\frac{V_o^{\ 2}}{2g}+f_2\frac{l_2}{d_2}\frac{V_2^{\ 2}}{2g}+k_2\frac{V_o^{\ 2}}{2g} \tag{5.124b}$$

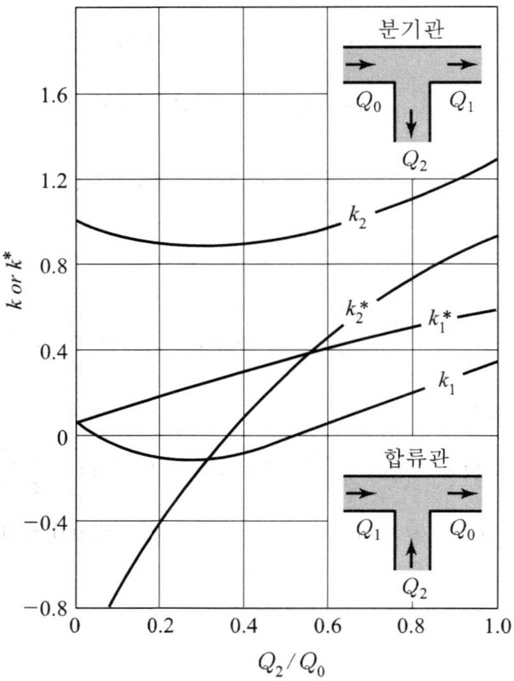

그림 5.29 분기관 및 합류관의 손실계수

로 표시된다. 여기서 k_1, k_2는 관로 0으로부터 관로 1, 2로의 분기손실계수이다.

마찬가지로 **합류관**(combining junction)의 경우는 다음과 같이 표시된다.

$$\frac{p_1}{\rho g}+\frac{V_1^{\ 2}}{2g}=\frac{p_o}{\rho g}+\frac{V_o^{\ 2}}{2g}+f_o\frac{l_o}{d_o}\frac{V_o^{\ 2}}{2g}+f_1\frac{l_1}{d_1}\frac{V_1^{\ 2}}{2g}+k_1{}^*\frac{V_o^{\ 2}}{2g} \tag{5.125a}$$

$$\frac{p_2}{\rho g}+\frac{V_2^{\ 2}}{2g}=\frac{p_o}{\rho g}+\frac{V_o^{\ 2}}{2g}+f_o\frac{l_o}{d_o}\frac{V_o^{\ 2}}{2g}+f_2\frac{l_2}{d_2}\frac{V_2^{\ 2}}{2g}+k_2^*\frac{V_o^{\ 2}}{2g} \tag{5.125b}$$

이때 $k_1{}^*$는 관로 1로부터 관로 0으로, $k_2{}^*$는 관로 2로부터 관로 0으로의 합류손실계수이다.

연속의 식은 분기관, 합류관 모두 다음과 같다.

$$Q_o = Q_1 + Q_2 \tag{5.126}$$

예제 5.16

그림[예제 5.16]과 같이 수조 A의 물이 수조 B로 $Q_1 = 10\,l/s$로 수송된다. 이때 관로 도중의 C에서 $Q_2 = 4\,l/s$의 물이 합류하여 총 $14\,l/s$의 물이 펌프에 의하여 수조 B로 수송될 때 펌프의 실제 양정 및 축동력을 구하라. 단, 합류부의 손실계수 $k_c = 0.7$, 밸브의 손실계수 $k_v = 0.2$, 곡관의 손실계수 $k_b = 0.3$이며 관의 마찰계수는 각 관 모두 $f = 0.03$, 펌프의 효율은 70 %이다. 또 $d_1 = 100$ mm, $d_2 = 100$ mm, $d_3 = 150$ mm이다.

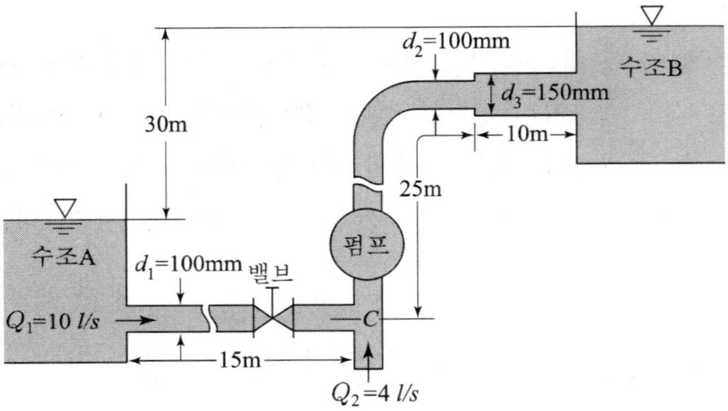

그림 [예제 5.16]

풀이 관경 d_1, d_2, d_3에서의 유속을 각각 V_1, V_2, V_3라 하면

$$V_1 = \frac{Q_1}{(\pi/4)d_1^2} = \frac{10 \times 10^{-3}}{(\pi/4) \times 0.1^2} = 1.273 \text{ m/s}$$

$$V_2 = \frac{Q_1 + Q_2}{(\pi/4)d_2^2} = \frac{14 \times 10^{-3}}{(\pi/4) \times 0.1^2} = 1.783 \text{ m/s}$$

$$V_3 = \frac{Q_1 + Q_2}{(\pi/4)d_3^2} = \frac{14 \times 10^{-3}}{(\pi/4) \times 0.15^2} = 0.792 \text{ m/s}$$

입구 손실계수 $k_i = 0.5$, 출구 손실계수 $k_O = 1$이라 할 때 전 손실수두는

$$h_{lt} = [k_i + f\frac{l_1}{d_1} + k_v]\frac{V_1^2}{2g} + [k_c + k_b + f\frac{l_2}{d_2}]\frac{V_2^2}{2g}$$

$$+ \frac{(V_2 - V_3)^2}{2g} + [f\frac{l_3}{d_3} + k_0]\frac{V_3^2}{2g}$$

$$= [0.5 + 0.03 \times \frac{15}{0.1} + 0.2] \times \frac{1.273^2}{2 \times 9.8} + [0.7 + 0.3 + 0.03 \times \frac{25}{0.1}] \times \frac{1.783^2}{2 \times 9.8}$$

$$+\frac{(1.783-0.792)^2}{2\times9.8}+[0.03\times\frac{10}{0.15}+1]\times\frac{0.792^2}{2\times9.8}\quad=1.955\ \text{m}$$

$\therefore$ 펌프의 실양정 $h_P=30+h_{lt}=30+1.955=31.955\ \text{m}$

펌프의 축동력 $P=\frac{\gamma h_P Q}{\eta}=\frac{9800\times31.955\times14\times10^{-3}}{0.7}=6263.18\,\text{W}\fallingdotseq6.263\,\text{kW}$

2) 평행 병렬관

그림 5.30과 같이 한 관로로부터 여러 개의 관로로 분기하였다가 다시 하나의 관로로 합류하는 관로 계를 평행하게 설치한 경우, **평행 병렬관**(pipes in parallel)이라 한다. 이 경우, 일반적으로 2개의 절점과 n개의 지관을 갖는데, 각 지관의 단면은 각각 균일 단면이라 하자. 지점 A와 B의 위치 차는 z_A-z_B로서 베르누이 식을 적용하면 다음 식이 성립한다.

$$h_l=h_{l1}=h_{l2}=h_{l3}=(\frac{p_A-p_B}{\gamma})+(z_A-z_B) \tag{5.127}$$

전체 유량은 각 지관을 흐르는 유량의 합이므로

$$Q=Q_1+Q_2+Q_3 \tag{5.128}$$

마찰손실수두는 Darcy－Weisbach의 식으로부터

$$h_f=f\frac{l}{d}\frac{V^2}{2g}=(\frac{8fl}{\pi^2gd^5})Q^2=KQ^2 \tag{5.129}$$

2절점 평행병행류의 흐름에서 구하는 문제는 다음의 두 가지 유형을 생각할 수 있다.

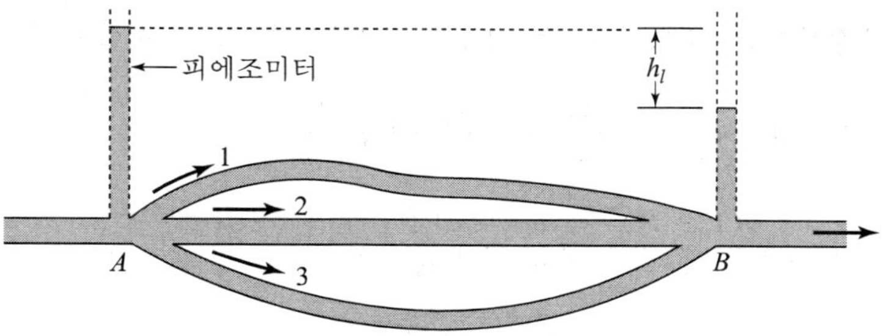

그림 5.30 평행 병렬관

(1) 점 A 및 B의 압력, 관 거칠기, 관의 기하학적 형상이 주어질 때 유량 Q를 구하는 경우로서, 부차적 손실을 무시할 수 있는 경우와 부차적 손실을 고려한 경우가 있다.

① 부차적 손실을 무시하는 경우(관로의 길이가 직경의 1000배 이상)

식 (5.128)로부터 전체 유량은

$$Q=(\frac{h_{f1}}{K_1})^{1/2}+(\frac{h_{f2}}{K_2})^{1/2}+(\frac{h_{f3}}{K_3})^{1/2}+\cdots$$

$$=(h_f)^{1/2}[(\frac{1}{K_1})^{1/2}+(\frac{1}{K_2})^{1/2}+(\frac{1}{K_3})^{1/2}+\cdots]$$

$$=(h_f)^{1/2}\Sigma(\frac{1}{K})^{1/2} \tag{5.130}$$

각 지관의 유량은

$$Q_i=(\frac{h_{fi}}{K_i})^{1/2} \tag{5.131}$$

여기서 h_f는 부차적 손실을 무시하므로 식 (5.127)로부터 구할 수 있으며 $(h_l=h_f)$, K는 식 (5.129)에서 구한다.

② 부차적 손실을 고려하는 경우(관로길이가 직경의 1000배 미만)

손실수두는

$$h_l=(f\frac{l}{d}+\sum k)\frac{V^2}{2g} \tag{5.132}$$

이므로 관로 1의 유량은

$$Q_1=A_1V_1=A_1\sqrt{\frac{2gh_l}{f_1(l_1/d_1)+\Sigma k_1}}=C_1\sqrt{h_l} \tag{5.133}$$

전체 유량은

$$Q=C_1\sqrt{h_l}+C_2\sqrt{h_l}+C_3\sqrt{h_l}=(C_1+C_2+C_3)\sqrt{h_l} \tag{5.134}$$

여기서 h_l은 식 (5.127)에서 구한다.

(2) 유량 Q와 관 거칠기, 관로의 기하학적 형상이 주어질 때 손실수두 및 유량분포

를 구하는 경우,

각 지관의 유량은 다음의 과정에 따라 구한다.

1) 관로 1의 유량 $Q_1^{(1)}$을 가정한다.

2) 관로 1의 $Q_1^{(1)}$을 이용하여 손실수두 $h_{l1}^{(1)}$을 계산한다.

3) $h_{l1}^{(1)} = h_{l2}^{(1)} = h_{l3}^{(1)}$ 로부터 관로 2의 $V_2^{(1)}$, $Q_2^{(1)}$, 관로 3의 $V_3^{(1)}$, $Q_3^{(1)}$을 계산한다.

4) 유량 $Q_1^{(1)}$, $Q_2^{(1)}$, $Q_3^{(1)}$을 이용하여 전 유량 Q를 비례 배분하여

$$Q_1^{(2)} = \frac{Q}{Q_1^{(1)} + Q_2^{(1)} + Q_3^{(1)}} Q_1^{(1)}$$

$$Q_2^{(2)} = \frac{Q}{Q_1^{(1)} + Q_2^{(1)} + Q_3^{(1)}} Q_2^{(1)}$$

$$Q_3^{(2)} = \frac{Q}{Q_1^{(1)} + Q_2^{(1)} + Q_3^{(1)}} Q_3^{(1)}$$

을 계산한다.

5) 4)항의 결과를 이용하여 $h_{l1}^{(2)}$, $h_{l2}^{(2)}$, $h_{l3}^{(2)}$를 계산한다.

이와 같은 계산을 반복하여 $Q_1^{(i+1)} = Q_1^{(i)}$, $Q_2^{(i+1)} = Q_2^{(i)}$, $Q_3^{(i+1)} = Q_3^{(i)}$가 될 때까지 계산한다. 여기서 (i)는 반복횟수를 표시한다.

다음에 점 A, B의 압력차 $p_A - p_B + \gamma(z_A - z_B)$가 주어지고 유량을 구하는 과정은 다음과 같다.

식 (5.127)의 우변 값이 주어지므로 식 (5.132)로부터 V_1, V_2, V_3가 간단한 반복계산을 하여 구할 수 있다. 그러면 $Q_1 \sim Q_3$가 구해지고 식 (5.128)에 의해 Q가 구해진다.

예제 5.17

그림 5.30과 같은 병렬관에서 전 손실수두가 20 m이며, 각 관로의 관 마찰계수는 각각 $f_1 = 0.0267$, $f_2 = 0.0246$, $f_3 = 0.0313$이며, 각 관로의 치수는 $l_1 = 80\ \mathrm{m}$, $l_2 = 120\ \mathrm{m}$, $l_3 = 100\ \mathrm{m}$, $d_1 = 8\ \mathrm{cm}$, $d_2 = 6\ \mathrm{cm}$, $d_3 = 4\ \mathrm{cm}$일 때 각 관로의 유량 및 총 유량 Q를 구하라. 단, 부차적 손실은 무시한다.

풀이 $h_f = f\dfrac{l}{d}\dfrac{V^2}{2g}$ 에서 $h_{f1} = h_{f2} = h_{f3} = h_f$ 이므로

$$f_1\frac{l_1}{d_1}\frac{V_1^2}{2g} = f_2\frac{l_2}{d_2}\frac{V_2^2}{2g} = f_3\frac{l_3}{d_3}\frac{V_3^2}{2g} = 20 \text{ 으로부터}$$

제 1관로 $0.0267 \times \dfrac{80}{0.08} \times \dfrac{V_1^2}{2\times 9.8} = 20 \qquad \therefore\ V_1 = 3.83\ \text{m/s}$

$$\therefore\ Q_1 = A_1 V_1 = \frac{\pi}{4} \times 0.08^2 \times 3.83 = 0.01925 m^3/s = 69.3\ \text{m}^3/\text{h}$$

제 2관로 $0.0246 \times \dfrac{120}{0.06} \times \dfrac{V_2^2}{2\times 9.8} = 20 \qquad \therefore V_2 = 2.823\ \text{m/s}$

$$\therefore\ Q_2 = A_2 V_2 = \frac{\pi}{4} \times 0.06^2 \times 2.823 = 0.008 m^3/s = 28.8\ \text{m}^3/\text{h}$$

제 3관로 $0.0313 \times \dfrac{100}{0.04} \times \dfrac{V_3^2}{2\times 9.8} = 20, \qquad \therefore\ V_3 = 2.238\ \text{m/s}$

$$\therefore\ Q_3 = A_3 V_3 = \frac{\pi}{4} \times 0.04^2 \times 2.238 = 0.0028 m^3/s = 10.08\ \text{m}^3/\text{h}$$

∴ 총 유량

$$Q = Q_1 + Q_2 + Q_3 = 0.01925 + 0.008 + 0.0028 = 0.03005 m^3/s = 108.18\ \text{m}^3/\text{h}$$

3) 관로 망

실제의 관로 계에서는 직렬 및 병렬관이 복잡하게 조합되어 흐름이 여러 통로로 상호 연결되는 회로를 이루면서 흐르는 경우가 있으며, 이것을 **관로 망**(network of pipes)이라 한다.

그림 5.31과 같은 관로 망을 예로 하여 계산방법을 설명한다.

관로 결합의 손실을 무시하고 관 마찰계수가 레이놀즈수에 따르지 않고(완전 난류영역에서는 상대조도에만 의존) 일정하다고 하면, 각 관로의 손실수두는 다음과 같이 표시할 수 있다.

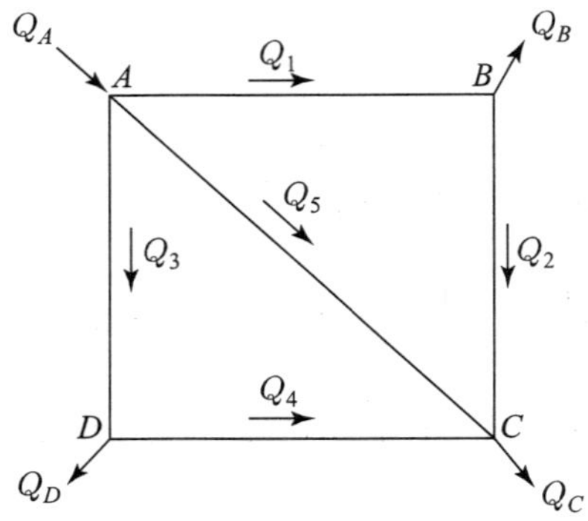

그림 5.31 관로망

$$h_{f\,i} = f_i \frac{l_i}{d_i}\frac{V_i^{\,2}}{2g} = K_i Q^2 \quad (i = 1,\, 2,\, \cdots) \tag{5.135}$$

여기서 K_i와 Q는 각각 유로 i 에 있어서의 상수 및 유량이다.

관로 망에 있어서는 다음의 두 가지 조건이 만족되어야 한다.

1) 각 접합점의 유입 및 유출량은 같다.
2) 임의의 폐회로를 따라 얻어진 손실수두의 총합은 0이다.

관로 망의 계산에서, 우선 조건 1)을 만족하도록 각 지관의 유량 Q_i 를 가정한다. 즉 Q_A, Q_B , Q_C , Q_D 가 주어진다면

$$\begin{aligned} Q_A &= Q_1 + Q_3 + Q_5 \\ Q_B &= Q_1 - Q_2 \\ Q_C &= Q_2 + Q_4 + Q_5 \\ Q_D &= Q_3 - Q_4 \end{aligned} \tag{5.136}$$

를 만족하는 Q_1, Q_2, $\cdots$ Q_5를 적당히 가정한다. 다음에 두개의 폐회로 ABCA와 ACDA에 대하여 조건 2)가 성립하는가를 확인한다. 여기서 폐회로의 손실수두는 시계방향을 정(+)으로 하고, 반시계방향의 흐름에 대해서는 부(−)로 취한다.

여기서 두 회로에 대한 손실수두는 다음과 같다.

$$K_1 Q_1^{\ 2} + K_2 Q_2^{\ 2} - K_5 Q_5^{\ 2} = h_{f1}$$
$$K_5 Q_5^{\ 2} - K_4 Q_4^{\ 2} - K_3 Q_3^{\ 2} = h_{f2} \tag{5.137}$$

지금 h_{f1}, h_{f2}가 바로 0이 되면 최초에 가정한 Q (i=1~5)가 올바른 값이 되지만, 일반적으로 그렇게 가정하지 못하므로 유량을 보정해야 한다. 2개의 폐회로에 대하여 가정했던 유량에 각각 ΔQ_1, ΔQ_2만큼 보정하여 실제 유량이 얻어진다고 하면, 식 (5.137)은 다음과 같이 된다.

$$K_1(Q_1 + \Delta Q_1)^2 + K_2(Q_2 + \Delta Q_1)^2 - K_5(Q_5 - \Delta Q_1)^2 = 0$$
$$K_5(Q_5 + \Delta Q_2)^2 - K_4(Q_4 - \Delta Q_2)^2 - K_3(Q_3 - \Delta Q_2)^2 = 0 \tag{5.138}$$

ΔQ_1, ΔQ_2는 작으므로 $(\Delta Q_1)^2$, $(\Delta Q_2)^2$은 생략해도 된다고 생각할 수 있다. 따라서 위식으로부터 ΔQ_1, ΔQ_2를 각각 구하면

$$\Delta Q_1 = -\frac{K_1 Q_1^{\ 2} + K_2 Q_2^{\ 2} - K_5 Q_5^{\ 2}}{2(K_1 Q_1 + K_2 Q_2 + K_5 Q_5)}$$
$$\Delta Q_2 = -\frac{K_5 Q_5^{\ 2} - K_4 Q_4^{\ 2} - K_3 Q_3^{\ 2}}{2(K_5 Q_5 + K_4 Q_4 + K_3 Q_3)} \tag{5.139}$$

가 얻어진다. 이러한 유량보정을 반복하면 각 지관을 흐르는 유량은 실제 값에 근접하게 되고, ΔQ_1, ΔQ_2는 0에 근접한다. 식 (5.139)의 보정량은 흐름의 방향으로 합하여 K의 부호를 변화시킨다고 하면 각 폐회로 j에 대하여 일반적으로 다음 식에 의해 주어진다.

$$\Delta Q_j = -\frac{\Sigma K_i Q_i^{\ 2}}{2\Sigma\,|K_i Q_i|} \tag{5.140}$$

계산과정은 다음과 같다.

1) 연속의 원리를 만족하도록 관로망의 각 부 유량 Q (방향 포함)를 가정한다.
2) 관로 망을 몇 개의 폐회로로 나누고, 한 폐회로에 대하여 식 (5.140)을 계산한다.
3) 다음의 폐회로에 대하여 식 (5.140)을 계산하며, 모든 폐회로에 대하여 순차적으로 계산한다.

4) 각 폐회로의 ΔQ가 어느 정해진 값보다 작으면 계산을 종료하여 그 값을 참값으로 한다.

예제 5.18

그림[예제 5.18]과 같은 관로망에 있어서 $0.1\ m^3/s$ 의 물이 A로 들어와서 B로부터 $0.05\ m^3/s$, C로부터 $0.03\ m^3/s$, D로부터 $0.02\ m^3/s$ 로 유출할 때 각 관을 흐르는 유량을 구하라. 각 관의 길이는 ①관 : 15 m, ②관 : 10 m, ③관 : 12 m, ④관 : 8 m이며 관의 직경은 $d = 240\ mm$, 관 마찰계수 $f = 0.02$로 동일하다. 단, 각 관에서는 관 마찰손실 이외의 손실은 무시한다.

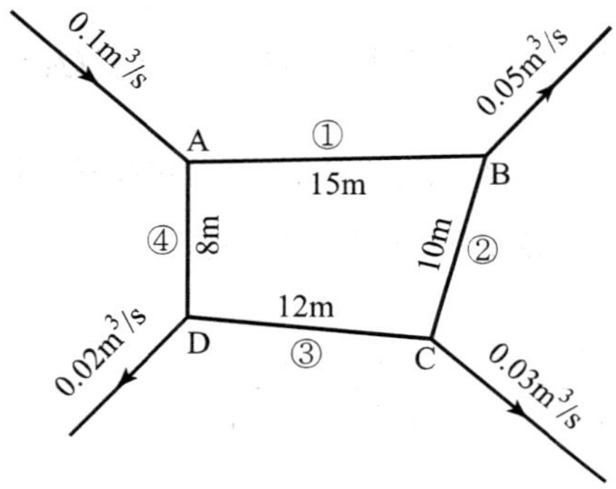

그림 [예제 5.18]

풀이 식 (5.135)에서

$$K = f\frac{l}{d}\frac{1}{2g}\left(\frac{4}{\pi d^2}\right)^2 \text{ 이므로}$$

$$K_1 = 0.02 \times \frac{15}{0.24} \times \frac{1}{2 \times 9.8}\left(\frac{4}{\pi \times 0.24^2}\right)^2 = 31.2$$

같은 방법으로 $K_2 = 20.8$, $K_3 = 24.9$, $K_4 = 16.6$ 이다.

제 1회째의 근사계산은, 우선 각 관로에 흐르는 유량 Q 를 가정한다. 그 후 각 관로 요소에서의 손실수두를 계산한다. 이때 시계방향을 정(正), 반시계 방향으로 흐르는 관로의 손실은 부(負)로 취한다. 보정유량 ΔQ 를 계산하여 각 관로 요소의 유량을 보정한다. 이상과 같은 과정을 $\Delta Q \rightarrow 0$ 이 될 때까지 반복한다.

그 계산과정을 표[예제 5.18]에 나타내었다.

표 [예제 5.18] 근사계산 결과

	관로요소	계수 K	Q	$\Sigma K_i Q_i^2$	$\Sigma \lvert K_i Q_i \rvert$	ΔQ
1회째 계산	AB관로1	31.2	0.05	0.0780	1.560	
	BC관로2	20.8	0	0	0	
	CD관로3	24.9	−0.03	−0.0224	0.747	
	DA관로4	16.6	−0.05	−0.0415	0.830	
	합계			0.0141	3.137	
	보정유량 ΔQ					−0.0023

	관로요소	계수 K	Q	$\Sigma K_i Q_i^2$	$\Sigma K_i Q_i$	ΔQ
2회째 계산	AB관로1	31.2	0.0477	0.0710	1.490	
	BC관로2	20.8	−0.0023	−0.0001	0.048	
	CD관로3	24.9	−0.0323	−0.0260	0.804	
	DA관로4	16.6	−0.0523	−0.0454	0.868	
	합계			0.0005	3.210	
	보정유량 ΔQ					-7.8×10^{-5}

손실수두 $\Sigma K_i Q_i$의 값도 작아지고, 보정유량 ΔQ 도 0에 접근하고 있다. 따라서 이 유량이 각 관로를 흐르는 유량이다. 즉 $Q_1=0.0477$, $Q_2=-0.0023$, $Q_3=-0.0323$, $Q_4=-0.0523\ \text{cm}^3/\text{s}$ 이다,

연습문제 exercise 05

층류와 난류

1. 20 ℃의 유체가 내경 50 mm의 원관 내를 흐를 때 임계속도를 구하라. (1) 물의 경우($\nu = 1.004 \times 10^{-6}\ \mathrm{m^2/s}$), (2) 공기의 경우($\nu = 1.512 \times 10^{-5}\ \mathrm{m^2/s}$), (3) 기름의 경우($\nu = 8.0 \times 10^{-5}\ \mathrm{m^2/s}$)

답 (1) 0.0466 m/s, (2) 0.7016 m/s, (3) 3.712 m/s

2. 내경 50 mm의 원관 내를 동점성계수 $5 \times 10^{-4}\ \mathrm{m^2/s}$ 의 기름이 유동하는 경우, 층류상태를 유지하는 최대유량을 구하라.

답 $0.0455\ \mathrm{m^3/s}$

원관유동의 마찰손실

3. 150 mm 내경을 갖는 파이프에 25 ℃의 글리세린이 30 m의 길이를 평균유속 4 m/s로 흐를 때 손실수두를 구하라. 단, 25 ℃의 글리세린의 $\rho = 1258\ \mathrm{kg/m^3}$, $\mu = 9.6 \times 10^{-1}\ \mathrm{Pa \cdot s}$ 이다.

답 13.2 m

4. 직경 30 mm의 원관을 10 ℃의 물이 3 /min로 흐를 때 관 길이 50 m를 흐르는 사이에 손실수두를 구하라.

답 0.0168 m

5. 직경 10 cm, 길이 15 m의 원관내를 물이 흐르고 있다. 관 출구와 입구의 압력차를 0.15 기압이라고 하면 유량은 얼마인가? 흐름은 난류라 하고 관 마찰계수는 0.03이다.

답 $0.02\ \mathrm{m^3/s}$

6. 직경 25 mm의 매끈한 원관 내를 동점성계수 1 cSt.의 기름이 $70\ l/\mathrm{min}$로 흐른다. 관의 관 마찰계수 f 및 관 길이 1 m당 손실수두를 구하라.

답 0.0203, 0.234 m

7. 내경 20 cm인 주철관의 길이 100 m에 대하여 손실수두가 7 m수주일 때 관내를 흐르는 유량을 구하라. 단, 물의 온도는 10 °C이다.

답 0.111 m^3/s

8. 유량을 일정하게 하여 관 내경을 2배로 하면 관 마찰손실수두는 몇 배로 되는가? Blasius의 식을 이용하여 구하라.

답 0.0372배

9. 길이 1000 m, 관의 양단의 수위 차 20 m의 직관으로 유량 $500\ l/s$의 물을 송수시킬 때, 관경과 유속은 각각 얼마인가? 관 마찰계수 $f = 0.02$이다.

답 460.4 mm, 3.003 m/s

관 벽 전단응력

10. 비중량 $40\ N/m^3$인 증기가 유속 30 m/s로 원관 내를 흐른다. 관 마찰계수가 0.0154이면 관 벽에서의 전단응력은 얼마인가?

답 7.071 N/m^2

단일관료계의 유동과 손실

11. 그림[문 5.11]과 같이 펌프에 의해 파이프 내에 유체가 유동을 하고 있다. 작동유체는 비중 0.86, 점성계수 4.2×10^{-4} Pa · s인 50 °C의 벤젠이며, 유량은 $120\ l/min$일 때 펌프의 출구압력 p_A는 얼마인가?

답 889.06 kPa

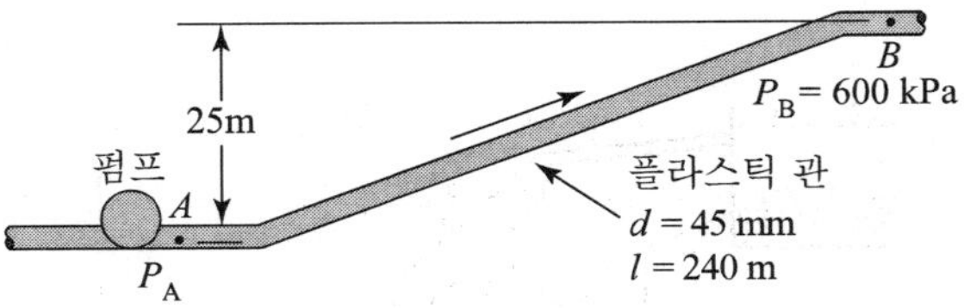

그림 [문 5.11]

12. 펌프에 의해 25 m상방에 있는 급수탑으로 20 °C의 물을 $0.5\ m^3/min$만큼 송수하려 한다.

송수관은 내경 70 mm, 길이 30 m의 매끈한 관이며, 도중에 손실계수 $k_1 = 1.1$의 엘보 4개와 손실계수 $k_2 = 0.2$인 밸브 1개가 설치되어 있다. 펌프에 필요한 압력과 동력을 구하라.

답 263 kPa, 2.19 kW

13. 10 m의 수면차가 있는 2개의 수조를 직경 100 mm, 거칠기 0.1 mm, 길이 1 m의 수평원관으로 연결하였다. 입구 손실계수 0.7, 출구 손실계수 0.2일 때 통과하는 유량을 구하라.

답 0.105 m^3/s

14. 그림[문 5.14]와 같이 큰 수조로부터 작은 수조로 10 ℃의 물이 직경 10 cm인 주철관 내를 유동하여 이송된다. 유량 $10\ l/s$가 되려면 z_1은 몇 m가 되어야 하는가?

답 6.019 m

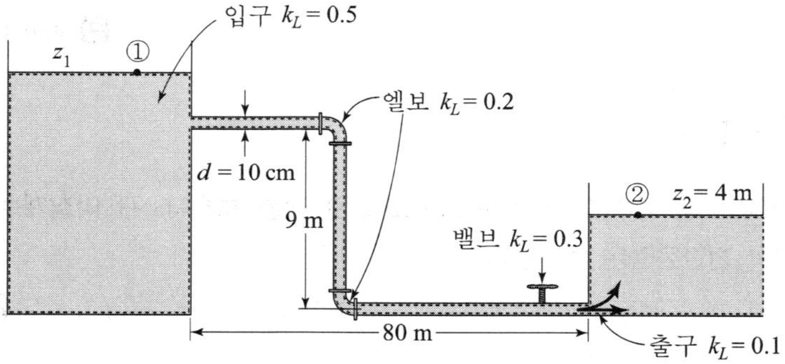

그림 [문 5.14]

15. 그림[문 5.15]와 같이 A수조와 B수조를 주철 제 파이프로 연결하여 15 ℃의 물을 이송시킨다. 파이프1은 직경 300 mm, 길이 200 m, 파이프2는 직경 200 mm, 길이 100 m, 파이프3은 직경 250 mm, 길이 150 m이며 $\Delta z = 15$ m 일 때 수조A에서 수조B로 흐르는 유량을 구하라. 단, 부차적 손실은 무시한다.

답 0.1274 m^3/s

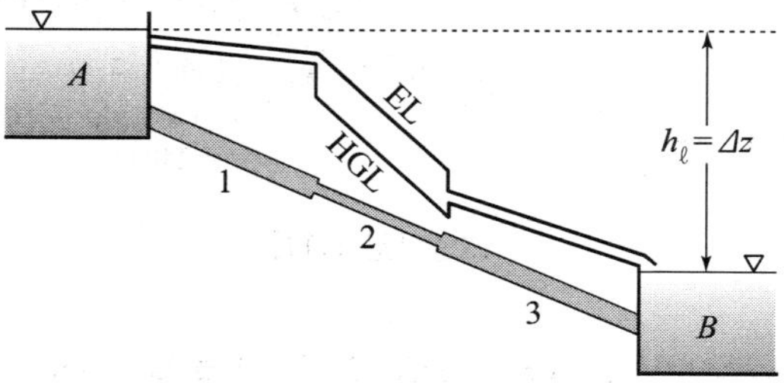

그림 [문 5.15]

16. 그림[문 5.16]과 같이 기계효율 0.88인 펌프가 길이 100 m, 내경 2 cm인 상업용 강관(수평관)을 통해 물을 펌핑한다. 펌프에 유입하는 물은 100 kPa, 25 °C이고 파이프를 나오는 물은 150 kPa, 2 m/s의 유속을 갖는다. 물의 온도는 25 °C라 할 때 기계효율 80 %인 펌프의 입력동력을 구하라.

답 116.78 W

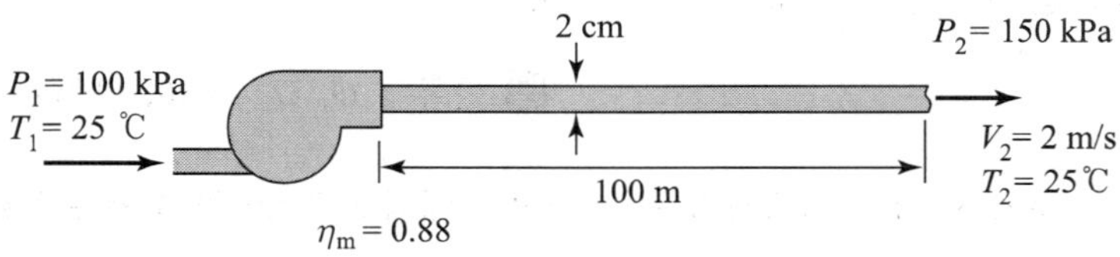

그림 [문 5.16]

17. 그림[문 5.17]과 같이 펌프에 의해 30 m상방의 PVC파이프 출구로부터 연못으로 물을 70 kg/s의 유량으로 퍼 올릴 때 펌프의 동력을 구하라. 물의 밀도는 997 kg/m^3, 점성계수는 1.12×10^{-3} Pa · s, 입구손실계수는 0.8, 90°flange의 손실계수는 0.3이다.

답 21.32 kW

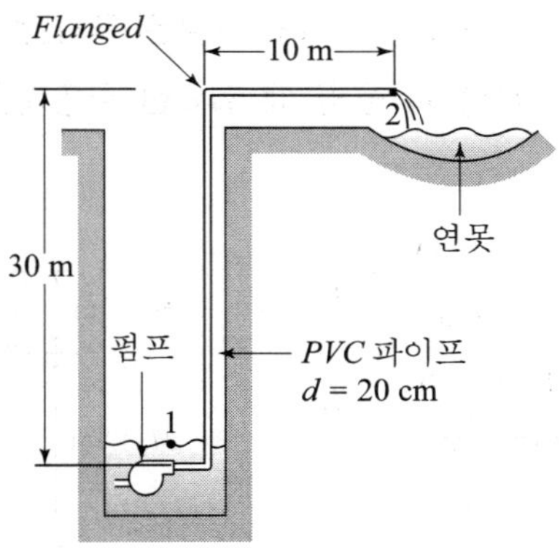

그림 [문 5.17]

18. 비중 0.9, 점성계수 1.24 Poise인 기름을 내경 100 mm, 길이 100 m의 매끄러운 관으로 저유탱크로부터 3 m 높은 곳으로 매분 0.5 m^{3}의 비율로 퍼 올리는데 필요한 펌프의 축동력을 구하라.

답 575.06 W

19. 펌프의 출구에서 1 km앞에 있는 수조 수면 하 4 m까지 내경 200 mm의 매끄러운 원관으로 매분 3 m^{3}의 물이 수송되고 있다. 이 펌프의 출구압력을 구하라. 단, 관 마찰계수는

0.025이다.

답 197.2 kPa

20. 수면의 높이차가 일정한 2개의 수조를 직경 d 의 관과 $d/2$의 관으로 연결했을 때의 유량비를 구하라. 단, 관 마찰손실만을 고려하는 것으로 하고, 층류의 경우와 난류의 경우(Blasius의 공식 이용)에 대하여 각각 구하라.

답 층류 : $Q_d/Q_{d/2}=16$, 난류 : $Q_d/Q_{d/2}=6.56$

21. 내경 250 mm와 350 mm의 2개의 관로 사이에 내경 300 mm인 수평 관로로 10 m에 걸쳐서 접속하여 유량 $8\ \mathrm{m^3/min}$의 물을 흐르게 할 때 압력변화량을 구하라. 단, 접속관의 마찰계수는 0.025이다.

답 -777.63 Pa

22. 그림[문 5.22]와 같이 내경 7.5 cm, 길이 450 m인 관로의 끝에 노즐을 장착하여, 높이 35 m까지 상승하는 분수를 만들려고 한다. 이 노즐출구 직경을 구하라. 노즐의 높이는 펌프 출구로부터 3 m만큼 높고, 관로 입구의 정압은 1.4×10^3 kPa, 관의 마찰계수 $f=0.01$, 노즐의 속도계수 C_v = 0.95로 하고, 그 외의 손실은 무시한다. 또, 물을 펌프보다 5 m밑의 수조로부터 펌프로(효율 70 %) 퍼 올릴 때 필요한 축동력을 구하라.

답 $d_2=3.56$ cm, $P=54.6$ kW

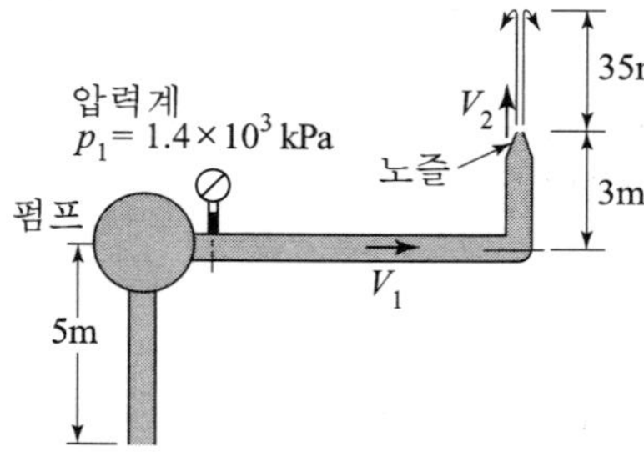

그림 [문 5.22]

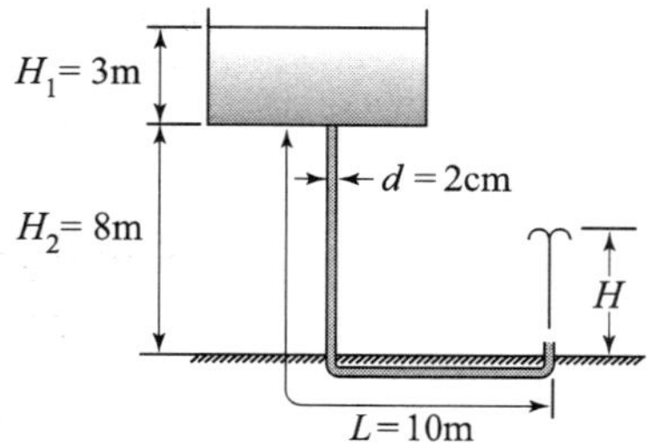

그림 [문 5.23]

23. 그림[문 5.23]와 같이 수조를 이용하여 분수를 만들려고 한다. 원관의 내경 $d=2$ cm, 수조로부터 원관의 출구까지의 길이 $L=10$ m로 할 때 분수가 올라가는 높이를 구하라. 단, 물의 밀도 $\rho=1000\ \mathrm{kg/m^3}$, 점성계수 $\mu=1.1\times10^{-3}$ Pa·s이며 관 마찰계수 $f=0.02$이다.

답 1 m

24. 그림[문 5.24]과 같은 관로에 압력탱크로부터 밸브를 거쳐 물이 유출한다. 밸브의 손실계수 $k_v = 3.5$, 90° 곡관의 손실계수 $k_b = 0.4$, 관 마찰계수 $f = 0.03$일 때 유량을 구하라.

답 $0.037\ \mathrm{m^3/s}$

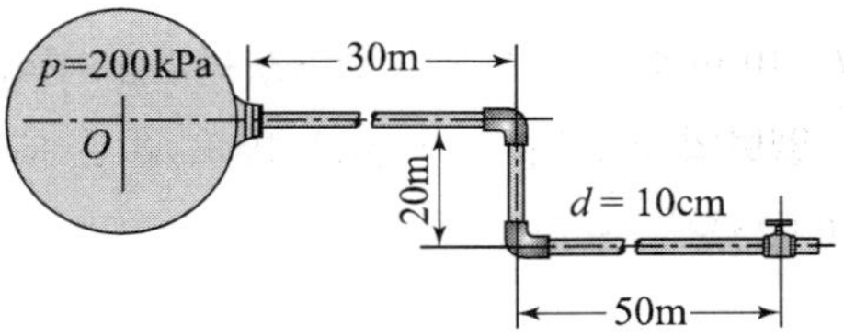

그림 [문 5.24]

25. 내경 250 mm와 350 mm의 2개 관로 사이에 내경 300 mm의 수평 관로로 10 m에 걸쳐 접속하여 유량 8 $\mathrm{m^3/min}$의 물을 유동시킬 때 압력손실을 구하라. 단, 접속관의 마찰계수는 0.03으로 한다.

답 2.248 kPa

26. 두 개의 탱크가 100 m의 거리로 떨어져 있다. 이 두 탱크를 관경 150 mm와 200 mm의 관로로 중앙에서 돌연확대로 접속시켰다. 관 입구의 손실계수 $k_i = 0.5$, 각 관로의 관 마찰계수는 각각 $f_1 = 0.028$, $f_2 = 0.024$일 때 2 $\mathrm{m^3/min}$의 유량이 흐른다면 두 탱크의 수면 차는 얼마인가?

답 2.221 m

27. 그림[문 5.27]과 같은 관로를 흐르는 유량을 구하라. 관 마찰계수는 0.03, 관 내경 80 mm, 밸브의 손실계수는 2.2이다.

답 $0.00968\ \mathrm{m^3/s}$

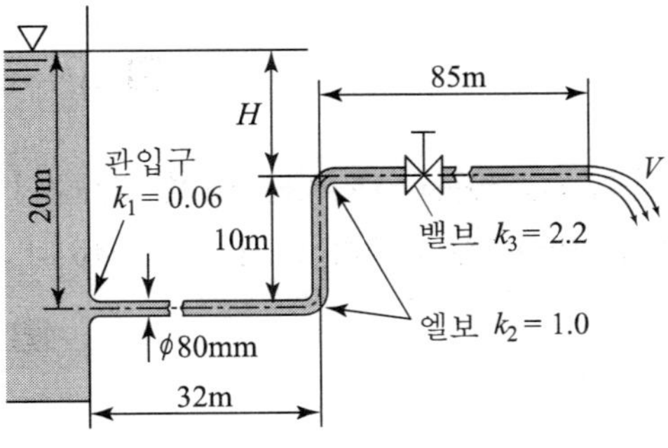

그림 [문 5.27]

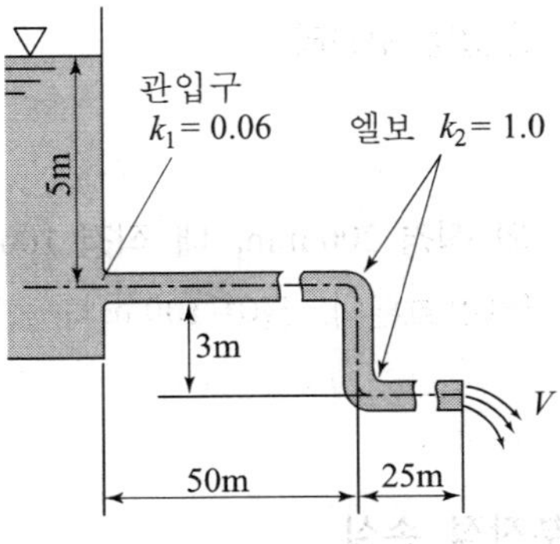

그림 [문 5.28]

28. 그림[문 5.28]와 같은 내경 50 mm의 관로를 흐르는 물의 유속, 유량, 송수동력은 각각 얼마인가? $f=0.03$이다.

답 1.773 m/s, 0.0035 m^3/s, 274.4 W

29. 그림[문 5.29]에서 $H=10$ m일 때 관로를 흐르는 유량을 구하라. 또 $Q=60\ l/s$일 때 손실수두를 구하라. 단, 엘보의 손실계수 및 글로브밸브의 손실계수는 각각 0.9 및 10으로 하고 관 마찰계수는 0.023으로 한다.

답 0.046 m^3/s, 16.48 m

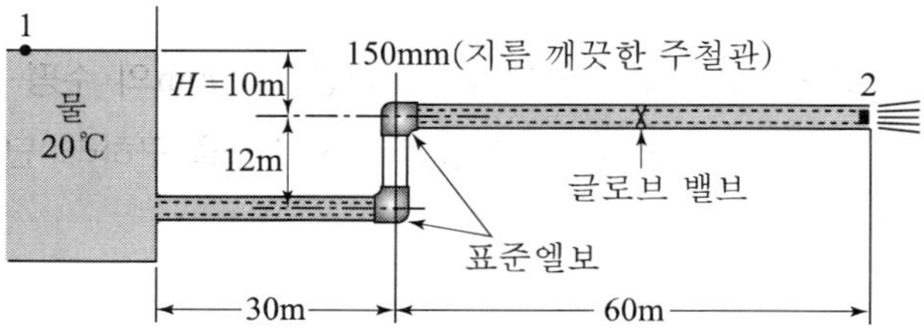

그림 [문 5.29]

비원관 마찰손실

30. 직사각형 단면(7.5 cm×3 cm)의 관내를 20 cSt의 기름이 50 l/min로 흐른다. 관 길이 50 m를 흐르는 사이에 생기는 손실수두를 구하라.

답 0.67 m

31. 단면 500 mm×300 mm의 장방형 관로를 150 m에 걸쳐서 공기가 4 m/s의 속도로 흐르고 있다. 공기의 밀도는 1.2 kg/m^3, 동점성계수는 15.2 m^2/s, 관 마찰계수가 0.03일 때 압력손실을 구하라.

답 $\Delta p=115.2$ Pa

32. 외 직경 200 mm, 내 직경 100 mm인 동심 2중 원관의 내 외관 사이를 2 m/s의 속도로 물이 흐른다. 길이 100 m사이에 생기는 관 마찰손실을 구하라. 단, $f=0.03$이다.

답 6.12 m

부차적 손실

33. $d_1=5$ cm로부터 $d_2=9$ cm로 돌연 확대하는 관에 물의 유량 0.2 m^3/min가 흐를 때 돌

연확대 손실수두를 구하라.

답 0.0703 m

34. 직경 7.5 cm의 관내를 6 l/s의 물이 흐른다. 이 관을 직경 5 cm의 관으로 접속시킬 때 돌연축소 손실수두를 구하라.

답 0.1286 m

병렬관로계의 유동과 손실

35. 그림[문 5.35]와 같은 병렬 관로 계에서 물이 총 유량 $0.02\,\mathrm{m^3/s}$로 흐를 때 ①관 및 ②관의 유량을 각각 구하라. 단, ①관의 관 마찰계수 $f_1 = 0.02$, ②관의 관 마찰계수 $f_2 = 0.03$이며 모든 부차적 손실은 무시한다. $l_1 = 200\ \mathrm{m}$, $l_2 = 150\,\mathrm{m}$, $d_1 = 30\,\mathrm{cm}$, $d_2 = 40\,\mathrm{cm}$이다.

답 $Q_1 = 6.813\times10^{-3}\,\mathrm{m^3/s}$, $Q_2 = 0.0132\,\mathrm{m^3/s}$

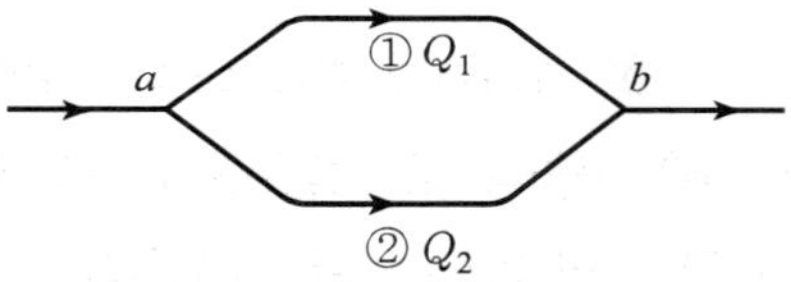

그림 [문 5.35]

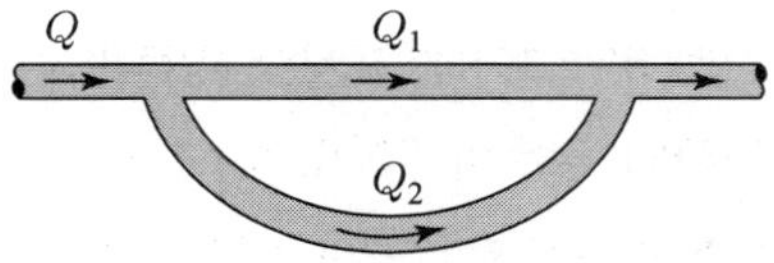

그림 [문 5.36]

36. 그림[문 5.36]과 같이 1개의 관이 도중에 2개로 분기했다가 다시 합류한다. 그 한개는 직경 25 cm, 길이 250 m, 다른 하나는 직경 20 cm, 길이 300 m이다. 합계유량은 100 l/s라면 각 관에는 얼마만큼의 유량으로 배분되는가? 관 마찰 이외의 손실은 무시한다.

답 $Q_1 = 65.6\,l/s$, $Q_2 = 34.4\,l/s$

관로망의 유동

37. 그림 5.31에 표시한 관로망에 있어서 물이 점 A로부터 $2\,\mathrm{m^3/s}$로 공급하고, 점 C와 D로부터 각각 1.4 $\mathrm{m^3/s}$ 및 0.6 $\mathrm{m^3/s}$의 비율로 배출하고 있다. 각 관을 흐르는 유량을 구하라. 단, 관로 1, 2, 3, 4는 모두 길이가 300 m, 관 내경 0.3 m, 또 관로 5는 길이 600 m, 관 내경 0.45 m이고 관 마찰계수는 모두 $f = 0.04$ 이다.

답 $Q_1 = Q_2 = 0.39\ \mathrm{m^3/s}$, $Q_3 = 0.54\ \mathrm{m^3/s}$, $Q_4 = -0.06\ \mathrm{m^3/s}$, $Q_5 = 1.07\ \mathrm{m^3/s}$

38. 그림[문 5.38]의 관로 A, B를 흐르는 유량비 Q_A/Q_B를 구하라. 단, 관 내경은 분기관 $d_A = 300\ \mathrm{mm}$, $d_B = 100\ \mathrm{mm}$, 본관 $d = 325\ \mathrm{mm}$, 관 마찰계수 f_A=0.015, $f_B = 0.02$, 점

①의 분기손실계수는 $k_{1A}=0.3$, $k_{1B}=0.7$, 점 ④의 합류손실계수는 $k_{4A}=0.2$, $k_{4B}=0.4$, 곡관의 손실계수는 $k_2=k_3=1.0$으로 한다.

답 $Q_A/Q_B=17.42$

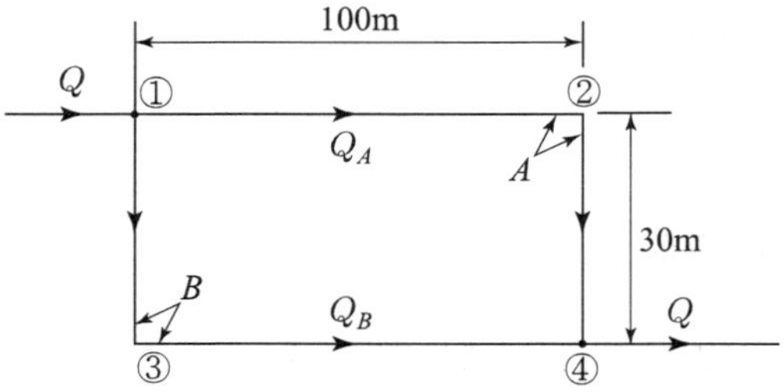

그림 [문 5.38]

합류관 및 분기관의 유동과 손실

39. 그림[문 5.39]에 표시한 합류관에 있어서 θ = 90°, 3개의 지관의 내경이 모두 같을 때, 아래의 경우의 압력변화 (p_3-p_1) 및 (p_3-p_2)를 구하라. 단, 합류관의 손실계수는 그림 5.29의 90° 합류관에 대한 그림에서 구하고 관 벽의 마찰손실은 무시한다.

(1) $V_1=V_2$ = 3.0 m/s, V_3 = 6.0 m/s

(2) V_1 = 4.5 m/s, V_2 = 1.5 m/s, V_3 = 6.0 m/s

답 (1) $p_3-p_1=-19.8$ kPa, $p_3-p_2=-18.9$ kPa,

(2) $p_3-p_1=-11.48$ kPa, $p_3-p_2=-11.48$ kPa

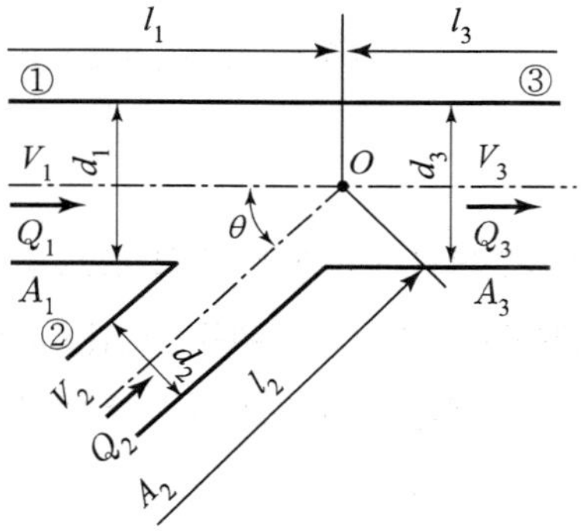

그림 [문 5.39]

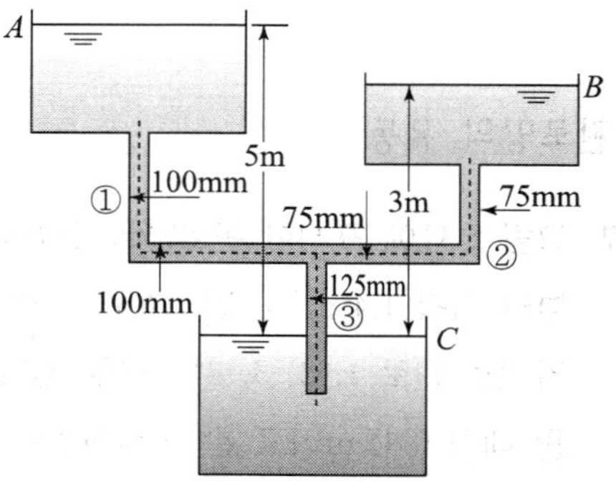

그림 [문 5.40]

40. 그림[문 5.40]에서 A, B 두 개의 수조로부터 수조 C로 물이 흐르고 있다. 관로 ①, ②, ③의 내경은 각각 100 mm, 75 mm, 125 mm, 관 길이는 각각 20 m, 15 m, 30 m, 관 마

찰계수는 각각 0.025, 0.03, 0.02일 때, 관 마찰 이외의 손실은 무시하고 각 관로의 유량을 구하라.

답 $Q_1 = 0.027\ \mathrm{m^3/s}$, $Q_2 = 0.008\ \mathrm{m^3/s}$, $Q_3 = 0.0351\ \mathrm{m^3/s}$

사이펀

41. 내경 150 mm, 길이 1 m의 역 U자관을 사이펀으로서 탱크수면에 세우고, 수면으로부터 50 cm 하단출구에서 유출량을 재었더니 매초 $42.6\ l/s$ 이었다. 사이펀의 최상부에서의 압력을 구하라. 단, f 는 0.03으로 계산한다.

답 -8.094 kPa

제 6 장

외부유동

5장에서는 내부유동에서의 에너지손실을 다루었다. 그러나 유체 속에 잠겨있는 물체가 운동할 때 받는 저항력도 에너지 측면에서 대단히 중요하다. 이것은 외부유동에 해당하며, 내부유동과 마찬가지로 층류와 난류의 구별이 중요할 뿐 아니라 물체 표면에 발생하는 경계층과 속도분포가 그 저항력에 미치는 영향이 크다.

외부유동에서 물체가 받는 힘은 항력과 양력으로 나눌 수 있으며, 이들은 경계층이나 속도분포 외에도 물체의 형상에 따라 많은 영향을 받는다. 이러한 외부유동의 공학적 응용분야는 비행기, 자동차, 잠수함, 풍력터빈, 건물, 펌프의 임펠러 등을 들 수 있다.

이 장에서는 마찰항력에 관련되는 경계층의 기초적 사항과 압력항력의 개념 및 여러 가지 형상을 갖는 물체의 항력과, 익형에서의 양력 등을 기술한다.

6.1 항력과 양력의 개요

비행기의 날개, 자동차, 잠수함, 물고기 등과 같이 정지유체 속을 운동하거나, 유체가 정지상태의 물체 주위를 유동하는 흐름을 **외부유동**(external flow)이라 한다.

이 때 유동은 일반적으로 그림 6.1과 같이 세 가지 유형, 즉 (a) 2차원 유동(물체의 단

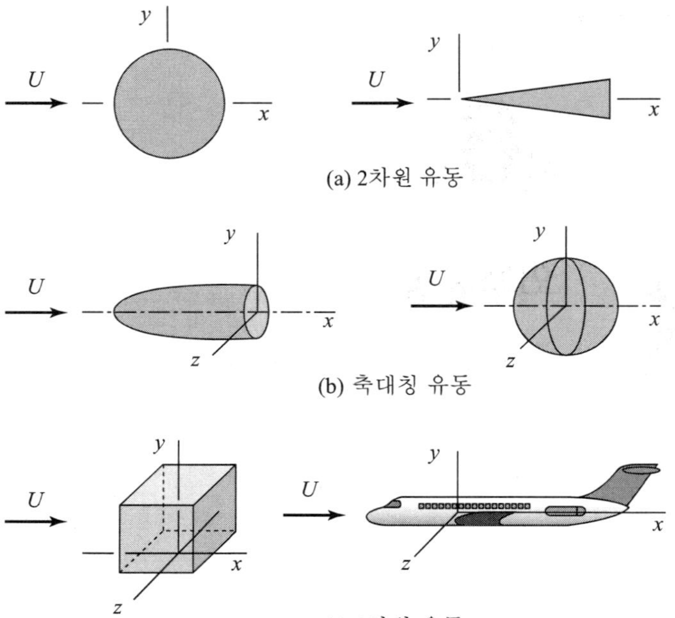

(a) 2차원 유동

(b) 축대칭 유동

(c) 3차원 유동

그림 6.1 유동의 분류

면크기 및 형상이 일정하고 길이는 무한한 형태), (b) 축대칭 유동, (c) 3차원 유동으로 나눌 수 있다.

물체가 유체 속을 운동할 때 물체의 표면상에 상호 작용하는 힘이 발생한다. 그것은 점성에 의한 벽면 전단응력 τ_w와 압력에 의한 수직응력 p로 나눌 수 있다.

그림 6.2의 익형에서 (a)도는 압력분포, (b)도는 전단응력 분포를 나타내고, (c)도는 그 결과의 합력인 항력 D 와 양력 L 을 나타낸다. 그림 6.2에 나타낸 바와 같이 자유흐름의 속도 U(상대적으로 보면 정지유체 속을 물체가 운동하는 속도)와 평행한 방향에 대한 힘의 합력을 **항력**(drag, 抗力) D 라 하고, 수직방향의 합력을 **양력**(Lift, 揚力) L 이라 한다.

그림 6.3과 같이 물체 표면의 미소면적 dA에 작용하는 압력과 벽면전단응력을 표면에 따라 적분하면 항력과 양력을 구할 수 있다.

먼저 항력 D는 **압력항력** D_P 와 **마찰항력** D_f의 합으로서

$$D = \int_A p\sin\theta\, dA + \int_A \tau_w \cos\theta\, dA = D_P + D_f = C_D \frac{1}{2}\rho U^2 A \qquad (6.1a)$$

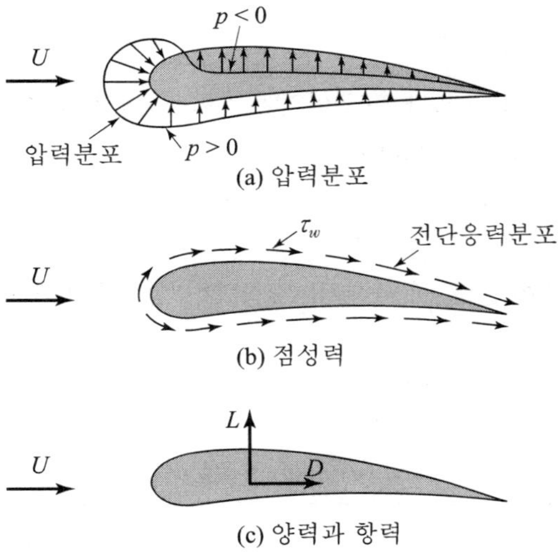

그림 6.2 2차원 물체에 작용하는 유체의 힘

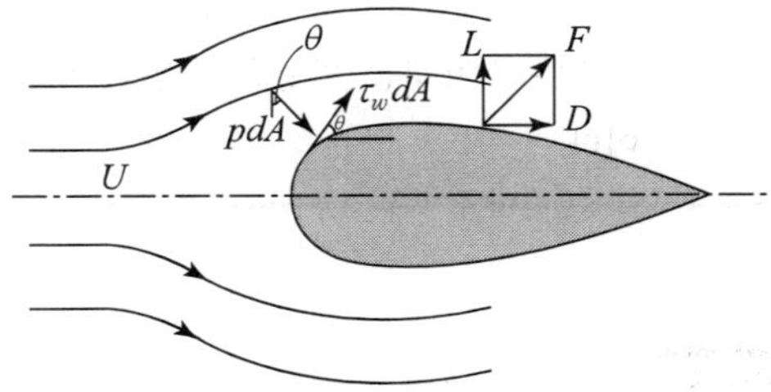

그림 6.3 물체에 작용하는 힘

$$D_P = C_P \frac{1}{2} \rho U^2 A \tag{6.1b}$$

$$D_f = C_f \frac{1}{2} \rho U^2 A \tag{6.1c}$$

로 표시할 수 있으며, 여기서 C_D는 **전 항력계수**(Overall drag coefficient, 全 抗力係數), C_P는 **압력항력계수**, C_f 는 **마찰항력계수**이다.

또한 양력 L은

$$L = -\int_A p\cos\theta dA + \int_A \tau_w \sin\theta\, dA = C_L \frac{1}{2} \rho U^2 A \tag{6.2}$$

로 표시되며, 익형에 대한 양력은 상하 압력차(그림 6.2의 (a)도 참조)에 의하여 발생하는데, 상면에는 부압(負壓), 하면에는 정압(正壓)이 작용하여 상방향으로 양력이 작용하게 된다. 여기서 C_L을 **양력계수**(Lift coefficient)라 한다. 그리고 위의 식들에서 A는 일반적으로 자유흐름의 방향으로 물체를 투시했을 때의 면적인 전면면적(frontal area)으로 하지만. 익형과 같은 경우에는 자유흐름의 수직방향에서 투시한 면적, 즉 평면면적(platform area)으로 한다.

예제 6.1

공기 중을 직경 10 cm의 공이 일정한 속도 10 m/s로 날고 있다. 이 공이 받는 항력과 방향은 어떻게 되는가? 단, 공기의 밀도는 1.2 kg/m^3이고, 항력계수는 0.47이다.

풀이 $D = C_D \frac{1}{2} \rho U^2 A = 0.47 \times \frac{1}{2} \times 1.2 \times 10^2 \times (\pi/4) \times 0.1^2 = 0.22 \text{ N}$

항력이 작용하는 방향은 흐름과 같은 방향이므로, 이 경우에는 공의 비행방향과 반대방향이다.

예제 6.2

날개면적 15 m^2, 자중 4000 N의 글라이더가 80 km/h로 비행하고 있다. 양력계수가 1.2라고 할 때 이 글라이더는 상승하는가? 또는 하강하는가? 단, 공기의 밀도를 1.2 kg/m^3, 양력의 작용점은 글라이더의 중심(重心)과 일치한다고 한다.

풀이 $L = C_L \frac{1}{2} \rho U^2 A = 1.2 \times \frac{1}{2} \times 1.2 \times (\frac{80 \times 10^3}{3600})^2 \times 15 = 5.33 \times 10^3 \text{ N}$

∴ 이 글라이더는 상승한다.

6.2 경계층의 개요

흐름 속에 물체가 놓여 있을 때 물체의 표면으로부터 어느 정도 떨어진 위치에서의 유속은 물체의 영향을 거의 받지 않아 비점성 유동이라고 할 수 있다. 그러나 물체의 아주 가까운 위치에서의 유동을 상세히 관찰하면, 물체의 표면상에 있는 유체입자는 점성의 영향으로 인하여 속도가 0이며 조금 벗어난 위치에서는 비점성 유동에 가까운 큰 유속이 되므로, 물체의 근처에서는 속도구배가 크다. 이와 같이 속도구배가 큰 영역을 **경계층**(boundary layer, 境界層)이라 하며, 그 외측의 유동영역에서의 흐름을 **자유흐름**(free stream) 또는 **주류**(main flow, 主流)라 한다.

이와 같이 물체 주위의 흐름은 경계층 흐름과 자유흐름의 두 영역으로 나누어 경계층 흐름에는 점성유동의 이론을, 경계층 밖의 자유흐름에는 비점성 유동의 이론을 적용한다.

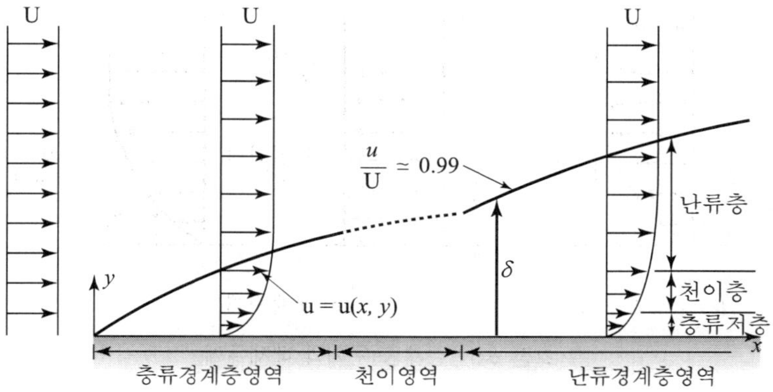

그림 6.4 평판상의 정상류 점성유체의 흐름

그림 6.4에 표시한 바와 같이 유속 U 의 자유흐름 속에 평판이 흐름방향으로 놓여 있는 경우, 평판 선단으로부터 경계층이 하류로 갈수록 커지고 있다.

경계층내의 속도분포 $u(x, y)$는 물체의 벽면상($y=0$)에서 $u=0$이며, 벽면에 수직방향의 거리 y가 증가함에 따라 속도가 증가하여 경계층 외측($y > \delta$, δ : 경계층 두께)에서는 자유흐름의 속도 U 가 된다. 따라서 경계층 내에서는 속도구배 du/dy가 존재하고, 그 외측에서는 $du/dy = 0$ 이다.

이러한 평판의 경우, 그 길이가 유한할 때는 평판의 길이 l 을 특성길이로 취하여 Reynolds수를 $Re = Ul/\nu$ 로 정할 수 있지만 그 길이가 무한한 경우에는 특성길이를 선단으로부터의 거리 x를 특성길이로 취하여 $Re_x = Ux/\nu$ 로 정의한다. 따라서 유체가 평판 선단으로부터 물체를 따라 흐르므로 특성길이는 0부터 점차 하류로 갈수록 증가하여 평판의 선단 부근에는 **층류 경계층**(laminar boundary layer)유동이 형성되고, 하류로 가면 결국 **난류 경계층**(turbulent boundary layer)유동으로 천이(transition)되는 임계 Reynolds수가 존재한다. 그것은 표면 거칠기, 자유흐름의 난류강도 등에 따라 2×10^5~3×10^6 범위에서 유동적이다.

다음에는 경계층의 종류와 그 정의에 대하여 기술한다.

1) 경계층 두께 (δ)

그림 6.5의 (a)도에서 보는 바와 같이 물체표면으로부터 수직방향으로 속도구배가 존재하는 영역을 **경계층 두께**(boundary layer thickness) δ라 하며, 일반적으로 속도경계층 두께를 의미한다. 그것은 보통 벽면으로부터 유속 u가 자유흐름의 속도 U 의 99%가 되는

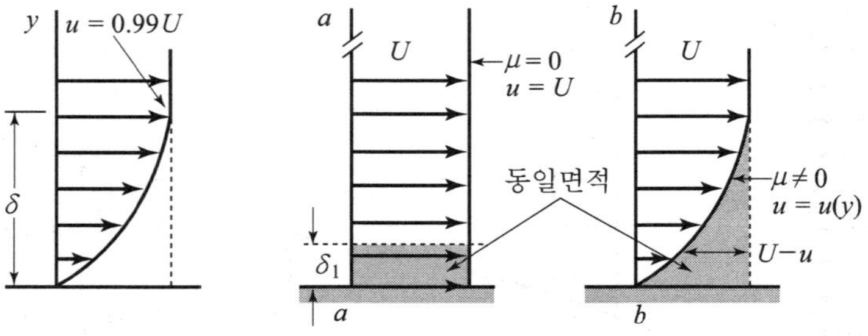

(a) 경계층두께 (b) 배제두께

그림 6.5 경계층 두께와 배제두께

위치까지의 거리 또는 벽면으로부터 속도구배가 0이 되는 위치까지의 거리로 정의한다.

$$\delta = y_{u\,=\,0.99\,U} \quad \text{또는} \quad \delta = y_{du/dy\,=\,0} \tag{6.3}$$

2) 배제두께 (δ_1)

그림 6.5의 (b)도에서는 평판에서의 두 가지 유형의 속도분포를 보여 주는데, 좌측 그림은 점성이 없는 경우이고 우측 그림은 점성으로 인하여 경계층이 형성되고 그 경계층 내에서는 속도의 부족상태, 즉 $U-u$로 인하여 단면 $b-b$사이의 유량은 좌측도의 단면 $a-a$의 유량보다 적어지므로 실제 유동하는 유량은 비점성 유체의 유량보다 작아진다. 그 감소한 유량에 상당하는 두께를 **배제두께**(displacement thickness, 排除두께) δ_1이라 한다.

그 감소유량을 배제유량이라 하며, 임의 단면상에서의 단위 폭 당(b=1) 배제유량 Δq는

$$\Delta q = \int_0^{\delta}(U-u)dy = \int_0^{\infty}(U-u)dy \tag{6.4}$$

이며, 비점성 유체의 경우는 속도감소가 일어나지 않으므로 배제유량과 같아지는 두께를 δ_1(배제두께)이라 하면 $\Delta q = U\delta_1$이 되므로 식 (6.4)에 대입하면 **배제두께** δ_1은 다음과 같이 표시된다.

$$\delta_1 = \int_0^{\delta}(1-\frac{u}{U})dy = \int_0^{\infty}(1-\frac{u}{U})dy \tag{6.5}$$

그림 6.5의 (b)도에서 보는 바와 같이 실제 물체에 배제두께를 붙여서 만든 가상의 물체주위를 비점성유체가 유동하는 것으로 대치할 수 있는 점에서 유용하다.

3) 운동량 두께 (δ_2)

경계층 두께를 표현하는 또 다른 정의로는 경계층의 운동량 두께이며, 이것은 물체의 항력을 구하는데 이용된다.

그림 6.6과 같이 주류속도 U 의 흐름 중에 평판이 놓여있는 경우, 평판 선단으로부터 x 의 거리에 경계층 두께 δ, 폭 b 인 제어체적 OABC를 생각하여 유량 및 운동량의 유출입은 표 6.1과 같이 정리된다.

그림 6.6으로부터 OA면으로 유입하는 운동량과 BC면 및 AB면을 통해 유출하는 운동량의 차가 제어체적의 유체에 생기는 운동량의 결손이므로 다음과 같이 정리할 수 있다.

$$\rho(Ub\delta)U - \rho b\int_0^\delta u^2 dy - \rho\left(Ub\delta - b\int_0^\delta u dy\right)U = b\int_0^\delta \rho u(U-u)dy \tag{6.6}$$

이 흐름이 비점성 유체의 흐름이라면 운동량 결손이 생기지 않을 것이므로 그에 상당하는 비점성유동의 운동량 두께를 δ_2라 하면, 결손 운동량은 $\rho U^2 \delta_2 b$이므로 식 (6.6)과 관련하여

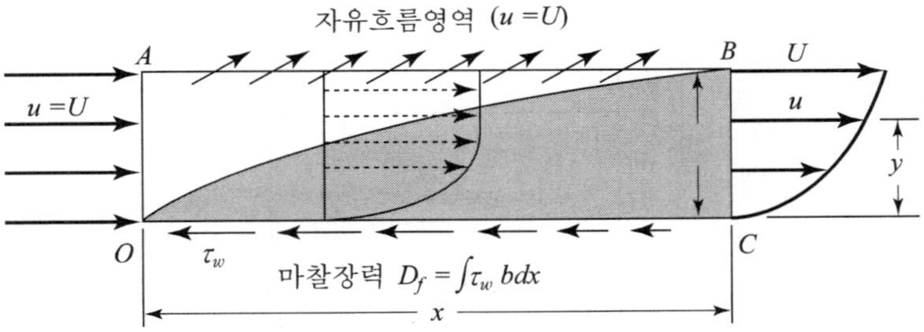

그림 6.6 평판상의 유동에 대한 제어체적

표 6.1 제어표면을 유출입하는 유량과 운동량

제어표면	유량	x 방향의 운동량
OA면	$Ub\delta$	$\rho(Ub\delta)U$
BC면	$b\int_0^\delta u dy$	$\rho b\int_0^\delta u^2 dy$
AB면	$Ub\delta - b\int_0^\delta u dy$	$\rho\left(Ub\delta - b\int_0^\delta u dy\right)U$

$$\delta_2 = \frac{1}{U^2}\int_0^\delta u(U-u)dy = \int_0^\delta \frac{u}{U}(1-\frac{u}{U})dy \tag{6.7}$$

이 되며, 이 δ_2를 경계층의 **운동량 두께**(momentum thickness)라 한다.

운동량 보존의 법칙에 의하면 운동량의 결손은 물체에 작용하는 힘(항력)에 상당하므로 물체에 발생하는 마찰항력 D_f 는 다음 식으로 표시할 수 있다.

$$D_f = \int \tau_w b dx = \rho b \int_0^\delta u(U-u)dy \tag{6.8}$$

위에서 언급한 배제두께는 경계층에 의해 배제된 유체의 체적에서 나타나는 두께를 나타내며, 운동량두께는 운동량의 결손이 주류의 유체로 환산하면 얼마의 두께만큼 되는가를 나타낸다.

경계층내의 속도분포는 레이놀즈수, 압력구배, 벽면 거칠기, 벽면의 곡률등에 따라서 크게 변화하는 것으로 알려져 있다.

배제두께 δ_1과 운동량 두께 δ_2의 비 $H=\delta_1/\delta_2$를 나타내는 파라미터 H를 **형상계수**라 하며 그림 6.7과 같이 형상계수 H 가 클수록 경계층내의 감속이 큼을 알 수 있다.

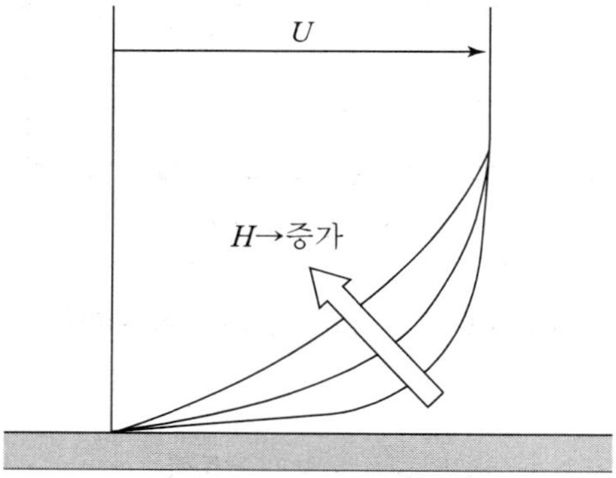

그림 6.7 형상계수 H 의 속도분포에 대한 영향

예제 6.3

경계층의 속도분포가 다음 식으로 표시된다.

$$\frac{u}{U} = 1 - e^{-K(y/\delta)}$$

(1) K의 값, (2) 배제두께(δ_1/δ), (3) 운동량 두께(δ_2/δ)를 각각 구하라. 단, δ는 속도경계층 두께이다.

풀이 (1) $y \to \delta(y=\delta)$에서 $u=U$ 이므로 경계층 두께 $u=0.99\,U$에서의 y값을 쓰면

$$0.99 = 1 - e^{-K} \qquad \therefore K = 4.61$$

(2) $$\frac{\delta_1}{\delta} = \int_0^\infty \left(1-\frac{u}{U}\right) d\left(\frac{y}{\delta}\right) = \int_0^\infty e^{-K(y/\delta)} d\left(\frac{y}{\delta}\right)$$

$$= \left[1 - \frac{1}{K} e^{-K(y/\delta)}\right]_0^\infty = \frac{1}{K} = \frac{1}{4.61} = 0.217$$

(3) $$\frac{\delta_2}{\delta} = \int_0^\infty \frac{u}{U}\left(1-\frac{u}{U}\right) d\left(\frac{y}{\delta}\right) = \int_0^\infty e^{-K(y/\delta)}\left[1-e^{-K(y/\delta)}\right] d\left(\frac{y}{\delta}\right)$$

$$= \frac{1}{K} - \frac{1}{2K} = \frac{1}{2K} = \frac{1}{2 \times 4.61} = 0.108$$

6.3 평판위의 층류 경계층

1) Prandtl－Blasius의 경계층 유동해석

(1) 운동방정식

5.1절에서 기술한 Navier－Stokes방정식의 해를 구하면 물체 주위의 비압축성, 점성유동의 현상을 이론적으로 해석할 수 있다. 정상류, 2차원, 층류유동에서 중력을 무시하면 식(5.5a) 및 (5.5b)는 다음과 같이 간단하게 표시된다.

$$u\frac{\partial u}{\partial x} + v\frac{\partial u}{\partial y} = -\frac{1}{\rho}\frac{\partial p}{\partial x} + \nu\left(\frac{\partial^2 u}{\partial x^2} + \frac{\partial^2 u}{\partial y^2}\right) \tag{6.9a}$$

$$u\frac{\partial v}{\partial x} + v\frac{\partial v}{\partial y} = -\frac{1}{\rho}\frac{\partial p}{\partial y} + \nu\left(\frac{\partial^2 v}{\partial x^2} + \frac{\partial^2 v}{\partial y^2}\right) \tag{6.9b}$$

그리고 이 유동의 연속방정식은 다음과 같다.

$$\frac{\partial u}{\partial x} + \frac{\partial v}{\partial y} = 0 \tag{6.10}$$

(2) 경계층 두께

Prandtl과 Blasius는 흐름에 평행한 평판 위의 층류 경계층유동에서 오－더(order)해석

에 의하여 식 (6.9b)는 경계층 유동에 대한 영향이 작아서 무시하고, 식 (6.9a)에서 흐름 방향으로의 압력구배가 없는 경우(자유흐름의 속도 U가 경계층 외측에서 일정하여 $\partial p/\partial x = 0$ 임)의 해를 구하였다.

그 결과에 의하면 경계층 두께(속도 경계층 두께)는 다음 식으로 표시된다.

$$\frac{\delta}{x} = \frac{5.0}{\sqrt{Re_x}}, \quad \text{층류} \tag{6.11}$$

여기서 $Re_x = \dfrac{Ux}{\nu}$ 이다.

배제두께 δ_1과 운동량 두께 δ_2의 결과는 각각 식 (6.12), 식 (6.13)으로 표시된다.

$$\frac{\delta_1}{x} = \frac{1.721}{\sqrt{Re_x}}, \quad \text{층류} \tag{6.12}$$

$$\frac{\delta_2}{x} = \frac{0.664}{\sqrt{Re_x}}, \quad \text{층류} \tag{6.13}$$

이들 결과에서 보듯이 x가 증가하면 경계층 두께가 증가하고, Re_x가 증가함에 따라 경계층 두께가 감소한다.

(3) 벽면 전단응력

층류 경계층 유동에서의 벽면 전단응력은 경계층의 속도분포를 구함으로써 계산할 수 있으며, 또한 그 평판에 작용하는 마찰항력은 벽면전단응력을 벽면 전체에 걸쳐 적분하여 구할 수 있다.

Blasius의 해를 이용하여 **벽면 전단응력**을 구하면

$$\tau_w = \mu\left(\frac{\partial u}{\partial y}\right)_{y=0} = 0.332\,U^{3/2}\sqrt{\frac{\rho u}{x}} = \frac{0.332}{\sqrt{Re_x}}\rho U^2 \tag{6.14}$$

이 된다. 이 식에서 보듯이 x 가 증가하면 경계층 두께가 커지므로 전단응력은 감소하고, 또한 x 가 증가하면 벽면에서의 속도구배도 감소한다.

벽면전단응력은 5장의 식 (5.17)에서 국소 마찰항력계수 c_f(C_{fx}로 표시)를 이용하여 표시하였다. 즉

$$\tau_w = C_{fx}\frac{1}{2}\rho U^2 \tag{6.15}$$

(4) 마찰항력

따라서 식 (6.14)와 식 (6.15)로부터 **국소 마찰항력계수** C_{fx}는 다음과 같이 나타낼 수 있다.

$$C_{f\,x} = \frac{\tau_w}{\frac{1}{2}\rho U^2} = \frac{0.664}{\sqrt{Re_x}}, \quad (\text{층류}, \ Re_x < 5\times 10^5) \tag{6.16}$$

평판(폭 : b)의 선단으로부터 하류 쪽 l 의 위치까지 작용하는 한쪽면의 **마찰항력**(friction drag) D_f는 벽면전단응력 τ_w를 $0 \sim l$ 에 걸쳐 적분하여 다음과 같이 얻어진다.

$$D_f = b\int_0^l \tau_w dx = 0.332b\int_0^l \rho U^2 \sqrt{\frac{\nu}{Ux}}\,dx = 0.664\rho U^2 b\sqrt{\frac{\nu l}{U}} \tag{6.17}$$

마찰항력은 식 (6.1c)로부터

$$D_f = C_f \frac{1}{2}\rho U^2 A = C_f \frac{1}{2}\rho U^2 (b\times l) \tag{6.18}$$

이 되어 위 두 식으로부터 평판 전체에 대한 **마찰항력계수**(friction drag coefficient) C_f는

$$C_f = \frac{1.328}{\sqrt{Re_l}}, \quad (\text{층류}, \ Re_l = \frac{Ul}{\nu} < 5\times 10^5) \tag{6.19}$$

이 되며, 이 식을 **Blasius의 마찰식**이라 한다.

평판의 길이 l 이 비교적 큰 경우에는 경계층이 도중에 층류경계층으로부터 난류경계층으로 천이하므로 적용할 레이놀즈수에는 한계가 있으며, 이것을 **임계 레이놀즈수**라 하고, 전술한 바와 같이 $2\times 10^5 \sim 3\times 10^6$ 범위에 있다. 일반적으로 평판의 경계층 유동에서의 임계 레이놀즈수는 $Re = 5\times 10^5$을 기준으로 한다.

2) Karman의 운동량 적분방정식에 의한 해석

(1) 운동량 적분방정식

6.3절 (1)의 해석결과는 흐름 방향으로의 압력구배가 없는 경우이다. 그러나 자유흐름 속에 잠겨있는 물체가 익형이나 원주와 같이 물체 벽면에 곡률이 있는 경우는 평판과 달리 벽면을 따라 압력구배가 존재하는 경우가 많다. 따라서 압력구배가 존재하는 경우의

층류경계층 방정식은 $U\frac{\partial U}{\partial x}=-\frac{1}{\rho}\frac{\partial p}{\partial x}$를 이용하여 다음과 같이 표시할 수 있다.

$$u\frac{\partial u}{\partial x}+v\frac{\partial u}{\partial y}=U\frac{dU}{dx}+\nu\frac{\partial^2 u}{\partial y^2} \tag{6.20}$$

$$\frac{\partial u}{\partial x}+\frac{\partial v}{\partial y}=0 \tag{6.21}$$

Karman은 경계층의 속도분포를 미리 가정하여 근사적으로 경계층의 발달상황을 알 수 있는 다음의 방정식을 제안하였다.

$$\frac{d}{dx}\left[\int_0^\delta u(U-u)dy\right]+\frac{dU}{dx}\int_0^\delta (U-u)dy=\frac{\tau_w}{\rho} \tag{6.22}$$

이 식은 경계층의 발달에 동반되는 흐름방향의 미소 폭 dx에 있어서 운동량의 평형을 표시하고 있으며, **Karman의 운동량 적분방정식**(Karman momentum integral equation)이라 한다.

(2) 경계층 내 속도분포

위의 식을 적용한 예로서, 평판 상의 층류경계층 유동에서의 속도분포를 다음과 같이 가정하였다.

$$u=a+by+cy^2 \tag{6.23}$$

경계조건은

$$y=0:\ u=0\ \rightarrow\ a=0$$

$$y=\delta:\ u=U\rightarrow\ a+b\delta+c\delta^2=U$$

$$y=\delta:\ \frac{du}{dy}=0\ \rightarrow\ b+2c\delta=0$$

로부터 a, b, c를 구하여 식 (6.23)을 표시하면 다음의 속도분포식이 얻어진다.

$$\frac{u}{U}=2\left(\frac{y}{\delta}\right)-\left(\frac{y}{\delta}\right)^2 \tag{6.24}$$

(3) 벽면 전단응력 및 경계층두께

평판 경계층 유동에서는 $\frac{dp}{dx}=0$이므로 $\frac{dU}{dx}=0$가 되어 식 (6.22)는 식 (6.24)를 적용하면

$$\tau_w = \frac{d}{dx}\int_0^\delta \rho u(U-u)dy = \frac{2}{15}\rho U^2 \frac{d\delta}{dx}$$

와 같이 정리되며, 또한 $\tau_w = \mu(\frac{du}{dy})_{y=0} = \frac{2\mu U}{\delta}$이므로 경계조건 $x=0:\ \delta=0$를 이용하여 두 식을 풀면 **층류 경계층두께**의 식이 다음과 같이 얻어진다.

$$\frac{\delta}{x} = \frac{5.48}{\sqrt{Re_x}}, \quad \text{층류} \tag{6.25}$$

이 결과는 Blasius의 해인 식 (6.11)보다 약 10% 큰 값이다.

배제두께 δ_1은 식 (6.5)로부터

$$\delta_1 = \int_0^\delta (1-\frac{u}{U})dy = \frac{\delta}{3}$$

$$\therefore \frac{\delta_1}{x} = \frac{1.827}{\sqrt{Re_x}}, \quad \text{층류} \tag{6.26}$$

과 같이 정리되어 Blasius의 해인 식 (6.12)보다 약 6% 큰 값이다.

운동량 두께 δ_2는 식 (6.7)로부터

$$\delta_2 = \int_0^\delta \frac{u}{U}(1-\frac{u}{U})dy = \frac{2}{15}\delta$$

$$\therefore \frac{\delta_2}{x} = \frac{0.7307}{\sqrt{Re_x}}, \quad \text{층류} \tag{6.27}$$

가 되어 식 (6.13)보다 약 10% 큰 값을 갖는다.

(4) 마찰항력

마찰항력은 다음 식으로 계산하며, 마찰항력계수는 식 (6.28)과 같이 표시된다.

$$D_f = b\int_0^l \tau_w dx = b\int_0^l \frac{2\mu U}{\delta}dx = 0.73\mu Ub(\frac{Ul}{\nu})^{1/2}$$

$$\therefore C_f = \frac{D_f}{\frac{1}{2}\rho U^2(b\times l)} = \frac{1.46}{\sqrt{Re_x}}, \quad \text{층류} \tag{6.28}$$

이 결과는 Blasius의 해인 식 (6.19)보다 약 10% 큰 값이다.

예제 6.4

길이 $l=1$ m, 폭 $b=3$ m인 평판이 2 m/s 유속의 유체흐름 내에 평행하게 잠겨있다. 그 평판의 한 면에 작용하는 마찰항력과 평판 후단에서의 속도경계층 두께 δ, 배제두께 δ_1, 운동량 두께 δ_2를 다음의 경우에 각각 구하라.

(1) 유체가 공기로서 $\rho = 1.23$ kg/m^3, $\nu = 1.46\times10^{-5}$ m^2/s인 경우

(2) 유체가 물로서 $\rho = 1000$ kg/m^3, $\nu = 1.02\times10^{-6}$ m^2/s인 경우.

풀이 (1) $Re_l = \frac{Ul}{\nu} = \frac{2\times1}{1.46\times10^{-5}} = 137000 \quad \therefore$층류

식 (6.19)로부터 $C_f = \frac{1.328}{\sqrt{Re_l}} = \frac{1.328}{\sqrt{137000}} = 0.00359$

식 (6.18) $D_f = C_f\frac{1}{2}\rho U^2 bl = 0.00359\times\frac{1}{2}\times1.23\times2^2\times3\times1 = 0.0265$ N

식 (6.11) $\frac{\delta}{l} = \frac{5.0}{\sqrt{Re_l}} \quad \therefore \delta = \frac{5.0l}{\sqrt{Re_l}} = \frac{5.0\times1}{\sqrt{137000}} = 0.0135$ m $= 13.5$ mm

식 (6.12) $\frac{\delta_1}{l} = \frac{1.721}{\sqrt{Re_l}} \quad \therefore \delta_1 = \frac{1.721l}{\sqrt{Re_l}} = \frac{1.721\times1}{\sqrt{137000}} = 0.00465$ m $= 4.65$ mm

식 (6.13) $\frac{\delta_2}{l} = \frac{0.664}{\sqrt{Re_l}} \quad \therefore \delta_2 = \frac{0.664l}{\sqrt{Re_l}} = \frac{0.664\times1}{\sqrt{137000}} = 0.00179$ m $= 1.79$ mm

(2) $Re_l = \frac{Ul}{\nu} = \frac{2\times1}{1.02\times10^{-6}} = 1.96\times10^6 \quad \therefore 3\times10^6$보다 작으므로 층류

$\therefore C_f = \frac{1.328}{\sqrt{Re_l}} = \frac{1.328}{\sqrt{1.96\times10^6}} = 0.000949$

$\therefore D_f = C_f\frac{1}{2}\rho U^2 bl = 0.000949\times\frac{1}{2}\times1000\times2^2\times3\times1 = 5.7$ N

$\delta = \frac{5.0l}{\sqrt{Re_l}} = \frac{5.0\times1}{\sqrt{1.96\times10^6}} = 0.00357$ m $= 3.57$ mm

$\delta_1 = \frac{1.721l}{\sqrt{Re_l}} = \frac{1.721\times1}{\sqrt{1.96\times10^6}} = 0.00123$ m $= 1.23$ mm

$\delta_2 = \frac{0.664l}{\sqrt{Re_l}} = \frac{0.664\times1}{\sqrt{1.96\times10^6}} = 0.0004$ m $= 0.4$ mm

예제 6.5

길이 150 mm, 폭 100 mm의 매끄러운 평판이 수면에서 면에 평행하게 1.5 m/s의 속도로 움직일 때 평판 후단의 (1) 경계층 두께, (2) 배제두께, (3) 운동량 두께를 구하고 (4) 벽면 전단응력과 (5) 마찰항력을 각각 구하라. (6) 또 이 평판이 물 속에 잠겨있다면 마찰항력은 얼마인가? 단, 물의 밀도 $\rho = 1000\ \mathrm{kg/m^3}$, 동점성계수 $\nu = 1.02\times10^{-6}\ \mathrm{m^2/s}$ 이다.

풀이 $Re_l = \dfrac{Ul}{\nu} = \dfrac{1.5\times0.15}{1.02\times10^{-6}} = 220588.2 < 5\times10^5$ $\quad\therefore$ 층류이다.

(1) 식 (6.11) $\delta_{0.99} = \dfrac{5.0\times l}{\sqrt{Re_l}} = \dfrac{5\times0.15}{\sqrt{220588.2}} = 0.0016\ \mathrm{m} = 1.6\ \mathrm{mm}$

(2) 식 (6.12) $\delta_1 = \dfrac{1.721\times l}{\sqrt{Re_l}} = \dfrac{1.721\times0.15}{\sqrt{220588.2}} = 0.00055\ \mathrm{m} = 0.55\ \mathrm{mm}$

(3) 식 (6.13) $\delta_2 = \dfrac{0.664\times l}{\sqrt{Re_l}} = \dfrac{0.664\times0.15}{\sqrt{220588.2}} = 0.00021\ \mathrm{m} = 0.21\mathrm{mm}$

(4) 식 (6.14) $\tau_w = \dfrac{0.332}{\sqrt{Re_l}}\rho U^2 = \dfrac{0.332}{\sqrt{220588.2}}\times1000\times1.5^2 = 1.59\ \mathrm{N/m^2}$

(5) 식 (6.19) $C_f = \dfrac{1.328}{\sqrt{Re_l}} = \dfrac{1.328}{\sqrt{220588.2}} = 0.00283$

$\therefore$ 식 (6.18)로부터

$$D_f = C_f\frac{1}{2}\rho U^2(b\times l) = 0.00283\times\frac{1}{2}\times1000\times1.5^2\times(0.1\times0.15) = 0.0478\ \mathrm{N}$$

(6) 유체가 상하면을 모두 스치므로 마찰항력은 양쪽 면에서 계산해야 한다.

$$\therefore D_f = 2C_f\frac{1}{2}\rho U^2(b\times l) = 2\times0.0478 = 0.0956\ \mathrm{N}$$

예제 6.6

평판의 한 면이 층류경계층으로 덮여있다. 이 평판의 폭 $b = 1.5\ \mathrm{m}$, 길이 $l = 2.5\ \mathrm{m}$이며, 평판 후단에서의 벽면 전단응력이 $0.0005\ \mathrm{N/m^2}$이었다. (1) 평판의 선단과 후단 사이의 중간점에서의 전단응력 $\tau_{w,l/2}$, (2) 평판의 한 면에 작용하는 마찰항력 D_f, (3) 이 평판의 선단부터 $l/2$ 까지의 마찰항력 D_{f1}, (4) 평판의 $l/2 \sim l$ 사이의 마찰항력 D_{f2} 를 각각 구하라.

풀이 식 (6.14)로부터 $\tau_w = \dfrac{0.332}{\sqrt{Re_x}}\rho U^2 = 0.332\dfrac{\sqrt{\nu/U}}{\sqrt{x}}\rho U^2 = \dfrac{K}{\sqrt{x}}$ 라고 놓으면

$$K = \tau_w\sqrt{x} = 0.0005\sqrt{x} = 0.0005\sqrt{2.5} = 7.9\times10^{-4}$$

$$\therefore\ \tau_w = 7.9\times10^{-4}x^{-\frac{1}{2}} \tag{a}$$

(1) 식 (a)로부터 $x = l/2$ 이므로

$$\tau_{w,l/2} = 7.9\times10^{-4}\times(\frac{2.5}{2})^{-\frac{1}{2}} = 7.07\times10^{-4}\ \mathrm{N/m^2}$$

(2) $D_f = \int_0^l \tau_w dx = 7.9\times10^{-4}\int_0^{2.5} x^{-\frac{1}{2}}dx = 7.9\times10^{-4}\times2[x^{\frac{1}{2}}]_0^{2.5} = 0.002498\ \mathrm{N}$

(3) $D_{f1} = \int_0^{l/2} \tau_w dx = 7.9\times10^{-4}\int_0^{1.25} x^{-1/2}dx = 7.9\times10^{-4}\times[x^{1/2}]_0^{1.25} = 0.001766\ \mathrm{N}$

(4) $D_{f2} = D_f - D_{f1} = 0.002498 - 0.001766 = 0.000732\ \mathrm{N}$

6.4 평판위의 난류 경계층

1) 매끈한 평판의 난류 경계층

(1) 경계층내 속도분포

매끄러운 평판 상에 형성되는 난류경계층에 대해서는 해석적 취급이 어려우므로 실험에 의존하는 경우가 많다. 난류경계층내의 속도분포는 **1/7승 법칙**(멱 법칙, power law)으로 모형화 되고 있으며, $0 < y/\delta \leq 1$ 영역에서 다음과 같이 나타낼 수 있다. 경계층 외측의 $y/\delta > 1$에서는 $u = U$이며, 여기서 u는 평균속도를 의미한다.

$$\frac{u}{U} = (\frac{y}{\delta})^{\frac{1}{7}},\ (Re_x = 5\times10^5 \sim 10^7) \tag{6.29}$$

그림 6.8은 경계층 내 난류속도분포와 층류속도분포를 비교한 것이다. 난류속도분포는 층류속도분포에 비해 경계층 내 임의 단면상에서 벽면에 수직방향 위치에서의 유속이 더 크며 또한 벽면에서의 속도구배가 더 크다.

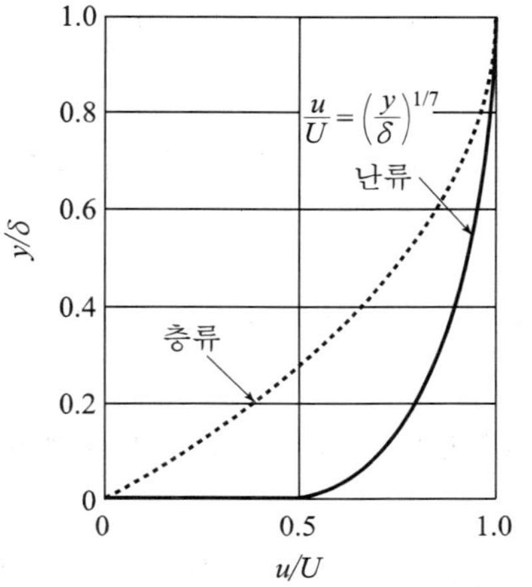

그림 6.8 경계층내 난류 및 층류속도분포

(2) 벽면 전단응력 및 경계층두께

실험에 의하면 벽면 상에서의 전단응력은 다음과 같이 표시된다.

$$\tau_w = 0.0225\rho U^2 (\frac{U\delta}{\nu})^{-\frac{1}{4}} \tag{6.30}$$

또 Karman의 운동량 적분방정식인 식 (6.22)에서 평판에서는 압력구배가 없으므로 좌변 2항을 소거한 후 식 (6.29) 및 식 (6.30)을 적용하면

$$\frac{7}{72}\frac{d\delta}{dx} = \frac{\tau_w}{\rho U^2} = 0.0225(\frac{U\delta}{\nu})^{-\frac{1}{4}} \tag{6.31}$$

이 되며, 적분하여 경계조건 $x=0$: $\delta=0$을 적용하면 평판 **난류경계층 두께**가 다음과 같이 얻어진다.

$$\frac{\delta}{x} = \frac{0.37}{(Re_x)^{1/5}}, \qquad \text{난류}(5\times 10^5 \le Re_x \le 10^7) \tag{6.32}$$

평판 층류경계층은 식 (6.11) 또는 식 (6.25)로부터 $\delta \propto x^{1/2}$인데 비하여 난류경계층은 $\delta \propto x^{4/5}$(식 6.32 참조)가 되어, 하류로 감에 따라 경계층 두께의 증가율이 큼을 알 수 있다.

식 (6.32)를 식 (6.31)에 대입하면 평판 난류경계층의 벽면 전단응력은 다음과 같이 표시할 수 있다.

$$\tau_w = \frac{0.0576}{(Re_x)^{1/5}} \cdot \frac{1}{2}\rho U^2, \quad (Re_x = \frac{Ux}{\nu}) \tag{6.33}$$

따라서 식 (6.15)와 위 식을 관련시키면 평판 난류경계층의 **국소 마찰항력계수** $C_{f(x)}$는 다음과 같다.

$$C_{f(x)} = \frac{0.0576}{(Re_x)^{1/5}}, \quad \text{난류 } (5\times 10^5 \leq Re_x \leq 10^7) \tag{6.34}$$

식 (6.29)를 이용하여 식 (6.5)로부터 배제두께 δ_1을 구하면 다음과 같다.

$$\delta_1 = \int_0^\delta (1-\frac{u}{U})dy = \int_0^\delta [1-(\frac{y}{\delta})^{1/7}]dy = \frac{1}{8}\delta \tag{6.35}$$

또, 식 (6.29)를 식 (6.7)에 대입하여 정리하면 운동량 두께 δ_2는 다음과 같이 얻어진다.

$$\delta_2 = \int_0^\delta \frac{u}{U}(1-\frac{u}{U})dy = \frac{7}{72}\delta \tag{6.36}$$

(3) 마찰항력

난류경계층 내 속도분포가 1/7승 법칙에 따르는 범위에서 마찰항력은 벽면 전단응력 τ_w(식 6.33)을 다음과 같이 적분하여 구할 수 있다.

$$D_f = b\int_0^l \tau_w dx = b\int_0^l 0.0576(\frac{Ux}{\nu})^{-\frac{1}{5}} \cdot \frac{1}{2}\rho U^2 dx$$

$$= \frac{0.072}{(Re_l)^{1/5}} \cdot \frac{1}{2}\rho U^2(b\times l) = C_f\frac{1}{2}\rho U^2(b\times l) \tag{6.37}$$

따라서 평판 전체에 대한 마찰항력계수는

$$C_f = \frac{0.072}{(Re_l)^{1/5}}, \quad (5\times 10^5 < Re_l < 10^7) \tag{6.38}$$

실험에 의하면 위 식의 상수를 0.074로 수정하면 잘 일치하므로 다음 식이 이용되고 있다.

$$C_f = \frac{0.074}{(Re_l)^{1/5}}, \quad (5\times 10^5 < Re_l < 10^7) \tag{6.39}$$

천이영역이 포함되는 경우에는 식 (6.39)로부터 $\dfrac{1700}{Re_l}$ 을 뺀 다음 식을 이용할 수 있다.

$$C_f = \frac{0.074}{(Re_l)^{1/5}} - \frac{1700}{Re_l}, \quad (5\times 10^5 \le Re_l \le 10^7\ ) \tag{6.40}$$

$Re_l > 10^7$ 범위의 난류경계층 영역에서는 Schlichting에 의해 위 식을 수정한 실험결과를 이용한다.

$$C_f = \frac{0.455}{(\log Re_l)^{2.58}}, \quad (Re_l > 10^7) \tag{6.41}$$

그런데 $Re_l = 5\times 10^5$ 에서 천이영역을 포함하는 난류경계층 영역에서는 평판 선단으로부터 층류경계층에서 시작하여 하류로 감에 따라 천이영역을 거쳐 완전 난류경계층 영역으로 발달하게 된다. 이 경우에는 Prandtl에 의해 다음의 관계식이 제안되었다.

$$C_f = \frac{0.455}{(\log Re_l)^{2.58}} - \frac{1700}{Re_l}, \quad (5\times 10^5 < Re_l < 10^7) \tag{6.42}$$

즉, 평판 선단부터 난류경계층이 생성된다는 가정 하에 마찰항력을 계산한 후 평판 선단으로부터 $Re_x = 5\times 10^5$ 까지의 난류경계층의 마찰항력을 빼고 대신에 층류경계층에 의한 마찰항력을 더해 전 평판에 작용하는 마찰항력계수를 구하는 제안이다.

이 관계를 도식적으로 나타내면 그림 6.9와 같다.

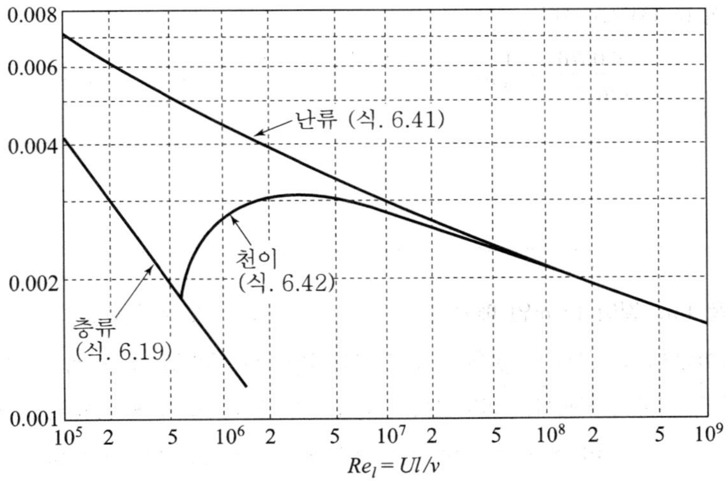

그림 6.9 매끈한 평판 흐름에 대한 마찰항력계수

2) 거친 평판의 난류 경계층

벽면이 거친 평판의 난류경계층에 대한 마찰항력계수는 조도 ϵ/l을 포함하는 다음 식으로 근사시킬 수 있다.

$$C_f = (1.89 + 1.62\log\frac{l}{\epsilon})^{-2.5} \tag{6.43}$$

이 식은 거친 평판의 $Re_l > 10^6$, $l/\epsilon > 10^4$에서 사용할 수 있다.

예제 6.7

폭 1 m, 길이 3 m인 매끈한 평판이 20°C의 정지된 물 속에서 3 m/s의 속도로 운동하고 있다. 평판 후단에서의 (1) 경계층 두께, (2) 배제두께, (3) 운동량 두께, (4) 벽면 전단응력을 각각 구하라. 단, 20 °C 물의 동점성계수는 $1\times10^{-6}\ \mathrm{m^2/s}$ 이며, 평판 선단으로부터 난류경계층이 생성되고, 속도분포는 1/7승 법칙을 따른다고 가정한다.

풀이 $Re_l = \frac{Ul}{\nu} = \frac{3\times3}{1\times10^{-6}} = 9\times10^6 > 5\times10^5$ ∴ 난류

(1) 식 (6.32) $\delta = \frac{0.37}{(Re_l)^{1/5}} = \frac{0.37\times3}{(9\times10^6)^{1/5}} = 0.04513m = 45.13\ \mathrm{mm}$

(2) 식 (6.35) $\delta_1 = \frac{1}{8}\delta = \frac{1}{8}\times45.13 = 5.64\ \mathrm{mm}$

(3) 식 (6.36) $\delta_2 = \frac{7}{72}\delta = \frac{7}{72}\times45.13 = 4.39\ \mathrm{mm}$

(4) 식 (6.33)으로부터

$$\tau_w = \frac{0.0576}{(Re_l)^{1/5}}\cdot\frac{1}{2}\rho U^2 = \frac{0.0576}{(9\times10^6)^{1/5}}\times\frac{1}{2}\times1000\times3^2 = 10.54\ \mathrm{N/m^2}$$

예제 6.8

물 속에서 폭 1 m, 길이 1.5 m인 매끄러운 평판이 5 m/s의 속도로 운동할 때 (1) 평판의 양면에 작용하는 마찰항력, (2) 만일 이 평판의 표면 거칠기를 대표 길이로 하는 레이놀즈수 $U\epsilon/\nu = 10^4$의 거친 평판의 경우에 작용하는 마찰항력을 각각 구하라. 단, 물의 동점성계수는 $1\times10^{-6}\ \mathrm{m^2/s}$, 밀도는 $1000\ \mathrm{kg/m^3}$ 이며, 평판 선단으로부터 난류경계층이 생성된다고 본다.

풀이 $Re_l = \frac{Ul}{\nu} = \frac{5\times1.5}{1\times10^{-6}} = 7.5\times10^6 > 5\times10^5$ ∴ 난류이다.

(1) 식 (6.39)로부터 $C_f = \dfrac{0.074}{(Re_l)^{1/5}} = \dfrac{0.074}{(7.5\times10^6)^{1/5}} = 3.12\times10^{-3}$

$$\therefore D_f = 2\times C_f\frac{1}{2}\rho U^2bl = 2\times3.12\times10^{-3}\times\frac{1}{2}\times1000\times5^2\times1\times1.5 = 117\ \text{N}$$

(2) $\dfrac{l}{\epsilon} = \dfrac{Ul}{\nu}\times\left(\dfrac{\nu}{U\epsilon}\right) = 7.5\times10^6\times10^{-4} = 7.5\times10^2$

$\therefore$ 식 (6.43)으로부터

$$C_f = \left(1.89+1.62\log\frac{l}{\varepsilon}\right)^{-2.5} = [1.89+1.62\log(7.5\times10^2)]^{-2.5} = 9.116\times10^{-3}$$

$$\therefore D_f = 2C_f\frac{1}{2}\rho U^2bl = 2\times9.116\times10^{-3}\times\frac{1}{2}\times1000\times5^2\times1\times1.5 = 341.85\ \text{N}$$

예제 6.9

폭 3 m, 길이 25 m인 매끈한 평판이 정지한 물 속에서 7 m/s의 속도로 움직인다. (1) 평판에 작용하는 항력을 구하라. (2) 평판 선단으로부터 5 m구간에 작용하는 항력을 구하라. 단, 물의 $\nu = 1\times10^{-6}\ \text{m}^2/\text{s}$, $\rho = 1000\ \text{kg/m}^3$ 이다.

풀이 (1) 평판 전체에 대하여 $Re_l = \dfrac{Ul}{\nu} = \dfrac{7\times25}{1\times10^{-6}} = 1.75\times10^8$

$\therefore$ 식 (6.41)로부터 $C_f = \dfrac{0.455}{(\log Re_l)^{2.58}} = \dfrac{0.455}{[\log(1.75\times10^8)]^{2.58}} = 1.97\times10^{-3}$

$$\therefore D_f = 2C_f\frac{1}{2}\rho U^2bl = 2\times1.97\times10^{-3}\times\frac{1}{2}\times1000\times7^2\times3\times25 = 7239.75\ \text{N}$$

(2) 임계 레이놀즈수 $Re_c = 5\times10^5$ 이라면 평판 선단으로부터 천이 점까지의 거리 l_o 는

$$5\times10^5 = \frac{Ul_o}{\nu} \qquad \therefore l_o = \frac{5\times10^5\times1\times10^{-6}}{7} = 0.07\ \text{m}$$

따라서 층류경계층 영역은 거의 무시할 수 있다.

평판 선단으로부터 $x = 5m$ 까지에 대하여

$$Re_x = \frac{Ux}{\nu} = \frac{7\times5}{1\times10^{-6}} = 3.5\times10^7$$

$$\therefore C_f = \frac{0.455}{(\log Re_x)^{2.58}} = \frac{0.455}{[\log(3.5\times10^7)]^{2.58}} = 2.476\times10^{-3}$$

$$\therefore D_f = 2C_f\frac{1}{2}\rho U^2bx = 2\times2.476\times10^{-3}\times\frac{1}{2}\times1000\times7^2\times3\times5 = 1819.86\ \text{N}$$

예제 6.10

20 ℃의 물이 5 m/s 의 속도로 평행 유동하는 유동장에 폭 1 m, 길이 1 m인 매끈한 평판을 유동방향과 평행하게 놓았을 때, 천이영역이 포함된다면 (1) 표면 마찰항력계수, (2) 평판의 한쪽 면에 작용하는 마찰항력, (3) 임계길이 l_c , (4) 층류경계층으로 야기되는 마찰항력과 난류경계층 영역의 마찰항력을 각각 구하라.

풀이 20 ℃ 물의 동점성계수 $\nu = 1.007 \times 10^{-6}\ \mathrm{m^2/s}$, 밀도 $\rho = 998\ \mathrm{kg/m^3}$이다.

$$Re_l = \frac{Ul}{\nu} = \frac{5 \times 1}{1.007 \times 10^{-6}} = 4.965 \times 10^6$$

(1) 식 (6.40)으로부터

$$C_f = \frac{0.074}{Re_l^{1/5}} - \frac{1700}{Re_l} = \frac{0.074}{(4.965 \times 10^6)^{1/5}} - \frac{1700}{4.965 \times 10^6} = 0.003046$$

(2) $D_f = C_f \frac{1}{2} \rho U^2 A = 0.003046 \times \frac{1}{2} \times 998 \times 5^2 \times (1 \times 1) = 38\ \mathrm{N}$

(3) 임계 레이놀즈수를 5×10^5으로 하면 $Re_c = 5 \times 10^5 = \frac{Ul_c}{\nu}$

$$\therefore l_c = \frac{5 \times 10^5 \nu}{U} = \frac{5 \times 10^5 \times 1.007 \times 10^{-6}}{5} = 0.1007\ \mathrm{m}$$

(4) 식 (6.18)과 (6.19)로부터

$$D_{f,lam} = C_f \frac{1}{2} \rho U^2 b l_c = \frac{1.328}{\sqrt{Re_c}} \frac{1}{2} \rho U^2 b l_c$$

$$= \frac{1.328}{\sqrt{5 \times 10^5}} \times \frac{1}{2} \times 998 \times 5^2 \times 1 \times 0.1007 = 2.359\ \mathrm{N}$$

$$D_{f.turb} = D_f - D_{f.lam} = 38 - 2.359 = 35.641\ \mathrm{N}$$

6.5 압력항력

지금까지는 마찰에 의한 항력, 즉 마찰항력 D_f에 대하여 고찰하였다. 그러나 물체에 발생하는 항력 D중에 압력차에 의한 흐름방향의 성분을 물체의 표면상에서 적분하여 얻은 힘을 **압력항력**(pressure drag)이라 한다. 이것은 물체의 형상과 관련이 있으므로 **형상항력**(form drag, 形狀抗力)이라고도 하며, 다음 식으로 표시된다.

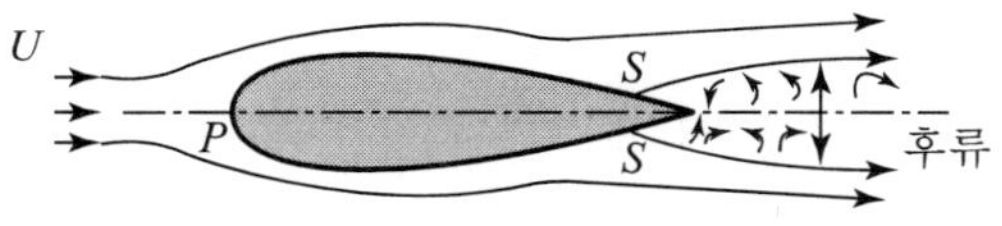

(a) 유선형 물체

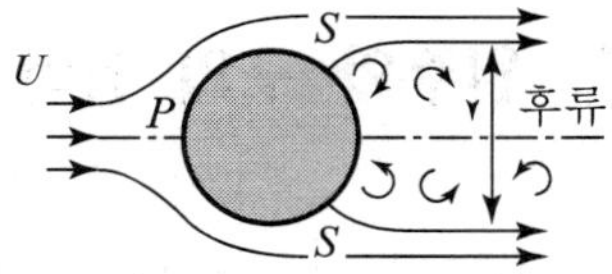

(b) 원기둥 또는 구

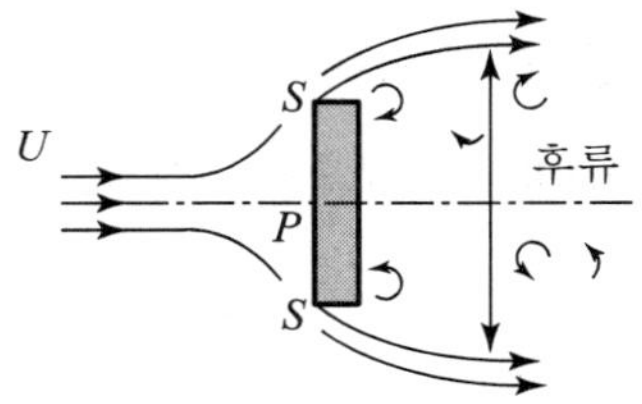

(c) 수직 평판

그림 6.10 박리 및 후류

$$D_P = C_P \frac{1}{2} \rho U^2 A \tag{6.44}$$

여기서 C_P는 **압력항력계수**(pressure drag coefficient)이다.

그림 6.10은 유동 중에 (a)유선형 물체, (b)원주 또는 구, (c)수직평판이 각각 놓여있는 경우이다.

유체가 물체의 표면을 따라 흐르면 경계층이 발달하고, 어느 점(s로 표시)에서 **박리**(separation, 물체 표면의 흐름에서 하류 쪽으로의 운동에너지와 물체의 형상에 따른 압력 구배 $dp/dx > 0$에 따라 압력이 상류 쪽으로 작용하여 결국 경계층 흐름이 물체 표면으로부터 이탈하는 현상)가 발생하며, 그 하류에는 와동이 생겨 **후류**(wake, 後流)가 생성된다. 이들 물체의 상류에는 정체 점(P로 표시)이 있으며, 그 점에서 최대의 국소압력이 나타난다.

박리 점(S점)의 하류에는 압력이 낮은 후류영역이 생겨 물체가 앞으로 전진 할 때 압력차에 의해 저항을 받게 되며, 그 저항을 압력항력이라 한다. 후류영역이 작을수록, 박리점이 하류 쪽으로 이동할수록 압력항력은 작아진다. 따라서 유선형 물체가 압력항력이 가장 작다는 것을 알 수 있다.

6.6 원주와 구의 항력

원주를 가로 지르는 흐름은 실제로 열교환 장치(shell and tube형)에서의 튜브 외부의 유동에서 볼 수 있으며, 구 주위의 흐름은 테니스, 야구, 골프 등의 운동에서 볼 수 있다.

이들의 경우, 특성길이는 직경 d, 유속은 자유흐름의 속도 U로 하는 Reynolds수를 $Re = Ud/\nu$로 할 때 **임계 Reynolds수**는 2×10^5이다.

$$Re_c = 2 \times 10^5$$

원주주위를 흐르는 흐름은 그림 6.11에서 보는 바와 같이 복잡하다. 원주주위에 경계층이 형성되고 유체입자는 **정체점**(stagnation point)에 충돌하여 일단 정체하므로 그 점에서 압력이 가장 크다. 그 압력은 흐름방향에 따라 감소하며 속도는 증가한다.(그림 6.12 참조).

박리현상이 일어나는 점에서는 경계층이 표면으로부터 이탈하고 그 하류영역(후류)에서는 와동이 불규칙하게 생기며 압력은 정체점보다 낮아진다. 이러한 흐름의 현상은 항력계수 C_D에 강하게 영향을 주게 되어 마찰항력과 압력항력 모두 급격히 증가한다. 정체점 근처의 높은 압력과 반대쪽인 후류영역의 낮은 압력이 흐름방향으로 물체를 움직이게 하는 정미 힘이다.

항력은 낮은 Reynolds수($Re < 10$)에서는 주로 마찰에 기인하며 높은 Reynolds수 ($Re > 5000$)에서는 압력에 기인한다.

매끄러운 원주와 구에 대한 항력계수 C_D를 그림 6.13에 나타내었다.

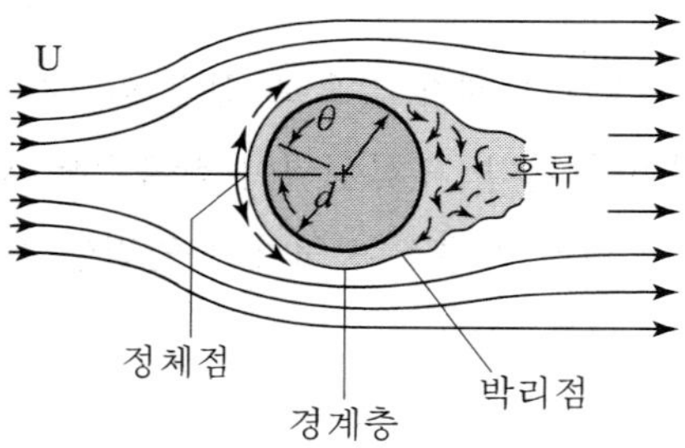

그림 6.11 원주주위의 흐름

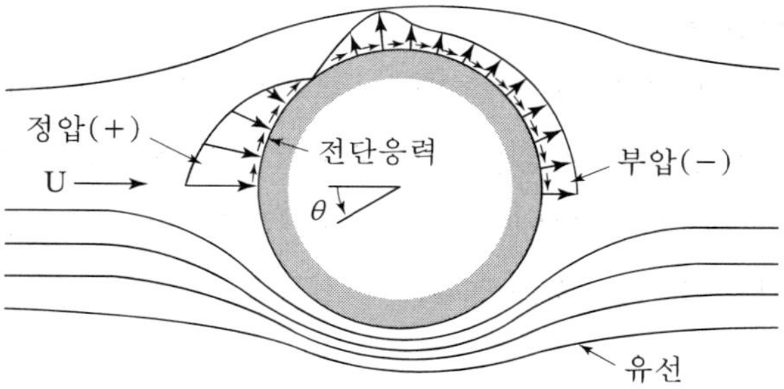

그림 6.12 원주주위의 압력 및 전단응력의 작용 ($10^3 < Re_d < 10^5$)

그 특징은 다음과 같다.

1) $Re \leq 1$ 영역에서는 Re의 증가에 따라 C_D는 감소하며, 구의 경우는 식 (6.45)와 같이 표시된다. 이 영역에서는 박리가 일어나지 않는다.

$$C_D = \frac{24}{Re} \tag{6.45}$$

2) $Re = 10$에서는 박리가 물체의 뒤쪽에 일어나기 시작하고, 박리영역은 약 $Re = 10^3$까지 Re의 증가에 따라 증가하며, 이 점에서 항력은 거의 압력항력이다.
$Re = 10 \sim 10^3$ 영역에서도 항력계수 C_D는 Re의 증가에 따라 감소한다.

3) $Re = 10^3 \sim 10^5$ 영역에서는 항력계수가 비교적 거의 일정하게 유지되며, 이 영역은 경계층이 층류이다. 그러나 박리 점 하류영역의 흐름은 넓은 후류를 갖는 높은

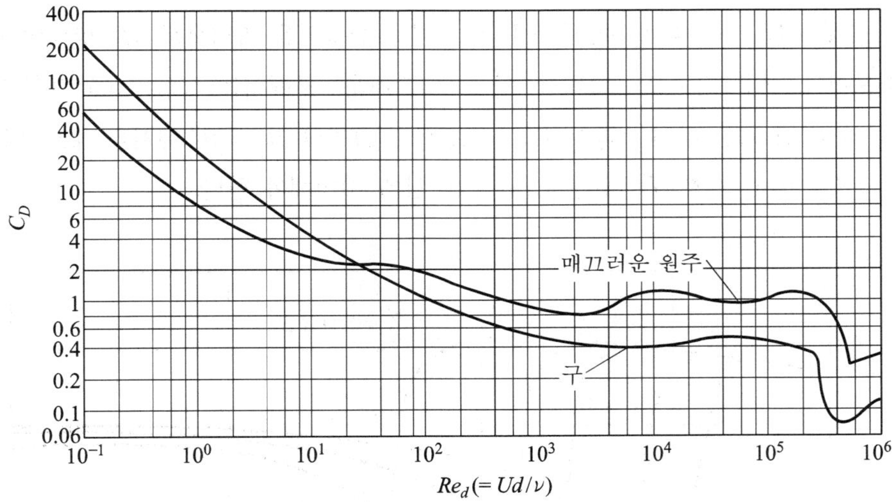

그림 6.13 매끄러운 원주 및 구의 항력계수

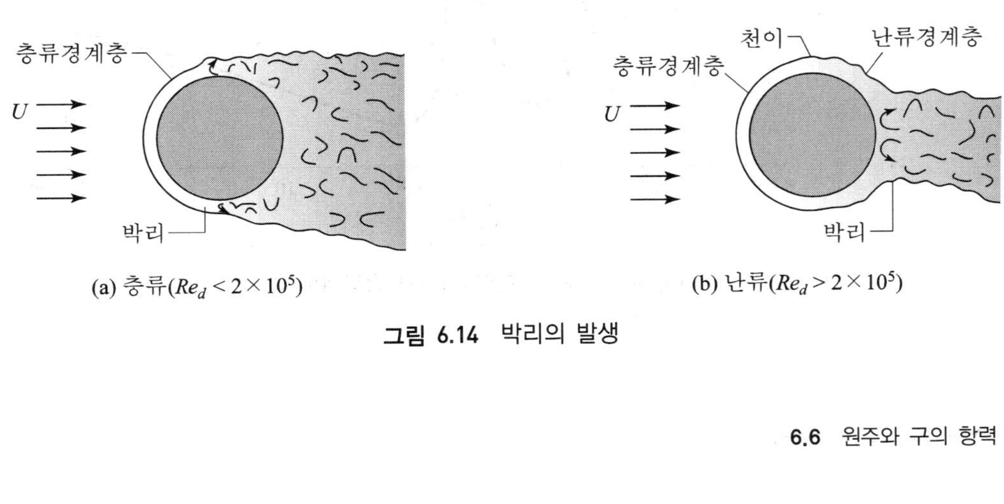

그림 6.14 박리의 발생

난류흐름이다.

4) $Re = 10^5 \sim 10^6$ 영역에서 항력계수가 갑자기 감소(보통 $Re = 2 \times 10^5$에서)하며, 이것은 난류가 된 경계층의 흐름이 박리 점을 물체의 하류 쪽으로 움직이게 하여 후류의 크기를 줄이므로 압력항력의 크기를 감소시키기 때문이다.

그림 6.14에는 (a)도에 박리가 정체점으로부터 80°의 위치에서 일어나는 경우와 (b)도에 140°의 위치에서 박리가 일어나는 경우를 도시하였다.

다음에는 항력계수에 미치는 표면 거칠기의 영향에 대하여 고찰해 보자.

우리는 전술한 바와 같이 보통 표면 거칠기는 난류유동의 항력계수를 증가시킨다고 학습하였다. 그러나 원주나 구와 같은 경우에는 표면 거칠기가 실제로 항력계수를 감소시키는 Reynolds수의 영역이 존재한다. 그림 6.15는 구에 대하여 이 현상을 보여준다 ($Re_d < 4 \times 10^5$ 영역).

이 현상은 낮은 레이놀즈수에서 난류로 되어 후류영역을 좁히므로 압력항력이 감소하기 때문이다. 예로서 $Re = 2 \times 10^5$에서 매끄러운 구에서는 $C_D = 0.5$인데 반하여 $\epsilon/d = 0.0015$인 거친 구의 경우는 $C_D = 0.1$이다. 그러나 $Re = 10^6$에서는 매끄러운 구에서 $C_D = 0.1$이며, 거친 구에서는 $C_D \fallingdotseq 0.4$ 임에 주의해야 한다.

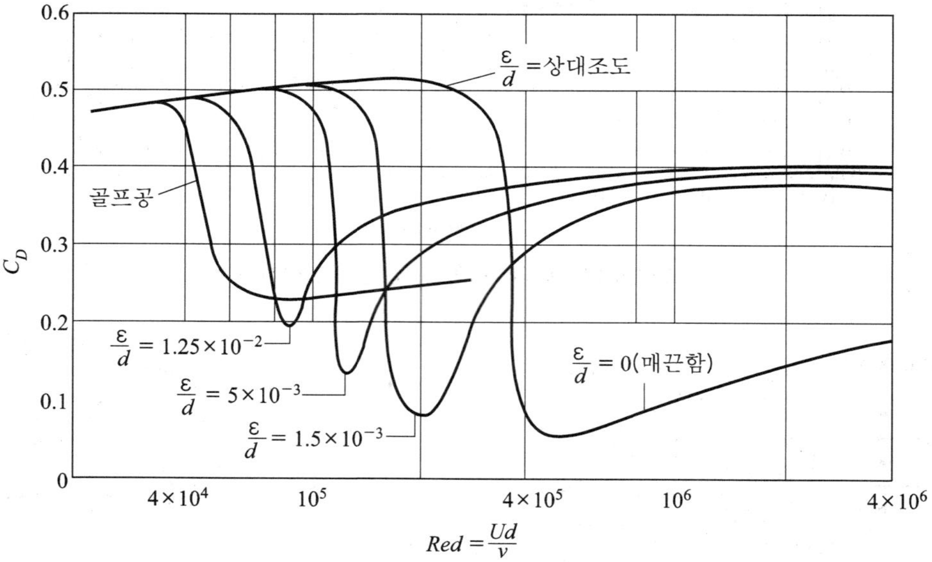

그림 6.15 구의 표면거칠기와 항력계수

항력의 식 $D = C_D \frac{1}{2} \rho U^2 A$ 에서 A는 흐름방향에서 투영한 면적으로서 구의 경우는 $\pi d^2/4$, 원주의 경우는 $d \times l$ (l은 원주의 길이)로 취한다.

구의 경우 $Re \leq 1$의 영역에서는 마찰저항이 지배적이며 다음의 **Stokes의 항력식**이 실험치와 잘 일치하는 것으로 알려져 있다.

$$D = 3\pi \mu U d \tag{6.46}$$

따라서 $D = C_D \frac{1}{2} \rho U^2 A$ 에 위 식을 적용하면 **항력계수**는 식 (6.45)와 같이 표시 된다 ($Re \leq 1$).

$$C_D = \frac{D}{\frac{1}{2}\rho U^2 (\frac{\pi d^2}{4})} = \frac{3\pi \mu U d}{\frac{1}{2}\rho U^2 (\frac{\pi d^2}{4})} = \frac{24}{Re}$$

예제 6.11

속도 $U = 6$ m/s 의 일정한 흐름의 바람 속에 직경 40 cm, 길이 1 m의 원기둥이 수직으로 놓여있는 경우, 그 원기둥이 받는 항력을 구하라. 단, 공기의 동점성계수는 1.512×10^{-5} m²/s, 밀도는 1.2 kg/m³ 이다.

풀이 $Re = \frac{Ud}{\nu} = \frac{6 \times 0.4}{1.512 \times 10^{-5}} = 1.587 \times 10^5$

그림 6.13으로부터 $C_D = 1.2$ 이다.

$$\therefore D = C_D \frac{1}{2} \rho U^2 d\, l = 1.2 \times \frac{1}{2} \times 1.2 \times 6^2 \times 0.4 \times 1 = 10.368 \text{ N}$$

예제 6.12

정지상태의 물 속에서 직경 1cm의 구가 7 cm/s의 속도로 움직일 때 항력을 구하라. 단, 물의 동점성계수는 1×10^{-6} m²/s, 밀도는 1000 kg/m³ 이다.

풀이 $Re = \frac{Ud}{\nu} = \frac{0.07 \times 0.01}{1 \times 10^{-6}} = 700$

그림 6.13으로부터 $C_D = 0.498$

$$\therefore D = C_D \frac{1}{2} \rho U^2 (\frac{\pi}{4} d^2) = 0.498 \times \frac{1}{2} \times 1000 \times 0.07^2 \times (\frac{\pi}{4} \times 0.01^2) = 9.6 \times 10^{-5} \text{ N}$$

6.7 물체의 형상에 따른 항력

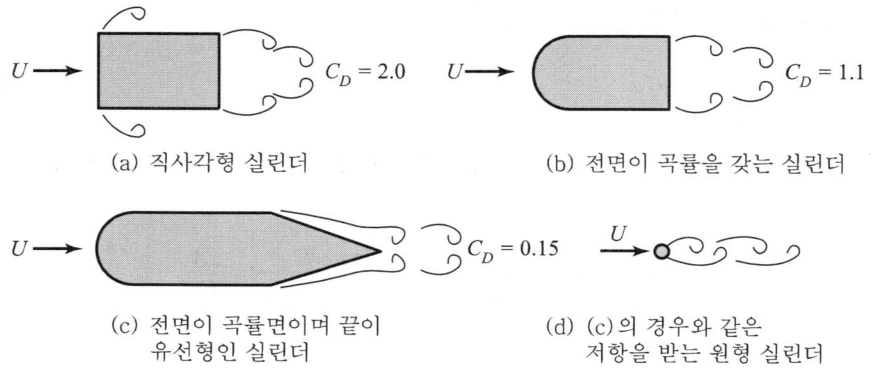

그림 6.16 물체의 형상에 따른 항력계수

항력을 최소화하기 위해서는 마찰저항을 줄여야 함은 물론이고 박리가 일어나지 않게 하거나 최소화시키는 방법이며, 그러한 구조물 형상의 대표적인 예는 유선형 물체이다. 또 박리점이 어느 위치에 존재하는가에 따라 후류영역의 대소가 달라지며, 후류영역이 작은 쪽이 항력이 작다고 할 수 있다.

일반적으로 레이놀즈수가 100이상이 되면 항력을 줄이기 위하여 물체의 형상을 비행기 날개의 익형이나 선박의 선수 및 선미의 경우와 같이 유선형으로 설계한다. 그 이유는 그림 6.16의 몇 가지 물체의 형상에 따른 항력계수를 비교해 봄으로서 확인할 수 있다.

즉 (a)도의 직사각형 실린더에서는 모든 모서리에서 박리가 발생하여 그에 따른 후류영역은 상당히 넓다. 그러나 (b)도와 같이 앞면을 둥글게 하면 항력이 약 45 % 감소하는데, 뒷면을 유선형으로(c도) 하게 되면 (b)도의 약 85 %가 감소한다. 이것은 박리에 의한 후류영역이 점차 좁아지기 때문으로 생각된다. (c)도에 비하여 두께 1/8. 단면적 1/300 이 되는 (d)도의 원형 실린더의 경우에 유선형 물체의 항력과 비슷한 값을 보이는 것은 주목해야 할 현상이다.

그림 6.17에는 수직평판, 원주, 타원주, 익형, 수평평판 등의 항력계수를 나타낸 선도이다. 18%의 두께를 갖는 익형이 수평평판보다 항력계수가 더 큼을 볼 수 있으며 수직평판의 항력계수가 가장 크다.

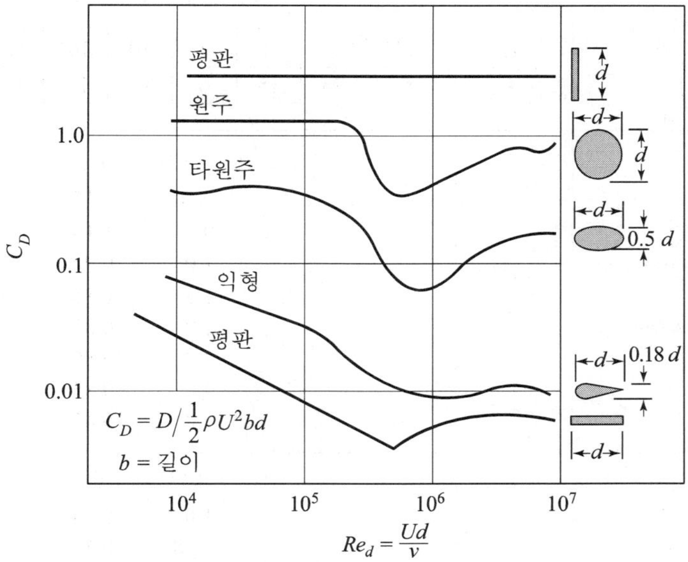

그림 6.17 형상에 따른 항력계수

여러 형태를 갖는 물체에 대한 항력계수를 3차원 물체의 경우는 표 6.2에, 2차원 물체의 경우는 표 6.3에 수록하였으며, 표에서 화살표 방향은 흐름의 방향을 표시한다.

표 6.2 3차원 형상의 항력계수($Re = VD/\nu$)

형상	기준면적 A	항력 계수 C_D
구 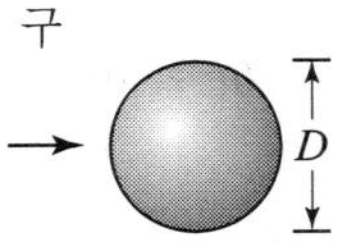	$\frac{\pi D^2}{4}$	Re: 10^2, 10^3, 10^4, 10^5, 10^6, 5×10^6 C_D: 1.0, 0.41, 0.39, 0.52, 0.12, 0.18 $Re<1$에서는 $C_D \approx 24/\{Re[1+(3/16)Re]\}$
반구 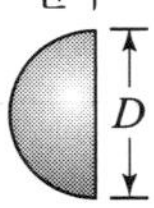	$\frac{\pi D^2}{4}$	$C_D = 0.42$(흐름방향 : 구쪽) $C_D = 1.17$(흐름방향 : 평면쪽)
타원체 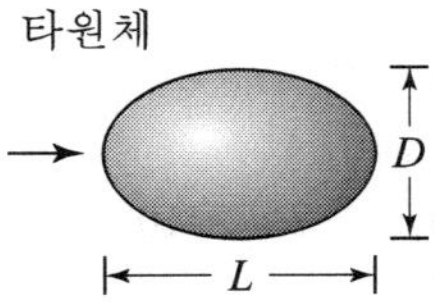	$\frac{\pi D^2}{4}$	$C_D = 0.44(D/L) + 0.016(L/D) + 0.016(D/L)^{1/2}$ $1 < L/D < 10.$ $Re < 2\times10^5$, 층류
원관내의 구 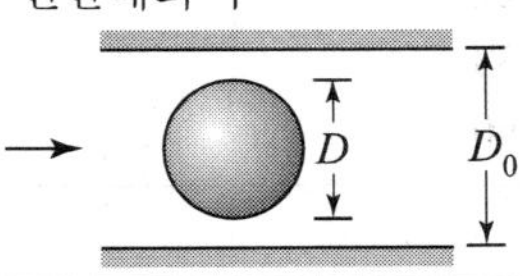	$\frac{\pi D^2}{4}$	$C_D = \left[1 + 1.45\left(\frac{D}{D_0}\right)^{4.5}\right]$, $0 < D/D_0 < 0.92$ $C_D(D_0/D = \infty)$는 상기한 구의 값임

<table>
<tr>
<td>얇은 원판
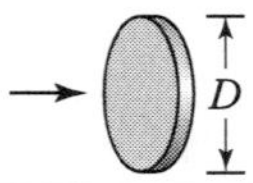</td>
<td>$\frac{\pi D^2}{4}$</td>
<td>
<table>
<tr><td>Re</td><td>1</td><td>2</td><td>5</td><td>10</td><td>10^2</td><td>10^3</td><td>10^4</td><td>10^5</td></tr>
<tr><td>C_D</td><td>25</td><td>15</td><td>6</td><td>3.6</td><td>1.5</td><td>1.1</td><td>1.1</td><td>1.15</td></tr>
</table>
</td>
</tr>
<tr>
<td>원주
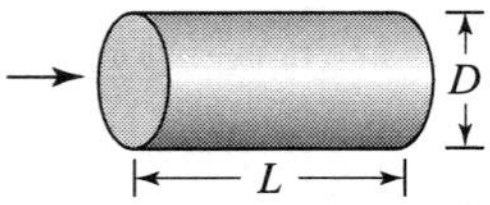</td>
<td>$\frac{\pi D^2}{4}$</td>
<td>
<table>
<tr><td>L/D</td><td>C_D</td><td></td></tr>
<tr><td>~0</td><td>1.15</td><td></td></tr>
<tr><td>0.5</td><td>1.10</td><td></td></tr>
<tr><td>1.0</td><td>0.93</td><td></td></tr>
<tr><td>1.5</td><td>0.85</td><td>$Re \geq 10^4$</td></tr>
<tr><td>2.0</td><td>0.83</td><td></td></tr>
<tr><td>3.0</td><td>0.85</td><td></td></tr>
<tr><td>4.0</td><td>0.85</td><td></td></tr>
<tr><td>5.0</td><td>0.85</td><td></td></tr>
</table>
</td>
</tr>
<tr>
<td>원주
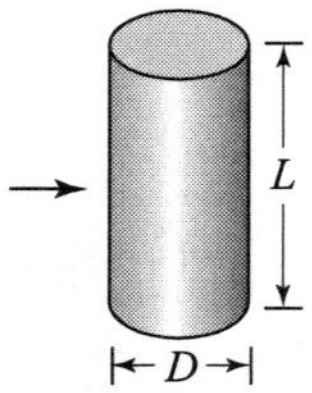</td>
<td>LD</td>
<td>
<table>
<tr><td>L/D</td><td>C_D</td><td></td></tr>
<tr><td>1.0</td><td>0.64</td><td></td></tr>
<tr><td>1.98</td><td>0.68</td><td></td></tr>
<tr><td>2.96</td><td>0.74</td><td></td></tr>
<tr><td>5.0</td><td>0.74</td><td>$Re \geq 10^4$</td></tr>
<tr><td>10.</td><td>0.82</td><td></td></tr>
<tr><td>20.</td><td>0.91</td><td></td></tr>
<tr><td>40.</td><td>0.98</td><td></td></tr>
<tr><td>∞</td><td>1.20</td><td></td></tr>
</table>
</td>
</tr>
<tr>
<td>원추
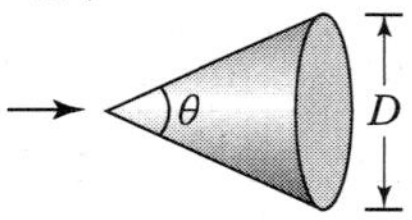</td>
<td>$\frac{\pi D^2}{4}$</td>
<td>
<table>
<tr><td>θ(deg)</td><td>C_D</td><td></td></tr>
<tr><td>10</td><td>0.30</td><td></td></tr>
<tr><td>20</td><td>0.40</td><td></td></tr>
<tr><td>30</td><td>0.55</td><td></td></tr>
<tr><td>40</td><td>0.65</td><td>$Re \geq 10^4$</td></tr>
<tr><td>60</td><td>0.80</td><td></td></tr>
<tr><td>75</td><td>1.05</td><td></td></tr>
<tr><td>90</td><td>1.15</td><td></td></tr>
<tr><td>180</td><td>1.40</td><td></td></tr>
</table>
</td>
</tr>
<tr>
<td>얇은 장방형 평판
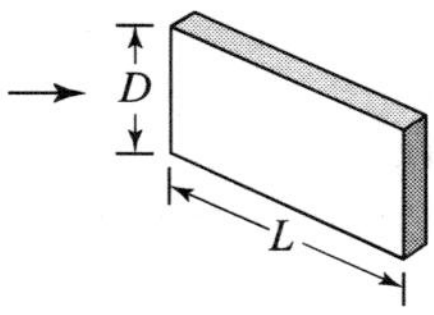</td>
<td>LD</td>
<td>
<table>
<tr><td>L/D</td><td>C_D</td><td></td></tr>
<tr><td>1.0</td><td>1.05</td><td></td></tr>
<tr><td>2.0</td><td>1.10</td><td></td></tr>
<tr><td>4.0</td><td>1.12</td><td></td></tr>
<tr><td>8.0</td><td>1.20</td><td>$Re \geq 10^4$</td></tr>
<tr><td>10.0</td><td>1.22</td><td></td></tr>
<tr><td>12.0</td><td>1.22</td><td></td></tr>
<tr><td>17.8</td><td>1.33</td><td></td></tr>
<tr><td>∞</td><td>1.90</td><td></td></tr>
</table>
</td>
</tr>
</table>

<table>
<tr><td>4각주
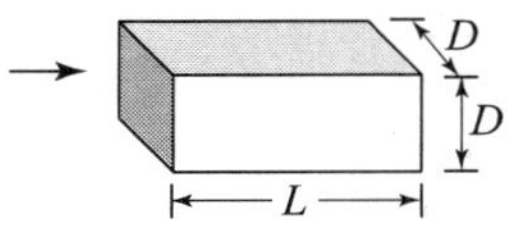</td><td>D^2</td><td><table><tr><td>L/D</td><td>C_D</td><td></td></tr><tr><td>~0</td><td>1.25</td><td></td></tr><tr><td>0.5</td><td>1.25</td><td></td></tr><tr><td>1.0</td><td>1.15</td><td></td></tr><tr><td>1.5</td><td>0.97</td><td>$Re \geq 10^4$</td></tr><tr><td>2.0</td><td>0.87</td><td></td></tr><tr><td>2.5</td><td>0.90</td><td></td></tr><tr><td>3.0</td><td>0.93</td><td></td></tr><tr><td>4.0</td><td>0.95</td><td></td></tr><tr><td>5.0</td><td>0.95</td><td></td></tr></table></td></tr>
</table>

표 6.3 2차원 단면의 항력계수($Re = VD/\nu$)

<table>
<tr><th>형상</th><th>항력 계수 C_D</th></tr>
<tr><td>원주
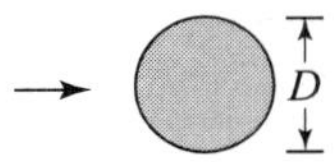</td><td><table><tr><td>Re</td><td>10^2</td><td>10^3</td><td>10^4</td><td>10^5</td><td>10^6</td><td>10^7</td></tr><tr><td>C_D</td><td>1.4</td><td>1.0</td><td>1.1</td><td>1.2</td><td>0.4</td><td>0.8</td></tr></table>$Re < 1$에서는 $C_D \approx 8\pi/[Re \log_e(7.4/Re)]$.</td></tr>
<tr><td>벽근처의 원주
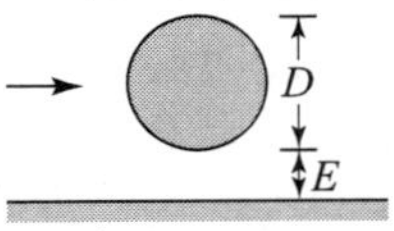</td><td><table><tr><td>E/D</td><td>C_D</td><td>C_L</td></tr><tr><td>0</td><td>0.8</td><td>0.6</td></tr><tr><td>0.25</td><td>1.1</td><td>0.25</td></tr><tr><td>0.5</td><td>1.2</td><td>0.15</td></tr><tr><td>1.0</td><td>1.3</td><td>0.05</td></tr><tr><td>1.5</td><td>1.2</td><td>0.02</td></tr><tr><td>2.0</td><td>1.2</td><td>0</td></tr><tr><td>4.0</td><td>1.2</td><td>0</td></tr><tr><td>6.0</td><td>1.2</td><td>0</td></tr></table>$10^4 < Re < 10^5$</td></tr>
<tr><td>하류쪽 실린더의 항력
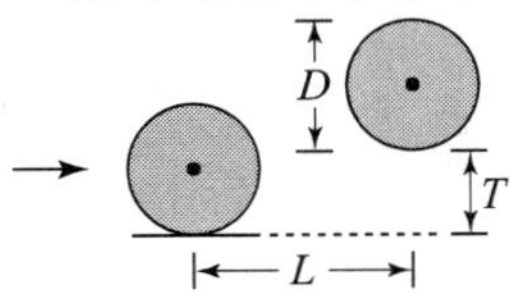</td><td><table><tr><td colspan="2">$T/D = 0$</td><td colspan="2">$T/D = 0.5$</td></tr><tr><td>L/D</td><td>C_D</td><td>L/D</td><td>C_D</td></tr><tr><td>1.0</td><td>−0.4</td><td>1.0</td><td>0.65</td></tr><tr><td>1.5</td><td>−0.2</td><td>1.5</td><td>0.50</td></tr><tr><td>2.0</td><td>0.0</td><td>2.0</td><td>0.45</td></tr><tr><td>2.5</td><td>0.2</td><td>2.5</td><td>0.45</td></tr><tr><td>3.0</td><td>0.2</td><td>3.0</td><td>0.40</td></tr><tr><td>4.0</td><td>0.3</td><td>4.0</td><td>0.40</td></tr></table></td></tr>
</table>

$T/D = 1.0$		$T/D = 2$	
L/D	C_D	L/D	C_D
1.0	1.1	1.0	1.1
1.5	1.0	1.5	1.0
2.0	0.70	2.0	1.0
2.5	0.70	2.5	1.0
3.0	0.65	3.0	1.0
4.0	0.65	4.0	1.0

$10^4 < Re < 10^5$

4각주

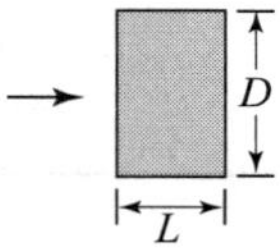

L/D	C_D
$0.1\leq$	1.9
0.2	2.1
0.4	2.35
0.5	2.5
0.65	2.9
0.8	2.3

L/D	C_D
1.0	2.2
1.2	2.1
1.5	1.8
2.0	1.6
2.5	1.4
3.0	1.3
6.0	0.89

$Re \geq 10^4$

2열의 실린더

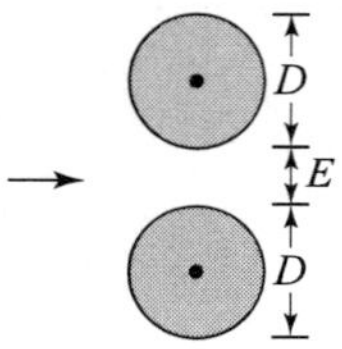

E/D	C_D	C_L
0	1.6	0.8
0.25	1.0	0.6
0.5	0.9	0.4
1.0	1.1	0.2
1.5	1.3	0.1
2.0	1.2	0.05
4.0	1.2	0.0
6.0	1.2	0.0

$10^4 < Re < 10^5$

경사 4각주

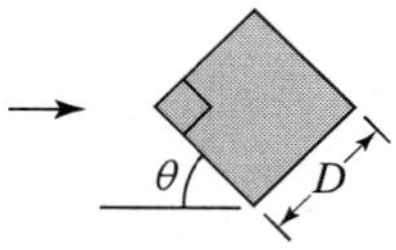

θ(Deg)	0	5	10	15	20	25	30	35	40	45
C_D	2.2	2.1	1.8	1.3	1.9	2.1	2.2	2.3	2.4	2.4

$Re \geq 10^4$

전면이 곡률면인 물체

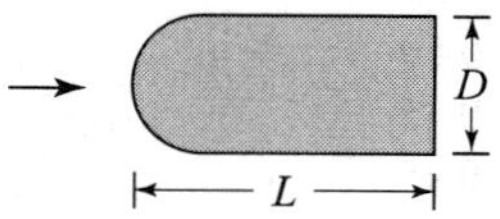

L/D	C_D
0.5	1.16
1.0	0.90
2.0	0.70
4.0	0.68
6.0	0.64

$Re \geq 10^4$

흐름에 경사진 얇은 평판

$$C_N \approx \begin{cases} 2\pi\tan\theta, & \theta < 8^\circ \\ \dfrac{1}{0.222 + 0.283/\sin\theta}, & 90^\circ \geq \theta > 12^\circ \end{cases} \qquad Re \geq 10^4$$

$$C_L = C_N \cos\theta$$

$$C_D = C_N \sin\theta$$

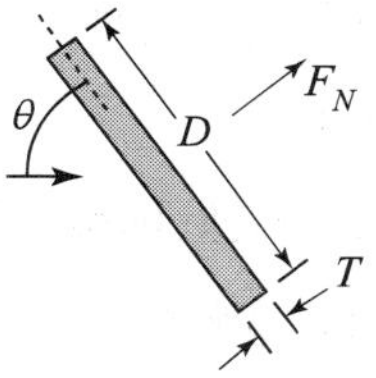 $T < 0.1D$	
벽에 수직인 얇은 평판 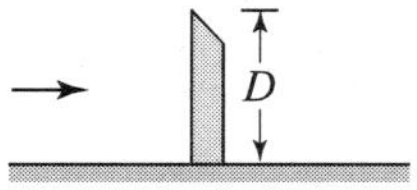	$C_D = 1.4$ $\quad Re \geq 10^4$
타원주 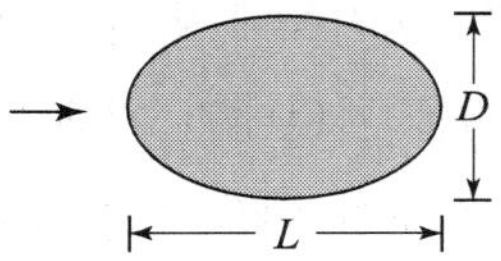	D/L — C_D 0.125 — 0.22 0.25 — 0.3 0.50 — 0.6 1.0 — 1.0 2.0 — 1.6 $Re \geq 10^4$

예제 6.13

110 km/h로 주행하는 자동차의 공기저항에 해당하는 동력을 구하라. 단, 자동차의 주행 투영면적은 2 m^2, 항력계수는 0.4, 공기의 밀도는 1.2 kg/m^3 이다.

풀이 동력 $P = D \cdot U = C_D \frac{1}{2} \rho U^2 A \cdot U = C_D \frac{1}{2} \rho U^3 A$

$$= 0.4 \times \frac{1}{2} \times 1.2 \times \left(\frac{110 \times 10^3}{3600}\right)^3 \times 2 = 13693.4 \text{ W} \fallingdotseq 13.7 \text{ kW}$$

6.8 익형의 양력과 항력

흐름 속에 곡률을 갖는 물체가 놓여 있을 때, 흐름방향으로 저항력이 작용하고 흐름에 대하여 물체에 수직방향으로 양력이 발생한다. 따라서 수평 비행하는 비행기나 물체에 대하여 수직으로 작용하는 양력은 물체의 상면과 하면에 작용하는 압력차에 의해 발생한다. 예를 들면 날개의 하면에 작용하는 압력이 상면에서보다 크므로 날개에 의해 생성되는 전 양력이 비행기의 무게를 지탱한다. 이 양력이 효과적으로 발생할 수 있게 고안된 형상이 **익**(wing, 翼)이며, 익의 단면형상을 **익형**(airfoil, 翼形)이라 한다.

그림 6.18은 익형을 표시한 그림으로서, 선단과 후단을 연결한 선을 **익현**(chord, 翼弦)이라 하며, 그 길이(익현장)를 c로 표시하였다. 익형의 폭을 익폭(span, 翼幅) b, 익폭과 익현을 변으로 하는 투영면적을 익면적(platform area, bc) A라 한다. 속도 U의 일정한 흐름방향과 익현이 이루는 각을 **영각**(angle of attack, 迎角) α, 익형을 중심으로 비대칭형 날개의 경우는 익형두께 t의 중심을 선단으로부터 후단까지 연결한 선을 골격선(camber line, 骨格線), 그 선과 익현과의 거리를 **휨**(camber)이라 한다.

익형의 형상은 비행기의 날개를 이루는 단면적으로서 비행기의 성능을 좌우한다.

그림 6.19에는 속도 U의 흐름 속에 익형이 놓여 있는 경우(또는 정지유체 속을 익형이 U의 속도로 운동하는 경우), 수직방향의 양력이 발생하는 동력을 나타내기 위해 압력분포를 나타내었다. 공기가 익형을 스치고 감에 따라 상면에는 속도가 빠르며 압력은 감소하여 부압(negative pressure)이 된다. 이때 하면에 압력이 증가하여 그 정미 결과는 양력(lift)이라 하는 상방향의 힘으로 나타나게 된다.

정상상태의 아음속 유동중의 날개에 작용하는 양력 L과 항력 D는 익형 두께 t, 익폭 b, 익현장 c의 영향을 받는다. 양력과 항력은 이러한 기하학적 인자뿐 아니라 자유흐름의 속도 U, 유체의 밀도 ρ와 점성계수 μ에도 의존한다. 이들의 함수관계를 나타내면 다음과 같다.

$$L = f(t, b, c, U, \rho, \mu)$$

$$D = f(t, b, c, U, \rho, \mu)$$

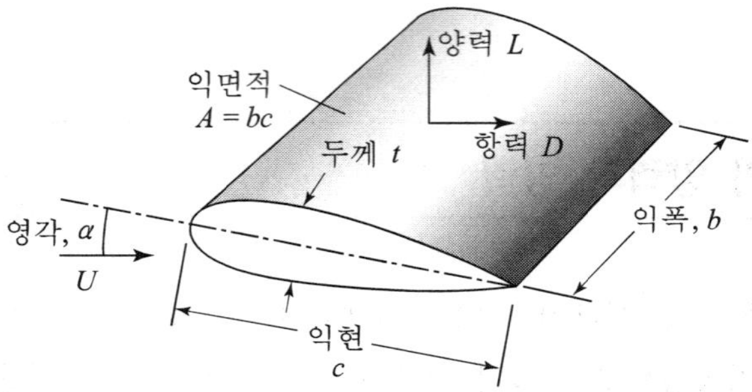

그림 6.18 익형

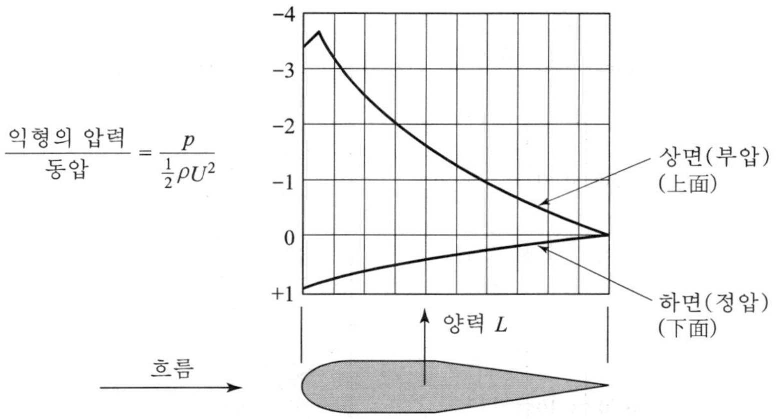

그림 6.19 익형의 압력분포

후술하는(7장) 차원해석을 하여 얻는 무차원 관계는 다음과 같이 얻어지며

$$\frac{L}{\frac{1}{2}\rho U^2 bc} = f_1\left(Re_c, \frac{t}{c}, \frac{b}{c}, \alpha\right) \tag{6.47}$$

$$\frac{D}{\frac{1}{2}\rho U^2 bc} = f_2\left(Re_c, \frac{t}{c}, \frac{b}{c}, \alpha\right) \tag{6.48}$$

여기서 Re_c는 익현장 c를 특성길이로 취한 레이놀즈수이다.

익형의 경우, 양력과 항력은 각각 다음과 같이 정의한다.

$$L = C_L \frac{1}{2}\rho U^2 A \tag{6.49}$$

$$D = C_D \frac{1}{2}\rho U^2 A \tag{6.50}$$

여기서 C_L은 양력계수, C_D는 항력계수이며, A는 익면적($= b \times c$)이다. 따라서 식 (6.47)과 식 (6.49)를 관련시키면 양력계수 C_L은 다음의 함수관계를 갖는다.

$$C_L = C_L\left(Re_c, \frac{t}{c}, \frac{b}{c} \cdot \alpha\right) \tag{6.51}$$

또, 식 (6.48)과 식 (6.50)의 관계로부터 항력계수 C_D는 다음의 함수관계를 갖는다.

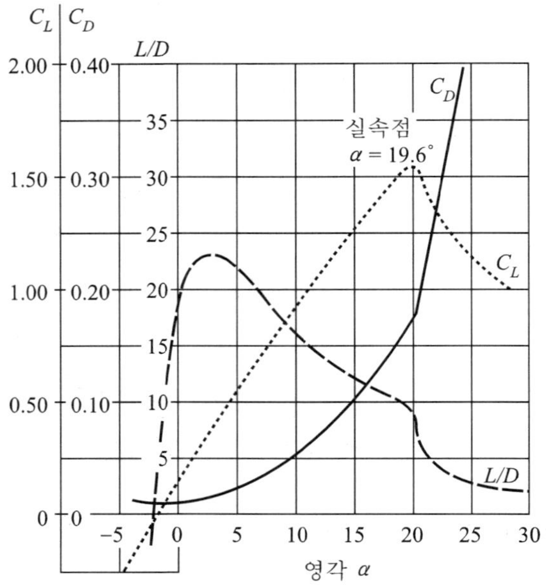

그림 6.20 익형의 특성곡선

$$C_D = C_D(Re_c, \frac{t}{c}, \frac{b}{c} \cdot \alpha) \tag{6.52}$$

익폭이 무한한 날개의 경우, 폭은 고려대상이 아니므로 익현장에 대한 익폭의 비 b/c는 상관 식에서 제외되므로 결국, 양력계수와 항력계수는 레이놀즈수, 익형의 기하학적 특성을 나타내는 두께와 익현장의 비 t/c, 그리고 영각의 함수이다.

그림 6.20에는 익형에 대한 특성곡선의 예를 나타낸 선도이다. 이 선도에서 보듯이 양력계수는 영각이 증가하다가 어느 영각에 달하면 급감하기 시작한다. 일반적으로 양력계수 C_L은 클수록, 항력계수 C_D는 작을수록 성능이 양호한 것으로 평가되고 있다.

양력계수가 최대가 되는 점을 **실속 점**(stall point, 失速点)이라 하며, 그 영각에서 공기류의 경계층은 익형의 상면으로부터 이탈하여 박리가 발생하고 따라서 큰 난류의 후류영역이 생겨 항력을 증가시키고 양력은 감소시키게 된다. 항력계수 곡선을 보면 실속 점에서 항력계수가 급속히 증가함을 볼 수 있다.

그림 6.21에는 NACA 23012의 익형에 대한 양력계수와 항력계수의 실험결과를 표시하였다.

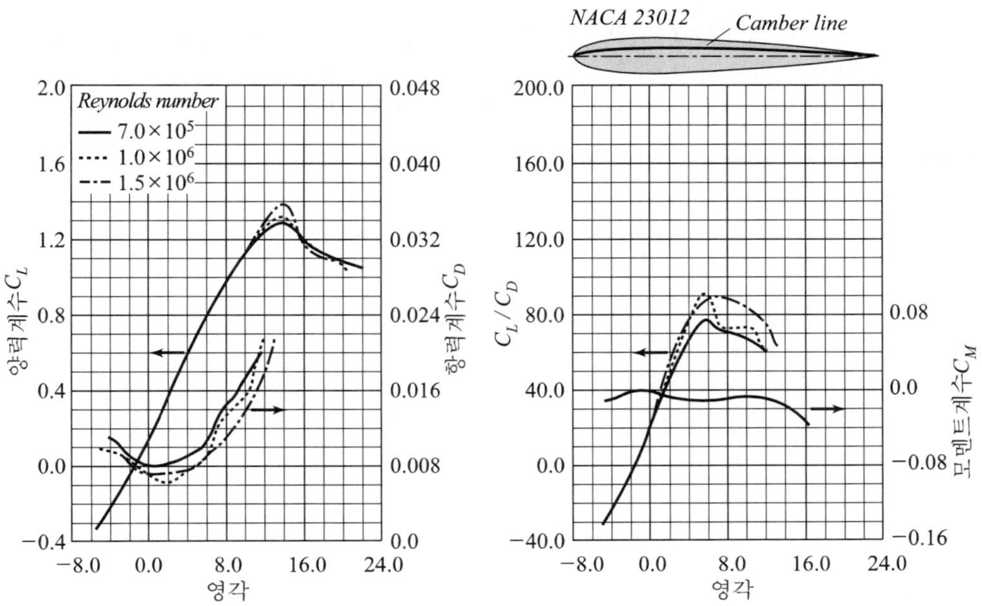

그림 6.21 NACA 23012 익형의 양력계수와 항력계수

예제 6.14

익현장 $l=2.5$ m, 익폭(span) $b=18$ m 인 비행기가 400 km/h의 속도로 비행할 때 동력 P 를 구하라. 단, 공기의 밀도는 0.92 kg/m^3, 익의 항력계수 $C_D=0.05$ 이다.

풀이 속도 $U=\dfrac{400\times 10^3}{3600}=111.11$ m/s, ∴항력은

$$D= C_D\frac{1}{2}\rho U^2 A=0.05\times\frac{1}{2}\times 0.92\times 111.11^2\times(2.5\times 18)=12777.8\text{ N}$$

$$\therefore P= D\cdot U=12777.8\times 111.11=1419738.9\text{ W}\fallingdotseq 1419.74\text{ kW}$$

예제 6.15

익현장 1.8 m, 익폭 10 m인 NACA 23012형 날개를 갖는 항공기가 100 m/s의 속도로 비행할 때 영각이 2°이면 양력과 항력은 각각 얼마인가? 단, 공기의 밀도는 0.9 kg/m^3 이다.

풀이 그림 6.21에서 영각 2°인 경우의 $C_D=0.007$, $C_L=0.35$ 이다. 따라서 양력 L 및 항력 D 는 각각 다음과 같다.

$$L = C_L \frac{1}{2}\rho U^2 A = 0.35 \times (1/2) \times 0.9 \times 100^2 \times (1.8 \times 10) = 28350 \text{ N} = 28.35 \text{ kN}$$

$$D = C_D \frac{1}{2}\rho U^2 A = 0.007 \times (1/2) \times 0.9 \times 100^2 \times (1.8 \times 10) = 567 \text{ N} = 0.567 \text{ kN}$$

연습문제 exercise 06

평판의 경계층 두께

1. 공기 중을 10 m/s의 속도로 평판이 운동하고 있다. 이 평판선단으로부터 50 cm위치에서의 경계층 두께를 구하라. 단, 동점성계수는 $1.5 \times 10^{-5}\ \mathrm{m^2/s}$ 이다.

답 4.33×10^{-3} m

2. 대기압, 20 ℃인 공기($\nu = 1.5 \times 10^{-5}\ \mathrm{m^2/s}$)가 속도 20 m/s로 흐르고 있을 때, 흐름에 평행으로 놓여진 평판의 선단으로부터 1 m후방에서의 경계층 두께를 층류의 경우 및 선단으로부터 난류인 경우에 대해서 각각 구하라.

답 층류 : δ =4.33 mm, 난류 : δ =22.04 mm

3. 4 km/h의 속도로 비행하는 비행기에, 길이 12 m의 평판을 장착시켰을 때 최대 경계층 두께를 구하라.

답 0.287 m

4. 물위를 50 km/h로 주행 중인 잠수함에 장착시킨 길이 15 cm의 평판(물 속에 잠김)에 생기는 최대 경계층 두께를 구하라. 단, 물의 동점성계수는 $1 \times 10^{-6}\ \mathrm{m^2/s}$ 이다.

답 3.024mm

5. 속도 $U = 10$ m/s 의 일정한 공기흐름 속에 흐름에 평행하게 평판이 놓여 있을 때 경계층 두께는 $\dfrac{\delta}{x} = \dfrac{5.0}{\sqrt{Re_x}}$ 로 주어진다. 경계층이 $Re_\delta = U\delta/\nu = 2000$ 에서 천이한다고 할 때 (a) 천이 점에서의 경계층 두께, (b) 평판 선단으로부터 천이 점까지의 거리를 구하라. 단, 공기의 $\nu = 15.1 \times 10^{-6}\ \mathrm{m^2/s}$ 이다.

답 (a) 3.02 mm, (b) 24.16 cm

6. 유속 10 m/s, 온도 20 ℃의 공기흐름을 따라 평판이 놓여있다. 판의 선단으로부터 0.5 m, 1 m위치에서 경계층 두께, 배제두께, 운동량 두께를 각각 구하라. 또 층류로부터 난류로의 천이 점의 위치를 구하라. 임계레이놀즈수는 5×10^5 이다.

답 0.5 m의 경우 : $\delta = 4.347$ mm, $\delta_1 = 1.496$ mm, $\delta_2 = 0.577$ mm
1 m의 경우 : $\delta = 25.36$ mm, $\delta_1 = 3.17$ mm, $\delta_2 = 2.465$ mm
$l_c = 0.756$ m

7. 20 ℃의 공기가 매끈한 평판 위를 180 km/h로 흐른다. 경계층 두께가 8 mm가 되는 점의 길이 x는 얼마인가? 단, 경계층은 평판 선단으로부터 난류경계층이 생성되며 속도분포는 1/7승 법칙을 따른다고 가정한다.

답 0.3536 m

물체의 배제두께, 운동량 두께

8. 2 m길이의 평판에 물이 10 m/s의 유속으로 흐르고 있다. 이때 발생하는 경계층의 최대 배제두께를 구하라. 단, 물의 동점성계수는 $1 \times 10^{-6}\ \mathrm{m^2/s}$ 이다.

답 3.206×10^{-3} m

9. 경계층 내의 속도분포가 $\frac{u}{U} = (\frac{y}{\delta})^{1/5}$로 표시될 때 배제두께 δ_1, 운동량 두께 δ_2를 경계층 두께 δ 의 항으로 나타내어라.

답 $\delta_1 = (1/6)\delta, \quad \delta_2 = (5/42)\delta$

10. 일정한 흐름 속에 평행하게 놓여진 평판 상의 층류경계층의 속도분포가

$$\frac{u}{U} = 2\left(\frac{y}{\delta}\right) - 2\left(\frac{y}{\delta}\right)^3 + \left(\frac{y}{\delta}\right)^4$$

으로 주어질 때, 평판의 선단으로부터 x위치의 경계층 두께 δ , 운동량두께 δ_2와 벽면 전단응력 τ_w 를 구하라.

답 $\delta = 5.84\sqrt{\frac{\nu x}{U}}$, $\delta_2 = 0.685\sqrt{\frac{\nu x}{U}}$, $\tau_w = 0.343\rho U^2\sqrt{\frac{\nu}{Ux}}$

평판에 작용하는 마찰항력

11. 1 m×1 m의 평판이 물($\nu = 1 \times 10^{-6}\ \mathrm{m^2/s}$)위에서 1 m/s의 속도로 운동하고 있다. (1) 경계층이 층류인 경우, (2) 경계층 전체가 난류인 경우, (3) 경계층이 천이영역을 포함하는 경우의 마찰항력을 각각 구하라.

답 (1) 0.684 N, (2) 2.23 N, (3) 1.3972 N

12. 얇은 평판(폭 5 cm, 길이 6 cm)가 물 속에서 평행으로 놓여있고, 물의 속도는 5 m/s, 수온이 10 ℃일 때 평판의 마찰항력을 구하라. 흐름방향은 평판의 길이방향이다.

답 0.208 N

13. 유속 15 m/s, 온도 20 ℃의 공기흐름 중에 폭 3 m, 길이 30 m인 평판이 놓여있다. 이 평판의 마찰항력을 구하라.

답 61.906 N

14. 매끄러운 평판(폭 2 m, 길이 0.6 m)이 15 ℃, 0.9 m/s속도인 물의 흐름 중에 평행하게 놓여있다.

(a) 판의 중앙 점에서의 전단응력과 경계층 두께를 구하라.

(b) 판의 끝점에서의 전단응력과 경계층 두께를 구하라.

(c) 판의 한쪽 면에 작용하는 마찰항력을 구하라.

답 (a) $0.552\ \mathrm{N/m^2}$, 3.08 mm, (b) $0.3906\ \mathrm{N/m^2}$, 4.361 mm, (c) 0.937 N

15. 20 ℃의 물이 6.5 m/s의 속도로 흐르고 있다. 이 흐름 속에 평행하게 폭 1.5 m, 길이 1.5 m의 매끈한 평판을 놓았을 때 (1) 전 마찰항력, (2) 임계길이, (3) 층류 경계층만으로 작용하는 마찰항력을 각각 구하라.

답 (1) 303.65 N, (2) 0.0775 m, (3) 9.315 N

16. 길이 2.0 m의 매끄러운 평판이 물 속에서 시속 25 km의 속도로 움직일 때 평판후단의 각 경계층 두께 및 마찰응력을 구하라. 단, 물의 동점성계수는 $1\times10^{-6}\ \mathrm{m^2/s}$이다.

답 δ =0.0276 m, $\delta_1 = 0.00345\ \mathrm{m}$, $\delta_2 = 0.00268\ \mathrm{m}$, $\tau_w = 51.67\ \mathrm{N/m^2}$

17. 정지상태의 물 속에 $2\ \mathrm{m}\times5\ \mathrm{m}$의 평판이 길이방향으로 6 m/s의 속도로 움직일 때 평판 양면에 작용하는 마찰력을 구하라. 단, 물의 동점성계수는 $1.01\ \mathrm{mm^2/s}$이다.

답 913.68 N

18. 길이 15 m, 폭 10 m의 평판이 물위에서 10 m/s의 속도로 운반선에 의해서 예인되고 있을 때의 저항력을 구하라. 단, 수온은 20 ℃이다.

답 33.97 kN

19. 평판이 8 m/s의 공기류 속에 놓여있다. 평판 하류 끝에서 경계층 두께가 5 mm이었다. 이 흐름을 층류라 하고 평판이 유체로부터 받는 마찰항력을 구하라. 단, 공기의 밀도는 $1.2\ \mathrm{kg/m^3}$, 동점성계수는 $1.512 \times 10^{-5}\ \mathrm{m^2/s}$, 판의 폭은 2 m이다.

답 0.203 N

20. 매끈한 평판 상에 20 °C의 공기가 스쳐 지나가고 있다. 이때 평판 선단으로부터 층류로 시작하여 $Re_x = 5 \times 10^5$까지 천이영역을 거쳐 난류경계층으로 발달한다. 평판의 길이 3 m, 폭 1 m이고 표준대기압의 공기가 30 m/s의 유속으로 유동한다면 한쪽 면에 작용하는 평균 마찰항력계수와 마찰항력은 각각 얼마인가?

답 0.00298, 4.5785 N

물체의 마찰항력

21. 폭 10 m, 길이 50 m의 선박(저면이 평면인 선박)이 15 °C의 물위에서 16 km/h의 속도로 항해중이다. (1) 이 선박의 밑면에 작용하는 마찰항력, (2) 선단으로부터 층류경계층이 생성되는 길이, (3) 이 층류 경계층의 끝점에서 경계층 두께, (4) 선박 후단에서 경계층 두께를 각각 구하라.

답 (1) 9569.7 N , (2) 0.1284 m, (3) 0.91 mm, (4) 405.6 mm

22. 면적이 $25\ \mathrm{m^2}$인 평면이 공기 중을 100 m/s로 운동할 때 300 kW 의 동력이 소비되었다. 이때 항력계수를 구하라. 공기의 밀도는 $1.2\ \mathrm{kg/m^3}$이다.

답 0.02

23. 시속 120 km로 주행 중인 자동차의 항력을 구하라. 단, 자동차의 크기는 높이 1 m, 횡폭 1.5 m이고 $C_D = 0.43$ 이다.

답 430 N

24. 정지상태의 공기 중을 직경 8 cm의 구가 시속 150 km로 날아갈 때 구의 항력을 구하라.

답 2.1N

25. 정지상태의 물 속에 1.8 m/s의 속도로 직경 40 mm의 구(球)를 낙하시킬 때 저항력을 구하라. 단, 물의 동점성계수는 $1.01\ \mathrm{mm^2/s}$ 이다.

답 1.017 N

26. 높이 20 m, 횡폭 80 m인 맨션이 30 m/s의 태풍에 의해서 받는 힘을 구하라. 단, $\rho = 1.2$ kg/m^3, $C_D = 1.19$이다.

답 1.028 MN

물체의 항력, 양력

27. 그림[문 6.27]과 같이 외경 2.5 cm의 파이프가 40 m너비의 강을 가로질러 물속에 완전히 잠겨있다. 물의 평균유속은 5 m/s이고, 물의 온도는 15 ℃이다. 파이프에 걸리는 항력을 구하라.

답 14986.5 N

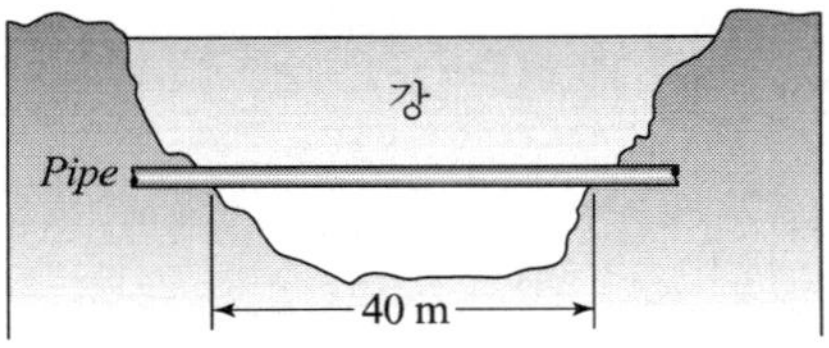

그림 [문 6.27]

28. 그림[문 6.28]과 같이 직경 1.2 m, 높이 30 m인 원통형 굴뚝이 40 km/h의 바람에 노출되어 있다. 풍력에 의한 굴뚝의 굽힘 모멘트를 구하라. 대기는 15 ℃, 101.3 kPa이다.

답 14.347 kN·m

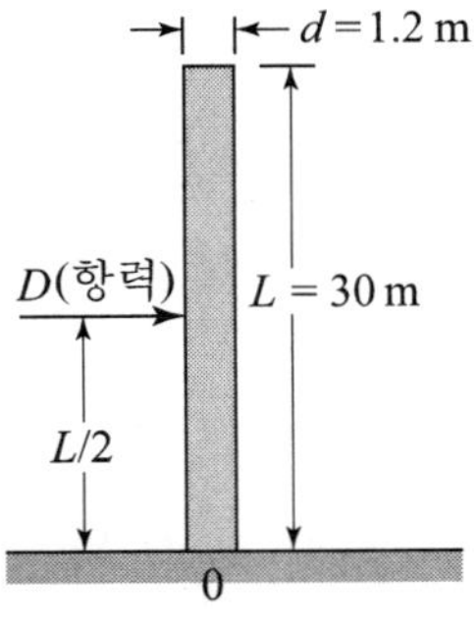

그림 [문 6.28]

29. 110 km/h로 주행하는 자동차의 공기저항에 해당하는 동력을 구하라. 단, 자동차의 주행 투영면적은 2 m^2, 항력계수는 0.4, 공기밀도는 1.2 kg/m^{3}이다.

답 13.7 kW

익형의 항력 및 양력

30. 익폭 10 m, 익현장 3 m인 비행기가 영각 17°, 시속 450 km로 비행하고 있다. 이때 (1) 양력, (2) 항력, (3) 합성력, (4) 비행에 필요한 동력은 각각 얼마인가? 공기의 밀도는 1.25 kg/m^3, 양력계수는 1.5, 항력계수는 0.15이다.

답 (1) 439.45 kN, (2) 43.945 kN, (3) 441.64 kN, (4) 5493.13 kW

31. 2 m의 익현장을 갖는 날개가 정지상태의 공기($\gamma = 11.8\ N/m^3$)중에서 30 m/s의 속도로 운동할 때, 날개의 윗면에서 평균유속 34 m/s, 아랫면의 평균유속이 28 m/s이다. 날개 1 m 폭 당 양력을 구하라.

답 447.92 N

제 7 장

차원해석과 상사원리

7.1 개요

흐름의 물리적 현상을 해석하거나 유체기기를 개발할 때, 관련되는 흐름을 이론적 또는 실험적인 방법에 의하여 조사할 필요가 있다. 이때 중요하게 나타나는 변수들을 무차원수로 조합하면 문제에서 제기되는 변수의 수를 줄일 수 있으며, 이 흐름과 상사(相似)인 모든 문제에 적용할 수 있는 결과를 얻을 수 있다.

이러한 문제는 일반적으로 열 및 유체역학적 이론에 기초하여 흐름의 지배방정식을 풀어서 해결한다. 그러나 공학적으로 요구되는 흐름은 대부분의 경우, 이론 해를 얻기가 용이하지 않다. 따라서 모형시험(model test, 模型試驗)에 의한 실험적 방법이 이용되어 왔다.

모형실험에서는 **원형**(proto type, 原型)보다 작은 치수의 **모형**(model, 模型)이 이용되며, 유속이나 유체의 물성치 등의 실험조건도 다른 것이 보통이다. 따라서 모형시험에서 얻어진 결과로부터 원형의 유동현상을 올바로 추정하기 위해서는 물리적인 고찰이 필요하다. 이때 중요한 역할을 하는 것이 유동현상을 지배하는 무차원 변수(dimensionless parameter, 無次元 變數)이다. 또 무차원 변수와 같은 의미로 무차원수, 무차원량이 이용되는 경우도 있다. 이러한 무차원수를 이용하면 실험회수를 줄일 수 있으며 실험이 효율적이다. 또 지배방정식의 물리적 해석이 보다 명확해진다. 이 무차원수는 일반적으로 **차원해석**(dimensional analysis, 次元解析)에 의하여 얻어지는데, 흐름을 지배하는 운동방정식을 알고 있는 경우에는 그 식을 무차원화 하여 바로 얻을 수 있다.

이 장에서는 차원해석법 중 대표적인 Buckingham의 π정리, 유동현상에 관련한 주요 무차원수에 대하여 기술하고, 모형시험과 그 응용에 필요한 상사원리(相似原理)에 대하여 설명한다.

7.2 차원의 동차성

차원해석은 복잡한 공학문제를 해석할 때 유용하며, 물리적 현상은 물리적 차원의 함수로 표시하여 방정식을 무차원 함수로 나타낼 수 있다. 이때 필요한 물리량은 정의 또는 물리법칙에 의하여 기본량(유체역학에 있어서는 질량 M, 길이 L, 시간 T의 3개, 열전달이 포함되는 문제에는 온도 θ, 전기적 시스템에서는 전류가 추가됨)을 조합함으로서 표시할 수 있다.

그런데 중력단위계에서는 기본량을 질량 M 대신에 힘 F를 사용하므로 힘 F와 질량 M의 상호관계를 이용하여 변환할 수 있다. 그 상호관계는 Newton의 운동 제 2법칙, $F=ma$로부터 다음의 관계가 있다.

$$F=[M][L/T^2]=[MLT^{-2}] \tag{7.1}$$

지금 어떤 물리량 Q가 다음의 관계가 성립된다고 할 때

$$Q=kM^{\alpha}L^{\beta}T^{\gamma} \tag{7.2}$$

k, α, β, γ는 단위를 갖지 않는 상수이다. 이 경우 위 식은 물리량 Q의 차원이 $M^{\alpha}L^{\beta}T^{\gamma}$이며, $Q=[M^{\alpha}L^{\beta}T^{\gamma}]$라고 표기한다. 이때 α, β, γ의 값은 그 물리량의 정의나 물리법칙에 의해 결정된다. 또한, 식 (7.2)의 좌변과 우변은 동일한 차원이어야 한다. 이것을 차원의 **동차성**(同次性)이라 한다.

예로서 압력 p의 정의는 "단위 면적당 작용하는 힘"으로서 식 (7.1)을 적용하면

$$p=[F/L^2]=[MLT^{-2}/L^2]=[ML^{-1}T^{-2}]$$

이며, 3장의 유체정역학의 기본 식 (3.4)로부터 $p=\rho gh$ 이며 $\rho=[ML^{-3}]$, $g=[LT^{-2}]$, $h=[L]$ 이므로 압력 p의 차원은

$$p=[M^{\alpha}L^{\beta}T^{\gamma}]=[ML^{-3}][LT^{-2}][L]=[ML^{-1}T^{-2}]$$

이 되어 압력의 정의에서 해석한 차원과 동일한 차원임을 알 수 있다.

7.3 Buckingham의 π 정리

대상이 되는 물리현상이 어떤 인자와 관계가 있는가를 명확히 조사해 놓으면 실험계획이나 해석을 할 때 유효하다.

차원해석(dimensional analysis, 次元解析)의 방법으로서 **Buckingham의 π 정리**(Buckingham pi theorem)가 있다. 지금 n개의 물리량 Q_1, Q_2, $\cdots$ Q_n이 있으며, 이들이 식 (7.3)과 같은 관계가 있다고 하자. 즉

$$Q_1=f(Q_2, Q_3, \cdots, Q_n) \tag{7.3}$$

또, 이들의 물리량은 m개의 기본단위(일반적으로 유체역학에서는 기본단위로서 질량 M, 길이 L, 시간 T를 선택하므로 $m=3$, 그러나 열에너지가 작용하는 경우는 온도 θ가 추가되어 기본단위 수 $m=4$임))에 의해 구성되어 있다고 한다. 이들로부터 $n-m$개의 무차원수 $\pi_k(k=1,\ 2,\cdots,\ n-m)$로 표시되는 식 (7.4)의 관계, 즉

$$\pi_1=F(\pi_2, \pi_3, \cdots, \pi_{n-m}) \tag{7.4}$$

를 구할 수 있다.

여기서 무차원수 π가 무차원이면서 서로 독립적이고 그 π를 체계적으로 형성하고 그 개수를 찾는 방법으로서 **반복변수 법**(Method of repeating variables)을 소개한다. 이 방법은 다음과 같은 몇 가지 단계를 수행하여 이용할 수 있다.

- 1단계 : 문제와 관련되는 모든 변수를 열거한다. 그중 종속변수를 한 가지 결정하고 이것과 다른 변수들과의 관계를 식 (7.3)과 같은 관계식으로 표현한다. 총 변수의 수는 n개이다.

- 2단계 : 각 변수들을 기본 차원으로 표기한다. 유체역학에서는 M, L, T의 3개가 기본 차원이며, 열전달 문제가 포함되는 경우에는 온도 θ가 추가된다. 기본 차원의 수를 m개로 칭한다.
- 3단계 : 독립변수 중 m개를 반복변수로 선택한다. 제1 반복변수는 기하학적 상사(L 포함)를 고려하여 길이나 직경을 선택하고, 제2 반복변수는 운동학적 상사(T 포함)를 고려하여 속도나 가속도, 제3 반복변수는 역학적 상사(M 포함)를 고려하여 밀도나 비중량을 선택한다.
- 4단계 : 반복변수 이외의 변수들 중 한 변수를 선택하여 반복변수의 지수의 곱으로 π항을 만든다. 나머지 비 반복변수에 대해서도 동일한 작업을 하여 π항을 형성한다. 따라서 $n-m$개의 π항이 생성된다.
- 5단계 : 각 π항을 무차원이 되도록 반복변수의 지수를 결정하고 만일 통용되는 형태가 있으면 그 형태로 맞춘다.
- 6단계 : $n-m$개의 π항으로 식 (7.4)와 같이 함수관계를 정리한다. 이때 π항은 역수를 취해도 되며 π항끼리 곱하거나 나누어 얻은 π항을 이용해도 된다.

표 7.1에는 기본적인 물성에 대한 차원을 표시하였다.

표 7.1 기본물성의 차원

물성	차원	물성	차원
가속도	LT^{-2}	운동량	MLT^{-1}
각도	무차원	동력	ML^2T^{-3}
각운동량	ML^2T^{-2}	압력	$ML^{-1}T^{-2}$
각속도	T^{-1}	비열	$L^2T^{-2}\theta^{-1}$
면적	L^2	비중량	$ML^{-2}T^{-2}$
밀도	ML^{-3}	변형률	무차원
에너지	ML^2T^{-2}	응력	$ML^{-1}T^{-2}$
힘	MLT^{-2}	표면장력	MT^{-2}
주파수	T^{-1}	온도	θ
열량	ML^2T^{-2}	시간	T
길이	L	토－크	ML^2T^{-2}
질량	M	속도	LT^{-1}
탄성계수	$ML^{-1}T^{-2}$	점성계수	$ML^{-1}T^{-1}$
모멘트	ML^2T^{-2}	동점성계수	L^2T^{-1}
관성모멘트(면적)	L^4	체적	L^3
관성모멘트(질량)	ML^2	일	ML^2T^{-2}

예로서, 어떤 유동(개수로 유동)에서 유동을 지배하는 변수는 유체의 밀도 ρ, 점성계수 μ, 유동속도 V, 중력가속도 g, 길이척도 L, 표면장력 σ이다. 차원해석을 통해 무차원수를 구해 보자.

$$f(\rho, \mu, V, g, L, \sigma) = 0$$

반복변수를 ρ, V, L로 선택하여, 제1 무차원수 π_1은 다음과 같이 정한다.

$$\pi_1 = \frac{\mu}{\rho^\alpha V^\beta L^\gamma}$$

$\therefore \mu = \pi_1 \rho^\alpha V^\beta L^\gamma$ 이며, MLT의 관계로 표시하면

$$ML^{-1}T^{-1} = (M/L^3)^\alpha (L/T)^\beta L^\gamma = M^\alpha L^{-3\alpha+\beta+\gamma} T^{-\beta}$$

따라서 $\alpha = 1$, $\beta = 1$, $\gamma = 1$이 되어

$$\pi_1 = \frac{\mu}{\rho VL} \text{ 이 되며, 역수를 취하면 } \pi_1 = \frac{\rho VL}{\mu} = Re \text{ : Reynolds수}$$

제2 무차원수는

$$\pi_2 = \frac{\sigma}{\rho^\alpha V^\beta L^\gamma}$$

$\therefore$ $\sigma = \pi_2 \rho^\alpha V^\beta L^\gamma$ 이므로 MLT의 관계로 표시하면

$$MT^{-2} = M^\alpha L^{-3\alpha+\beta+\gamma} T^{-\beta} \qquad \therefore \alpha = 1,\ \beta = 2,\ \gamma = 1 \text{이므로}$$

$$\pi_2 = \frac{\sigma}{\rho V^2 L} = We \text{ : Weber수}$$

제3 무차원수는

$$\pi_3 = \frac{g}{\rho^\alpha V^\beta L^\gamma}$$

$\therefore$ $g = \pi_3 \rho^\alpha V^\beta L^\gamma$ 이므로 MLT의 관계로 표시하면

$$LT^{-2} = M^\alpha L^{-3\alpha+\beta+\gamma} T^{-\beta} \qquad \therefore \alpha = 0,\ \beta = 2,\ \gamma = -1 \text{이므로}$$

$$\pi_3 = \frac{g}{V^2/L} \rightarrow \frac{V^2}{gL}, \text{ 분모, 분자에 1/2승을 취하면 } \pi_3 = \frac{V}{\sqrt{gL}} = Fr \text{ : Froude수}$$

$\therefore\ f(Re, We, Fr) = 0$의 관계식으로 표시할 수 있다.

예제 7.1

유체유동의 특성이 속도 V, 길이 l, 밀도 ρ, 점성계수 μ의 물리량과 관계가 있다. π정리에 의하여 무차원수를 표시하여라.

풀이 기본량이 3개, 물리량이 4개이므로 무차원수는 $n-m=4-3=1$ 개이다. 반복변수를 제 1, 2, 3물리량으로서 각각 길이, 속도, 밀도로 취하고

$\pi_1 = l^\alpha V^\beta \rho^\gamma / \mu$ 으로 놓으면 $\mu = l^\alpha V^\beta \rho^\gamma / \pi_1$

따라서 차원으로 표시하면

$$[ML^{-1}T^{-1}] = [L]^\alpha [LT^{-1}]^\beta [ML^{-3}]^\gamma = M^\gamma L^{\alpha+\beta-3\gamma} T^{-\beta}$$

$$\gamma = 1,\ \alpha+\beta-3\gamma = -1,\ \beta = 1$$

$$\therefore\ \alpha = 1,\ \beta = 1,\ \gamma = 1$$

$$\therefore\ \pi_1 = \rho Vl/\mu = Re$$

즉, 레이놀즈수 Re 가 된다.

예제 7.2

관로의 흐름에서 점성에 의하여 발생하는 벽면 전단응력 τ_w 는 유체의 밀도 ρ, 점성계수 μ, 유속 V, 수력반경 R_h에 관계되며 π정리에 의하여 관계식을 구하라.

풀이 R_h, V, ρ를 반복변수로 선택하면 무차원수는 5−3=2 개다.

$$\pi_1 = {R_h}^\alpha V^\beta \rho^\gamma \mu = L^\alpha [L/T]^\beta [M/L^3]^\gamma [M/LT]$$

$$= M^{\gamma+1} L^{\alpha+\beta-3\gamma-1} T^{-\beta-1}$$

$$\therefore\ \gamma+1=0,\ \alpha+\beta-3\gamma-1=0,\ -\beta-1=0$$

로부터 $\alpha=-1$, $\beta=-1$. $\gamma=-1$ 이므로

$$\pi_1 = \frac{\mu}{\rho V R_h} \rightarrow \frac{\rho V R_h}{\mu} = Re$$

또 $\pi_2 = {R_h}^\alpha V^\beta \rho^\gamma \tau_w = L^\alpha (L/T)^\beta (M/L^3)^\gamma (M/LT^2)$

$$= M^{\gamma+1} L^{\alpha+\beta-3\gamma-1} T^{-\beta-2}$$

$$\therefore \gamma+1=0,\ \alpha+\beta-3\gamma-1=0,\ -\beta-2=0$$

로부터 $\alpha=0$, $\beta=-2$, $\gamma=-1$이므로

$$\pi_2 = \frac{\tau_w}{\rho V^2}$$

따라서 $f(Re, \frac{\tau_w}{\rho V^2})=0$에서 $\frac{\tau_w}{\rho V^2}$의 분모는 동압으로 표시하면 $\rho V^2/2$이며, Re에 관계되는 계수를 $c_f(Re)$로 표시하면, 벽면 전단응력은 다음 식으로 표시할 수 있다.

$$\tau_w = c_f(Re)\frac{\rho V^2}{2}$$

예제 7.3

일정한 흐름 중에 놓여있는 구의 항력을 무차원형으로 구하라. 항력 D는 구의 직경 d, 유속 V, 밀도 ρ, 점성계수 μ에 관련된다.

풀이 반복변수를 구의 직경, 유속, 밀도로 선택하면 무차원수는 2개이다.

$$\pi_1 = d^\alpha V^\beta \rho^\gamma D = [L]^\alpha [LT^{-1}]^\beta [ML^{-3}]^\gamma [MLT^{-2}]$$

$$L;1+\alpha+\beta-3\gamma=0, \quad M: 1+\gamma=0, \quad T: -2-\beta=0$$

따라서 $\alpha=-2$, $\beta=-2$, $\gamma=-1$

$$\therefore \ \pi_1 = \frac{D}{\rho d^2 V^2}$$

$$\pi_2 = d^\alpha V^\beta \rho^\gamma \mu^{-1} = [L]^\alpha [LT^{-1}]^\beta [ML^{-3}]^\gamma [M^{-1}LT]$$

$$L;1+\alpha+\beta-3\gamma=0, \quad M: -1+\gamma=0, \quad T: 1-\beta=0$$

따라서 $\alpha=1$, $\beta=1$, $\gamma=1$

$$\therefore \ \pi_2 = \frac{\rho V d}{\mu}$$

따라서 $\frac{D}{\rho d^2 V^2} = f(\frac{\rho V d}{\mu}) = f(Re)$

실제 구의 항력계수 $C_D = \frac{D}{(\pi d^2/4)\cdot(\rho V^2/2)}$, $C_D = f(Re)$가 된다.

예제 7.4

압력손실 Δp는 유체의 밀도 ρ, 유속 V, 관 직경 d, 관 길이 l, 유체의 점성계수 μ, 표면조도 ϵ과

관련된다. 차원해석의 π정리로 관계식을 구하라.

풀이 $n=7,\ m=3 \quad \therefore \pi$의 수는 $n-m=4$개

$\pi_1 = \dfrac{\Delta p}{\rho^\alpha V^\beta d^\gamma} \quad \therefore \Delta p = \pi_1 \rho^\alpha V^\beta d^\gamma$를 MLT의 관계로 나타내면

$MLT^{-2}/L^2 = (M/L^3)^\alpha (L/T)^\beta L^\gamma$

$\therefore ML^{-1}T^{-2} = M^\alpha L^{-3\alpha+\beta+\gamma} T^{-\beta} \quad \therefore \alpha=1,\ \beta=2,\ -3\alpha+\beta+\gamma=-1,\ \therefore \gamma=0$

$\therefore \pi_1 = \dfrac{\Delta p}{\rho V^2}$

$\pi_2 = \dfrac{\mu}{\rho^\alpha V^\beta d^\gamma} \quad \therefore \mu = \pi_2 \rho^\alpha V^\beta d^\gamma \quad \therefore M/LT = (M/L^3)^\alpha (L/T)^\beta L^\gamma$

$\therefore ML^{-1}T^{-1} = M^\alpha L^{-3\alpha+\beta+\gamma} T^{-\beta} \quad \therefore \alpha=1,\ \beta=1,\ -3\alpha+\beta+\gamma=-1,\ \therefore \gamma=1$

$\therefore \pi_2 = \dfrac{\mu}{\rho Vd} \rightarrow \dfrac{\rho Vd}{\mu}$

$\pi_3 = \dfrac{l}{\rho^\alpha V^\beta d^\gamma} \quad \therefore l = \pi_3 \rho^\alpha V^\beta d^\gamma \quad \therefore L = M^\alpha L^{-3\alpha+\beta+\gamma} T^{-\beta} \quad \therefore \alpha=0,\ \beta=0,\ \gamma=1$

$\therefore \pi_4 = \dfrac{l}{d}$

$\pi_4 = \dfrac{\epsilon}{\rho^\alpha V^\beta d^\gamma}, \quad \therefore \epsilon = \pi_4 \rho^\alpha V^\beta d^\gamma \quad \therefore L = M^\alpha L^{-3\alpha+\beta+\gamma} T^{-\beta} \quad \therefore \alpha=0,\ \beta=0,\ \gamma=1$

$\therefore \pi_4 = \dfrac{\epsilon}{d}$

$\therefore \dfrac{\Delta p}{\rho V^2} = f\left(\dfrac{\rho Vd}{\mu}, \dfrac{l}{d}, \dfrac{\epsilon}{d}\right)$

7.4 무차원수와 물리적 의미

유체의 흐름은 그 흐름 속에서 일어나는 상호작용 및 경계에서의 흐름의 상호작용에 따라 성질이 달라진다. 그 상호작용은 유체요소에 작용하는 힘의 종류에 따라 특성을 설명할 수 있다. 이들 힘의 비는 **무차원수**의 형태로 표시할 수 있으며, 그 무차원수들은 각각 물리적 의미를 갖는다. 다음과 같은 유체유동과 관련되는 주요 무차원수는 다음과 같이 분류할 수 있다.

① 점성유체의 실제 관내유동 : 기하학적 경계, Reynolds수, Euler수

② 자유표면 유동 : Froude수, Weber수

③ 음속 또는 초음속유동 : Mach수

④ 공동(空洞)이 포함되는 유동 : Cavitation수

⑤ 표면장력이 중요한 유동 : Weber수

1) 기하학적 경계

기하학적 경계는 유체유동과 물체의 구조 사이의 상호작용에 있어서 중요한 요소가 된다. 그림 7.1과 같이 3차원 물체의 경우, 기하학적 경계는 다음과 같은 형상비의 무차원수를 포함한다.

$$\frac{l}{d}=\frac{\text{길이}}{\text{직경}},\quad \frac{\epsilon}{d}=\frac{\text{거칠기}}{\text{직경}}=\text{상대조도},\quad \frac{s}{d}=\frac{\text{스팬}}{\text{폭}}$$

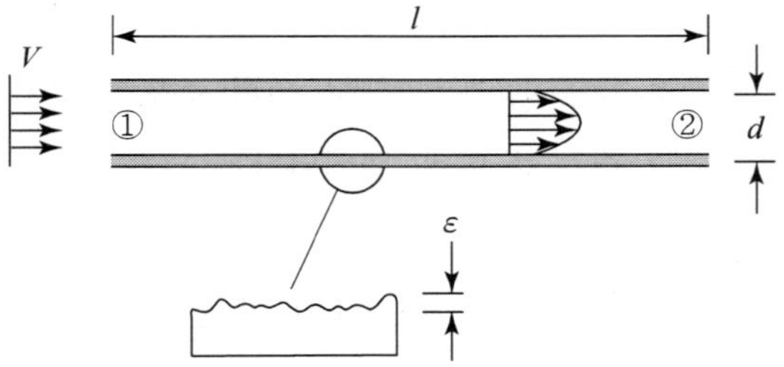

그림 7.1 기하학적 경계

2) Reynolds수

유체유동에서 관성력과 점성력의 비를 **Reynolds수**(Reynolds number)라 한다.

$$Re=\frac{\rho Vl}{\mu}=\frac{Vl}{\nu}=\frac{\text{관성력}}{\text{점성력}} \tag{7.5}$$

이 Reynolds수는 관내를 실제 점성유체가 유동하는 경우, 경계층 유동, 유체 속에 잠긴 물체 주위의 유동 등이 층류인지 난류인지를 구분하는 척도로 이용된다. 식 (7.5)에서 V는 유동장의 평균유속, l은 유동장의 특성길이, ρ는 유체의 밀도, μ 및 ν는 각각 유체의 점성계수 및 동점성계수이다. 특성길이 l은 원관 흐름에서는 직경, 원관이 아닌 흐름에서는 등가직경(또는 수력직경), 평행평판 사이의 흐름에서는 판 사이의 간격, 구 주

위의 흐름에서는 구의 직경, 개수로 흐름에서는 수심을 취한다.

3) Euler수

Euler수는 압력 또는 압력차가 중요시 되는 흐름에서 사용되는 무차원수로서 압축력과 관성력의 비 또는 정압 차와 동압의 비로 나타낼 수 있다.

$$Eu = \frac{\Delta p}{\rho V^2/2} = \frac{\text{압축력}}{\text{관성력}} = \frac{\text{정압차}}{\text{동압}} \tag{7.6}$$

Euler수를 이용하면 두 점 사이의 압력 강하량을 속도의 함수로 예측할 수 있으며, 따라서 유체를 유동시키는데 필요한 힘, 유동으로부터 얻을 수 있는 힘, 구조물에 미치는 압축력 등을 예측할 수 있다.

4) Froude수

Froude수는 개수로 등의 자유표면을 갖는 유동에서 중요한 무차원수이며, 관성력과 중력의 비 또는 유속과 표면파 속도의 비로 정의된다.

$$Fr = \frac{V}{\sqrt{gl}} = \frac{\text{관성력}}{\text{중력}} = \frac{\text{유속}}{\text{표면파의 속도}} \tag{7.7}$$

이 무차원수는 수차, 선박의 항력, 조파저항, 수력도약의 모형실험에 이용할 수 있다.

5) Weber수

Weber수는 표면장력이 중요시 되는 기액(氣液)의 경계면이나 비중이 서로 다른 액액(液液)의 경계면, 표면장력파(잔물결), 물방울의 형성, 작은 수두를 갖는 오리피스나 위어 유동에 중요한 무차원수로서 관성력과 표면장력의 비로 정의된다.

$$We = \frac{\rho V^2 l}{\sigma} = \frac{\text{관성력}}{\text{표면장력}} \tag{7.8}$$

6) Mach수

Mach수는 유속과 음속의 비 또는 관성력과 탄성력의 비로 정의되며, 압축성 유체의 유동에 이용되는 중요한 무차원수이다.

$$M = \frac{V}{a} = \frac{\text{유속}}{\text{음속}} \tag{7.9}$$

유체 속에서 발생하는 **압력파의 전파속도**(음속)는 $a = \sqrt{K/\rho}$ (K : 유체의 체적탄성계수)로 계산할 수 있으며, 유속이 음속에 가깝거나 그 이상의 유속을 갖는 유동에서 마하수는 **아음속 유동**($M < 1$)(subsonic flow)과 **초음속 유동**($M > 1$)(supersonic flow)을 구분하는 척도이며 유동특성이 $M < 1$ 영역과 $M > 1$ 영역에서 서로 다르다.

7) Cavitation수

Cavitation수는 흐름의 (유체압력－증기압)과 동압의 비로 정의된다.

$$C = \frac{p - p_v}{\frac{1}{2}\rho V^2} = \frac{\text{유체압력} - \text{증기압}}{\text{동압}} \tag{7.10}$$

여기서 p는 액체의 정압, p_v는 그 액체의 증기압이다.

만일 액체유동의 압력이 국소적으로 그 액체의 온도에 해당하는 증기압 이하로 떨어지면 액체가 국소적으로 비등함에 따라 증기기포가 증기의 공동(空洞)으로 합체하여 공동현상 또는 캐비테이션(cavitation)이 발생한다. 이런 흐름은 기액 2상류가 되며 유량이 감소하고 기포가 분리하여 관로의 표면피로 및 부식의 원인이 된다. cavitation수가 보통 0과 1 사이의 임계치 이하로 되면 공동현상은 계속 일어나게 된다.

7.5 상사원리

유동현상에 관련되는 장치를 개발하는 경우, 모형실험을 통해 원형에서의 성능을 예측할 수 있다. 예로서 항공기, 자동차, 선박 등의 설계에서 원형(proto type, 原型)의 치수를 축소시켜 상사형(相似形)인 모형(model, 模型)을 이용하여 풍동이나 수조에서 실험하고 그 결과로부터 원형의 성능을 예측 및 평가할 수 있다. 모형을 이용한 실험결과로부터 실제 장치의 유동특성을 추정하고, 그것에 작용하는 힘 등을 예측하기 위해서는 비교하고자 하는 두 흐름이 상사(相似)이어야 한다. 그러기 위해서는 ① 기하학적 상사, ② 운동학적 상사, ③ 동역학적 상사를 만족해야 한다.

기하학적 상사를 만족하기 위해서는, 비교하는 두 흐름에 있어서 모든 대응하는 길이의 비율이 같아야 함과 아울러 흐름에 대한 물체의 배치가 동일해야 한다.

운동학적 상사를 만족하기 위해서는, 모형과 원형에서 길이의 비가 같아야 하고 시간 스케일의 비가 동일해야 한다. 이를 위해서는 두 흐름에 있어서 각각 대응하는 위치에서 속도비가 어느 위치에서도 같아야 한다. 자유표면을 갖지 않는 이상유체에서는 기하학적 상사조건을 만족하고 있다면 속도비가 어떻든 관계없이 운동학적 상사조건을 만족한다. 그리고 자유표면을 갖는 이상유체의 흐름에서는 비교하는 양쪽의 Froude수가 같다면 각각의 흐름은 운동학적으로 상사가 된다.

동역학적 상사를 만족하기 위해서는, 길이의 비가 같아야 하고, 시간 스케일의 비가 동일해야 하며, 힘의 비가 같아야 한다. 또 두 흐름에 있어서 힘의 방향이 같아야 한다. 비압축성 흐름에 있어서는 자유표면을 갖지 않는 흐름이라면 두 흐름의 Reynolds수 $Re\,(= VL/\nu)$가 같아야 하며, 자유표면을 갖는 흐름에서는 Reynolds수, Froude수, Weber수, cavitation수가 각각 같아야 하는 조건이다. 압축성 흐름에 있어서는 Reynolds수, Mach수, 비열비가 각각 같아야 한다.

이들의 **상사원리**(similitude, 相似原理)는 흐름의 지배방정식을 무차원화하면 각 항에 관계되는 무차원수로 나타낼 수 있다. 비교할 두 흐름에서 지배방정식의 각 항의 계수가 같다면 흐름이 동역학적 상사라고 할 수 있다. 또 자유표면이 없는 흐름을 취급하는 경우에는 원래의 지배방정식에서 $p' = p - \rho g z$로 압력을 다시 정의함에 따라 지배방정식에 Froude수가 나타나지 않도록 할 수 있다.

실험을 할 때 동역학적 상사성을 확보하는 것이 어려운 경우가 많다. 예를 들면 모형물체 주위의 흐름에 있어서 실제 경우의 Reynolds수와 맞추는 데는 모형의 치수가 작을수록 흐름의 속도를 증가시키지 않으면 안 된다. 그러나 속도를 증가시킨 결과, 그 속도가 음속에 가깝다면 압축성을 고려해야 하며, 흐름의 현상이 변할 우려가 있다.

또 실제의 장치와 동일한 재질을 이용하여 모형을 만든 경우, 표면의 상대조도가 커져 흐름의 상태가 실제와 달라지는 경우도 있다.

Reynolds수를 맞추기 위해서 실험에서 이용하는 유체를 실제 장치에서와 다른 동점성계수의 유체를 사용하기도 하고, 공기의 경우에는 풍동 내의 압력을 올려 밀도를 변화시키기도 하는 방법이 있다.

선박이나 개수로의 실험과 같이 자유표면을 갖는 흐름을 취급하는 경우, 마찰저항은 Reynolds수의 함수이며, 압력저항은 Froude수의 함수이므로 물을 이용한 실험에서 두 무차원수를 동시에 맞출 수 없다. 이 경우 Froude수를 맞추어 놓고 압력저항은 경험으로부터 예측하는 방법을 이용할 수 있다.

예제 7.5

내경 200 mm의 관로에 15 °C의 물이 유속 0.5 m/s로 흐른다. 축척 1/2의 모형 관로에 20 °C의 공기를 유동시키려 한다. 역학적 상사를 유지하기 위해 모형에서의 유속을 구하라.

풀이 원형을 첨자 1, 모형을 첨자 2로 표시하면

$$Re = \frac{V_1 d_1}{\nu_1} = \frac{V_2 d_2}{\nu_2}$$

$$\therefore \ V_2 = V_1 \frac{d_1}{d_2} \frac{\nu_2}{\nu_1} = 0.5 \times \frac{2}{1} \times \frac{1.512 \times 10^{-5}}{1.141 \times 10^{-6}} = 13.25 \text{ m/s}$$

예제 7.6

70 km/h의 속도로 항해하는 길이 100 m의 선박의 성능을 조사하기 위하여 수조에서 1/40 축척의 모형 선박을 이용하여 실험하려 한다. 얼마의 속도로 실험하면 되는가?

풀이 Froude수 $Fr = \frac{V_1}{\sqrt{g l_1}} = \frac{V_2}{\sqrt{g l_2}}$

$$\therefore \ V_2 = V_1 \sqrt{\frac{l_2}{l_1}} = 70 \times \sqrt{\frac{1}{40}} = 11.07 \text{ km/h} = 3.074 \text{ m/s}$$

예제 7.7

1기압, 20 °C, 평균속도 8 m/s인 공기가 직경 30 cm인 관내를 유동하고 있다. 이 유동에 대한 모형은, 물을 유동유체로 하여 만들려고 한다. 원형과 동역학적으로 상사하려면 직경 5 cm인 관내에서의 물의 평균속도는 얼마이어야 하는가? 모형에서의 압력강하가 150 kPa이라면 원형에서의 압력강하는 얼마이겠는가?

풀이 레이놀즈수 $Re = \frac{V_1 d_1}{\nu_1} = \frac{V_2 d_2}{\nu_2}$

$$\therefore \ V_2 = \frac{V_1 d_1 \nu_1}{d_2 \nu_2} = \frac{8 \times 0.3 \times 1 \times 10^{-6}}{0.05 \times 1.51 \times 10^{-5}} = 3.18 \text{ m/s}$$

오일러수 $Eu = \dfrac{\Delta p_1}{(1/2)\rho_1 V_1^2} = \dfrac{\Delta p_2}{(1/2)\rho_2 V_2^2}$

$$\therefore\ \Delta p_1 = \Delta p_2 \frac{\rho_1}{\rho_2}(\frac{V_1}{V_2})^2 = 150 \times \frac{1.204}{998.3} \times (\frac{8}{3.18})^2 = 1.145\ \text{kPa}$$

예제 7.8

자동차의 속도 $100\ \text{km/h}$에서의 공기저항, 양력 및 횡풍에 대한 안정성을 $1/10$축척의 모형에서 실험하려고 한다. 공기 중에서 또는 수중에서 가능한지를 판단하라.

풀이 시속 100 km는 30 m/s이므로 비교적 저속으로서 Reynolds수가 동일한 상태에서 상사가 유지되므로, 우선 공기를 이용하여 풍동시험을 한다면 동일한 유체(공기)이므로 $\nu_1 = \nu_2$ (첨자 1은 원형, 첨자 2는 모형)이다. 따라서

$$Re = \frac{V_1 l_1}{\nu_1} = \frac{V_2 l_2}{\nu_2} \qquad \text{(a)}$$

$$\therefore\ V_2 = V_1 \frac{l_1}{l_2} = 30 \times \frac{10}{1} = 300\ \text{m/s}$$

가 된다. 이것은 고속이며 1atm. 20°C의 음속 a 를 이용하면 $Mach$수는

$$M = \frac{V_2}{a} = \frac{300}{343} \fallingdotseq 0.9$$

가 되어, 공기의 압축성의 영향이 크다(비압축성 흐름은 $M < 0.2$).
따라서 이 경우는 흐름의 상사성이 성립하지 않는다.

물에서 실험을 하는 경우는 $\dfrac{\nu_2}{\nu_1} \fallingdotseq \dfrac{1}{15}$이므로 식 (a)로부터

$$V_2 = V_1 \frac{\nu_2}{\nu_1}\frac{l_1}{l_2} = 30 \times \frac{1}{15} \times \frac{10}{1} = 20\ \text{m/s}$$

이 유속은 수조에서 실현 가능하다.

연습문제 exercise 07

차원해석

1. 그림[문 7.1]과 같이 모세관 현상에 의한 액주 상승높이 Δh는 관 내경 d, 유체의 비중량 γ, 유체의 표면장력 σ에 관련된다. π정리에 의해 관계식을 구하라.

답 $\dfrac{\Delta h}{d} = f\left(\dfrac{\sigma}{\gamma d^2}\right)$

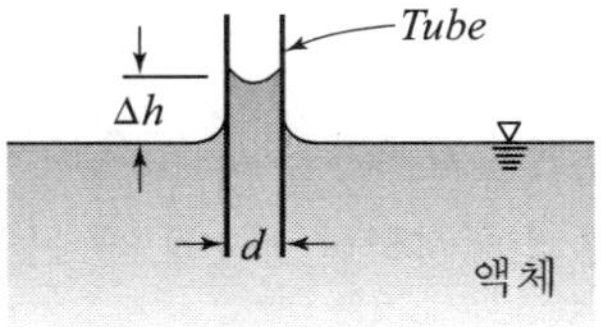

그림 [문 7.1]

2. 다음 그룹의 차원해석을 통한 무차원수를 구하라.

(a) $\Delta p,\ V,\ \gamma,\ \mathrm{g}$ (b) $F,\ \rho,\ L,\ V$

답 (a)$\pi_1 = \Delta pg/\gamma V^2$, (b) $\pi_1 = \dfrac{F}{\rho V^2 L^2}$

3. 매끈한 수평 원관을 흐르는 난류에서의 손실 $\Delta p/l$ 은 속도 V, 직경 d, 밀도 ρ, 점성계수 μ에 관계된다. 차원해석을 이용하여 다음 방정식의 일반형을 구하라.

$$f(\Delta p/l,\ V,\ d,\ \rho,\ \mu) = 0$$

답 $\dfrac{\Delta p}{l} = f(Re)\dfrac{\rho V^2}{2d}$

4. 수평 원관에 정상류, 비압축성, 점성유동에 대하여 압력손실 Δp는 관 길이 l , 평균유속 V, 점성계수 μ, 관 직경 d, 밀도 ρ, 거칠기 ϵ 에 관계된다. 압력손실 Δp를 π정리로 구하라.

답 $\Delta p = \rho V^2 f\left(\dfrac{\rho Vd}{\mu}, \dfrac{l}{d}, \dfrac{\epsilon}{d}\right)$

5. 그림[문 7.5]와 같은 수조로부터의 유출속도 V 는 손실을 무시하면 오리피스의 깊이 h와 중력가속도 g의 함수이다. 차원해석에 의하여 그 함수형태를 구하라.

답 $V = C\sqrt{gh}$

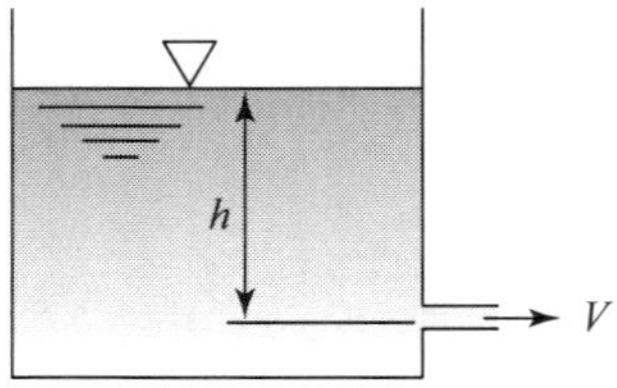

그림 [문 7.5]

6. 유체중의 음파의 속도(음속)를 차원해석에 의하여 구하라. 단, 음속 a는 유체 밀도 ρ, 유체의 체적탄성계수 K 에 의하여 지배된다.

답 $a = \sqrt{K/\rho}$

7. 비교적 작은 직경 d 의 관로에 저속(층류)으로 유동하는 흐름에서의 체적유량 Q 는 점성계수 μ와 관의 단위 길이 당 압력강하 dp/dx에 관계된다. 차원해석에 의하여 무차원 관계식을 구하라.

답 $Q = f\left(\dfrac{d^4(dp/dx)}{\mu}\right)$

8. 점성유체 속에서 느리게 낙하하는 작은 공에 작용하는 항력 D 는 직경 d인 공의 낙하속도 V, 유체의 점성계수 μ의 함수관계이다. 차원해석을 통하여 항력이 낙하속도에 어떻게 의존하는지를 밝혀라.

답 $\pi_1 = \dfrac{D}{\mu V d}$, $\therefore$항력 $D \propto V$의 관계가 있다.

9. 벽면근처를 흐르는 유체의 속도 U 는 벽으로부터의 거리 y, 벽면 전단응력 τ_w 및 유체의 밀도 ρ와 점성계수 μ에 의해서 지배된다. 이 관계를 무차원형으로 표시하라.

답 $U/u_\tau = f(\rho y u_\tau/\mu) = f(y u_\tau/\nu)$, 단, $(\tau_w/\rho)^{1/2} = u_\tau$

10. 펌프의 동력 P 는 유체의 비중량 γ, 유량 Q, 양정 H 와 관계가 있다. 차원해석에 의하여 동력 P 를 구하라.

답 $P = K\gamma QH$

11. 폭 b, 높이 h인 얇은 직사각형 평판이 유체흐름에 직각으로 놓여있다. 유체가 평판에 가하는 항력 D 는 폭 b와 높이 h, 유체의 점성계수 μ, 유속 V 의 함수관계에 있다. 차원해

석에 의해 관계식을 구하라.

답 $\frac{D}{\rho V^2 b^2} = f(\frac{b}{h}, \frac{\rho V b}{\mu})$

상사원리

12. 원유($\nu = 8.39 \times 10^{-6}\ \mathrm{m^2/s}$)가 1000 mm 직경의 관로를 유속 3 m/s로 흐른다. 이것을 50 mm 직경의 관로에서 물을 이용하여 실험하려면 유속을 얼마로 해야 하는가? 단, 물의 $\nu = 1.141 \times 10^{-6}\ \mathrm{m^2/s}$ 이다.

답 $V_m = 8.16\ \mathrm{m/s}$

13. 15°C의 물이 직경 150 mm의 관내를 유속 3.5 m/s로 흐르고 있다. 한편, 30 °C의 연료유가 직경 75 mm의 관속을 흐르게 한다면, 양자의 흐름이 역학적으로 상사하기 위해서는 기름의 유속이 얼마이어야 하는가? 단, 30 °C 연료유의 동점성계수는 $2.96 \times 10^{-6}\ \mathrm{m^2/s}$ 이다.

답 18.2 m/s

14. 표준대기 중에서 230 m/s의 속도로 비행중인 비행기에 작용하는 항력을 가압풍동에 설치한 1/10척도의 모형에서 실험적으로 구하려 한다. 압축성효과를 최소화하기 위해서 풍동내의 공기속도도 230 m/s로 유지한다. 요구되는 풍동내의 압력과 모형에서 항력이 2.3 N으로 측정되었다면 원형에서의 항력은 얼마인가?

답 23 N

15. 기하학적으로 상사인 두 수조에 부착된 오리피스에서 액체(이상유체로 가정)가 정수압(靜水壓)에 의해 분출된다. 두 수조가 상사가 되기 위한 속도비, 유량비, 분사동력비를 선형비(線型比)로 나타내어라. 단, 액체는 동일한 액체가 분출된다고 가정한다.

답 $V_r = L_r^{1/2}$, $Q_r = L_r^{5/2}$, $P_r = L_r^{7/2}$

16. 두 개의 벤츄리계 A, B가 있다. B는 A와 기하학적 상사로 치수는 1/5 이다. 벤츄리계 A는 목부 직경 300 mm이고, 수온 20 °C, 목부의 평균유속 3 m/s에서 사용된다. 벤츄리계 B에는 온도 90 °C의 물을 사용할 때 흐름의 상사를 얻기 위해서는 목부의 평균유속은 얼마로 해야 하는가?

답 $V_B = 4.886\ \mathrm{m/s}$

17. 매시 40 km로 항해하는 길이 200 m의 화물선을, 길이 30 cm의 모형으로 수조실험을 하려고 한다. 얼마의 속도로 하면 되는가?

답 0.43 m/s

18. 1/50의 축척인 모델 선박이 물에서 1 m/s로 움직일 때 저항이 0.03 N이었다. 원형 선박에서의 저항과 필요한 동력을 각각 구하라. 이 실험은 원형에서 얼마의 속도에 해당하는가?

답 $F_p = 3750$ N, $P_p = 26.516$ kW , $V_p = 7.07$ m/s

19. 직경 30 cm인 관로에 기름($\nu = 1.2 \times 10^{-5} m^2/s$, 비중 s=0.86)이 흐를 때 길이 100 m에 대한 압력 강하량을 구하라. 이것을 구하기 위해 20 ℃ 물이 기하학적 상사인 직경 3 cm인 관에 모형실험을 하여 길이 3 m에 대하여 압력강하가 3 kPa이었다. 20 ℃ 물의 $\nu = 1 \times 10^{-6}$ m²/s 이다.

답 3.7152 kPa

20. 1/40 축척의 모형 탱크로부터 수문을 열어 배수시키는데 5분이 소요되었다. 실형에서는 얼마나 걸리는가?

답 31.62분

21. 바다에서 속도 50 km/h로 항해하는 길이 100 mm인 선박의 1/50축척인 모형을 이용하여 일반 물에서 시험하는 경우, 시험속도 V_m은 얼마로 해야 하는가? 또 시험에 의하여 모형 선박의 항력이 5 N 이었다면, 바다에서 원형 선박의 항력 D_p 는 얼마인가? 단, 바닷물의 비중은 1.03이다.

답 $V_m = 1.571$ m/s, $D_p = 6.441 \times 10^5$ N

22. $b = 2.5$ m의 폭을 갖는 버스의 전면면적 $A = 8$ m²이며 모형은 1/20척도로 제작하였다. 원형과 모형 모두 표준 공기 중에서 운행한다. 항력계수 $C_D = D/\frac{1}{2}\rho V^2 A$ (D;항력), $Re = \rho Vb/\mu$로 할 때 모형실험에서 $\nu_m = 1.46 \times 10^{-5}$ m²/s 의 상태에서 실험속도를 구하라. 또 모형실험에서 0.02 N의 항력이 발생하였다면 원형에서의 항력과 버스가 100 km/h의 속도를 내기 위해 필요한 동력을 구하라.

답 1.389 m/s, 88.89 kW

23. 입구직경이 100 cm인 큰 밸브를 통과하는 물의 유량이 1.2 m³/s로 유동하는 경우에 대한 모형실험을 하려고 한다. 작동유체는 원형과 같은 온도의 물이며 원형과 모형은 기하학적 상사이고 모형 입구의 직경은 10 cm이다. 모형에서 요구되는 유량을 구하라.

답 0.12 m³/s

제 8 장

개수로 유동

관로내의 흐름은 양단간의 압력차 및 위치에 의하여 이루어지며 자유표면을 갖지 않는다. 즉 유로가 기체나 액체로 충만하여 밀폐되어 있다. 그러나 **개수로**의 흐름은 액체에 국한되며, 충만하여 흐르지 않고 자유표면을 가지므로 자유표면이 대기에 노출되어 있다. 따라서 자유표면에 대기압이 일정하게 작용하는 경우가 되므로 유동의 수력구배선이 수면과 일치하여 압력구배가 유동에 영향을 주지 않는다.

개수로에서는 중력과 마찰력의 평형이 유지되며, 저면의 기울기와 중력에 의해서 흐르게 된다. 예를 들면 자연적으로는 도랑, 하천, 강 등이 있으며, 인공적으로는 배수로, 운하, 위어흐름 등이 있다.

8.1 개수로 유동의 개요

개수로 유동은 자유표면이 있으므로 유체의 유동이 폐수로보다 복잡하며, 특히 수로의 바닥 및 측벽의 형상이 복잡한 경우에 자유표면의 형상과 위치가 불규칙하므로 해석이 용이치 않다. 수로 깊이는 유동조건에 따라 변하게 되며, 비정상 유동에서는 파동이 발생하게 된다.

개수로 유동에서 수로를 따라 수심이 변하지 않으면($dy/dx=0$, y는 수심, x는 수로를 따르는 좌표) 균일유동(uniform flow)으로 취급하고, 수로를 따라 수심이 변하면($dy/dx \neq 0$) 비 균일유동(nonuniform flow)으로 취급한다.

또한 유동을 조건에 따라 층류(laminar flow), 천이흐름(transition flow), 난류(turbulent flow)로 분류할 수 있으며, 이것은 Reynolds수($Re = VR_h/\nu$)에 의존한다. Reynolds수의 대표길이는 수력반경 R_h로서 단면적을 접수길이로 나눈 값이다. 임계 Reynolds수는 500~600이며, $Re < 500$의 경우는 층류, $Re = 500 \sim 2000$의 경우는 천이흐름, $Re > 2000$의 영역은 난류로 분류하며 대부분의 개수로 유동은 난류이다.

개수로 유동은 교란되지 않는 수면으로부터 파동유동이 될 수 있는 자유표면을 갖는다. 특정한 파가 유체에 대하여 상대적으로 움직이는 속도와 비교하여 유체가 얼마의 속도로 흐르는가에 따라 개수로 유동의 특성은 크게 달라진다. 이러한 특성을 표시하는 무차원수는 Froude수($Fr = V/\sqrt{gy}$, y는 수심)이며 $Fr = 1$인 특수한 경우의 흐름은 **임계유동**(critical flow), $Fr < 1$인 흐름을 **아임계유동**(subcritical flow) 또는 **상류**(常流, tranquil flow)라 하고, $Fr > 1$의 유동을 **초임계유동**(supercritical flow) 또는 **사류**(射流, rapid flow)라 한다.

8.2 에너지의 고찰

그림 8.1은 개수로 유동의 일부를 표시한 그림이다. 수로바닥의 경사

$$i_o = (z_1 - z_2)/l = \sin\theta \fallingdotseq \tan\theta$$

는 일정하다고 가정하고, 표시된 두 위치에서의 수심은 각각 y_1, y_2, 유속은 V_1, V_2이다.

수로의 각 횡단면상의 유속이 균일하게 분포한다고 가정하면, 이 유동에 대한 에너지식(베르누이 식)은 다음과 같다.

$$\frac{p_1}{\gamma} + \frac{{V_1}^2}{2g} + z_1 = \frac{p_2}{\gamma} + \frac{{V_2}^2}{2g} + z_2 + h_L \tag{8.1}$$

여기서 h_L은 단면 ①과 ② 사이에서 점성에 의한 손실수두이며, $z_1 - z_2 = i_o l$ 이다.

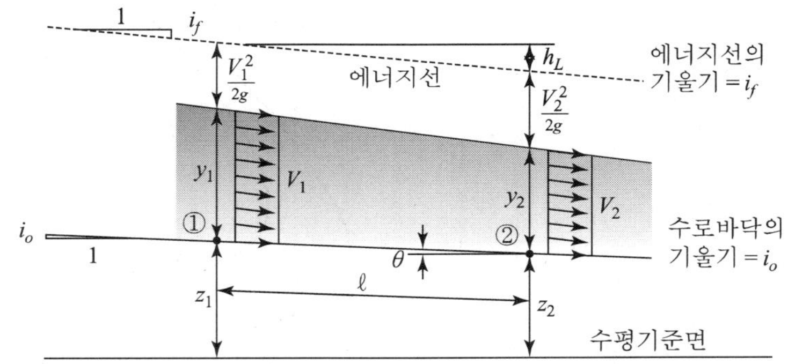

그림 8.1 개수로유동의 개요

압력이 각 단면에서 본질적으로 정역학적 분포이므로 $p_1/\gamma = y_1$, $p_2/\gamma = y_2$가 되어 식 (8.1)은 다음과 같이 된다.

$$y_1 + \frac{V_1^{\ 2}}{2g} + i_o l = y_2 + \frac{V_2^{\ 2}}{2g} + h_L \tag{8.2}$$

그림 8.1에서 표시하듯이 손실수두는 에너지선의 기울기 $i_f = h_L/l$ 로 나타나며, 이것을 **마찰경사**(friction slope)라고 한다. 여기서 단위 질량이 갖는 에너지는 수로바닥을 기준으로 한다면 수로 깊이와 속도수두의 합이 된다. 따라서 **비에너지**(specific energy) E의 개념을 다음과 같이 정의한다.

$$E = y + \frac{V^2}{2g} \tag{8.3}$$

식 (8.2)의 에너지 식은 비에너지 E의 개념으로 표시하면 다음과 같이 나타낼 수 있다.

$$E_1 = E_2 + (i_f - i_o)l \tag{8.4}$$

폭 b인 사각형 단면 수로에 대하여 단위 폭 당 유량 $q = Q/b = Vyb/b = Vy$이므로 비에너지는 다음과 같이 표시할 수 있다.

$$E = y + \frac{q^2}{2gy^2} \tag{8.5}$$

일정한 폭의 수로에서는 수심 y가 변할 수 있지만 q의 값은 수로를 따라 일정하게 유지된다. 식 (8.5)의 식에서 E를 횡축에, y를 종축에 취하여 선도를 그리면 그림 8.2와 같이 곡선으로 나타나는데, 이 선도를 **비에너지 선도**(specific energy diagram)라 한다.

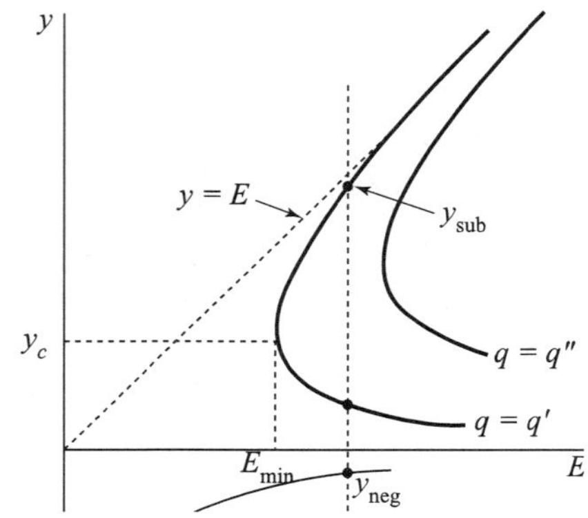

그림 8.2 개수로유동의 비에너지선도

식 (8.5)는 주어진 q와 E에 대하여 3개의 해를 갖는 3차 방정식으로서 비에너지 E가 최소값 $E_{\min}$에서의 수심을 임계깊이 y_c라 하며, 비에너지 E가 최소 비에너지보다 큰 경우($E > E_{\min}$)에는 y_{sub}, y_{sup}, y_{neg}의 해가 얻어지는데, 그 중 y_{neg}는 음의 값이므로 의미가 없다. 따라서 주어진 유량과 비에너지에 대하여 2개의 수심이 존재할 수 있다.

$E_{\min}$을 기준으로 그 상부영역에 표시되는 수심 y_{sub}는 깊고 유속은 느리므로 이때의 유동을 아임계유동 또는 상류($Fr < 1$)라 하며, 하부영역에 표시되는 수심 y_{sup}은 수심이 얕고 유속은 빠르며 이때의 유동을 초임계유동 또는 사류($Fr > 1$)라 한다.

8.3 정상균일 유동

도랑, 하천, 운하 등과 같이 액체의 자유표면이 존재하는 수로를 **개수로**(open channel)라 하며, 일반적으로 자유표면상에는 일정한 압력(대기압)이 작용하고 있으므로 액체의 유동은 수로바닥의 경사에 의해 이루어진다.

수로를 설계할 때 전체 길이에 걸쳐 균일한 수심으로 유체가 흐르도록 설계한다. 균일수심유동(uniform depth flow, $dy/dx = 0$ 또는 $y_1 = y_2$이고 $V_1 = V_2$)은 바닥의 기울기 i_o를 조절하여 에너지선의 기울기 i_f와 일치하게 하면 된다.

정상균일 유동인 경우, 그림 8.3에 표시한 제어체적에 적용되는 운동량 방정식의 x성분은 $\Sigma F_x = \rho Q(V_2 - V_1) = 0$ ($\because V_1 = V_2$) 이므로

$$F_1 - F_2 - \tau_w S l + W\sin\theta = 0 \tag{8.6}$$

여기서 F_1과 F_2는 제어체적의 양단에서 작용하는 정압에 의한 힘이며, S는 접수(接水)길이, W는 제어체적 내 유체의 중량($\gamma A l$)이다.

수심이 균일($y_1 = y_2$)하므로 $F_1 = F_2$가 되어 벽면전단응력은

$$\tau_w = \frac{W\sin\theta}{S\,l} = \frac{W i_o}{S\,l} = \frac{\gamma A\, l\, i_o}{S\,l} = \gamma R_h i_o \tag{8.7}$$

여기서 R_h는 수력반경($= A/S$) 이다.

대부분의 개수로 유동은 난류이며, 벽면전단응력은 동압 $\rho V^2/2$에 거의 비례하고 점성에 대해서는 독립적이다. 즉

$$\tau_w = K\rho\frac{V^2}{2} \tag{8.8}$$

여기서 K는 수로의 거칠기에 의존하는 상수이며, 식 (8.7)과 식 (8.8)로부터

$$V = C\sqrt{R_h i_o} \tag{8.9}$$

가 되고, 상수 C는 Chezy계수, 식 (8.9)는 **Chezy방정식**(Chezy equation)이라 한다.

많은 실험으로부터 $V \propto {i_o}^{1/2}$의 관계는 타당하지만 유속과 R_h의 관계가 식 (8.9)와 같지 않음이 밝혀졌다. 실험결과를 종합하면

$$C = \frac{1}{n} R_h^{\frac{1}{6}} \tag{8.10}$$

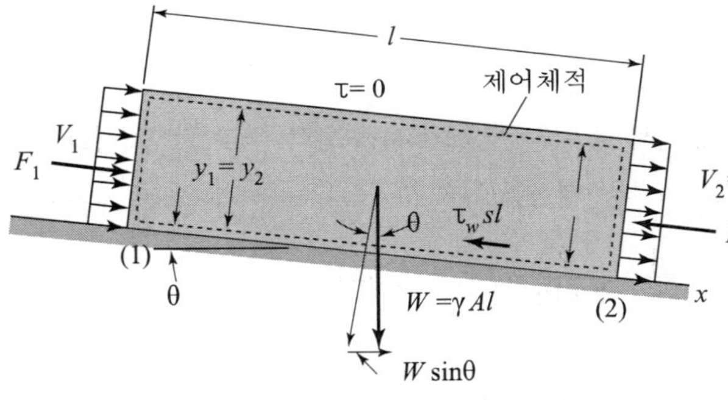

그림 8.3 개수로의 균일유동에 대한 제어체적

의 관계가 성립하므로 식 (8.10)을 식 (8.9)에 대입하면

$$V = \frac{1}{n} R_h^{\ 2/3} i_o^{\ 1/2} \tag{8.11}$$

의 식으로 표시된다. 이 식을 **만닝의 식**(Manning equation), n을 **만닝의 저항계수**(Manning resistance coefficient) 또는 만닝계수라 한다. n의 값은 수로 표면의 재질에 따라 달라지며 실험적으로 얻어진다. 그 단위는 $[\mathrm{s/m^{1/2}}]$이며, 그 값은 표 8.1에 나타내었다. 이 경우 체적유량은 연속방정식으로부터 다음 식을 얻을 수 있다.

$$Q = \frac{1}{n} A R_h^{2/3} i_o^{1/2} \tag{8.12}$$

표 8.1 Manning계수

벽면재료	Manning 계수 n
대패질한 목재	0.012
대패질하지 않은 목재	0.013
손질한 콘크리트	0.012
손질하지 않은 콘크리트	0.014
주철	0.015
벽돌	0.016
리벳강	0.018
주름진 금속	0.022
하원석(河源石)	0.025
흙	0.025
돌과 잡초가 있는 땅	0.035
자갈이 깔린 하천	0.029

예제 8.1

손질한 콘크리트 개수로에서 물이 정상 균일유동을 한다. 수로는 직사각형 단면이며, 폭 2 m, 수심 1.2 m, 수로의 기울기는 8 %일 때 평균유속, 유량, Froude수를 각각 구하라.

풀이 n=0.012, $R_h = \frac{A}{S} = \frac{2\times 1.2}{2+(2\times 1.2)} = 0.545\ \mathrm{m}$, i_o=0.08

$$\therefore V = \frac{1}{n} R_h^{\ 2/3} i_o^{1/2} = \frac{1}{0.012} \times (0.545)^{2/3} \times (0.08)^{1/2} = 15.726\ \mathrm{m/s}$$

$$Q = AV = (2\times 1.2)\times 15.726 = 37.74\ \mathrm{m^3/s}$$

$$Fr = \frac{V}{\sqrt{gy}} = \frac{15.726}{\sqrt{9.8 \times 1.2}} = 4.586$$

8.4 최적 수력단면

식 (8.9)와 식 (8.11)로부터 명백하듯이 개수로에서는 평균유속 V는 유체의 수력반경(평균 깊이) R_h가 증가함에 따라 증대한다. 따라서 유로의 면적 A가 주어지는 경우, 유량은 R_h가 클수록 커진다.(식 8.12참조).

Chezy의 식인 식 (8.9)에서 C를 근사적으로 일정하다고 보면 수로바닥의 기울기 i_o가 이미 결정되어 주어지는 경우에 다음 식이 성립한다.

$$\frac{dV}{V} = \frac{1}{2}\frac{dR_h}{R_h} \tag{8.13}$$

위 식에서 유속이 최대인 조건을 구하려면 $dV = 0$으로부터 $dR_h = d(\frac{A}{S}) = 0$이 되어 유속 최대의 조건은 다음 식을 만족하는 상태가 된다.

$$SdA - AdS = 0 \tag{8.14}$$

다음에 유량을 $Q = AV$ 이므로 미분하면

$$\frac{dQ}{Q} = \frac{dA}{A} + \frac{dV}{V} = \frac{dA}{A} + \frac{1}{2}\frac{dR_h}{R_h}$$

가 성립되므로 $dQ = 0$을 취하면 유량 최대의 조건은 다음 식을 만족하는 상태이다.

$$3SdA - AdS = 0 \tag{8.15}$$

단면적 A와 접수길이 S는 각 부의 치수로부터 결정되므로 이 값을 식 (8.14) 또는 식 (8.15)에 대입하면 유속 최대 또는 유량 최대의 수로단면을 얻을 수 있다.

1) 최적 직사각형 수로

목재수로에서는 직사각형 단면의 수로가 많이 이용되고 있다. 단면적 A가 일정하게 유지될 때 최적단면을 구할 수 있다. 그림 8.4와 같이 수로의 폭을 b, 수로 깊이를 y라 하면 $S = b + 2y$, $A = by$이므로

$$dS = db + 2dy, \quad dA = bdy + ydb$$

단면적이 일정한 조건의 $dA = 0$에서 유속 최대의 조건과 유량 최대의 조건은 식 (8.14)와 식 (8.15)로부터 동시에 다음의 조건으로부터 만족된다.

$$dS = 0 \tag{8.16}$$

따라서 $S = b + 2y = \frac{A}{y} + 2y$이므로 $\frac{dS}{dy} = -\frac{A}{y^2} + 2 = 0$로부터 $y^2 = \frac{A}{2} = \frac{by}{2}$가 되어 다음의 관계가 얻어진다.

$$y = \frac{b}{2} \quad \text{또는} \quad b = 2y \tag{8.17}$$

즉, 수로 깊이가 폭의 1/2인 직사각형 단면이 유속 및 유량을 최대로 하는 **최적 직사각형 수로**의 단면형상이 된다.

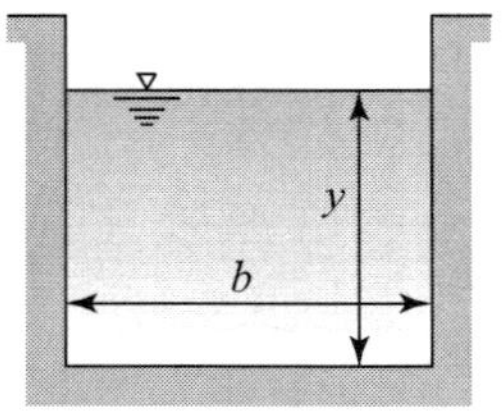

그림 8.4 직사각형 수로

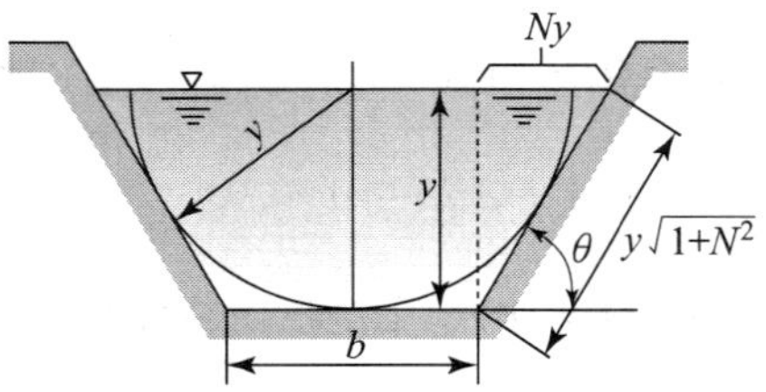

그림 8.5 사다리꼴 단면 수로

2) 최적 사다리꼴단면 수로

그림 8.5와 같이 저면 폭 b, 수로 깊이 y인 사다리꼴단면의 경우, 단면적 A가 일정하게 유지될 때 식 (8.14)와 식 (8.15)에서 $dS = 0$의 조건이 유속과 유량을 최대로 하는 조건임을 알 수 있다.

$$\text{접수길이} \quad S = b + 2y\sqrt{1 + N^2} \tag{8.18}$$

$$\text{단면적} \quad A = y(b + Ny) \tag{8.19}$$

$dS = 0$의 조건으로부터 식 (8.18)을 미분하여

$$db + 2\sqrt{1+N^2}\,dy + \frac{2yN}{\sqrt{1+N^2}}dN = 0 \tag{8.20}$$

$dA = 0$의 조건으로부터 식 (8.19)를 미분하여

$$ydb + (b + 2Ny)dy + y^2 dN = 0 \tag{8.21}$$

식 (8.20)과 식 (8.21)에서 db를 소거하면

$$[2\sqrt{1+N^2} - \frac{1}{y}(b + 2Ny)]dy + y(\frac{2N}{\sqrt{1+N^2}} - 1)dN = 0$$

가 되며, dy와 dN과는 서로 독립적이므로, 각 계수를 0으로 놓으면 $\frac{2N}{\sqrt{1+N^2}} - 1 = 0$ 으로부터

$$N = \frac{1}{\sqrt{3}} \tag{8.22}$$

또, $2\sqrt{1+N^2} - \frac{1}{y}(b + 2Ny) = 0$에 식 (8.22)를 적용하여 정리하면

$$y = \frac{\sqrt{3}}{2}b \tag{8.23}$$

이며, 그림 8.5에서 $\tan\theta = \frac{y}{Ny} = \frac{1}{N} = \sqrt{3}$ 이 되어 다음의 값이 얻어진다.

$$\theta = 60^\circ \tag{8.24}$$

여기서 측벽길이 $y\sqrt{1+N^2} = \frac{\sqrt{3}}{2}b\sqrt{1+\frac{1}{3}} = b$가 되므로, 이 **최적 사다리꼴단면**의 형태는 한 변의 길이가 b이고 반경 y의 원이 내접하는 정6각형의 절반 형태이다.

예제 8.2

직사각형 단면의 대패질 한 목재수로에서 기울기가 0.002, 유량을 4 m^3/s 로 수송시키려 한다. 경제적인 치수를 구하라.

풀이 식 (8.17)로부터 $b=2y$

$\therefore\ A=by=2y^2$, $S=b+2y=4y$ $\quad \therefore R_h=\dfrac{A}{S}=2y^2/4y=y/2$, 만닝계수 n=0.012

$\therefore$ 식 (8.12)로부터

$$Q=\frac{1}{n}AR_h^{2/3}i_o^{1/2}=\frac{1}{0.012}\times 2y^2\times(y/2)^{2/3}\times 0.002^{1/2}=4.69545y^{8/3}=4$$

$\therefore$ 수로 깊이 $y=0.9417\ \text{m}$, 수로 폭 $b=2y=1.883\ \text{m}$

예제 8.3

5°의 경사도를 갖는 사다리꼴 수로를 벽돌로 쌓아 만들려고 한다. 이 수로에서 $50\ \text{m}^3/\text{s}$ 의 물을 수송시키려면 경제적인 치수는 얼마로 정해야 하는가?

풀이 만닝계수 n=0.016, $S=b+2y\sqrt{1+N^2}=\dfrac{2}{\sqrt{3}}y+\dfrac{4}{\sqrt{3}}y=\dfrac{6}{\sqrt{3}}y=2\sqrt{3}\,y$

$$A=y(b+Ny)=y\left(\frac{2}{\sqrt{3}}y+\frac{y}{\sqrt{3}}\right)=\sqrt{3}\,y^2\ ,\qquad i_o=\sin\ 5^\circ=0.087$$

$$\therefore R_h=\frac{A}{S}=\frac{\sqrt{3}\,y^2}{2\sqrt{3}\,y}=\frac{y}{2}\ ,$$

$$\therefore Q=\frac{1}{n}AR_h^{2/3}i_o^{1/2}=\frac{1}{0.016}\sqrt{3}\,y^2\times\left(\frac{y}{2}\right)^{2/3}\times 0.087^{1/2}=50$$

$$\therefore\ y=1.407\ \text{m},\quad b=\frac{2}{\sqrt{3}}y=\frac{2}{\sqrt{3}}\times 1.407=1.6247\ \text{m}$$

3) 최적 원형수로

원관의 경우도 물이 관 속을 완전히 충만하지 않은 상태의 흐름은 개수로 유동으로 취급하며 하수로에 이용되는 경우가 많다. 그림 8.6에서 보는 바와 같이 반경 R의 원관에 물이 흐르는 경우, 최대유속 또는 최대유량이 되는 조건의 θ를 구해보자.

접수길이 $S=R\theta$ (8.25)

단면적 $A=\dfrac{R^2}{2}(\theta-\sin\theta)$ (8.26)

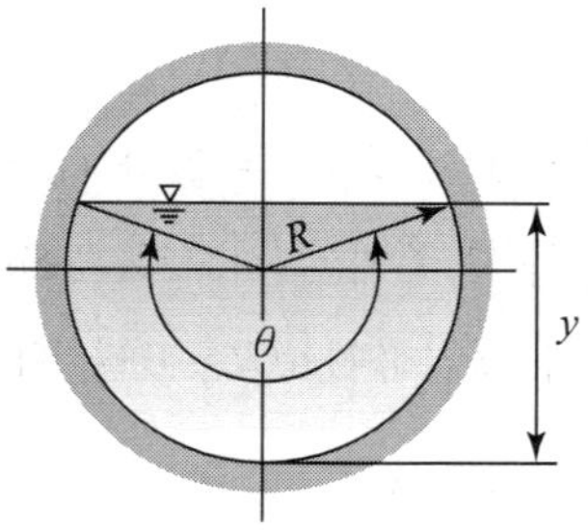

그림 8.6 원형단면 수로

(1) 유로면적 A가 주어지는 경우

식 (8.25)와 식 (8.26)을 각각 미분하면

$$dS = Rd\theta + \theta dR \tag{8.27}$$

$$dA = R(\theta - \sin\theta)dR + \frac{R^2}{2}(1 - \cos\theta)d\theta \tag{8.28}$$

A 가 주어져 있으므로 $dA = 0$이 되며, 최대유속과 최대유량의 조건은 식 (8.14)와 식 (8.15)를 동시에 만족하는 조건으로서

$$dS = 0 \tag{8.29}$$

따라서 식 (8.27)로부터 $dR = -\dfrac{R}{\theta}d\theta$를 식 (8.28)에 $dA = 0$과 함께 대입하여 정리하면 다음의 식이 된다.

$$\theta - 2\sin\theta + \theta\cos\theta = 0 \tag{8.30}$$

따라서 유속 및 유량을 최대로 하는 조건은 $\theta = 180°$ 이다.

(2) 원의 반경 R이 주어지는 경우

최대유속의 조건은 식 (8.14)를 만족해야 하므로, $SdA - AdS = 0$ 에서 식 (8.27) 및 식 (8.28)을 식 (8.14)에 대입하여 $dR = 0$를 취해 정리하면 다음의 식 (8.31)을 얻을 수 있으며, θ는 식 (8.32)로 정리된다.

$$\frac{R^2}{2}(\sin\theta - \theta\cos\theta)d\theta = 0 \tag{8.31}$$

$$\therefore \theta = \tan\theta \tag{8.32}$$

따라서 $\theta = 257°\ 30'$에서 최대유속을 얻을 수 있다 ($y = 1.63R$).

최대유량의 조건은 식 (8.15)를 만족해야 하므로, $3SdA - AdS = 0$ 가 되어, 역시 식 (8.27)과 식 (8.28)을 식 (8.15)에 대입하여 $dR = 0$를 취하면 다음의 식을 얻을 수 있다.

$$2\theta - 3\theta\cos\theta + \sin\theta = 0 \tag{8.33}$$

따라서 $\theta = 308°$에서 최대유량을 얻을 수 있다 ($y = 1.9R$).

8.5 비에너지와 아임계유동 및 초임계유동

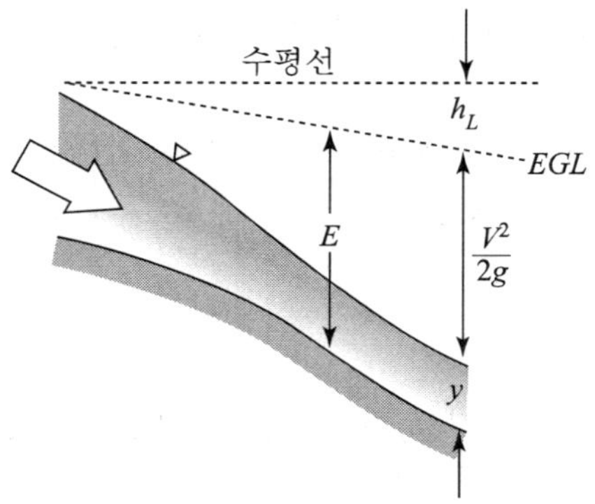

그림 8.7 비에너지의 개략도

그림 8.7과 같은 개수로에서 임의의 단면에 대한 수로의 깊이를 y 라 할 때 비에너지(specific energy) E는 수로바닥을 기준으로 했을 때의 에너지수두로 정의된다. 그 에너지수두는 수로바닥으로부터 측정한 에너지구배선(energy grade line, EGL)의 높이로서 전술한 식 (8.3)과 같다. 이 절에서는 개수로의 유동특성에 대하여 기술한다.

$$E = y + \frac{V^2}{2g} \tag{8.3}$$

1) 직사각형 수로

수로의 폭을 b , 수로의 깊이를 y 라 할 때, 단위 폭 당 유량 q 는 다음과 같다.

$$q = \frac{Q}{b} = \frac{AV}{b} = \frac{byV}{b} = Vy \quad \text{또는} \quad V = \frac{q}{y} \tag{8.34}$$

(1) 단위 폭 당 유량 q 가 일정한 경우

식 (8.34)를 식 (8.3)에 대입하면 비에너지는 다음 식으로 표시된다.

$$E = y + \frac{q^2}{2gy^2} \tag{8.35}$$

위 식은 q 가 일정한 경우, 수심 y 의 변화에 따라 비에너지의 변화를 표시하는 식이며, 물리적으로 이 상황은 단면적이 일정한 직사각형 수로에서는 기울기가 변화할 때 일어나는 상황이다. 만닝의 식으로부터 주어진 유량에서 수로의 경사가 급하면 수심은 완만한 경사에서보다 수심이 작아질 것이다.

q 가 일정한 조건에서 식 (8.35)의 수심 y 의 변화에 대한 비에너지 E 의 변화곡선을 그림 8.8에 나타내었다.

이 선도에서 임의의 깊이 y 에 대한 비에너지는, $y = E$ 곡선(45°직선)의 좌측선분의 길이에 해당하는 에너지인 식 (8.3) 혹은 식 (8.35)의 우변 제 1항의 값으로 물의 깊이에 상당하는 에너지와, 우측선분의 길이에 해당하는 에너지인 우변 제 2항의 속도에너지의 합과 같다.

또한 E 의 최소치를 갖는 깊이 y 가 존재하며, 이 깊이를 **임계 깊이**(critical depth, 臨界

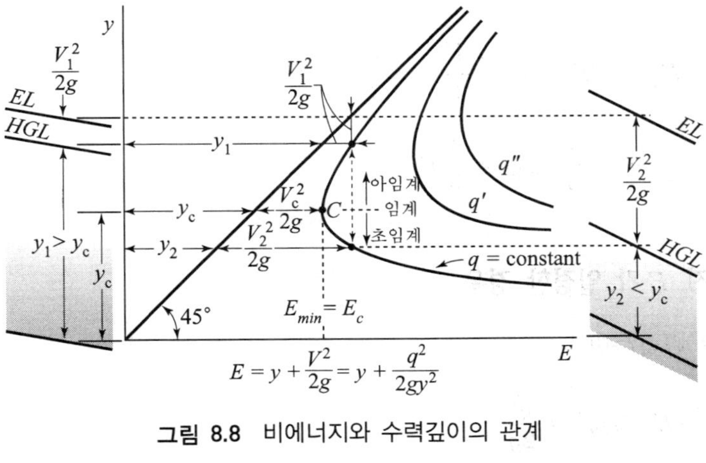

그림 8.8 비에너지와 수력깊이의 관계

깊이)라 하고 y_c 로 표시한다. 그리고 E 가 최소인 상태의 유동(C점의 상태)을 **임계유동**(critical flow, 臨界流動)이라 하며, 이 상태에서의 속도를 **임계속도**(critical velocity, 臨界速度) V_c 라 한다.

$q = const$ 의 상태에서 y_c 를 구하기 위해서는 식 (8.35)로부터 $dE/dy = 0$ 인 조건에서 구할 수 있다. 즉

$$\frac{dE}{dy} = 1 - \frac{q^2}{gy^3} = 0$$

$$\therefore q^2 = gy_c^{\ 3} \tag{8.36}$$

$q = Vy = V_c y_c$ 의 관계를 위 식에 적용하면 임계속도 V_c 는 다음과 같다.

$$V_c^{\ 2} = gy_c \quad \text{또는} \quad V_c = \sqrt{gy_c} = \frac{q}{y_c} \tag{8.37}$$

식 (8.37)과 식 (8.36)으로부터 임계 깊이 y_c 는 다음과 같이 표시할 수 있다.

$$y_c = \frac{V_c^{\ 2}}{g} = \left(\frac{q^2}{g}\right)^{\frac{1}{3}} \tag{8.38}$$

식 (8.38)로부터 임계속도수두는

$$\frac{V_c^{\ 2}}{2g} = \frac{1}{2}y_c \tag{8.39}$$

가 되어, 임계상태에서의 최소 비에너지와 임계 깊이의 관계는 다음과 같다.

$$E_{\min} = E_c = y_c + \frac{V_c^{\ 2}}{2g} = \frac{3}{2}y_c \tag{8.40}$$

$$\therefore\ y_c = \frac{2}{3}E_{\min} = \frac{2}{3}E_c \tag{8.41}$$

(2) 비에너지 E 가 일정한 경우

식 (8.35)을 변형하면

$$(E - y)y^2 = \frac{q^2}{2g} \tag{8.42}$$

에서 위 식은 $E=const$ 조건에서 유동깊이 y의 변화에 대한 q 의 변화를 나타내는 식이며, 그림 8.9와 같은 큰 수조에 슬루우스형 수문을 점차 열어감에 따라 토출유량은 증가하며, 임계 깊이까지 증가하지만 그 이상으로 열면 유량이 증가하지 않는다.

식 (8.42)를 다시 변형하면

$$q=y\sqrt{2g(E-y)} \tag{8.43}$$

그림 8.9(b)에서는 식 (8.43)을 무차원 형태로 표시한 곡선이다. 이 곡선에서는 주어진 비에너지에 대하여 최대 토출유량은 $(0.6\sim0.7)E$ 에서의 깊이에서 얻어짐을 볼 수 있다. 보다 정확한 값은 식 (8.43)으로부터 $dq/dy=0$ 의 조건으로부터 구할 수 있다. 즉

$$\frac{dq}{dy}=\sqrt{2g}\left(\sqrt{E-y}-\frac{1}{2}\frac{y}{\sqrt{E-y}}\right)=0$$

$$\therefore\ y_c=\frac{2}{3}E \tag{8.44}$$

여기서 y_c 는 주어진 비에너지에 대한 임계 깊이이며, 이 식은 식 (8.41)과 같다.

그림 8.9(b)에서, 주어진 E 에 대하여 유량 q 가 최대인 조건은 C 점의 유동조건으로서 임계유동의 조건임을 알 수 있다. 따라서 $y=y_c$ 에서 유량이 최대가 되며, 식 (8.44)로부터 $E=\frac{3}{2}y_c$ 를 식 (8.43)에 대입하면 최대유량 q_{max} 은 다음의 값으로 표시된다.

$$q_{max}=\sqrt{g{y_c}^3} \tag{8.45}$$

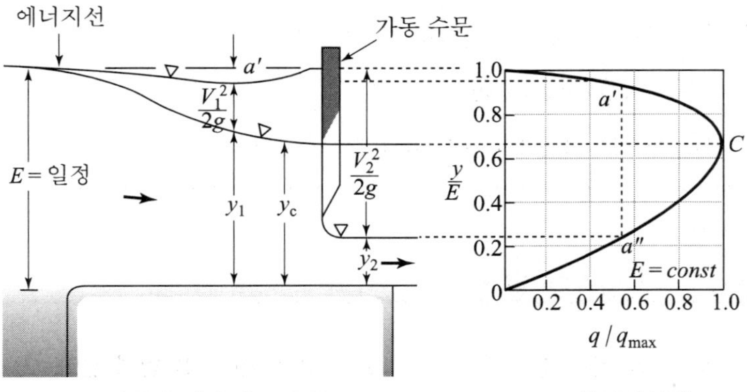

(a) 수문을 유출하는 흐름 (b) 무차원곡선

그림 8.9 E=const일 때 단위폭당 유량과 깊이 y의 변화

(3) 아임계 유동과 초임계 유동

그림 8.8에서 C점(임계유동)에 해당하는 경우는 수로 깊이가 임계깊이이지만 $E > E_{\min}$ 영역의 임의의 비에너지 E 를 갖는 수로의 깊이는 두 개가 존재하며, 그 깊이가 임계 깊이 y_c 보다 큰 흐름과 임계 깊이보다 작은 흐름이 가능하다. 그에 따른 유동의 구분은 다음과 같이 구별한다.

① $y > y_c$ 에서는 $V < V_c$, 즉 $V < \sqrt{gy}$ 이며 **아임계 유동**(subcritical flow) 또는 **상류**(tranquil flow, 常流)라 하며, Froude수는 1보다 작다.

② $y = y_c$ 에서는 $V = V_c$, 즉 $V = \sqrt{gy}$ 이며 **임계유동**이라 하고, Froude수는 1이다.

③ $y < y_c$ 에서는 $V > V_c$, 즉 $V > \sqrt{gy}$ 이며 **초임계 유동**(supercritical flow) 또는 **사류**(rapid flow, 射流)라 하며, Froude수는 1보다 크다.

아임계 유동에서는 중력파의 속도가 유속보다 빠르므로 액면이 상류(上流)로 전파되며, 초임계 유동에서는 유속이 파의 속도보다 빠르므로 상류에 파면(波面)이 도달하지 못한다.

예제 8.4

폭 5 m, 수심 2 m의 개수로에 20 m^3/s 의 유량이 흐를 때 비에너지를 구하고 흐름이 아임계유동(상류)인지 초임계유동(사류)인지를 판별하여라.

풀이 $V = \frac{Q}{A} = \frac{20}{5 \times 2} = 2 m/s, \quad q = \frac{Q}{b} = \frac{20}{5} = 4 \ m^3/s \cdot m$

$\therefore$ 비에너지 $E = y + \frac{V^2}{2g} = 2 + \frac{2^2}{2 \times 9.8} = 2.204 \ m$

$\sqrt{gy} = \sqrt{9.8 \times 2} = 4.427$

$\therefore V < \sqrt{gy}$ 이므로 아임계유동(상류)이다.

예제 8.5

직사각형 단면의 수로에 수심 1 m, 유속 5 m/s로 흐르고 있다. (1) 임계 깊이, (2) 최소 비에너지, (3) 단위 폭 당 최대가능 유량, (4) 아임계유동 또는 초임계유동의 판별을 하여라.

풀이 (1) $q = Vy = 5 \times 1 = 5 \ m^3/s \cdot m$

식 (8.38)로부터 $y_c = (\frac{q^2}{g})^{1/3} = (\frac{5^2}{9.8})^{1/3} = 1.366\ \text{m}$

(2) $E_{\min} = \frac{3}{2} y_c = \frac{3}{2} \times 1.366 = 2.049\ \text{m}$

(3) $q_{\max} = \sqrt{g y_c^{\ 3}} = \sqrt{9.8 \times 1.366^3} = 4.998\ \text{m}^3/\text{s} \cdot \text{m}$

(4) $\sqrt{gy} = \sqrt{9.8 \times 1} = 3.13\ \text{m/s}$

$\therefore V > \sqrt{gy}$ 이므로 초임계유동(사류)이다.

2) 직사각형 단면 외의 수로

그림 8.10과 같이 직사각형 단면형상이 아닌 수로에서는 $V = Q/A$ 를 식 (8.3)에 대입하면 비에너지가 다음과 같이 표시된다.

$$E = y + \frac{Q^2}{2gA^2} \tag{8.46}$$

이때 유량 Q 가 일정하면 $dE/dy = 0$ 의 조건에서 임계상태를 구할 수 있으며, 전술한 바와 같이 이 조건에서 비에너지는 최소 값이 된다. $A = A(y)$ 이므로

$$\frac{dE}{dy} = 1 - \frac{Q^2}{gA^3} \frac{dA}{dy} = 0$$

$$\therefore \ \frac{dA}{dy} = \frac{gA^3}{Q^2} \tag{8.47}$$

그림 8.10에서 보는 바와 같이 자유표면에서의 수로 폭을 B 라 하면 미소 단면적 $dA = Bdy$ 이므로 위 식은 다음과 같이 된다. 즉 임계상태의 단면적은

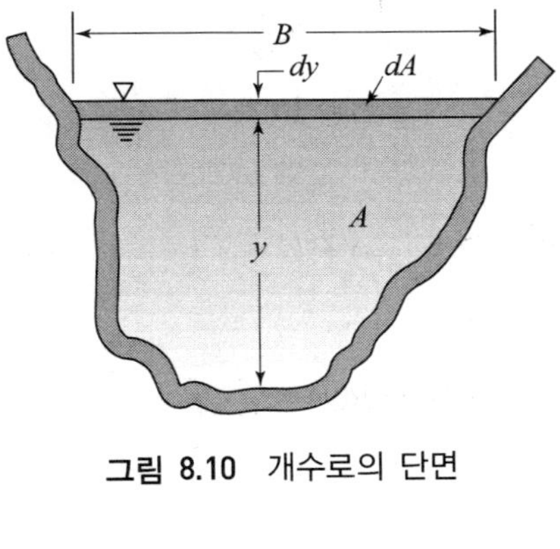

그림 8.10 개수로의 단면

$$A_c = (\frac{BQ^2}{g})^{\frac{1}{3}} \tag{8.48}$$

임계속도는 $Q = A_c V_c$ 를 위 식에 적용하여 정리하면 다음 식으로 표시할 수 있다.

$$V_c = (\frac{gA_c}{B})^{\frac{1}{2}} \tag{8.49}$$

주어진 수로의 형상 $A(y)$ 와 $B(y)$ 및 주어진 유량 Q 에 대하여 식 (8.48), (8.49)를 시행오차법이나 도식해법에 의해 A_c 를 구하고, 그로부터 V_c 를 계산한다.

균일유동에서 임계 기울기 i_c 는 식 (8.48)과 Chezy의 식을 이용하여 다음과 같이 구한다.

$$Q^2 = g\frac{A_c^{\ 3}}{B} = C^2 A_c^{\ 2} R_h i_c$$

$$\therefore\ i_c = \frac{f}{8}\frac{S}{B} = \frac{gn^2}{R_h^{\ 1/3}}\frac{S}{B} \tag{8.50}$$

여기서 S 는 접수길이이며, 넓은 직사각형 수로에서는 S/B 를 1.0으로 할 수 있다.

예제 8.6

그림[예제 8.6]과 같은 삼각형 수로에서 유량 $Q = 10\ \text{m}^3/\text{s}$ 일 때 (1) 임계 깊이 y_c, (2) 임계속도 V_c를 각각 구하라.

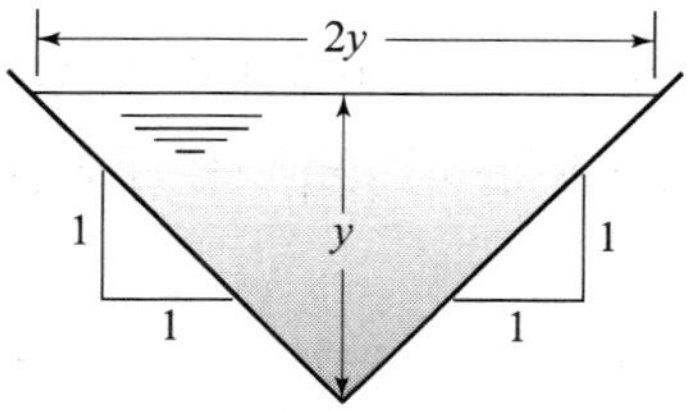

그림 [예제 8.6]

풀이 (1) $A = \frac{1}{2} \times 2y \times y = y^2, \quad S = 2 \times \sqrt{2}\,y = 2\sqrt{2}\,y, \quad B = 2y$

식 (8.48)로부터

$$gA_c^{\ 3} = BQ^2 \quad \therefore g(y_c^{\ 2})^3 = BQ^2 = 2y_c Q^2$$

$$\therefore y_c = \left(\frac{2Q^2}{g}\right)^{1/5} = \left(\frac{2 \times 10^2}{9.8}\right)^{1/5} = 1.828 \text{ m}$$

(2) $V_c = \dfrac{Q}{A_c} = \dfrac{Q}{y_c^2} = \dfrac{10}{1.828^2} = 2.993 \text{ m/s}$

8.6 수력도약

수문으로부터 유출하는 흐름이나 급격한 경사수로의 흐름은 일반적으로 초임계유동(사류)인데, 이것이 하류 쪽에서 아임계유동으로 천이하는 경우 초임계유동은 하류로부터 영향을 받지 않으므로 아임계유동으로 천이하는 과정에서 액 표면에 격심한 표면와동을 동반하는 불연속의 천이가 발생하여 액체의 깊이가 증가하는 현상이 나타난다. 이 현상을 **수력도약**(hydraulic jump, 水力跳躍)이라 한다. 수력도약은 액체가 갖는 역학적 에너지를 대량으로 손실시키므로 흐름의 운동에너지를 소산시키는데 이용된다.

간단한 형태의 수력도약이 수평 사각형 수로에서 발생하는 개념도를 그림 8.11에 나타내었다. 수력도약이 일어나는 유동현상은 복잡하고 격심한 와동을 일으키지만, 단면(1)과 단면(2)에서의 유동들은 거의 균일하고 시간에 따라 변하지 않으며 1차원적이라고 가정한다. 또한 두 단면사이의 벽면전단응력 τ_w는 무시하기로 한다.

제어체적에 대한 x방향의 운동량 방정식은 다음과 같이 표시된다.

$$F_1 - F_2 = \rho Q(V_2 - V_1) = \rho V_1 y_1 b(V_2 - V_1) \tag{8.51}$$

여기서 각 단면에서의 압력에 의한 힘은 정역학적이다. 즉, $F_1 = p_{C1}A_1 = \gamma y_1^2 b/2$이고

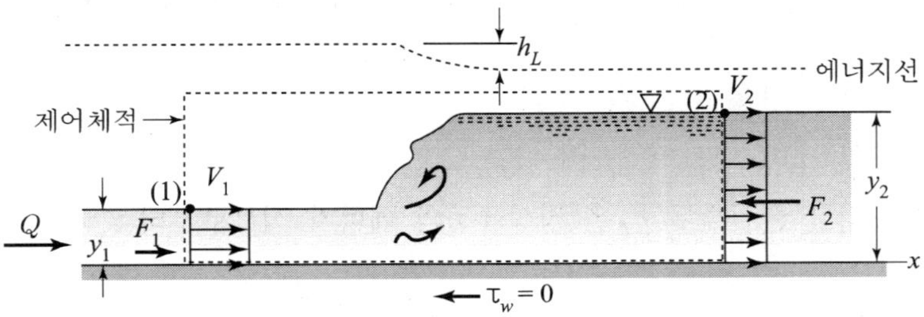

그림 8.11 수력도약의 개념도

$F_2 = p_{C2}A_2 = \gamma y_2^2 b/2$, 압력 $p_{C1} = \gamma y_1/2$, $p_{C2} = \gamma y_2/2$는 수로 횡단면의 도심에서의 압력, b는 수로 폭이다. 따라서 운동량 방정식은 다음과 같이 된다.

$$\frac{y_1^2}{2} - \frac{y_2^2}{2} = \frac{V_1 y_1}{g}(V_2 - V_1) \tag{8.52}$$

연속방정식을 적용하면

$$Q = y_1 b V_1 = y_2 b V_2 \tag{8.53}$$

에너지 방정식은

$$y_1 + \frac{{V_1}^2}{2g} = y_2 + \frac{{V_2}^2}{2g} + h_L \tag{8.54}$$

이 되며, 손실수두 h_L은 도약부내에서 발생하는 격렬한 난류혼합과 소산에 기인한다. 벽면 전단응력에 기인하는 손실수두는 무시하였다.

식 (8.52)와 식 (8.53)을 조합하여 V_2를 소거하면

$$\frac{y_1^2}{2} - \frac{y_2^2}{2} = \frac{V_1 y_1}{g}\left(\frac{V_1 y_1}{y_2} - V_1\right) = \frac{{V_1}^2 y_1}{g y_2}(y_1 - y_2)$$

$$\therefore \left(\frac{y_2}{y_1}\right)^2 + \left(\frac{y_2}{y_1}\right) - 2{Fr_1}^2 = 0 \tag{8.55}$$

여기서 $Fr_1 = V_1/\sqrt{g y_1}$ 으로서 상류 측의 Froude수이다. 식 (8.55)를 근의 공식에 의해 풀면 다음의 결과를 얻는다.

$$\frac{y_2}{y_1} = \frac{1}{2}\left(-1 \pm \sqrt{1 + 8{Fr_1}^2}\right)$$

그러나 ±의 음의 부호는 무의미하므로 수력도약 전후에서 깊이의 비는 다음과 같다.

$$\frac{y_2}{y_1} = \frac{1}{2}\left(-1 + \sqrt{1 + 8{Fr_1}^2}\right) \tag{8.56}$$

수력도약에 의한 손실수두 h_L은 정상유동의 에너지 식으로부터

$$h_L = E_1 - E_2 = \left(y_1 + \frac{{V_1}^2}{2g}\right) - \left(y_2 + \frac{{V_2}^2}{2g}\right) \tag{8.57}$$

식 (8.57)에 식 (8.56)과 $V_2 = V_1 \dfrac{y_1}{y_2}$를 대입하여 정리하면 다음 식을 얻는다.

$$h_L = \frac{(y_2 - y_1)^3}{4y_1 y_2} \tag{8.58}$$

식 (8.56)으로부터 수력도약이 일어나는 조건을 고찰하여 보자.

수력도약은 $y_2/y_1 > 1$인 경우이므로 $Fr_1 > 1$인 조건이 된다. 즉 $V_1 > \sqrt{gy_1}$으로서 상류측의 흐름이 초임계유동(사류)일 때 수력도약이 발생하며, 그 하류에서는 $V_2 = V_1 \dfrac{y_1}{y_2}$으로부터 $V_2 < V_1$으로서 하류는 아임계유동(상류)이 된다. 따라서

$$\begin{aligned} Fr > 1 &: y_2/y_1 > 1 \\ Fr = 0 &: y_2/y_1 = 1 \\ Fr < 1 &: y_2/y_1 < 1 \end{aligned} \tag{8.59}$$

예제 8.7

폭 2 m의 직사각형 수로에 유량 $Q = 15\ \text{m}^3/\text{s}$, 깊이 $y_1 = 1.4\ \text{m}$로 물이 흐른다. 수력도약이 일어난다면 다음을 구하라.

(1) 수력도약 후의 깊이 y_2, (2) 수력도약 후의 속도 V_2, (3) 수력도약 후의 Froude수 Fr_2, (4) 손실수두 h_L, (5) 에너지 소산율, (6) 손실동력.

풀이 (1) $V_1 = \dfrac{Q}{A_1} = \dfrac{Q}{by_1} = \dfrac{15}{2 \times 1.4} = 5.357\ \text{m/s}$

$$Fr_1 = \frac{V_1}{\sqrt{gy_1}} = \frac{5.357}{\sqrt{9.8 \times 1.4}} = 1.446$$

$$\therefore y_2 = \frac{1}{2} y_1 \left(-1 + \sqrt{1 + 8Fr_1^2}\right) = \frac{1}{2} \times 1.4 \left(-1 + \sqrt{1 + 8 \times 1.446^2}\right) = 2.247\ \text{m}$$

(2) $V_2 = V_1 \dfrac{y_1}{y_2} = 5.357 \times \dfrac{1.4}{2.247} = 3.338\ \text{m/s}$

(3) $Fr_2 = \dfrac{V_2}{\sqrt{gy_2}} = \dfrac{3.338}{\sqrt{9.8 \times 2.247}} = 0.711$

(4) $h_L = \dfrac{(y_2 - y_1)^3}{4y_1 y_2} = \dfrac{(2.247 - 1.4)^3}{4 \times 1.4 \times 2.247} = 0.0483\ \text{m}$

(5) $E_1 = y_1 + \dfrac{V_1^{\,2}}{2g} = 1.4 + \dfrac{5.357^2}{2 \times 9.8} = 2.864 \text{ m}$

$\therefore$ 소산율 $= \dfrac{h_L}{E_1} = \dfrac{0.0483}{2.864} = 0.017$

(6) 손실동력 $= \gamma h_L Q = 9800 \times 0.0483 \times 15 = 7100.1\,W = 7.1 \text{ kW}$

8.7 수문의 유출유량

수문을 통한 유량의 조절에는 여러 형태의 수문이 사용되고 있다. 세 가지 대표적인 형태를 그림 8.12에 나타내었다.

이 그림에서 자유표면이 대기 중에 노출된 상태에서 초임계유동으로 유체가 방출될 때 수문 하류의 유동을 **자유방류**(free outflow)라고 하며, 방출되는 유속은 식 (8.60)과 같이 표시된다. 이 경우 수로바닥과 수문 하부와의 수직거리 y_G와 수조의 폭 b, 그리고 방출속도 $\sqrt{2gy_1}$의 곱으로 유량을 식 (8.61)과 같이 표시할 수 있다.

$$V = C_d \sqrt{2gy_1} \tag{8.60}$$

$$Q = C_d y_G b \sqrt{2gy_1} \tag{8.61}$$

여기서 유량계수 C_d는 수축계수인 $C_c = y_2/y_G$와 깊이 비 y_1/y_G의 함수이다.

수직방류 수문의 자유방류에 대한 대표적인 유량계수는 그림 8.13의 상부의 곡선으로 표시된 바와 같이 $C_d = 0.55 \sim 0.6$의 범위에 있다.

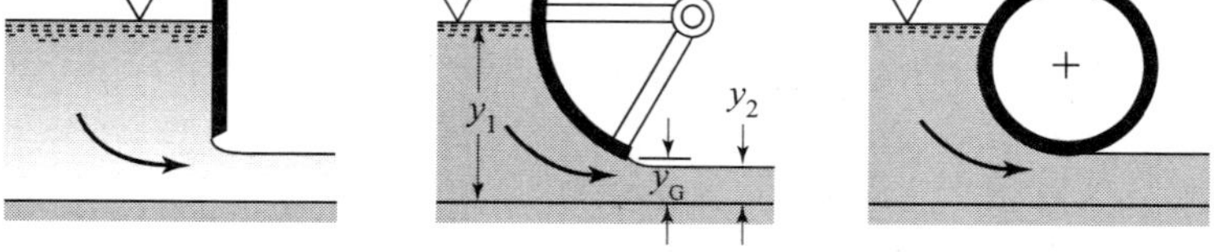

(a) 수직수문 (b) 회전수문 (c) 원통수문

그림 8.12 대표적인 수문의 형태

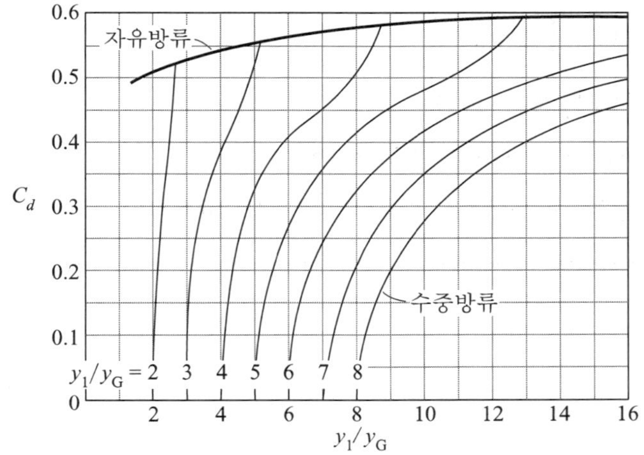

그림 8.13 수직수문의 자유방류 및 수중방류의 유량계수

그러나 많은 경우에 그림 8.14에 표시하듯이 수문 하류로 방출되는 수류가 심하게 소용돌이치는 물에 의해 덮일 수 있다. 이와 같은 경우는 **수중방류**(drowned outflow)라 하고, 그 대표적인 유량계수 C_d의 값들이 그림 8.13의 아래쪽에 일련의 곡선들로 나타나고 있다.

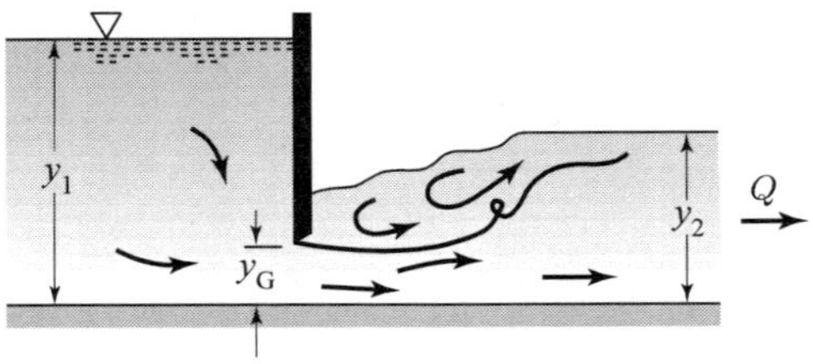

그림 8.14 수직방류 수문에서의 수중방류

예제 8.8

그림[예제 8.8]과 같이 2 m깊이의 저수지로부터 $y_G = 0.2$ m의 수문(폭 5 m) 개수로를 통해 물이 방류하여 1.2 m의 깊이로 흐른다. 유속 및 방류유량을 구하라.

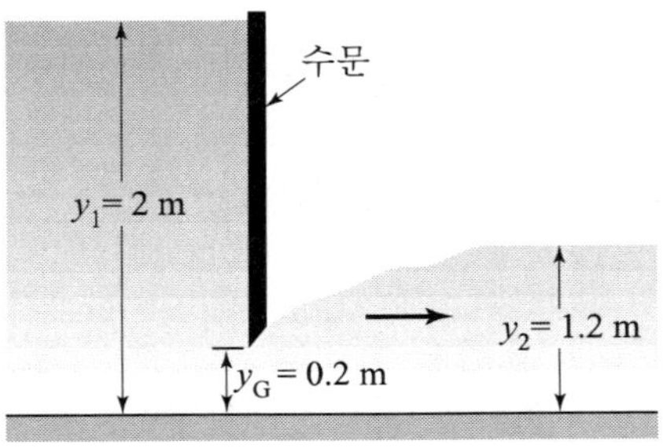

그림 [예제 8.8]

풀이 $\dfrac{y_1}{y_G}=\dfrac{2}{0.2}=10,\quad \dfrac{y_2}{y_G}=\dfrac{1.2}{0.2}=6$

$\therefore$ 그림 8.13으로부터 $C_d=0.415$

$$V=C_d\sqrt{2gy_1}=0.415\sqrt{2\times 9.8\times 2}=2.598\ \mathrm{m/s}$$

$$Q=C_d\,y_G b\sqrt{2gy_1}=0.415\times 0.2\times 5\sqrt{2\times 9.8\times 2}=2.598\ \mathrm{m^3/s}$$

연습문제 exercise 08

직사각형 수로의 유동

1. 폭 100 m, 수심 1 m인 장방형 단면의 하천이 기울기 1/5000일 때 유속을 구하라. 단, 하천바닥은 모래이고 풀이 나 있다.

답 0.399 m/s

2. 폭 3 m의 직사각형 수로에 깊이 1 m로 물이 흐른다. 수로의 기울기는 0.0028, 만닝계수 $n = 0.014$일 때 유량을 구하라.

답 8.066 m^3/s

3. 폭 4 m의 직사각형 수로에 깊이 1.5 m로 물이 $Q = 10\ m^3/s$로 흐른다. 만닝계수 $n = 0.018$이면 이 수로의 기울기는 얼마인가?

답 0.001105

4. 손질하지 않은 콘크리트제 직사각형 수로에서 물을 5.75 m^3/s로 수송시키려 한다. 수로의 기울기는 0.012 이며 수로 깊이는 폭의 1/2일 때 수로의 폭과 깊이를 결정하라.

답 폭 1.634 m, 깊이 0.817 m

5. 하천의 폭 2 m인 작은 하천이 2.5/1000의 기울기로 흐르고 있다. 수심이 80 cm일 때 평균유속과 유량을 구하라. 단, 만닝계수 $n = 0.035$ 이다.

답 $V = 0.8314\ m/s$, $Q = 1.33\ m^3/s$

6. 폭 50 m, 수심 1 m의 직사각형 단면의 수로가 기울기 1/5000일 때 유속을 구하라. 또 임계 깊이를 구하고 흐름이 상류인지 사류인지를 판별하라. 단, 수로는 돌과 잡초가 있는 땅으로서 $n = 0.035$이다.

답 0.3936 m/s, 상류

7. 직사각형 단면의 콘크리트 수로를 설계하려 한다. 평균유속 2 m/s로 유량 $Q = 5\ m^3/s$의

물을 수송시킬 때 효율적인 단면의 치수와 기울기 i_o를 구하라. 단, $n = 0.012$이다.

답 $b = 2.236$ m, $y = 1.118$ m, $i_o = 1.251 \times 10^{-3}$

8. 기울기 0.001인 벽돌로 만든 직사각형 수로에 5 m^3/s의 물이 흐르게 설계하려 한다. 이 수로의 최적 수로단면의 치수를 결정하라.

답 $y = 1.299$ m, $b = 2.598$ m

9. $n = 0.013$의 콘크리트 개수로에서 물이 등류 유동한다. 이 수로의 기울기는 5%, 폭 3 m, 수심 0.7 m일 때 평균속도, 유량, Froude수는 각각 얼마인가?

답 $V = 10.5$ m/s, $Q = 22.05$ m^3/s, $Fr = 4.01$

사다리꼴 단면 수로의 유동

10. 기울기가 0.0008인 사다리꼴 개수로가 그림[문 8.10]과 같다. 이 개수로가 벽돌로 되어있는 경우, 유량을 구하라. 단, $n = 0.06$이다.

답 15.563 m^3/s

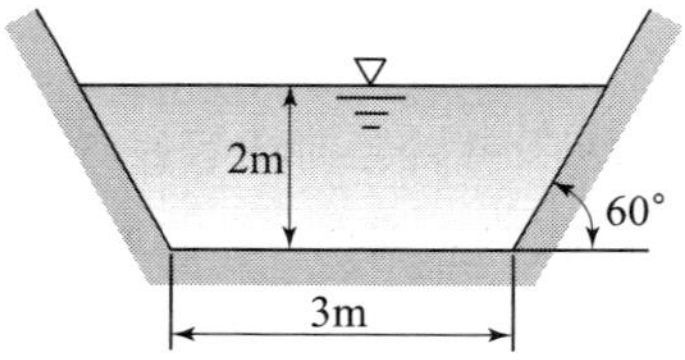

그림 [문 8.10]

11. 기울기가 0.0004이고 벽돌로 쌓은 사다리꼴 개수로에서 100 m^3/s의 물을 수송시키려 한다. 가장 경제적인 치수를 결정하라.

답 $y = 5$ m, $b = 5.77$ m

12. 그림[문 8.12]와 같은 사다리꼴 수로의 기울기는 0.0014이다. (1) 수로의 재질이 손질한 콘크리트인 경우의 유량과 Froude수, (2) 수로의 재질을 벽돌로 한 경우의 유량과 Froude수를 각각 구하라.

답 (1) 351.11 m^3/s, 0.9494, (2) 263.33 m^3/s, 0.712

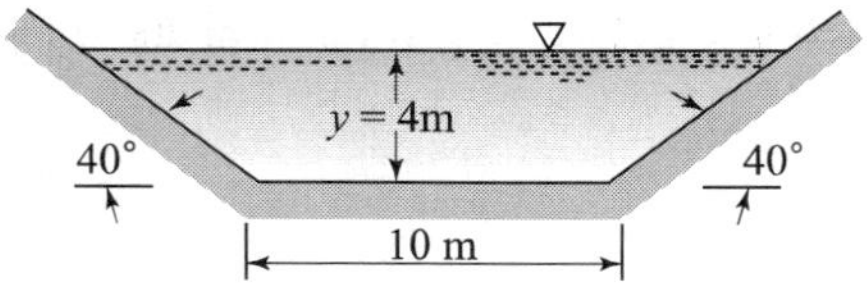

그림 문[8.12]

원형수로 유동

13. 직경 1 m인 원관에 물이 반으로 차서 흐를 때, 기울기가 1° 및 3°인 경우의 유속을 각각 구하라. 단, 원관의 재질은 콘크리트제이며 만닝계수 $n = 0.012$이다.

답 1°: 4.37 m/s, 3° : 7.571 m/s

14. 직경 2 m인 반원형 개수로가 경사도 0.002로 되어있다. $n = 0.015$일 때 이 수로에 물이 차서 흐를 때의 유량을 구하라.

답 2.95 m^3/s

삼각형수로 유동

15. 그림[문제 8.15]와 같은 2등변 삼각형 수로에서 기울기 0.01인 경우 $Q = 5\ m^3/s$로 유량이 흐르기 위한 깊이는 얼마인가? 단, $n = 0.013$이다.

답 $y = 1.219$ m

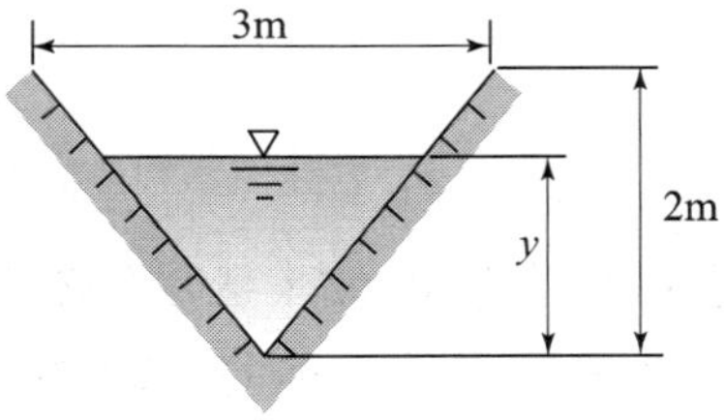

그림 [문 8.15]

비에너지와 임계유동

16. 직사각형 수로에 물이 깊이 0.5 m, 유속 5 m/s로 흐른다. (a) 비에너지, (b) 임계 깊이, (c) 최소 비에너지를 각각 구하라.

답 (a) 1.7755 m, (b) 0.861 m, (c) 1.2915 m

17. 폭 2 m의 직사각형 수로에서 비에너지 $E=1.5$ m 일 때 최대유량은 얼마인가?

답 6.26 m^3/s

18. 폭 500 mm 의 직사각형 수로에 0.3 m^3/s 의 물이 흐를 때 임계 깊이는 얼마인가?

답 0.3324 m

19. 콘크리트로 만든 폭 5m의 직사각형 개수로에 8 m^3/s 의 물이 흐른다. $n = 0.015$ 일 때 임계속도로 흐를 때의 수로바닥의 기울기를 구하라.

답 0.00346

20. 그림[문 8.20]과 같은 $\theta = 45°$ 인 3각형 수로에서 유량 $Q = 14$ m^3/s 가 흐르고 있을 때 만닝계수 n=0.018이다. 다음을 계산하라. (1) 임계 깊이 y_c, (2) 임계속도 V_c, (3) 임계기울기 i_c.

답 (1) 2.09 m, (2) 3.205 m/s, (3) 0.005

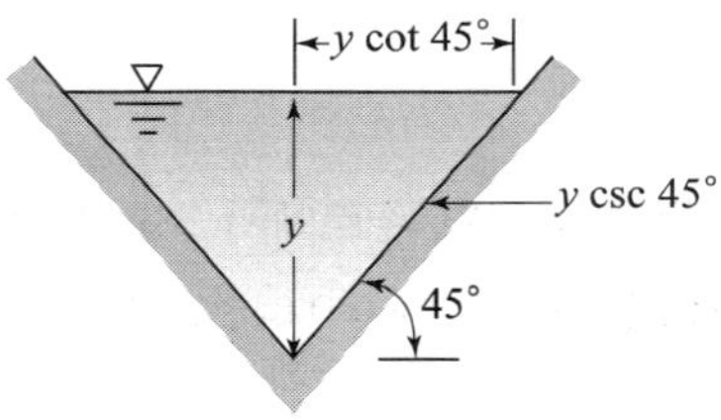

그림 [문 8.20]

수력도약

21. 1 m폭의 장방형 개수로에 깊이 80 cm의 물이 유량 3 m^3/s 로 흐르고 있다. 이 수로에 수력도약이 일어나면 그 후의 수심은 얼마가 되는가?

답 1.168 m

22. 그림[문 8.22]와 같이 sluice형 수문의 하부로 폭 3 m인 직사각형 수로가 형성되어 15 m^3/s 의 유량이 방류된다. 수력도약 전에는 수심 1.2 m로부터 수력도약이 발생하였다. 다음을 구하라. (1) 수력도약 전의 유속, (2) 수력도약 후의 깊이, (3) 수력도약 후의 유속, (4) 수력도약에 의한 에너지 소산

답 (1) 4.167 m/s, (2) 1.5474 m, (3) 3.231 m/s, (4) 0.2258 m

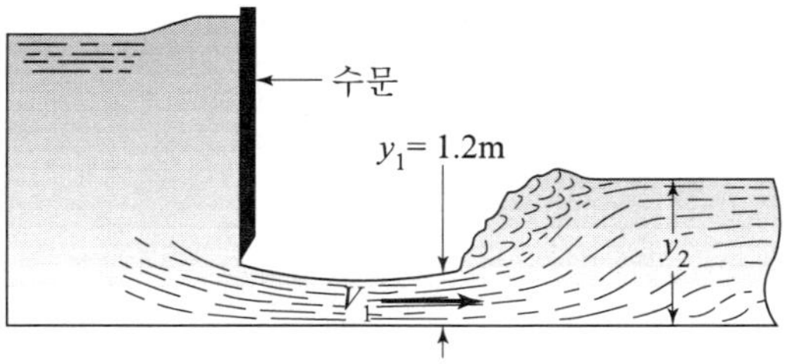

그림 [문 8.22]

23. 개수로 흐름에서 단위 폭 당 유량 $q = 10\ \mathrm{m^3/s \cdot m}$ 이고, 수로깊이 $y_1 = 1.25\ \mathrm{m}$ 이다. 만일 수력도약이 일어난다면 (1) 도약 후 수로깊이 y_2, (2) 도약 후 속도 V_2, (3) 도약 후 Froude수 Fr_2, (4) 손실수두 h_L, (5) 에너지 소산율, (6) 단위 폭 당 손실동력, (7) 에너지 소산에 기인하는 온도 상승량 ΔT, 단, 정압비열 $c_p = 4.2\ \mathrm{kJ/kgK}$ 이다.

답 (1) 3.4624 m, (2) 2.888 m/s, (3) 0.4955, (4) 0.6255 m, (5) 13.86 %, (6) 61.299 kW/m, (7) 0.00146 °C

24. 그림[문 8.24]와 같이 폭 $b = 10\ \mathrm{m}$ 인 직사각형 수로가 수문 밑에 형성되어 수력도약 전의 유속은 $V_1 = 5\ \mathrm{m/s}$, 수로깊이 $y_1 = 1\ \mathrm{m}$ 일 때 (1) 수력도약 후의 수로깊이 y_2와 Froude수 Fr_2, (2) 손실수두 h_L과 에너지 소산율, (3) 수력도약에 의한 손실동력을 각각 구하라.

답 (1) 1.812 m, 0.6546, (2) 0.165 m, 7.26 %, (3) 80.93 kW

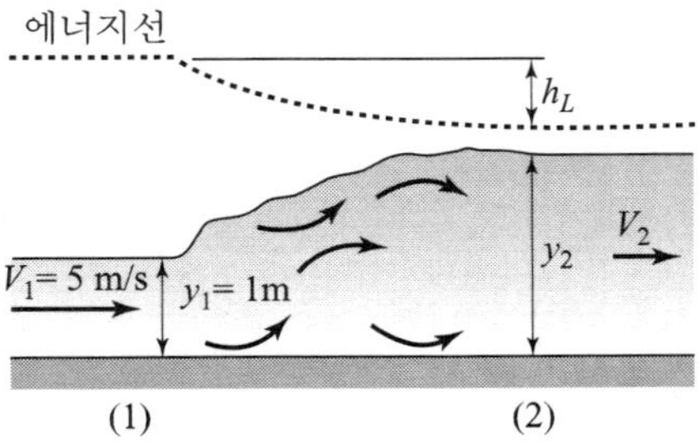

그림 [문 8.24]

제 9 장

터보기계

터보기계는 회전하는 회전차의 작용에 의해 유체와의 사이에서 에너지의 수수를 행하는 유체기계이며, 회전차에는 날개(동익)가 원주방향으로 등간격으로 배치되어 있다. 기계장치가 에너지를 유체에 주는 경우(펌프)와 유체로부터 에너지를 빼앗는 경우(터빈)가 있다. 즉 전자는 모터로부터 회전축에 에너지를 공급하여 날개가 유체에 에너지를 전달하게 되고, 후자는 유체가 날개에 에너지를 전달하여 회전축이 축일을 하게 된다.

그림 9.1에서 보는 바와 같이 유체의 유동통로에 따라 축방향으로 유입하여 유출방향이 축방향인 축류형(a), 반경방향인 원심형(c). 경사방향인 사류형(b)등으로 분류된다.

여기서는 펌프와 터빈, 그리고 송풍기에 대하여 기술한다.

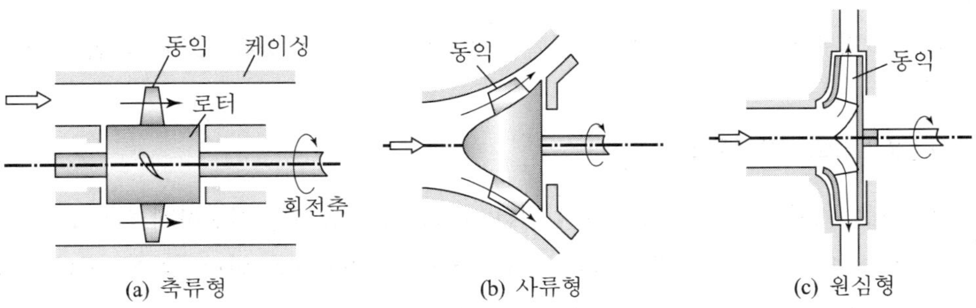

그림 9.1 터보기계의 형식

9.1 펌프의 일반

1) 펌프의 분류

터보형 펌프는 유체수송기계로서 케이싱 내에서 **임펠러**(impeller, 회전날개)가 회전함에 따라 유체에 에너지를 주는 기계이며, 일반적인 작동원리에 따라 분류하면 다음의 세가지로 분류된다.

(1) 원심펌프(centrifugal pump)

임펠러의 원심력에 의해 액체에 속도에너지를 주는 펌프이며, 비속도 n_s는 약 100~700의 범위이다. 임펠러로부터 나온 유체의 속도에너지를 압력에너지로 변환하는 방법에 대하여, 와류실에서 행하는 **볼류트 펌프**(volute pump), 안내깃에서 행하는 것을 **디퓨저 펌프**(diffuser pump)라 한다.

(2) 사류펌프

임펠러의 원심력 및 양력에 의해 액체에 압력 및 속도에너지를 주는 펌프이며, 비속도 n_s는 약 350~1350의 범위이다. 회전차로부터 나온 유체의 속도에너지를 압력에너지로 변환하는 방법은 **안내깃**(guid vane)에 의한 것이 일반적이지만 와류실에 의한 것을 특히 와류실 **사류펌프**(mixed flow pump)라 한다.

(3) 축류펌프(axial flow pump)

회전날개의 양력에 의해서 액체에 압력 및 속도에너지를 주고, 특히 안내깃에서 속도에너지를 압력에너지로 변환하는 펌프이며, 비속도 n_s는 약 1000~2500의 범위이다.

2) 터보기계의 각운동량

터보기계는 어떤 중심축에 대하여 임펠러(impeller)나 동익을 회전하게 하므로 그 성능을 표시할 때 토크나 각운동량(angular momentum)을 적용해야 한다. 축으로부터 가해지는 토크와 회전이 동일한 방향인 경우는 에너지가 회전축으로부터 동익으로, 동익에서 유체로 전달되므로 펌프인 경우이다. 그러나 축의 토크가 회전방향과 반대방향이면 에너지가 유체로부터 동익으로 전달되어 터빈의 경우이다.

축 토크의 값은 4.4절에서 언급한 각운동량 방정식으로부터 구할 수 있다.

$$T = \dot{m}(r_2 V_2 \cos \alpha_2 - r_1 V_1 \cos \alpha_1) \qquad (4.56)$$

3) 펌프의 전양정

펌프를 가동시키면 흡입관로, 토출관로, 관로출구 등에서 여러 가지의 에너지 손실이 발생한다. 다음 그림 9.2는 펌프의 양정을 표시한 것이다.

펌프의 **전양정**(total head) H 는 다음 식으로 표시된다.

$$H = H_a + h_{ls} + h_{ld} + \frac{{V_d}^2}{2g} \quad [\mathrm{m}] \qquad (9.1)$$

여기서 H : 펌프의 전양정(m), H_a : 펌프의 **실양정**(actual head) (m), h_{ls} : 펌프의 흡입측 관로손실수두(m), h_{ld} : 펌프의 토출측 관로손실수두(m), $\frac{{V_d}^2}{2g}$: 토출 속도 수두(m), V_d : 토출 관단 속도(m/s), g : 중력가속도($\mathrm{m/s^2}$)이다.

토출 속도수두 $\frac{{V_d}^2}{2g}$ 는 토출수조내로 유체가 유입할 때의 수두이며, 이 값은 전양정에 대하여 작으므로 실제적으로는 생략해도 문제없다. 흡입 실양정 H_{as}는 펌프 중심으로부터 흡입액면까지의 높이, 토출 실양정 H_{ad}는 펌프 중심으로부터 토출액면까지의 높이

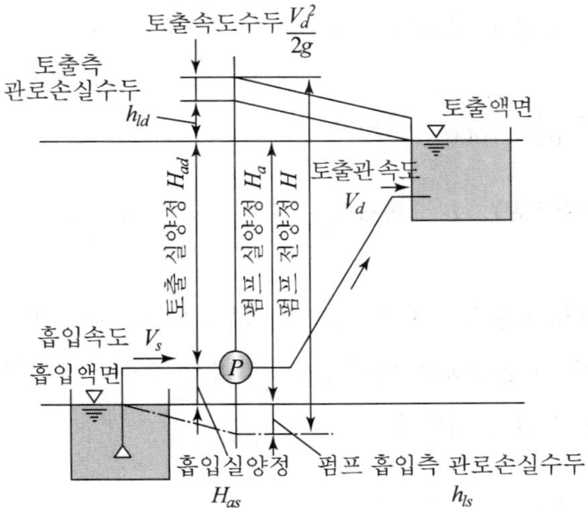

그림 9.2 펌프의 전양정

를 일컫는다. 흡입측 관로손실수두 h_{ls}는 흡입관측에서 생기는 관로저항을 나타내고, 토출측 관로손실수두 h_{ld}는 토출관측에서 생기는 관로저항을 표시한다.

예제 9.1

펌프의 운전상태에서 흡입관로 압력계의 압력이 50 mmHg진공, 송출관의 압력은 3 bar, 두 압력계의 수직거리는 0.5 m이라면 펌프의 전양정은 얼마인가? 단, 흡입관 및 송출관의 직경은 같다.

풀이 $V_d = V_s$이므로

$$H = \frac{p_2 - p_1}{\gamma} + \frac{V_d^{\,2} - V_s^{\,2}}{2g} + (z_2 - z_1)$$

$$= \frac{1}{9800}[3 \times 10^5 - (-\frac{50}{760} \times 101.3 \times 10^3)] + 0.5 = 31.3 \text{ m}$$

4) 펌프의 동력과 효율

펌프를 구동하는 원동력이 되는 출력은, 주어진 펌프의 사양에서 결정되는 수동력과, 펌프 및 동력전달장치의 효율에 따라 결정된다.

(1) 수동력과 축동력

펌프가 양수할 때의 이론동력을 **수동력**(water power)이라 하며, 펌프에 따라 단위시간에 액체에 주어지는 유효 에너지이다. 수동력은 다음 식으로 표시된다.

$$L_w = \frac{\rho g Q H}{60 \times 1000} \quad [\text{kW}] \tag{9.2}$$

여기서 L_w : 수동력(kW), ρ : 액체의 밀도(kg/m^3), Q : 토출유량(m^3/min), H : 전양정(m)

다음에, 펌프가 실제로 필요로 하는 동력은 **축동력**(shaft power)이라 한다. 축동력은 수동력보다 펌프에 있어서 손실동력 만큼 크다. 따라서 축동력 L_s(kW)는, η 를 펌프의 효율이라 하면 다음과 같이 표시된다.

$$L_s = \frac{L_w}{\eta} \quad [\text{kW}] \tag{9.3}$$

펌프효율은, 펌프의 종류, 형식, 용량 등에 따라 다르지만 소형펌프는 40~60%, 중형펌프는 60~70%, 대형펌프는 75~80%이다.

(2) 원동기(motor) 동력

감속기 등을 사용할 경우에는 축동력을 감속기 효율(η_g)로 나누고, 여유를 두어 다음 식으로 원동기 출력을 구할 수 있다.

$$L = \frac{L_s(1+\alpha)}{\eta_g} \quad [\text{kW}] \tag{9.4}$$

여기서 L : 원동기 동력 [kW], L_s : 펌프 축동력 [kW], η_g : 감속기 효율 (0.94~0.97), α : 여유율(0.1~0.2)

(3) 펌프효율

펌프효율 η 와 **수력효율**(hydraulic efficiency) η_h, **체적효율**(volumetric efficiency) η_v, **기계효율**(mechanical efficiency) η_m의 사이에는 다음의 관계가 있다.

$$\eta = \eta_h \cdot \eta_v \cdot \eta_m \tag{9.5}$$

여기서, η_h : 수력효율(유체와 관 벽과의 마찰 등에 의한 에너지 손실과 관련), η_v : 체적효율(관로를 흐르는 유체의 누설에 의한 에너지 손실과 관련), η_m : 기계효율(베어링, 패킹류 등과 축 사이의 마찰에 의한 에너지 손실과 관련).

(4) 펌프의 회전속도

펌프의 규정 토출량(양수량)과 양정을 얻기 위해 필요한 매분당 회전수이다. 구동 원동기로서 모터를 사용한다면 주파수 f(Hz), 극수 P(극)와 동기 회전속도 n(rpm)의 사이에는 다음의 관계가 있다.

$$n = \frac{120f}{P} \tag{9.6}$$

실제의 회전속도 n(rpm)은 2~5%의 미끄럼율 s의 값만큼 떨어진다.

$$n' = n(1-s) \tag{9.7}$$

예제 9.2

양정 20 m, 토출량 0.6 m^3/min, 펌프효율 70 %인 원심펌프의 축동력은 얼마인가? 물의 밀도는 1000 kg/m^3, 관로의 손실은 없는 것으로 한다.

풀이 $Q = 0.6\ m^3/min$. $H = 20\ m$, $\eta = 0.7$를 식 (9.2) 및 식 (9.3)에 대입하면

$$L_s = \frac{gQH}{60\eta} = \frac{9.8 \times 0.6 \times 20}{60 \times 0.7} = 2.8\ kW$$

예제 9.3

가로 10 m, 세로 4 m, 높이 5 m의 수조에 물이 가득 차 있다. 지금 그 수조의 2/3의 물을 펌프에 의해 100 m의 높이로, 1시간 30분에 양수하려 한다. 펌프의 축동력은 얼마인가? 펌프효율을 80 %로 하고 관로의 손실은 고려하지 않는다.

풀이 수조내의 물의 체적은 $10 \times 4 \times 5 \times 2/3 = 133.33\ m^3$, 이것을 1시간 30분(90분)에 양수하므로 토출유량 $Q = 133.33/90 = 1.48\ m^3/min$이다. $H = 100\ m$, $\eta = 0.8$을 식 (9.2)~(9.3)에 대입하면

$$L_s = \frac{gQH}{60\eta} = \frac{9.8 \times 1.48 \times 100}{60 \times 0.8} = 30.2\ kW$$

5) 원심펌프

원심펌프(centrifugal pump)는 두 개의 주요 요소, 즉 회전축에 부착된 임펠러와 임펠러를 둘러싸고 있는 고정 케이싱(하우징)이 있다. 그림 9.3에 도시한 바와 같이 케이싱내에 회전하는 임펠러가 있으며, 유체가 케이싱 입구를 지나서 축방향으로 들어와 임펠러 날개에 이른다. 그 다음에 회전방향의 선회운동과 반경방향의 유동을 하면서 임펠러의 출구에 도달하여 케이싱의 디퓨저로 유입한다. 유체가 임펠러를 통과하는 동안에 압력과 속도가 증가한다. 케이싱의 도넛형 디퓨저에서는 유체가 감속되고 압력이 더욱 증가한다.

임펠러 날개가 그림에서 보는 것은 **후향곡선 날개**(backward curved blade)이지만, 압력 발생이 적은 반경방향이나 **전향곡선 날개**(forward curved blade)인 경우도 있다.

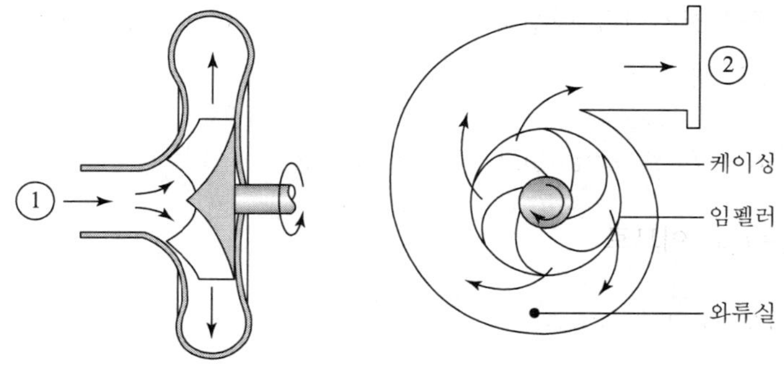

그림 9.3 원심펌프의 단면도

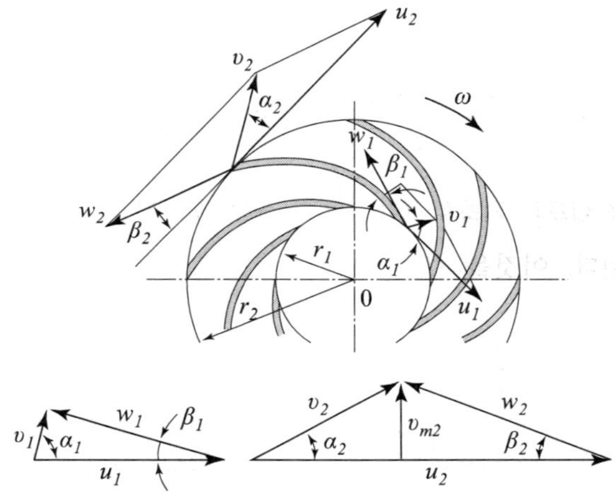

그림 9.4 임펠러 입구와 출구의 속도삼각형

(1) 임펠러의 작동원리

그림 9.4는 임펠러(깃) 입구와 출구에서의 속도선도(속도 삼각형)이다.

임펠러 입구와 출구의 원주속도 u_1, u_2(m/s), 물의 절대속도를 v_1, v_2(m/s), 상대속도를 w_1, w_2(m/s), 반경을 r_1, r_2(m), 깃의 입구와 출구와의 유입, 유출각도를 α_1, α_2, 깃 입구각도와 깃 출구각도를 β_1, β_2, ρ를 유체의 밀도($\mathrm{kg/m^3}$), Q 를 토출유량($\mathrm{m^3/s}$)이라 하면 유체가 갖는 임펠러(깃)의 유입직전과 유출직후의 단위 시간당 각(角) 운동량의 차는 임펠러가 유체에 주는 토크 T (N · m),(J) 와 같다. (운동량의 원리 기초식 : $\Sigma F = \rho Q(v_2 - v_1)$)

$$T = \rho Q(r_2 v_2 \cos\alpha_2 - r_1 v_1 \cos\alpha_1) \quad [\mathrm{N \cdot m}] \tag{9.8}$$

u, v, w 는 벡터 삼각형을 형성하므로 속도 삼각형이라 한다. 임펠러가 매초 하는 일량(동력) L(W)은 다음 식으로 나타낼 수 있다.

$$L = T\omega = \rho\omega Q(r_2 v_2 \cos\alpha_2 - r_1 v_1 \cos\alpha_1) \quad [\mathrm{W}] \tag{9.9}$$

$u_1 = r_1\omega$, $u_2 = r_2\omega$ 이므로

$$L = \rho Q(u_2 v_2 \cos\alpha_2 - u_1 v_1 \cos\alpha_1) \quad [\mathrm{W}] \tag{9.10}$$

손실을 고려하지 않은 이상적인 펌프의 **이론양정**(total theoretical head, 이론양정)을 H_{th}(m)라 하면 발생하는 동력은 $L = \rho g Q H_{th}$ 이다. 이것과 식 (9.10)을 같다고 놓으면 다음 식이 구해진다.

$$H_{th} = \frac{(u_2 v_2 \cos\alpha_2 - u_1 v_1 \cos\alpha_1)}{g} \quad [\mathrm{m}] \tag{9.11}$$

식 (9.11)을 **오일러의 펌프의 기초식**이라 한다. 식 (9.11)에서 $\alpha_1 = 90°$ 즉 $\cos\alpha_1 = 0$ 일 때 양정이 최대로 된다. 이것을 $H_{\max}$(m)라 하면

$$H_{\max} = \frac{u_2 v_2 \cos\alpha_2}{g} \tag{9.12}$$

또 속도삼각형으로부터 $v_2 \cos\alpha_2 = u_2 - w_2 \cos\beta_2$ 이므로 $H_{\max}$ 은 다음 식으로 주어진다.

$$H_{\max} = \frac{u_2(u_2 - w_2 \cos\beta_2)}{g} \tag{9.13}$$

예제 9.4

임펠러의 출구경 400 mm, 임펠러의 출구 유출각 25도인 임펠러를 갖는 편흡입 펌프가 각속도 160 rad/s, 임펠러 출구의 상대속도 10 m/s이며, 7.8 $\mathrm{m^3/min}$ 의 물을 토출하고 있다. 유입각을 90도로 하여 최대 이론양정을 구하라.

풀이 회전속도 n(rpm)과 각속도 ω(rad/s)의 사이에는 $\omega = \frac{2\pi n}{60}$ 의 관계가 있다. 따라서

$$n = \frac{60\omega}{2\pi} = \frac{60 \times 160}{2\pi} = 1527.9 \text{ rpm}$$

임펠러 출구의 원주속도 u_2(m/s)는 임펠러 출구경을 D_2(mm)라 하면

$$u_2 = \frac{\pi D_2 n}{60 \times 1000} = \frac{\pi \times 400 \times 1527.9}{60 \times 1000} = 32 \text{ m/s}$$

$w_2 = 10$ m/s, $\beta_2 = 25$도를 식 (9.13)에 대입하면

$$H_{\max} = \frac{u_2(u_2 - w_2 \cos\beta_2)}{g} = \frac{32 \times (32 - 10\cos 25^\circ)}{9.8} = 74.9 \text{ m}$$

(2) 펌프의 성능특성

펌프의 특성은, 토출유량을 횡축으로 하여 나타낸 양정곡선, 축동력 곡선 및 효율곡선의 3가지로 그림 9.5와 같이 나타낼 수 있다.

필요에 따라 NPSH곡선(흡입성능), 온도상승곡선 등을 동시에 표시하는 경우도 있다. 여기서는 전술한 3개의 펌프특성 곡선에 대하여 기술한다.

(1) 양정곡선 : 원심펌프는 토출유량이 변화하면 전양정도 변화한다. 일반적으로 토출유량이 0일 때의 전양정(체절양정)이 최대이고, 토출유량이 증가함에 따라 양정은 작아지는 하강특성을 나타낸다. 또 체절양정보다 약간 토출유량이 증가하는 곳에서 전양정이 최대로 되는 산형(山形)특성인 것도 있다.

(2) 축동력 곡선 : 원심펌프에서는 토출유량이 0일 때의 축동력이 최소이고, 토출유량이 증가함에 따라 축동력이 증가하는 곡선이 된다.

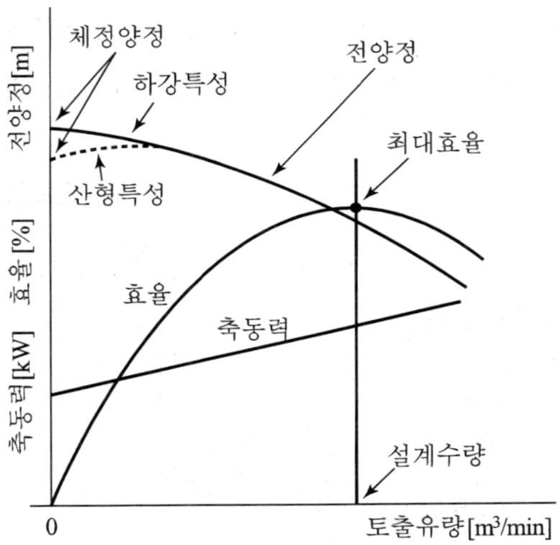

그림 9.5 원심펌프의 특성곡선

(3) 효율곡선 : 펌프의 효율은 각 토출유량에 있어서 축동력에 대한 수동력의 비를 퍼센트(%)로 표시한 것이다.

(3) 시스템특성과 펌프선정

펌프의 유동시스템을 그림 9.6에 도시하였다. 좌측 탱크의 수면(점 1)과 우측 탱크의 수면(점 2) 사이에 에너지 방정식을 적용하면 다음과 같다.

$$H = z_2 - z_1 + \Sigma h_L \tag{9.14}$$

여기서 H는 펌프의 전양정(total head), Σh_L은 관내에서 발생하는 마찰손실(friction loss)과 관 연결부 및 밸브 등에서 발생하는 부차손실(minor loss)을 모두 포함한다.

관내유동에서 난류의 경우 h_L은 대략 유량의 2승에 비례하여 변화하므로 식 (9.14)는 다음의 형태로 쓸 수 있다.

$$H = z_2 - z_1 + KQ^2 \tag{9.15}$$

여기서 K는 관의 직경, 길이, 마찰계수, 부차적 손실계수 등에 의존한다. 식 (9.15)는 시스템방정식으로서 유체에 의해 얻어지는 양정이 시스템변수와 어떻게 관련되는지를 나타낸다. 이 경우 변수들은 위치수두의 변화 $z_2 - z_1$와 KQ^2 으로 정의하는 마찰손실 등을 포함한다. 만일 유동이 층류라면 마찰손실 등은 Q에 비례할 것이다.

어떤 유동시스템에서 사용할 펌프를 선정하기 위해서는 시스템방정식에 의해 얻어지는 시스템곡선과 펌프양정곡선을 이용할 필요가 있다. 그림 9.7에서 이들 두 곡선을 그려 이루는 교점(A점)이 이 시스템의 작동점을 나타낸다. 이 점은 시스템방정식과 펌프양정

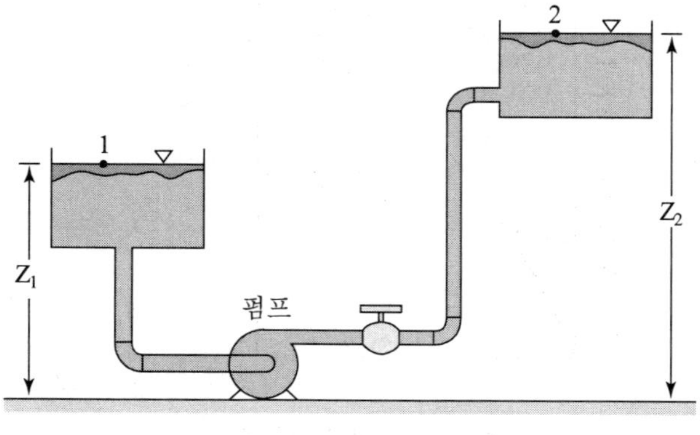

그림 9.6 펌프를 사용하는 유동시스템

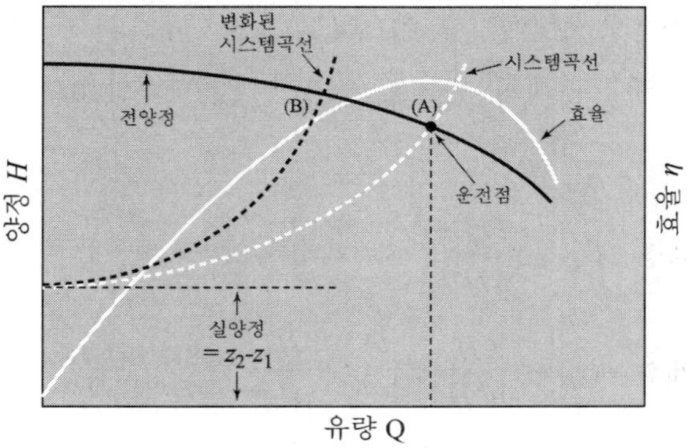

그림 9.7 펌프의 운전점

의 방정식을 동시에 만족하는 양정과 유량을 나타낸다.

또 선도에서 펌프의 효율곡선을 나타내었을 때 최대 효율점 근처에서 작동하는 것이 바람직하다. 펌프가 주어지는 경우, 시스템방정식이 변화함에 따라 작동점도 변화하게 된다. 예로서 관벽의 노후로 인해 관마찰이 증가하면 시스템이 변하게 되며, 그림 9.7의 점 A는 B로 이동하여 유량과 효율이 감소하게 될 것이다.

(4) 무차원 펌프성능과 상사(similarity)

펌프의 전양정 H와 축동력 L_s는 송출유량 Q, 임펠러 직경 D, 회전속도 n에 의존하며, 그 밖에 유체밀도 ρ, 점성계수 μ, 펌프의 거칠기 ϵ등 의 영향을 받는다. 이들을 함수관계로 표시하면 다음과 같다.

$$H = f_1(Q, D, n, \rho, \mu, \epsilon), \quad L_s = f_2(Q, D, n, \rho, \mu, \epsilon) \tag{9.16}$$

이들 함수를 **차원해석**(dimensional analysis)의 원리를 적용하면 다음과 같은 결과를 얻을 수 있다.

$$\begin{aligned} \frac{H}{n^2 D^2} &= g_1\left(\frac{Q}{nD^3}, \frac{\rho n D^2}{\mu}, \frac{\epsilon}{D}\right) \\ \frac{L_s}{\rho n^3 D^5} &= g_2\left(\frac{Q}{nD^3}, \frac{\rho n D^2}{\mu}, \frac{\epsilon}{D}\right) \end{aligned} \tag{9.17}$$

$\rho n D^2/\mu$와 ϵ/D는 각각 Reynolds수와 거칠기비로 알려져 있다. 점성이나 거칠기의 영향을 나타내는 두 무차원수에 대해서는 거의 모든 유로에서 Reynolds수가 (0.8~1.5)× 10^7으로 완전 난류유동이며, 완전난류유동에서는 거칠기가 모든 펌프에 미치는 영향의

정도가 대략 같은 것으로 생각할 수 있으므로 성능변수로부터 제외시킬 수 있다고 본다면 성능에 영향을 주는 3개의 새로운 무차원수(dimensionless number)를 다음과 같이 표시할 수 있다.

$$\textbf{유량계수} \quad C_Q = \frac{Q}{nD^3}, \qquad \therefore \ \frac{Q_2}{Q_1} = \left(\frac{n_2}{n_1}\right)\left(\frac{D_2}{D_1}\right)^3 \tag{9.18}$$

$$\textbf{양정계수} \quad C_H = \frac{H}{n^2D^2}, \qquad \therefore \ \frac{H_2}{H_1} = \left(\frac{n_2}{n_1}\right)^2\left(\frac{D_2}{D_1}\right)^2 \tag{9.19}$$

$$\textbf{동력계수} \quad C_L = \frac{L_s}{\rho n^3D^5}, \qquad \therefore \ \frac{L_{s2}}{L_{s1}} = \left(\frac{n_2}{n_1}\right)^3\left(\frac{D_2}{D_1}\right)^5 \tag{9.20}$$

다음에 임펠러 날개매수에 의한 성능도 변화한다. 다단 볼류트 펌프의 경우, 양정을 높이기 위해 회전차의 매수를 증가시키고 회전차를 직렬로 배열한다. 또 양흡입의 경우, 토출량을 증가시키기 위해 2매의 회전차를 병렬로 배열시킨다.

회전차의 수를 z_1으로부터 z_2로 증가시킨 경우에, 회전차를 직렬로 배열했을 때

$$Q_1 = Q_2, \qquad \frac{H_2}{H_1} = \frac{z_2}{z_1}, \qquad \frac{L_{s2}}{L_{s1}} = \frac{z_2}{z_1} \tag{9.21}$$

또 회전차를 병렬로 배열했을 때 다음의 관계가 성립한다.

$$\frac{Q_2}{Q_1} = \frac{z_2}{z_1}, \qquad H_1 = H_2, \qquad \frac{L_{s2}}{L_{s1}} = \frac{z_2}{z_1} \tag{9.22}$$

(5) 연합운전에 의한 펌프특성

(a) **병렬운전** : 동일한 특성의 펌프를 2대 병렬운전하는 경우(그림 9.8)의 병렬특성은 동일 양정점에서 토출유량이 2배로 된다. 그러나 실제는 병렬특성 곡선과 저항곡선과의 교점에서 운전되므로 토출유량이 2배가 되지는 않는다. 병렬운전은 저항곡선이 완만할수록 보다 효과적이다.(그림 9.9 참조)

(b) **직렬운전** : 동일한 특성의 펌프를 2대 직렬운전하는 경우(그림 9.10)의 직렬특성은 동일한 토출유량점에서 양정이 2배로 된다. 그러나 실제는 직렬특성곡선과 저항곡선과의 교점에서 운전되므로 양정이 2배가 되지 않는다. 직렬운전은 저항곡선이 급상승할수록 보다 효과적이다.(그림 9.11 참조)

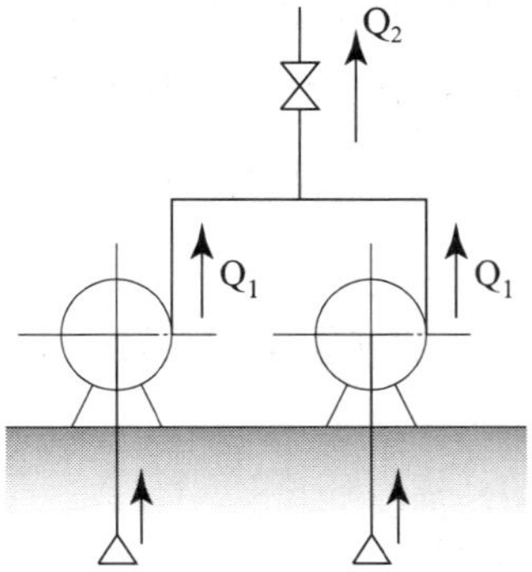

그림 9.8 펌프의 병렬운전

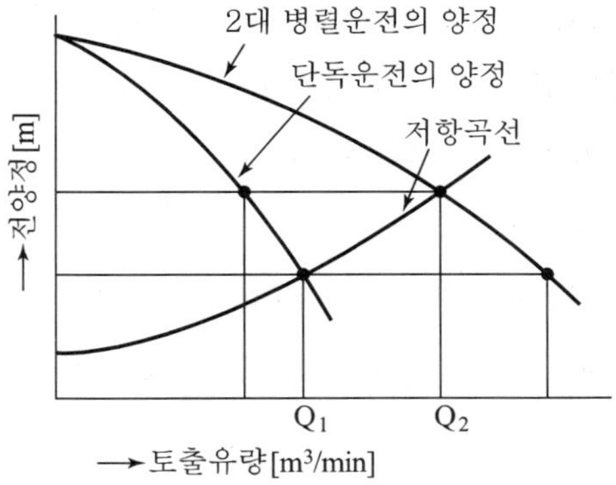

그림 9.9 펌프의 병렬운전 특성곡선

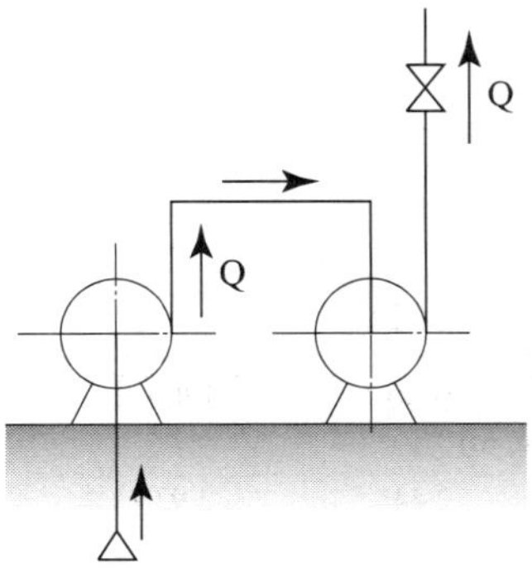

그림 9.10 펌프의 직렬운전

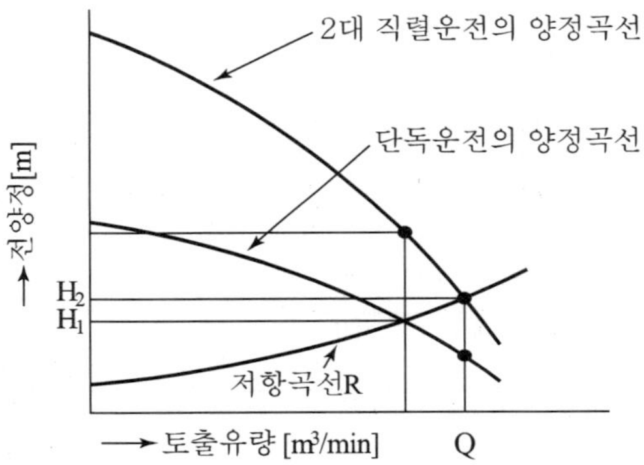

그림 9.11 펌프의 직렬운전 특성곡선

(6) 펌프의 비속도

실물의 펌프와 기하학적으로 상사하게 만든 펌프가 단위유량 $1\mathrm{m}^3/\mathrm{min}$에서 단위양정 1 m를 낼 때 매분 회전속도를 실물펌프의 **비속도**(specific speed, 比速度) 또는 **비교회전도**라 한다. 펌프의 비속도는 임펠러의 성능을 연구하기도 하고, 양정, 토출유량을 주고 임펠러를 선택하는 경우에 이용된다. 펌프의 비속도 n_s는 다음 식으로 주어진다.

$$n_s = \frac{n\sqrt{Q}}{H^{3/4}} \tag{9.23}$$

여기서 n_s : 비속도$[\mathrm{rpm}, \mathrm{m}^3/\mathrm{min}, m]$, n : 회전속도(rpm), Q : 토출유량$(\mathrm{m}^3/\mathrm{min})$(양흡입형 펌프에서는 그의 1/2), H : 전양정(m)(다단펌프에서는 1단당의 양정)

임펠러의 설계에 사용되는 n_s의 범위는 대략 100~2500이다. 임펠러의 형상은 n_s가 클수록 외경에 대한 출구폭의 비가 커진다. 또 임펠러의 속을 통하는 흐름의 방향도 n_s가 커짐에 따라 축에 대하여 직각으로 토출되는 원심형으로부터 사류형으로 되며, 축류형으로 이동해 간다.

그림 9.12에 있어서 임펠러의 종류의 단면형상과 n_s의 관계를 표시하였다. SI단위에서는 형상계수 K 를 다음 식으로 결정한다.

$$K=\frac{2\pi n\sqrt{Q}}{60^{3/2}\times(gH)^{3/4}}=\frac{2\pi}{60^{3/2}g^{3/4}}\cdot\frac{n\sqrt{Q}}{H^{3/4}}=2.44\times10^{-3}\,n_s \tag{9.24}$$

여기서 K : 형상계수, n : 회전속도(rpm)

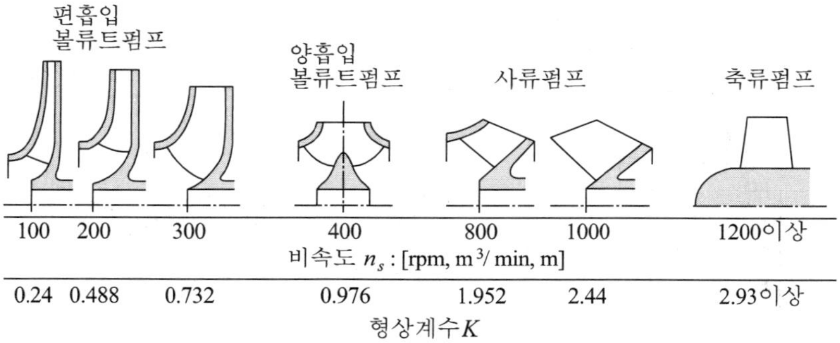

그림 9.12 터보형 펌프의 임펠러의 형상, 비속도, 형상계수

예제 9.5

양정 80 m, 토출유량 10 m^3/min, 회전속도 1500 rpm으로 운전되는 펌프의 비속도와 형상계수를 각각 구하라.

(1) 편흡입 단단펌프, (2) 편흡입 2단펌프, (3) 양흡입 단단펌프

풀이 (1) $n_s=\frac{n\sqrt{Q}}{H^{3/4}}=\frac{1500\times\sqrt{10}}{80^{3/4}}=177.3\ [\mathrm{rpm},\mathrm{m}^3/\mathrm{min},m]$

$$K=2.44\times10^{-3}\,n_s=2.44\times10^{-3}\times177.3=0.4326$$

(2) $n_s=\frac{n\sqrt{Q}}{H^{3/4}}=\frac{1500\times\sqrt{10}}{(80/2)^{3/4}}=298.23\ [\mathrm{rpm},\mathrm{m}^3/\mathrm{min},m]$

$$K=2.44\times10^{-3}\,n_s=2.44\times10^{-3}\times298.23=0.7277$$

(3) $n_s = \dfrac{n\sqrt{Q}}{H^{3/4}} = \dfrac{1500 \times \sqrt{10/2}}{80^{3/4}} = 125.39\ [\mathrm{rpm}, \mathrm{m^3/min}, m]$

$K = 2.44 \times 10^{-3}\, n_s = 2.44 \times 10^{-3} \times 125.39 = 0.306$

예제 9.6

회전수 $n_1 = 600$ rpm, 전양정 $H_1 = 25$ m, 송출유량 $Q = 45\ \mathrm{m^3/min}$인 원심펌프를 제작하려 한다. 우선 실제펌프와 상사인 모형펌프를 만들기 위해 송출유량 $Q_2 = 7\ \mathrm{m^3/min}$, 축동력 $L_{s2} = 35$ kW, 효율 $\eta_2 = 85\%$일 때 모형펌프의 회전수 n_2를 몇 rpm으로 해야 하는가?

풀이 비속도 $n_s = \dfrac{n_1\sqrt{Q_1}}{H_1^{3/4}} = \dfrac{600 \times \sqrt{45}}{25^{3/4}} = 360\ [\mathrm{rpm}, \mathrm{m^3/min}, m]$

모형펌프의 수동력 $L_{w2} = L_{s2}\eta = 35 \times 0.85 = 29.75$ kW

$L_{w2} = \gamma Q_2 H_2 = 1000 \times (7/60) \times H_2/102 = 29.75$ kW

$\therefore H_2 = 26.01$ m

$\therefore$비속도 $n_s = \dfrac{n_2\sqrt{Q_2}}{H_2^{3/4}} = \dfrac{n_2 \times \sqrt{7}}{26.01^{3/4}} = 360\ [\mathrm{rpm}, \mathrm{m^3/min}, m]$로부터 모형펌프의 회전수는

$n_2 = 1567.1$ rpm

---

(7) 펌프의 흡입성능

(a) 캐비테이션

펌프가 수면보다 높은 위치에 놓여 있을 때 물을 흡상하는 것은 대기압이 작용하여 수면을 압상시키기 때문이다. 이 압력은 수주로 환산하면 약 10 m에 상당한다. 따라서 어느 펌프라도 대기압 하에서 흡상높이를 10 m이상으로는 할 수 없다.

실제로는 흡입배관 중의 마찰손실, 속도손실수두 때문에 이 압력의 일부가 사용되므로 10 m를 흡상하는 것은 불가능하다. 이 높이 이상으로 물을 흡상시키면 흐르는 물 중에 국소적으로 높은 진공이 발생한다. 그렇게 되면 물이 기화하여 작은 기포가 다수 발생하는 비등현상을 일으킨다. 이것을 **캐비테이션**(cavitation)이라 한다. 발생초기의 경우는 거의 해가 없지만 흡입압력이 낮아져 캐비테이션이 발생하면 기포가 임펠러의 유로를 막아 효율이나 전양정이 저하하고 이어서 전양정이 급감하여 양수불능 상태가 된다.

또 발생한 기포가 압착되기 때문에 펌프에 소음이나 진동이 생긴다. 이 상태로 장시간 운전하면 기포가 소멸할 때 발생하는 충격압력에 의해 임펠러나 케이싱의 표면이 괴식(壞食)하게 된다. 따라서 캐비테이션을 피하기 위해 펌프내의 어느 곳에서도 국소압력이 증기압 이상이 되어야 한다.

(b) NPSH

펌프의 흡입압력이 캐비테이션에 대하여 안전한가를 검토하는데 NPSH(Net Positive Suction Head: **유효흡입수두**)를 고려한다.

NPSH에는 available NPSH($NPSH_{av}$) 와 required NPSH($NPSH_{re}$)가 있다. $NPSH_{av}$는 펌프가 **이용가능 유효흡입수두**로서 임펠러의 입구 직전의 압력이 그 액체의 포화증기압보다 어느만큼 높은가를 표시하는 값이며 펌프의 설치조건으로부터 결정한다(캐비테이션이 일어나기까지의 여유 수두).

$$NPSH_{av} = (\frac{p}{\gamma} + \frac{V^2}{2g})_{pumpinlet} - \frac{p_v}{\gamma} \tag{9.25}$$

$$\frac{p}{\gamma} = \frac{p_o}{\gamma} \pm H_{as}$$

여기서 p_o는 대기압, p_v는 유체의 포화증기압, H_{as}는 펌프 흡입실양정(흡입수면이 펌프보다 아래쪽에 있는 경우는 흡상(−), 위쪽에 있는 경우는 압입(+)의 부호가 적용됨)이다.

식 (9.25)는 운전조건에 따라 달라지며, 즉 여러 가지 유량, 액체의 온도, 펌프에서의 압력에 따라 달라진다.

한편 펌프에서 캐비테이션을 피하기 위해 필요한 최소의 NPSH를 **필요 유효흡입수두** $NPSH_{re}$(reqired net positive suction head)라 하며, $NPSH_{av}$가 $NPSH_{re}$보다 크면 캐비테이션이 일어나지 않는다. $NPSH_{re}$는 그 펌프 고유의 것이다.

흡입액면에 대기압이 작용하고 있는 경우, $NPSH_{av}$는 다음 식으로 구할 수 있다.

$$NPSH_{av} = \frac{p_o}{\gamma} - \frac{p_v}{\gamma} \pm H_{as} - h_{ls} \tag{9.26}$$

여기서 $\frac{p_o}{\gamma}$: 대기압수두(mAq), $\frac{p_v}{\gamma}$: 액체의 그 온도에 대한 포화증기압수두(mAq), H_{as} : 흡입 실양정(m)(흡입액면으로부터 임펠러 기준면까지의 높이, 펌프의 기준면이 흡입액면보다 위인 경우는 흡상(−), 아래인 경우는 압입(+)으로 한다). h_{ls} : 흡입관내 손실수두(m),

실험에 의하면 $NPSH_{av}$와 $NPSH_{re}$를 양정−유량곡선(H−Q곡선)에 표시하면 그림 9.13과 같다. 즉 $NPSH_{av}$는 유량의 증가에 따라 감소하며, $NPSH_{re}$는 전형적으로 유량의 증가에 따라 증가하지만 펌프가 효율적으로 작동하지 않는 저 유량영역에서는 유량증가에 따라 감소한다.

실제는 펌프 내에서도 손실이 일어나므로 $NPSH_{av}$와 $NPSH_{re}$의 관계가 다음 식에 의해 캐비테이션에 대하여 안전을 고려한다.

$$NPSH_{av} > NPSH_{re} + \frac{D}{2} + \alpha \tag{9.27}$$

여기서 D : 임펠러 입구경(≒펌프 흡입구경) (m), α : 흡입수두의 여유(보통 0.5 m) $NPSH_{re}$ 의 계산에 많이 이용되는 식으로는 다음의 두 가지가 있다.

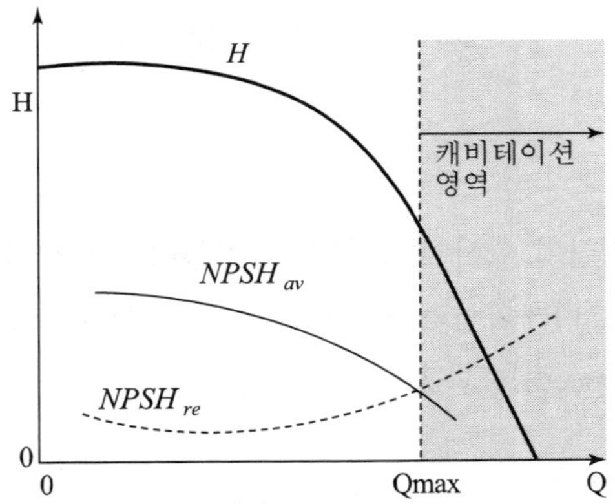

그림 9.13 $NPSH_{av}$와 $NPSH_{re}$에 의한 캐비테이션영역

1. Thoma의 캐비테이션 계수

$$NPSH_{re} = \sigma H \tag{9.28}$$

여기서 σ : **Thoma의 캐비테이션 계수**, H : 임펠러 1단당 효율 최고점에서의 전양정(m) 또 σ는 비속도 n_s의 3/4승에 비례하며, 일반적으로 그림 9.14와 같은 관계가 있다. 이 그림에서 n_s로부터 σ를 구하여 식 (9.28)로부터 $NPSH_{re}$를 구할 수 있다.

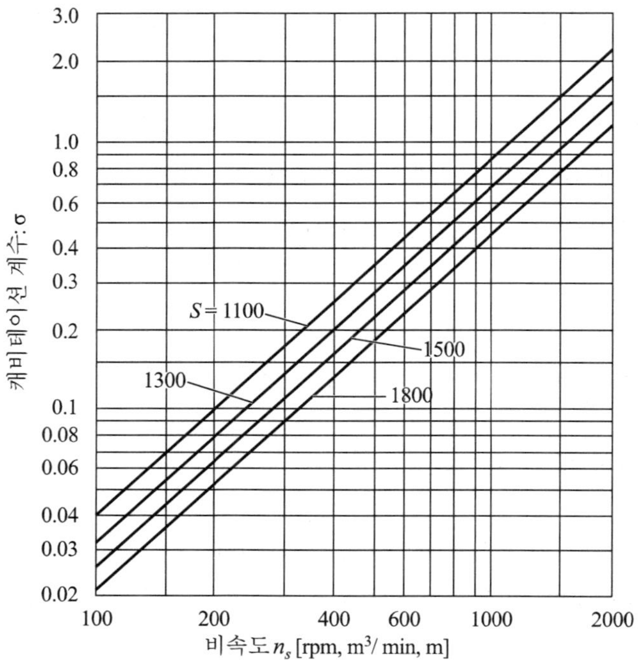

그림 9.14 n_s와 σ와의 관계

2. 흡입비속도

임펠러 입구부근의 형상이 상사이며, 물의 유입상태도 상사라면 임펠러의 외경치수나 펌프의 양정이 변해도 캐비테이션의 발생점은 같다는 생각으로부터 유도된 식으로 **흡입 비속도**(suction specific speed)는 다음과 같다.

$$S = \frac{n\sqrt{Q}}{NPSH_{re}^{\ 3/4}} \quad [\mathrm{rpm, m^3/min, m}] \tag{9.29}$$

여기서 S : 펌프의 흡입비속도, Q : 토출유량($\mathrm{m^3/min}$)(양흡입의 경우는 $Q/2$로 함), n : 회전속도(rpm), $NPSH_{re}$: 필요 유효흡입수두(m)

또 σ와 S 사이에는 다음 관계가 있다.

$$\sigma = \left(\frac{n_s}{S}\right)^{4/3} \tag{9.30}$$

펌프의 최고 효율점의 유량에서 캐비테이션을 일으키는 한계 S 값(3% 양정 저하점)은 일반적으로 펌프의 형성에 관계없이 거의 일정하다. 그래서 다음의 값으로 한다.

원심펌프($n_s = 150 \sim 600$) : $S = 1500$ (소형 원심펌프는 $S = 1100 \sim 1400$)

축류펌프($n_s = 1600$) : $S = 1200$

사류펌프($n_s = 900$) : $S = 1300$

(8) 펌프의 운전범위

펌프는 일반적으로 그 설정값에서의 운전이 이루어지는 경우는 거의 없다. 어떤 범위의 토출유량, 또는 전양정의 폭이 있게 운전된다. 펌프의 흡입성능은 효율 최고점 부근에서 가장 좋고, 그로부터 떨어지면 나빠진다. 따라서 흡입높이에서 운전하고 있는 펌프에서도 운전상태의 유량에 따라서는 캐비테이션을 일으키는 경우도 있다.

예제 9.7

그림[예제 9.7]과 같은 펌프의 상태에서 available NPSH $NPSH_{av}$를 구하라. 수온은 20 °C이고, 흡입관내 전 손실수두를 0.75 m로 한다.

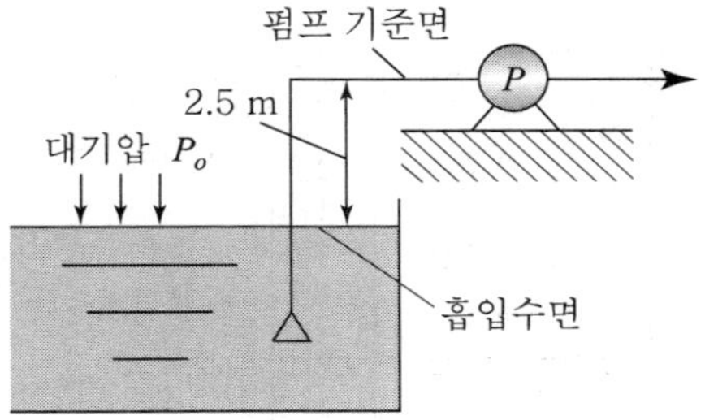

그림 [예제 9.7]

풀이 대기압수두 $h_o = 10.33$ (mAq), 20 °C에서의 포화증기압수두 $h_v = 0.2383$ (mAq), 흡입 실양정 $H_{as} = 2.5$ (m), 흡입관내 전 손실수두 $h_{ls} = 0.75$(m)이다. 이 경우, 그림[예제 9.7]로부터 펌프 기준면이 흡입액면보다 위에서 흡상하므로

$$NPSH_{av} = h_o - h_v - H_{as} - h_{ls} = 10.33 - 0.2383 - 2.5 - 0.75 = 6.84 \text{ m}$$

예제 9.8

그림[예제 9.8]과 같은 펌프의 상태에서 available NPSH를 구하라. 수온은 20 °C이고, 흡입관내 전 손실수두를 0.65 m로 한다.

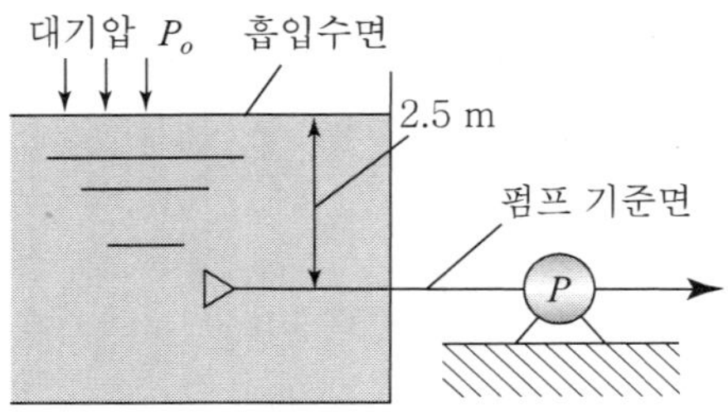

그림 [예제 9.8]

풀이 이 경우는 펌프의 기준면이 흡입액면보다 아래인 압입이므로

$$NPSH_{av} = h_o - h_v + H_{as} - h_{ls} = 10.33 - 0.2383 + 2.5 - 0.65 = 11.94 \text{ m}$$

예제 9.9

다음에 표시하는 그림[예제 9.9]와 사양 및 위치에서 펌프의 available NPSH, required NPSH, 캐비테이션에 대하여 검토하라.

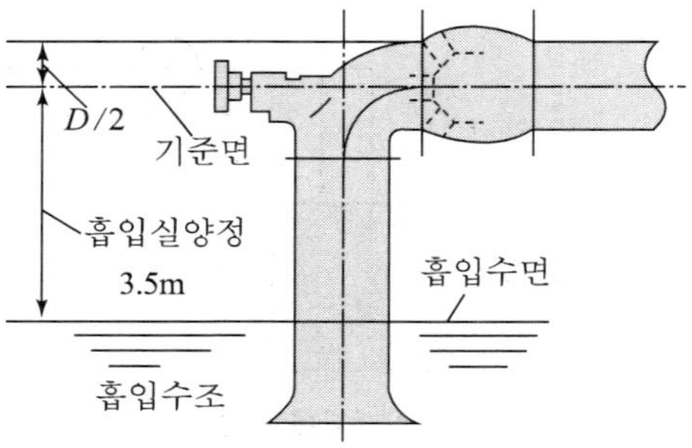

그림 [예제 9.9]

펌프사양 : 형식/횡축 사류펌프, 구경 $D = 1500$ mm, 전양정 $H = 5$ m, 토출유량 $Q = 300$ m^3/min, 회 전속도 n=175 rpm, 출력 $L_s = 370$ kW, 흡입 비속도 S=1300, 비속도 $n_s = 900$ $[\text{rpm}, \text{m}^3/\text{min}, m]$,

설치조건 : 대기압(표고 0m) $h_o = 10.33$ mAq,

포화증기압(수온 25°C) $h_v = 0.32$ mAq,

흡입 실양정 $H_{as} = 3.5$ m,

설정 토출유량에서의 흡입관 전 손실수두 $h_{ls} = 0.1$ m

풀이 펌프 기준면이 흡입액면보다 위쪽이므로

$$NPSH_{av} = h_o - h_v - H_{as} - h_{ls} = 10.33 - 0.32 - 3.5 - 0.1 = 6.41 \text{ m}$$

또 $n_s = 900$ [rpm, m^3/min, m]에서의 σ는 , $S = 1300$ [rpm, m^3/min, m]으로 할 때 그림 9.14로부터 σ=0.62, H=5 m이므로

$$NPSH_{re} = \sigma H = 0.62 \times 5 = 3.1 \text{ m}$$

임펠러 입구경(펌프 흡입구경) D=1.5 m, 흡입수두의 여유 $\alpha = 0.5$ m를 식 (9.27)에 대입하면

$$NPSH_{re} + \frac{D}{2} + \alpha = 3.1 + \frac{1.5}{2} + 0.5 = 4.35 \text{ m}$$

따라서 $NPSH_{av} > NPSH_{re} + \frac{D}{2} + \alpha$ 이며, 캐비테이션은 일어나지 않는다.

6) 축류펌프

원심펌프는 반경방향 유동의 기계로서 고 양정이 필요한 경우에 많이 이용되고 있다. 그 비속도의 범위는 4000이하이다. 그러나 농업 양수용, 상하수도용, 관개, 배수시설 등의 대유량, 저 양정(10 m이하)이 필요한 경우에는 축류펌프가 사용된다. 그 비속도는 9000이상의 범위이다.

축류펌프(axial pump)는 유체가 회전차의 축방향으로 유입하여 회전차(가동익)를 거쳐 안내깃(고정익)을 지나 축방향으로 유출한다. 그 사이에 유체는 속도에너지와 압력에너지를 얻게 되며, 안내깃은 날개로부터 나온 원주방향 성분의 흐름을 축방향으로 흐르게 하는 역할을 한다. 축류펌프의 개략도를 그림 9.15에 도시하였으며, 그림 9.16에는 축류펌프 케이싱내의 흐름을 나타낸다.

축류펌프의 회전차 깃의 단면은 선박용 프로펠러와 같은 수익형(hydrofoil)이며, 깃수는 2~5매 정도로서 회전축에 방사상으로 설치한다. 안내깃수는 3~7매로서 회전차의 깃수보다 1개 또는 홀수개 더 많게 정한다.

다음에는 축류형 회전차의 기본적인 이론에 대하여 알아본다.

그림 9.16의 축류형 회전차에서 회전차의 입구와 출구에서의 속도선도를 나타내면 그림 9.17과 같다

그림 9.16의 반경 r인 단면에서의 익렬이 원주속도 u로 회전하고, 이때 유체가 절대속도 v_1으로 유입하여 v_2로 유출한다. 회전차가 원주방향으로 유체에 미치는 힘은 운동량

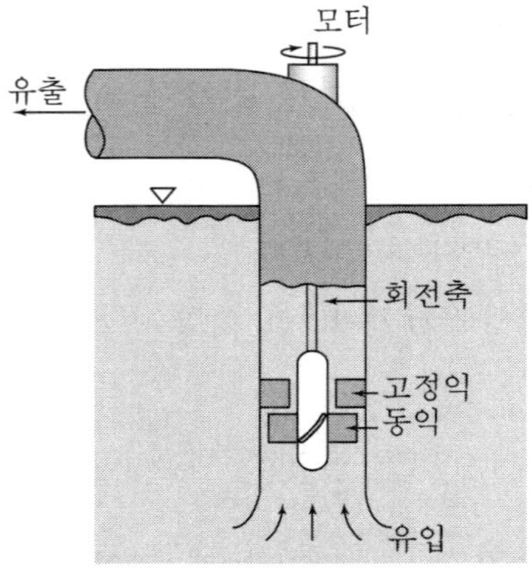

그림 9.15 축류펌프의 개략도

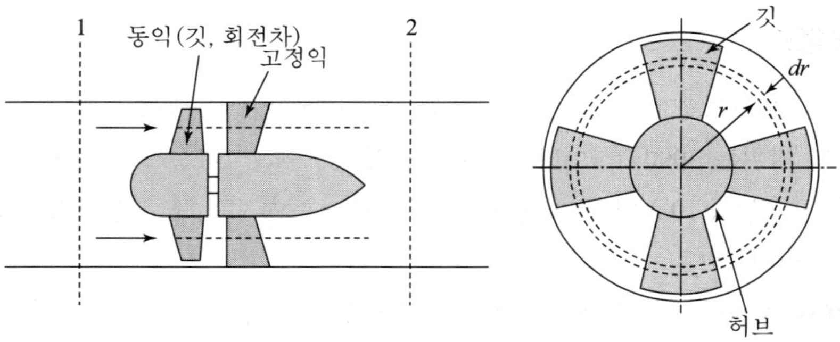

그림 9.16 축류펌프 케이싱내의 흐름

이론을 적용하여 다음과 같이 표시할 수 있다.

$$dF = \rho dQ(v_{2u} - v_{u1}) \tag{9.31}$$

여기서 $v_{u1} = v_1 \cos\alpha_1$, $v_{u2} = v_2 \cos\alpha_2$로서 각각 회전차 입구, 출구에서의 절대속도에 대한 원주방향 성분이다.

따라서 이론동력은 다음과 같다.

$$dL_{th} = dF \times u = \rho dQ(v_2 \cos\alpha_2 - v_1 \cos\alpha_1)u = \rho g dQ H_{th} \tag{9.32}$$

따라서 H_{th}는 이론양정으로서 다음과 같이 정리된다.

$$H_{th} = \frac{u}{g}(v_2 \cos\alpha_2 - v_1 \cos\alpha_1) \tag{9.33}$$

이 식을 축류형 회전차에 대한 **오일러의 터빈방정식**이라 한다 .

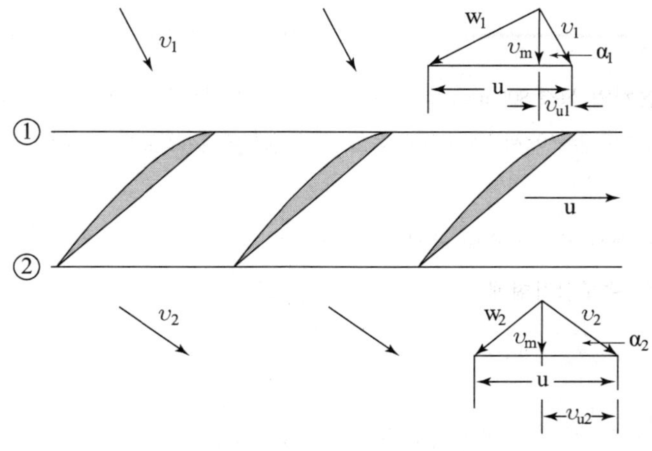

그림 9.17 축류형 회전차의 속도선도

실제 전 양정은 펌프의 수력효율을 $\eta_h = \dfrac{H}{H_{th}} = \dfrac{H_{th} - \Delta H}{H_{th}}$ 라 할 때 다음과 같이 구할 수 있다.

$$H = H_{th} \cdot \eta_h = \frac{u}{g}(v_2 \cos\alpha_2 - v_1 \cos\alpha_1)\eta_h \tag{9.34}$$

유량의 변화에 따라 회전차에 부착되어 있는 깃의 각도를 조정할 수 있는 것을 가변식 축류펌프라 하며, 유량이 변동하는 경우 회전차의 깃 각도를 변화시킬 수 있으므로 효율을 감소시키지 않고 안정된 운전을 할 수 있다. 펌프의 양정은 날개가 액체에 주는 양력에 의해 얻어진다. 그림 9.18에는 축류펌프에 대한 성능곡선의 예를 도시하였다.

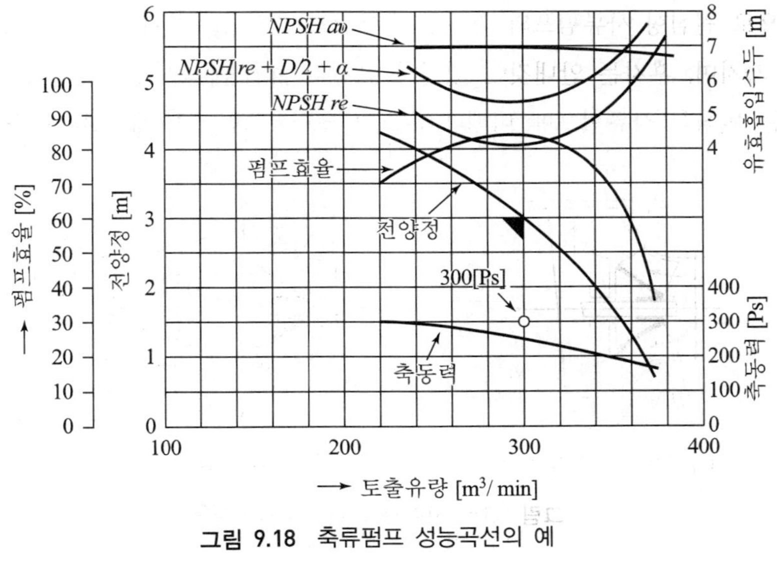

그림 9.18 축류펌프 성능곡선의 예

예제 9.10

축류펌프에서 회전차의 직경 800 mm, 회전속도 850 rpm, 회전차 입구의 속도 2.8 m/s로 축방향으로 물이 유입하여 회전차 출구에서 3.6 m/s로 유출한다. 펌프의 전양정이 7.5 m일 때 이론양정과 수력효율을 구하라.

풀이 속도삼각형에서 축방향으로 유입하므로 $v_{u1}=0$, $v_m=v_1$

출구방향의 속도삼각형에서 $v_2^2=v_{u2}{}^2+v_m{}^2$이므로

$$v_{u2}=\sqrt{v_2{}^2-v_m{}^2}=\sqrt{3.6^2-2.8^2}=2.26 \text{ m/s}$$

$$H_{th}=\frac{1}{g}(u_2v_{u2}-u_1v_{u1})=\frac{1}{g}u_2v_{u2}=\frac{1}{g}(\frac{\pi D_2 n}{60})v_{u2}$$

$$=\frac{1}{9.8}(\frac{\pi\times0.8\times850}{60})\times2.26=8.21 \text{ m}$$

$$\eta_h=\frac{H}{H_{th}}=\frac{7.5}{8.21}\times100=91.4\ \%$$

7) 사류펌프

사류펌프(diagonal flow pump)는 비속도가 700~1100의 범위에 있으며, 원심펌프와 축류펌프의 중간 성질을 갖는다. 양정은 3~20 m정도이며 유체는 축방향으로 유입하여 축방향과 반경방향의 중간방향으로 회전차를 통과하는 구조이다.

일반적으로 원심형 사류펌프와 축류형 사류펌프가 있다. 전자는 안내깃 대신에 와류실 케이싱을 가지며, 후자는 안내깃이 있어서 유체의 흐름을 축방향으로 유도한다. 축류형 사류펌프는 원심형 사류펌프에 비해 비속도가 크다. 그림 9.19에 그들 구조의 개략도를

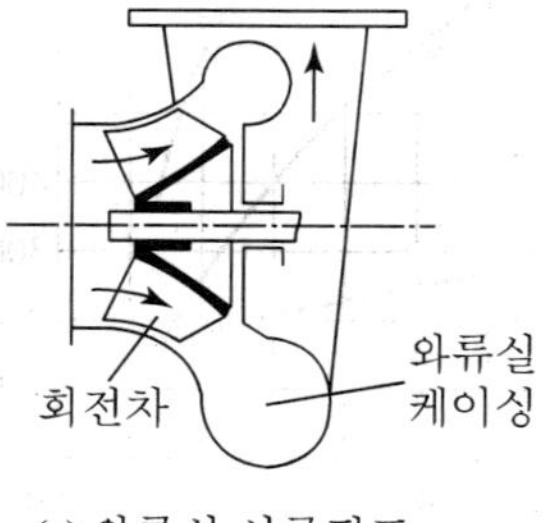

(a) 와류실 사류펌프

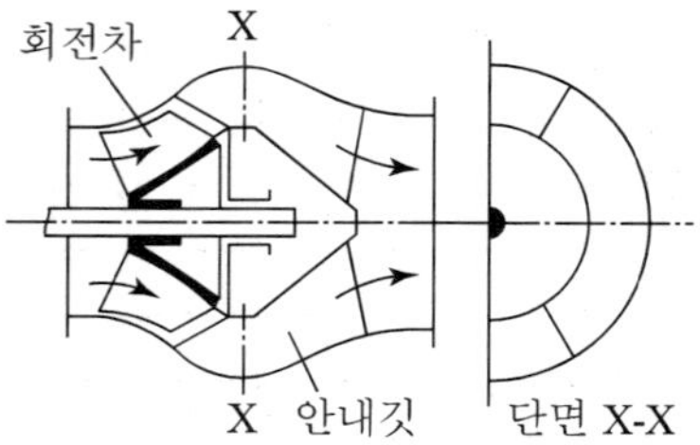

(b) 사류펌프

그림 9.19 사류펌프 케이싱내의 흐름

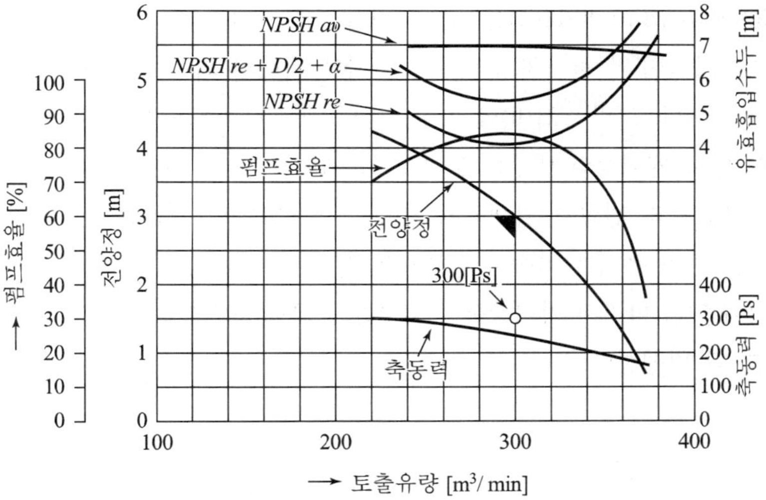

그림 9.20 사류펌프의 성능곡선 예

도시하였으며, 그림 9.20에는 횡축 사류펌프에 대한 성능곡선의 예를 나타내었다.

9.2 수력터빈(수차)의 일반

터빈(turbine)은 유동하는 유체로부터 에너지를 얻어내는 장치이며, 그 형식은 **수력터빈**(hydraulic turbine, 수차)의 경우는 물의 위치에너지를 기계적 에너지로 변환하는 회전기계이다. 터빈의 형상은 유체가 동익에 회전축의 접선방향으로 토크를 부여하는 형상이다. 이렇게 얻어지는 축동력은 발전기나 다른 장치들을 구동시키는데 사용되며, 주로 발전기를 구동하여 전기에너지로 변환시키는 경우가 많다.

수차는 수차에 작용하는 물의 에너지 형태에 따라 충동수차와 반동수차로 나눌 수 있다.

수력 **충동터빈**(impulse turbine)은 유효낙차를 전부 운동에너지(속도에너지)로 변환하여 회전차(runner)에 작용시켜 출력의 대부분을 차지하며, 고 수두 소 유량의 장치에 사용된다. 그림 9.21(a)에 수력 충동터빈의 개략도를 도시하였으며 노즐에는 니들밸브가 설치되어 있으므로 노즐에서 분출되는 유량을 조절할 수 있다. 이와 같은 노즐을 회전차 주위에 여러개 설치함으로서 수차의 부하에 대하여 노즐의 수를 조정하여 유량을 변화시킬 수 있다.

한편 **반동터빈**(reaction turbine)은 유효낙차를 속도에너지와 압력에너지의 양방으로 변환하여 회전차의 입구와 출구의 압력수두의 차에 의해서 회전차에 동력을 주며, 저 수두 대 유량에 사용된다. 그림 9.21(b)에 반동터빈의 개략도를 도시하였으며 동익은 케이싱으로 둘러싸여 있고 케이싱의 내부는 물로 가득 채워져 있다. 유체가 동익을 통과할 때 압력강하와 상대속도의 변화가 발생하고 유체가 반경방향으로 유입하는 경우에 안내깃은 노즐의 역할을 하여 유체를 가속시키거나 유체가 동익으로 유입할 때 유동방향을 적당한 방향으로 잡아준다. 따라서 압력강하의 일부분이 안내깃에서 발생하며 나머지 부분은 동익을 통과할 때 발생한다.

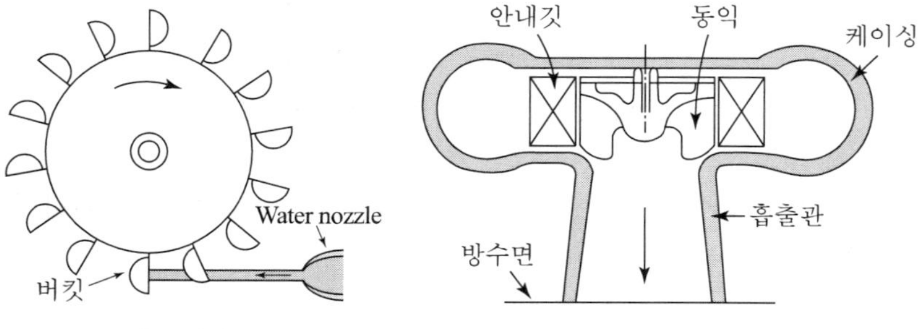

(a) 축류터빈 (펠톤수차)　　(b) 반동터빈 (프란시스수차)

그림 9.21 충동터빈과 반동터빈의 개략도

1) 수력터빈(수차)의 출력과 효율

그림 9.22에서 저수지의 수면과 방수로의 수면의 수직높이를 **총 낙차**(total head) H_t 라 한다.

수력발전소에서 실제로 이용할 수 있는 낙차는, 총 낙차로부터 관로에서의 마찰손실, 수차출구에서의 속도수두 등을 뺀 값으로서 이것을 **유효낙차** H_e 라 하며, 수두로 표시하면 다음과 같다.

$$H_e = H_t - (h_1 + h_2 + h_3) - \frac{{v_2}^2}{2g} \quad [\mathrm{m}] \tag{9.35}$$

여기서 H_e : 유효낙차(m), H_t : 총 낙차(m), h_1 : 취수구와 서지탱크(surge tank)간의 손실수두(m), h_2 : 서지탱크와 수차입구간의 손실수두(m), h_3 : 방수로에 의한 손실수두(m), 수차의 **이론출력**(theoretical power) L_{th}(kW)은, 유효낙차 H_e(m), 유량 Q $(\mathrm{m^3/s})$,

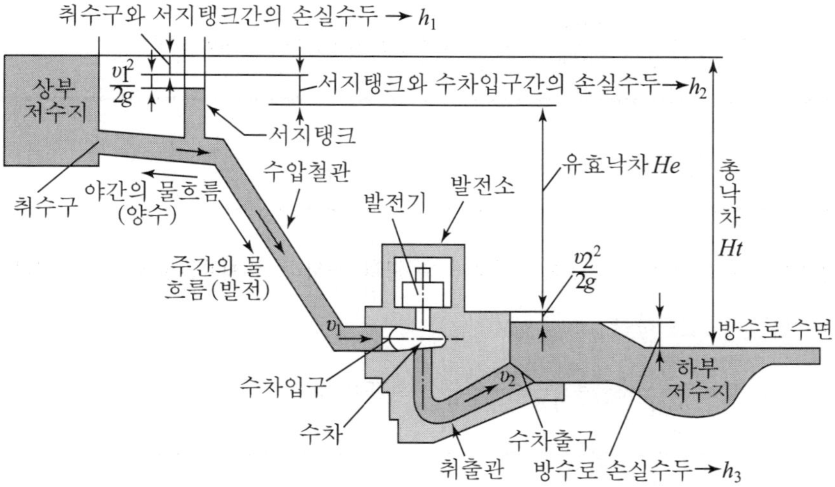

그림 9.22 수력발전과 낙차

물의 밀도 $\rho(\mathrm{kg/m^3})$라 하면 다음 식으로 표시된다.

$$L_{th} = \frac{\rho g Q H_e}{1000}\ [\mathrm{kW}] \tag{9.36}$$

그러나 수차에는 베어링 마찰에 의한 기계적 손실, 누설에 의한 체적손실, 유체마찰에 의한 에너지 손실 등이 있으므로 발전기에 주는 에너지는 더 작아진다. 이것을 **유효출력** 또는 **정미출력**(net power, brake power) $L(\mathrm{kW})$라 하며, 수차의 실제 출력이 된다.

수차의 효율을 η_t 라 하면 유효출력(정미출력)은 다음과 같다.

$$L = L_{th} \cdot \eta_t = \frac{\rho g Q H_e}{1000} \cdot \eta_t \quad [\mathrm{kW}] \tag{9.37}$$

η_t는 수차의 형식, 종류, 사용상태 등에 따라 다르며 약 70~95%정도이다.
또 실제로 발전기로부터 발생하는 출력 L_g 는 수차의 유효출력 L 보다 작으며, 발전기 효율을 η_g 라 하면 다음과 같다.

$$L_g = L \cdot \eta_g \tag{9.38}$$

예제 9.11

수량 20 $\mathrm{m^3/s}$, 유효낙차 30 m, 수차효율 85 %라 하면 정미출력(유효출력)은 얼마인가?

풀이 식 (9.37)로부터 $L = \frac{\rho g Q H_e}{1000} \cdot \eta_t$ = 9.8×20×30×0.85 = 4998 kW

예제 9.12

유효낙차 80 m, 유효출력 50000 kW인 수차의 유량을 구하라. 수차효율을 85 %로 한다.

풀이 식 (9.37)을 변형하여

$$Q = \frac{1000L}{\rho g H_e \cdot \eta_t} = \frac{50000}{9.8 \times 80 \times 0.85} = 75.03 \ \mathrm{m^3/s}$$

---

2) 상사법칙과 비속도

수차에서도 **상사법칙**(similitude)과 비속도를 이용하면 수차의 해석이나 설계시 효율적이다. 수차가 크기에 관계없이 회전차의 형상이 상사이고 운전상태도 상사일 때, 두 대의 수차의 회전수를 각각 n_1, n_2, 회전차의 크기를 각각 D_1, D_2, 유량을 Q_1, Q_2, 낙차를 H_1, H_2, 출력을 L_1, L_2라 하면 펌프에서와 같이 상사법칙을 유도할 수 있다.

먼저 2대의 회전차의 유량에 대하여 다음의 식이 성립한다.

$$\frac{Q_2}{Q_1} = \left(\frac{D_2}{D_1}\right)^2 \left(\frac{n_2}{n_1}\right) \quad \text{또는} \quad \frac{Q_1}{D_1^2 n_1} = \frac{Q_2}{D_2^2 n_2} \tag{9.39}$$

2대의 회전차의 유효낙차에 대해서는 다음의 식이 성립한다.

$$\frac{H_2}{H_1} = \left(\frac{D_2}{D_1}\right)^2 \left(\frac{n_2}{n_1}\right)^2 \quad \text{또는} \quad \frac{H_1}{D_1^2 n_1^2} = \frac{H_2}{D_2^2 n_2^2} \tag{9.40}$$

회전차의 출력에 대해서는 다음의 식으로 표시할 수 있다.

$$\frac{L_2}{L_1} = \left(\frac{D_2}{D_1}\right)^5 \left(\frac{n_2}{n_1}\right)^3 \quad \text{또는} \quad \frac{L_1}{D_1^5 n_1^3} = \frac{L_2}{D_2^5 n_2^3} \tag{9.41}$$

지금 회전차의 형상이나 운전상태가 상사를 유지할 때 회전차의 크기를 변화시켜 1 m의 낙차에서 1 kW의 동력(출력)을 발생시킬 때 그 수차의 매분당 회전수(회전속도)를 수차의 **비속도**(specific speed)라 한다. 이 값이 같은 수차군에서는 회전차의 형상이 같으며,

비속도로부터 수차를 선정할 수 있다.

유효낙차 H_e(m), 유효출력 L(kW), 수차의 회전속도 n(rpm)이라 하면 비속도 n_s [m, kW, rpm]는 다음 식으로 표시된다.

$$n_s = \frac{n\sqrt{L}}{H_e^{5/4}} \quad [\mathrm{m, kW, rpm}] \tag{9.42}$$

식 (9.42)의 L은 펠톤수차(Pelton hydraulic turbine)에서는 노즐 1개당의 값, 그 외의 수차의 형식에서는 러너 1개당의 값을 취한다. 표 9.1은 수차의 종류와 비속도를 표시한다.

표 9.1 수차의 종류와 비속도

종류	비속도 [m, kW, rpm]
펠톤수차	8~25
프란시스 수차	50~350
프로펠러 수차	200~900
사류수차	100~350
프란시스형 펌프수차	50~250
사류형 펌프수차	100~300

예제 9.13

유효낙차 320 m, 유효출력 2500 kW, 회전속도 600 rpm인 수차의 비속도를 구하라. 또 어떤 수차를 선정하면 되는가?

풀이 $H_e = 320$ m, $L = 2500$ kW, $n = 600$ rpm 이므로 식 (9.42)로부터

$$n_s = \frac{n\sqrt{L}}{H_e^{5/4}} = \frac{600 \times \sqrt{2500}}{320^{5/4}} = 22.17 \ [\mathrm{m, kW, rpm}]$$

표 9.1로부터 펠톤수차로 한다.

예제 9.14

바깥지름 6.5 m인 수차가 유효낙차 140 m인 곳에서 220 rpm으로 회전하여 80000 kW의 출력을 낸다. 이것과 상사인 수차를 제작하여 유효낙차 45 m인 곳에서 50000 kW의 출력을 낼 수 있게 하고자 한다. 이 수차의 회전수와 회전차의 바깥지름을 구하라.

풀이 비속도 $n_s = \dfrac{n_1\sqrt{L_1}}{H_1^{5/4}} = \dfrac{220\times\sqrt{80000}}{140^{5/4}} = 129.2$ [m, rpm, kW]

$$n_s = \frac{n_2\sqrt{L_2}}{H_2^{5/4}} \text{ 로부터 } n_2 = \frac{n_s H_2^{5/4}}{\sqrt{L_2}} = \frac{129.2\times 45^{5/4}}{\sqrt{50000}} = 67.34 \text{ rpm}$$

$$\frac{H_1}{D_1^2 n_1^2} = \frac{H_2}{D_2^2 n_2^2} \text{ 로부터 } D_2 = \left(\frac{H_2}{n_2^2}\times\frac{D_1^2 n_1^2}{H_1}\right)^{1/2} = \left(\frac{45}{67.34^2}\times\frac{6.5^2\times 220^2}{140}\right) = 12.04\,\text{m}$$

3) 수력터빈의 성능특성

그림 9.23은 펠톤, 프란시스, 카플란의 각 수차에 대하여 낙차가 일정할 때 회전속도를 변화시킨 경우, 출력, 토크, 기계손실, 수차효율 등의 변화를 표시한 것이다.

수차축에 걸리는 토크를 크게 하면 회전속도는 저하하여 드디어 0으로 된다. 반대로 토크를 작게 하면 회전속도가 증대하여 토크가 0이 되는 회전속도 n_R로 된다. 이와 같은 무부하에 있어서 수차의 회전속도 n_R을 **無拘束(무구속) 속도**(runaway speed)라 한다. 이때의 저항은 마찰에 의한 기계손실 뿐으로 된다. 무구속 속도는 수차의 종류에 따라서 다르지만, 정격 회전속도의 1.6~2.5배나 되므로 수차나 발전기의 회전부분이 강도적으로 충분히 안전하게 해야 한다.

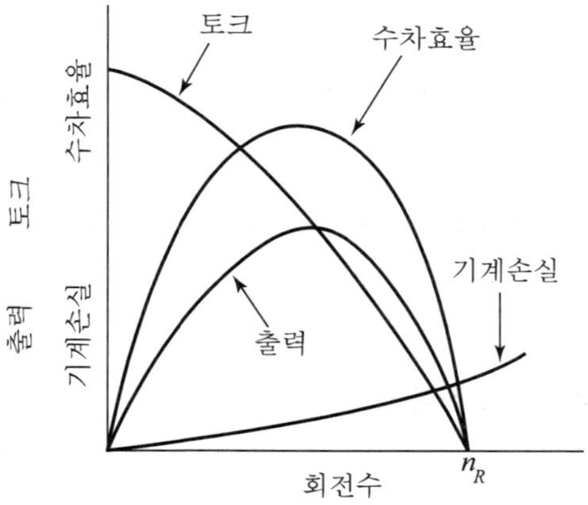

그림 9.23 수차의 성능곡선의 예

예제 9.15

유효낙차 100 m, 수량 4.5 m^3/s, 회전속도 750 rpm, 수차효율 85 %로 할 때 유효출력, 비속도를 각각 구하라. 어떤 수차를 채용하면 되는가?

풀이 $L = \dfrac{\rho g Q H_e}{1000}\eta_t = 9.8 \times 4.5 \times 100 \times 0.85 = 3748.5$ kW

$$n_s = \frac{n\sqrt{L}}{H^{5/4}} = \frac{750 \times \sqrt{3748.5}}{100^{5/4}} = 145.2\ [\mathrm{m, kW, rpm}]$$

표 9.1 로부터 프란시스 수차

---

4) 충동터빈

(1) 펠톤수차의 구성

펠톤수차(Pelton turbine)는 충동터빈의 하나로서, 보통 낙차 200~2000 m의 고낙차에 이용되며 유량은 비교적 작은 편이다. 높은 위치에 있는 저수지로부터 물이 갖는 위치에너지가 수압철관을 경유하면서 속도에너지로 변화하고, 물은 노즐로부터 고속분류로 분출된다. 이 분류는 회전차의 원주방향으로 설치되어 있는 15~25개의 **버킷**(bucket)에 충돌하여 회전차는 고속으로 회전하며, 동력을 발생시킨다. 물은 버킷에 충돌한 후 방수로로 낙하하여 방수된다. 유량은 노즐에 장착되어 있는 니들밸브에 의해 조절할 수 있으며, 노즐을 여러개 사용할 때 단사(單射), 2斜, 4射 … , 한 축에 설치한 회전차의 수에 따라 단륜(單輪), 2륜(2輪) … , 축의 형식에 따라 횡축(橫軸), 입축(立軸) 펠톤터빈이라 한다.

(a) 버킷(그림 9.24)은 중앙에 예리한 칸막이가 있다. 이 칸막이는 분류를 좌우로 나누어 물을 진입방향과 거의 반대방향으로 유출되도록 작용시킨다.

(b) 니들밸브와 노즐 : 노즐은 물의 압력에너지를 운동에너지로 변화시키며, 그림 9.25와 같이 니들밸브 등을 장착하고 있다. 니들밸브는 이것을 개폐시킴에 따라 노즐의 개구면적을 변화시켜 유량을 조절한다. 니들밸브의 개폐는 유압, 電動, 수동으로 할 수 있다.

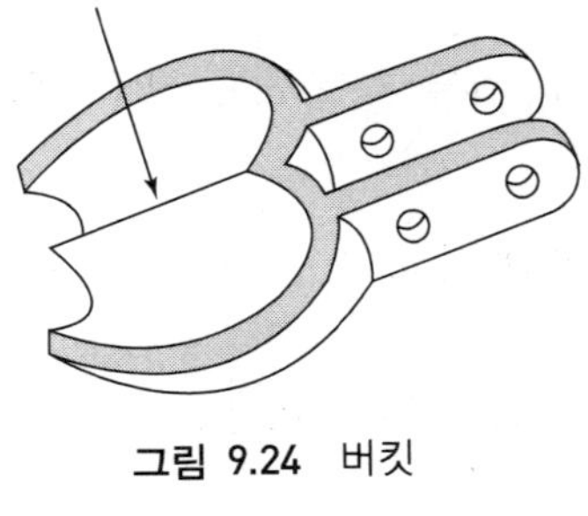

그림 9.24 버킷

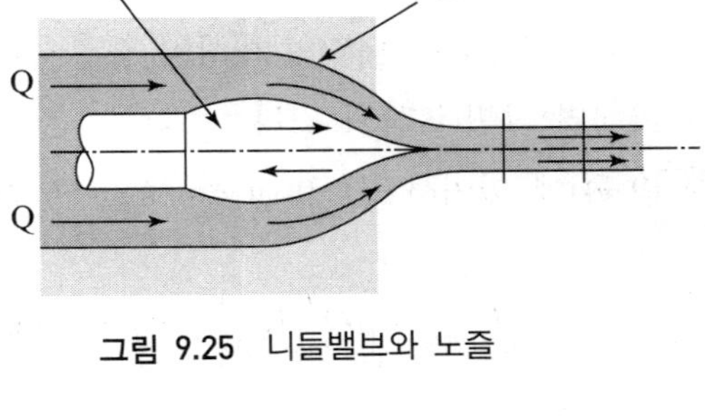

그림 9.25 니들밸브와 노즐

(2) 버킷에 작용하는 분류의 작용

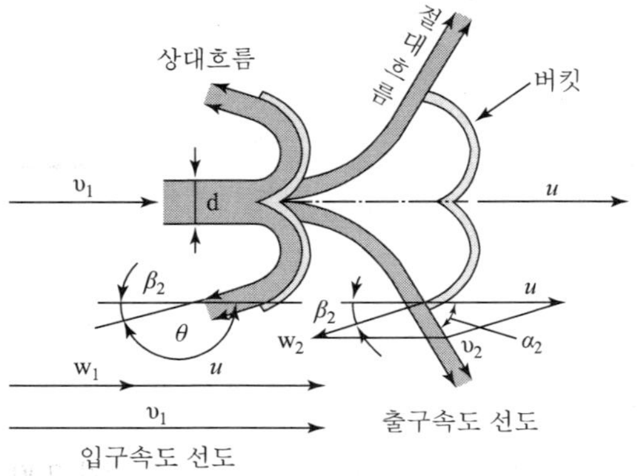

그림 9.26 버킷에 주는 분류의 작용

분류의 유속을 v_1(m/s), 버킷의 원주속도 u(m/s), 분류의 유량 Q(m^3/s), u의 역방향과 분류의 상대속도 w_2 와의 각 θ(도), 밀도 ρ(kg/m^3)라 하면 물이 다수의 버킷에 주는 충동력 F_b(N)는

$$F_b = \rho Q(v_1 - u)(1 - \cos\theta)$$

그림 9.26으로부터 $\theta = 180^\circ - \beta_2$ 이므로

$$1 - \cos\theta = [1 - \cos(180^\circ - \beta_2)] = [1 - (-\cos\beta_2)] = 1 + \cos\beta_2$$

로 되어 v_1을 v로, θ를 β의 값으로 변환시켜 쓰면 다음 식으로 된다.

$$F_b = \rho Q(v - u)(1 + \cos\beta) \quad [\mathrm{N}] \tag{9.43}$$

분류가 다수의 러너에 주는 일(이론동력) L_b (W)는

$$L_b = F_b \cdot u = \rho Qu(v - u)(1 + \cos\beta) \quad [\mathrm{W}] \tag{9.44}$$

노즐의 치수, 유량, 버킷의 형상이 결정되면 Q, v, β는 결정되고, 식 (9.44)를 그래프에 나타내면 그림 9.27과 같다.

식 (9.44)에 있어서 $\beta = 0$, $u = v/2$일 때 L_b의 최대 $L_{\max}$이 얻어진다.

$$L_{\max} = \rho Q\frac{v}{2}(v - \frac{v}{2})(1 + \cos 0^\circ) = \rho Q\frac{v}{2}\frac{v}{2}2 = \frac{\rho Q v^2}{2} \tag{9.45}$$

실제로는 분류와 버킷의 마찰, 그 외의 손실이 있으므로 $u=(0.44\sim0.48)\times v$ 일 때 L_{max} 이 얻어진다.

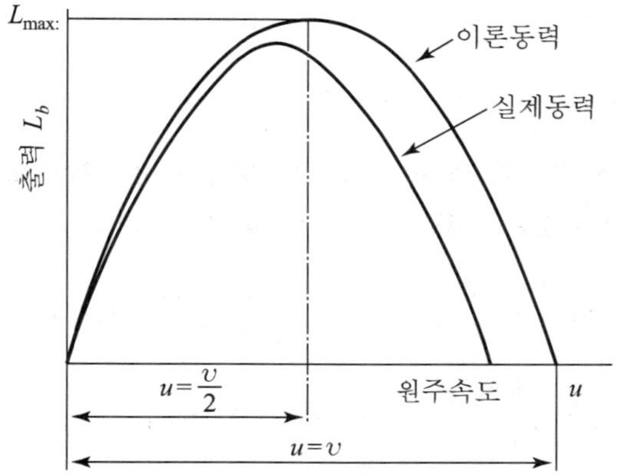

그림 9.27 펠톤수차의 동력

예제 9.16

러너의 피치원직경이 1400 mm인 펠톤수차가 350 rpm일 때, 유효출력이 2100 kW이었다. 분류가 버킷에 미치는 충동력은 얼마인가? 또 유효낙차가 150 m일 때 유량은 얼마인가? 수차효율은 85 %로 한다.

풀이 $u=\frac{\pi Dn}{1000\times 60}=\frac{\pi\times 1400\times 350}{1000\times 60}=25.66\ \mathrm{m/s}$

식 (9.44)로부터 $F_b=\frac{L_b}{u}=\frac{2100}{25.66}=81.84\ \mathrm{kN}$

식 (9.37)로부터 L 을 L_b로 바꾸어서

$$Q=\frac{L_b}{gH_e\eta_t}=\frac{2100}{9.8\times 150\times 0.85}=1.681\ \mathrm{m^3/s}$$

예제 9.17

펠톤수차에서 분류의 직경 60 mm, 분류의 속도 25 m/s, 분류가 러너에 미치는 이론동력은 얼마인가? 러너의 원주속도를 5 m/s, 버킷의 출구각을 25°로 한다.

풀이 그림 9.26으로부터 분류의 유량 $Q=\frac{\pi}{4}d^2v=\frac{\pi}{4}\times 0.06^2\times 25=0.0707\ \mathrm{m^3/s}$

식 (9.44)로부터 $L_b = \rho Q u(v-u)(1+\cos\beta) = 1000 \times 0.0707 \times 5 \times (25-5) \times (1+\cos 25°)$

$$= 13477.6 \text{ W} \fallingdotseq 13.48 \text{ kW}$$

예제 9.18

낙차 500 m, 출력은 8000 kW, 회전속도 450 rpm인 펠톤수차는 2개의 노즐을 사용하고 있다. 이 수차의 유량을 구하고 비속도를 구하라. 단, 수차효율은 0.85이다.

풀이 $L = \dfrac{\gamma Q H_e}{102}\eta_t$로부터 $Q = \dfrac{102 L/\eta_t}{\gamma H_e} = \dfrac{102 \times 8000/0.85}{1000 \times 500} = 1.92 \text{ m}^3/\text{s}$

$$n_s = \frac{n\sqrt{L/2}}{H^{5/4}} = \frac{450\sqrt{8000/2}}{500^{5/4}} = 12.04 \quad [\text{m, kW, rpm}]$$

5) 반동터빈

(1) 프란시스 수차의 구성

프란시스 수차(Francis turbine)는 중낙차로부터 고낙차까지 광범위하게(40~500 m낙차) 사용되며 반동수차의 대표적인 수차로서 수력발전소에서 가장 많이 사용되고 있다.

그림 9.28에는 입축형 프란시스 수차의 구조를 도시하였으며, 우측 그림에 나타낸 바와 같이 물의 유동방향과 회전차의 회전방향이 원심펌프와 반대이다. 그러나 그 구조는 거의 유사하다. 수압관으로부터 고압의 물이 원심형 케이싱으로 유입되어 고정깃 사이를 통해 안내깃으로 유도된다. 안내깃은 회전차의 외측에 장착되어 유입되는 물을 가속시

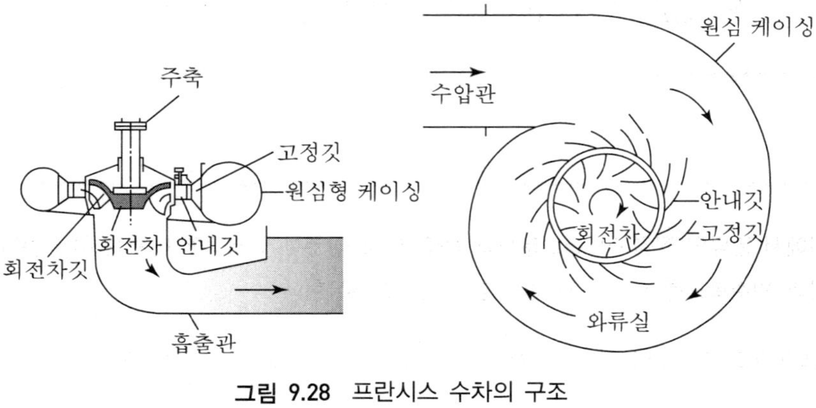

그림 9.28 프란시스 수차의 구조

키면서 선회하게 한다. 또한 부하변동에 따라 개도가 변화하여 유량을 조절한다.

안내깃을 통과한 물이 회전차에 유입되어 통과하는 동안에 압력이 감소하고, 동시에 원주방향 속도성분이 감소되어 축방향으로 유출된다. 물이 회전차를 통과하면서 잃은 각운동량이 회전차를 구동시키는 토크가 된다. 즉 회전차의 형상은 비속도에 따라 다르지만 물이 케이싱으로 유입되며 안내깃에서 가속되어 회전차로 유입한다. 그 물이 회전차를 흐르는 동안에 충격력과 반동력을 회전차에 전달하고 축방향으로 유출한 후 흡출관을 지나 방수로로 배수된다.

프란시스 수차는 그림 9.28과 같은 입축형으로서 대 출력용(최고 500~600 MW정도)으로 가장 많이 사용되는 형식이며, 횡축형은 저 출력(10 MW정도)용으로 사용되고 있다.

흡출관(draft tube)은 회전차로부터 나온 물을 방수면까지 유도하는 역할을 하며, 수차가 소형인 경우에는 원추형, 대형인 경우에는 단면적을 곡관형으로 한다. 이것은 물이 갖는 속도에너지를 헛되이 버리지 않게 하기 위해 단면적을 점차로 확대시켜 속도를 감소시키고 물의 속도에너지를 효과적으로 위치에너지로 회복시켜 부분부하 운전시에 서징이 가장 작아지도록 설계되고 있다.

(2) 회전차의 작동원리

그림 9.29는 회전차의 입구 및 출구의 속도분포로서, 회전차 입구 ①과 출구 ②의 원주속도를 u_1, u_2(m/s), 물의 유입 및 유출속도(절대속도) v_1, v_2(m/s), 물의 상대속도는

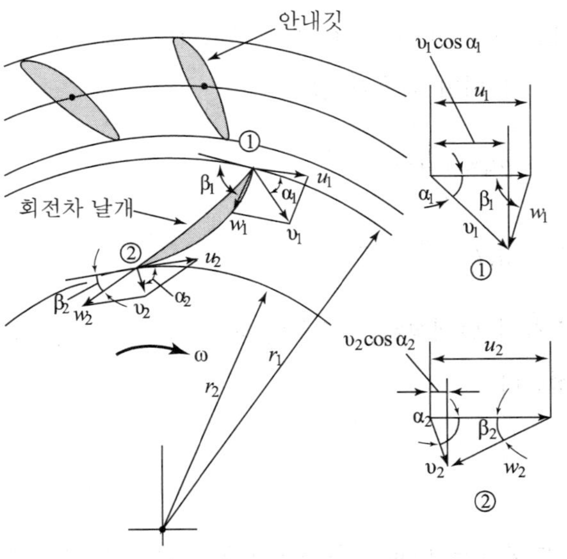

그림 9.29 프란시스 수차에서 회전차의 속도분포

유입 및 유출 상대속도를 각각 w_1, w_2(m/s), 물의 유입 및 유출각을 α_1, α_2, 회전날개의 입구 및 출구각을 각각 β_1, β_2, 유량을 Q $(\mathrm{m^3/s})$라 하면 회전차 입구 및 출구에서의 물의 운동량은 각각 $\rho Q v_1 \cos\alpha_1$, $\rho Q v_2 \cos\alpha_2$가 된다.

그 토크의 차가 회전차를 회전하게 하는 회전력으로 다음과 같다.

$$T = \rho Q(r_1 v_1 \cos\alpha_1 - r_2 v_2 \cos\alpha_2) \tag{9.46}$$

회전차의 각속도를 ω(rad/s)라 하면 $u_1 = r_1\omega$, $u_2 = r_2\omega$이므로 물이 회전차에 주는 **정미출력**(정미동력) L_r (W)은 다음과 같이 표시할 수 있다.

$$L_r = T\omega = \rho Q(u_1 v_1 \cos\alpha_1 - u_2 v_2 \cos\alpha_2) \quad [\mathrm{W}] \tag{9.47}$$

다음에, 유효낙차 H_e (m), 유량 Q $(\mathrm{m^3/s})$인 물이 회전차에 줄 수 있는 **이론동력**은 다음과 같다.

$$L_{th} = \rho g Q H_e \quad [\mathrm{W}] \tag{9.48}$$

따라서 물이 실제로 회전차에 주는 동력 L_r은 유로에서의 손실 때문에 L_{th} 보다 작으므로 **수차의 효율** η_r은 그 비로서 다음과 같이 표시된다.

$$\eta_r = \frac{L_r}{L_{th}} = \frac{1}{gH_e}(u_1 v_1 \cos\alpha_1 - u_2 v_2 \cos\alpha_2) \tag{9.49}$$

$\alpha_2 = 90^\circ$ 인 경우에는 $u_2 v_2 \cos\alpha_2 = 0$이므로 동력과 효율이 각각 최고값, 즉 최대동력 $L_{\max}$, 최대효율 $\eta_{\max}$이 되며 다음과 같다.

$$L_{\max} = \rho Q u_1 v_1 \cos\alpha_1 \tag{9.50}$$

$$\eta_{\max} = \frac{1}{gH_e} u_1 v_1 \cos\alpha_1 \tag{9.51}$$

따라서 프란시스 수차의 날개형태는 출구의 속도선도에서 $\alpha_2 = 90^\circ$ 가 되도록 날개의 설치각도 β_2를 결정한다.

예제 9.19

프란시스 수차의 회전차에 유량 $10\ \mathrm{m^3/s}$ 의 물이 외측 원주와 각도 30°, 속도 $25\ \mathrm{m/s}$로 유입하고 내측 원주와 각도 90°로 유출하고 있다. 날개 입구의 원주속도가 30 m/s라면 최대 정미출력은 얼마인가?

풀이 $\rho = 1000\ \mathrm{kg/m^3},\ Q = 10\ \mathrm{m^3/s},\ u_1 = 30\ \mathrm{m/s},\ v_1 = 25\ \mathrm{m/s},\ \alpha_1 = 30^\circ,\ \alpha_2 = 90^\circ$ 이므로

$$L_{\max} = \rho Q u_1 v_1 \cos\alpha_1 = 1000\times10\times30\times25\times\cos 30^\circ$$

$$= 6495190.5\ \mathrm{W} = 6495.2\ \mathrm{kW} \fallingdotseq 6.5\ \mathrm{MW}$$

예제 9.20

프란시스 수차가 3.0 $\mathrm{m^3/s}$ 의 유량으로서 1100 kW의 출력을 내고 있다. 이때 와류실 입구의 압력계에서 읽은 압력은 392 kPa이고, 흡출관 출구직후의 방수로 수면에서 압력계까지의 높이가 2.1 m이다. 이 수차의 효율을 구하라. 단, 와류실 입구의 직경 700 mm, 흡출관 출구 단면적 1.5 $\mathrm{m^2}$이다.

풀이 와류실 입구의 평균유속 $v_d = \dfrac{4Q}{\pi D_d^2} = \dfrac{4\times3}{\pi\times0.7^2} = 7.795\ \mathrm{m/s}$

흡출관 출구의 평균유속 $v_s = \dfrac{Q}{A_s} = \dfrac{3.0}{1.5} = 2\ \mathrm{m/s}$

$$\therefore\ H_e = \frac{p_d}{\gamma} + \frac{v_d^2 - v_s^2}{2g} + h = \frac{392\times10^3}{9800} + \frac{7.795^2 - 2^2}{2\times9.8} + 2.1 = 45\ \mathrm{m}$$

$$\therefore\ \eta = \frac{L_r}{L_{th}} = \frac{L_r}{\rho g Q H_e} = \frac{1100\times1000}{1000\times9.8\times3.0\times45} = 0.831$$

9.3 송풍기

유체기계에서 기체를 작동유체로 하여 에너지변환을 수행하는 기계를 **공기기계**(air machinery)라 하며, **송풍기**(blower), 압축기(compressor), 풍차(windmill) 등이 있다. 그 외에 작동유체가 수증기의 경우에는 증기터빈(steam turbine), 연소가스인 경우에는 가스터빈(gas turbine) 등이 있다.

회전차의 회전에 의해 공기나 그 외의 기체를 송풍 또는 승압시키는 기계장치를 송풍기(blower, 송출압력 100kPa이상)라 하며, 특히 송출압력이 작은 경우는 **팬**(fan, 송출압력 10 kPa이하)이라 한다. 저압 공기기계는 팬, 송풍기, 풍차 등이 있으며, 고압 공기기계는

압축기, 진공펌프, 증기터빈, 가스터빈 등이 있다.

터보형(turbo type) 공기기계는 원심식(centrifugal type)과 축류식(axial flow type)이 있으며, 공기가 회전차를 축의 반경방향으로 유동하면서 에너지를 받는 것을 원심식, 회전차의 축방향으로 유동하면서 에너지를 받는 것은 축류식이라 한다.

송출압력이 상대적으로 높은 경우에는 원심식 송풍기가 사용되며, 낮은 압력의 경우에는 축류식 송풍기가 이용되고 있다.

1) 송풍기의 일반

(1) 송풍기의 압력과 유량

a. 송풍압력

관로를 통해 물을 수송시킬 때는 배관저항이 생긴다는 것은 이미 전술하였는데, **덕트**(duct, 일반적으로 기체를 수송시키는 장방형 관로)에 공기를 수송시킬 때에도 저항이 발생한다. 그것은 마찰저항과 부차적 손실저항의 합으로 표시할 수 있으며, 이러한 저항에 의해 유동하는 공기의 압력은 유로를 따라 점차 감소해 간다. 공기를 계속 수송시키기 위해서는 송풍저항을 감당할 압력에너지가 필요하며, 그 역할을 송풍기가 하게 된다.

덕트의 저항에 대한 공기압력은 정압(static pressure), 동압(dynamic pressure), 전압(total pressure)으로 나타낼 수 있으며, 송풍저항을 감당하는 압력은 정압이다. 이들 압력과 풍속의 사이에는 다음의 관계가 성립한다.

$$p_t = p_s + p_d \tag{9.52}$$

$$p_d = \frac{\rho}{2} V^2 \tag{9.53}$$

여기서 p_t : 전압 (Pa), p_s : 정압 (Pa), p_d : 동압 (Pa), ρ : 기체의 밀도 (kg/m^3), V : 풍속(m/s)이다.

b. 송풍기 풍량

그림 9.30에는 펌프의 밸브에 상당하는 댐퍼(damper)를 체절점으로부터 점차 열어가는 경우(풍량의 증가), 정압의 변화 및 저항의 변화를 도시하였다.

그림 9.31에는 송풍기와 덕트를 접속하여 송풍을 시키면 저항곡선 R_1과 정압곡선 p가 점 P_1에서 교차한다. 그 점에서의 풍량이 Q_1으로 되며, 그 덕트의 끝부분을 교축시키면

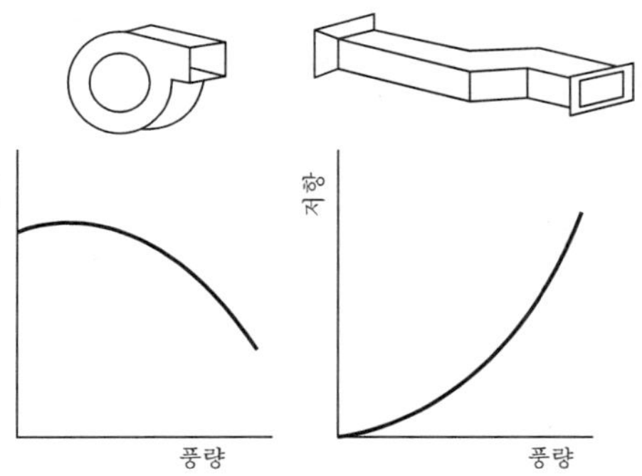

그림 9.30 송풍기의 압력－풍량, 저항－풍량의 관계

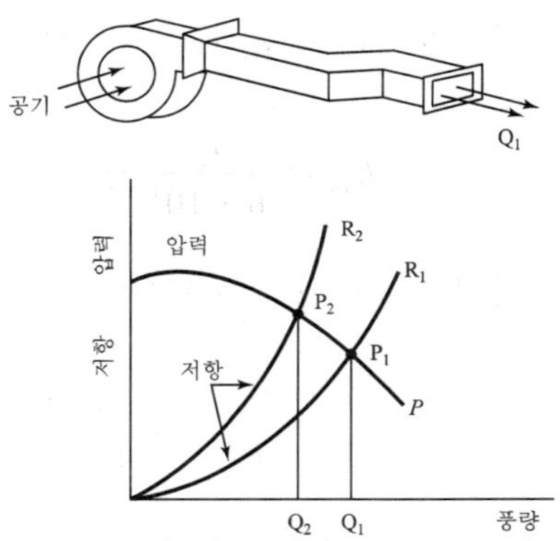

그림 9.31 송풍기의 운전점

저항이 증가하여 R_1,으로부터 R_2로 이동하고 풍량은 Q_2로 감소한다.

송풍기의 풍량은 단위시간당 송풍기로부터 토출되는 공기량이며 그 표시방법은 흡입상태로 나타내는 방법과 기준상태로 나타내는 방법이 있다. 송풍기의 동력을 표시하는 경우에는 흡입상태로 표시하는 것이 편리하며, 송풍능력의 요구량으로서 흡입상태의 풍량($\mathrm{m^3/min}$, $\mathrm{m^3/h}$, $\mathrm{m^3/s}$ 등)으로 표시한다.

표준상태는 온도 20 °C, 절대압력 101.3 kPa(760 mmHg), 상대습도 65 %인 습공기 상태이며 이때의 공기밀도는 1.2 $\mathrm{kg/m^3}$ 이다. **기준상태**는 온도 0 °C, 절대압력 101.3 kPa (760 mmHg)인 건공기의 상태로서 공기의 밀도는 1.293 $\mathrm{kg/m^3}$이다.

기준상태로 표시하는 풍량 Q_N과 흡입상태의 절대온도 $T_1[K] = 273 + t_1[℃]$, 절대압력 $p_1[\mathrm{mmAq}]$과 흡입상태의 풍량 Q_s의 사이에는 다음의 식이 성립한다.

$$Q_s = Q_N \frac{10332}{p_1} \cdot \frac{T_1}{273} \tag{9.54}$$

(2) 축동력과 원동기 출력

송풍기의 **단열 공기동력**(isentropic air power, 등엔트로피 동력) L_{ad} (kW)는 다음 식으로 표시된다.

(1) 압력비 $p_{s2}/p_{s1} < 1.03$의 경우

$$L_{ad} = \frac{Q}{6 \times 10^4}[(p_{s2} - p_{s1}) + (p_{d2} - p_{d1})] \tag{9.55}$$

(2) 압력비 $1.03 < p_{s2}/p_{s1} < 1.2$의 경우

$$L_{ad} = \frac{Q}{6 \times 10^4}[(p_{s2} - p_{s1}) \times (1 + \frac{1}{2k}\frac{p_{s2} - p_{s1}}{p_{s1}} + (p_{d2} - p_{d1})] \tag{9.56}$$

(3) 압력비 $p_{s2}/p_{s1} > 1.2$이며 냉각되지 않는 경우

$$L_{ad} = \frac{k}{k-1} \cdot \frac{p_{t1}Q}{6 \times 10^4}[(\frac{p_{t2}}{p_{t1}})^{\frac{k-1}{k}} - 1] \tag{9.57}$$

여기서 p_{s1}, p_{s2} : 각각 흡입구, 토출구의 정압 ($\mathrm{Pa_{abs}}$), Q : 풍량 ($\mathrm{m^3/min}$),
p_{d1}, p_{d2} : 각각 흡입구, 토출구의 동압 ($\mathrm{Pa_{abs}}$), k : 기체의 비열비(=공기 1.4)
p_{t1}, p_{t2} : 각각 흡입구, 토출구의 전압 ($\mathrm{Pa_{abs}}$)이다.

축동력(shaft power) L (kW)는 이론 공기동력 L_{ad} (kW)를 **전 단열효율** η_{tad}로 나누어 구한다.

$$L = \frac{L_{ad}}{\eta_{tad}} \tag{9.58}$$

원동기(모터) 출력(motor power) L_m (kW)는 축동력 L에 여유계수(여유도) α를 곱하여 구한다.

$$L_m = \alpha L \tag{9.59}$$

α는 일반적으로 1.05~1.1로 하는데, 축동력에 대해서는 예상되는 운전상태에서의 최대 동력을 적용한다.

(3) 압력손실

덕트내에 어느 유량을 유동시킬 때 발생하는 **압력손실**(pressure loss)은 관로의 거칠기, 단면적의 변화나 휨 등과 유동속도에 의해 결정되며 다음 식으로 표시된다.

$$p_r = \zeta \frac{\rho V^2}{2} \tag{9.60}$$

여기서 p_r : 필요압력(압력손실) (Pa), ρ : 기체밀도 ($\mathrm{kg/m^3}$), V : 유속 (m/s),

Q : 풍량 ($\mathrm{m^3/min}$), ζ : 덕트 형상에 의한 저항계수이다.

식 (9.60)에 표시한 압력손실은 풍량(풍속)의 2승에 비례하므로 동일한 덕트에 흐르는 유량을 2배로 증가시키려면 4배의 압력이 필요하다. 덕트의 저항계수 ζ 를 구할 수 있다면 압력손실, 즉 필요한 풍량을 유동시키기 위한 정압을 계산할 수 있다.

원형이 아닌 장방형 덕트일 때 원형덕트로 환산하기 위해서는 다음과 같이 등가직경을 계산하여 적용한다.

$$D_e = 1.3\left[\frac{(ab)^5}{(a+b)^2}\right]^{0.125} \tag{9.61}$$

여기서 D_e : 등가직경 (m), a: 장방형 덕트의 폭 (m), b : 장방형 덕트의 높이 (m)이다.

예제 9.21

표준상태에서 내경 400 mm인 덕트를 통해 60 m^3/min의 풍량을 송풍하려 한다. 100 m당 압력손실은 얼마인가? 단, 덕트의 저항계수 $\zeta = 0.02\frac{L}{D}$로 계산한다.

풀이 풍속 $V = \dfrac{Q}{60\times(\pi/4)D^2} = \dfrac{60}{60\times(\pi/4)\times(400\times10^{-3})^2} = 7.96\ \mathrm{m/s}$

$$\zeta = 0.02\frac{L}{D} = 0.02\times\frac{100}{400\times10^{-3}} = 5$$

$$p_r = \zeta\frac{\rho V^2}{2} = 5\times\frac{1.2\times7.96^2}{2} = 190.1\,\mathrm{Pa} \rightarrow 200\ \mathrm{Pa}$$

필요한 송풍기의 사양은 여유를 두어 풍량 60 m^3/min, 정압 200 Pa, 온도 20 °C로 한다.

예제 9.22

표준상태에서 동압이 12 mmAq인 풍속은 얼마인가?

풀이 1 mmAq = 9.8 Pa이므로 12 mmAq = 117.6 Pa,

동압 $p_d = \frac{1}{2}\rho V^2$이므로 $V = \sqrt{\dfrac{2p_d}{\rho}} = \sqrt{\dfrac{2\times117.6}{1.2}} = 14\ \mathrm{m/s}$

예제 9.23

배관 단면의 한 변이 0.5 m인 정방형이고, 길이 20 m인 덕트를 통해 매분 400 m^3의 공기를 보내려 한다. 얼마의 압력이 필요한가? 표준상태에서의 공기밀도는 1.2 kg/m^3이다. 단, 덕트의 저항계수는 $\zeta = 0.02\dfrac{L}{D}$로 계산한다.

풀이 정방형을 원형으로 환산한 경우의 등가내경을 구한다.

$$\text{등가내경}\ D_e = 1.3\left[\frac{(ab)^5}{(a+b)^2}\right]^{0.125} = 1.3\left[\frac{(0.5\times0.5)^5}{(0.5+0.5)^2}\right]^{0.125} = 0.5466\ \text{m}$$

$$\text{풍속}\ V = \frac{Q}{60A} = \frac{400}{60\times(\pi/4)\times0.5466^2} = 28.4\ \text{m/s}$$

$$\text{저항계수}\ \zeta = 0.02\frac{L}{D_e} = 0.02\times\frac{20}{0.5466} = 0.732$$

$$\text{압력손실}\ p_r = \zeta\frac{\rho V^2}{2} = 0.732\times\frac{1.2\times28.4^2}{2} = 354.24\ \text{Pa} \rightarrow 360\ \text{Pa}$$

따라서 필요한 송풍기의 사양은, 여유를 두어 풍량 400 m^3/min, 정압 360 Pa, 온도 20 °C로 한다.

예제 9.24

표준상태에서 직경 250 mm, 길이 70 m인 덕트를 통해 매분 50 m^3의 공기를 수송시키려 할 때 발생하는 손실압력, 전압력, 이론공기동력, 축동력, 원동기동력을 각각 구하라. 단, 저항계수 $\zeta = 0.02\dfrac{L}{D}$로 계산한다.

풀이 풍속 $V = \dfrac{Q}{(\pi/4)D^2} = \dfrac{50}{(\pi/4)\times(250\times10^{-3})^2} = 12.5\ \text{m/s}$

$$\text{동압}\ p_d = \frac{\rho}{2}V^2 = \frac{1.2}{2}\times12.5^2 = 93.75\ \text{Pa}$$

$$\text{저항계수}\ \zeta = 0.02\frac{L}{D} = 0.02\times\frac{70}{250\times10^{-3}} = 5.6$$

$$\text{압력손실}\ p_r = \zeta\frac{\rho V^2}{2} = 5.6\times\frac{1.2\times12.5^2}{2} = 525\ \text{Pa} \rightarrow 530\ \text{Pa}$$

$$\text{소요 전압력}\ p_t = p_d + p_r = 93.75 + 525 = 568.75\ \text{Pa}$$

송풍기 사양은 풍량 50 m^3/min, 정압 530 Pa, 온도 20 °C로 한다.

또 이론 공기동력(단열 공기동력) $L_{ad} = \frac{Qp_t}{60} = \frac{50 \times 0.569}{60} = 0.474\ \text{kW}$,

효율 $\eta_{ad} = 60\ \%$로 했을때의 축동력 $L = \frac{L_{ad}}{\eta_{tad}} = \frac{0.474}{0.6} = 0.79\ \text{kW}$,

사용 모터의 여유 20 %로 하여 $L_m = \alpha L = 1.2 \times 0.79 = 0.948\ \text{kW}$,

(4) 상사법칙과 비속도, 성능

송풍기에서도 펌프와 같이 같은 종류의 송풍기에서는 상사법칙(similitude)을 이용하여 설계나 해석을 용이하게 할 수 있다. 그 결과는 펌프의 경우와 동일하며, 비속도 n_s도 동일하다.

풍량 $$\frac{Q_2}{Q_1} = \frac{n_2}{n_1}\left(\frac{D_2}{D_1}\right)^3 \tag{9.62}$$

압력 $$\frac{p_2}{p_1} = \left(\frac{n_2}{n_1}\right)^2\left(\frac{D_2}{D_1}\right)^2 \tag{9.63}$$

축동력 $$\frac{L_2}{L_1} = \left(\frac{n_2}{n_1}\right)^3\left(\frac{D_2}{D_1}\right)^5 \tag{9.64}$$

비속도(specific speed)는 펌프와 마찬가지로 다음과 같이 표시된다.

$$n_s = \frac{n\sqrt{Q}}{H^{3/4}} \quad [\text{rpm, m, m}^3/\text{min}] \tag{9.65}$$

전압(total pressure)을 p_t라 할 때 $H = p_t/\gamma$ 이므로 비속도를 다음과 같이 표시할 수도 있다.

$$n_s = \frac{n\sqrt{Q}}{(p_t/\gamma)^{3/4}} \tag{9.66}$$

그림 9.32는 회전속도에 의한 성능변화를 나타낸 선도이다. 회전수를 증가시키면 유량, 압력, 축동력이 각각 1승, 2승, 3승에 비례하여 증가하는 특성을 나타낸다.

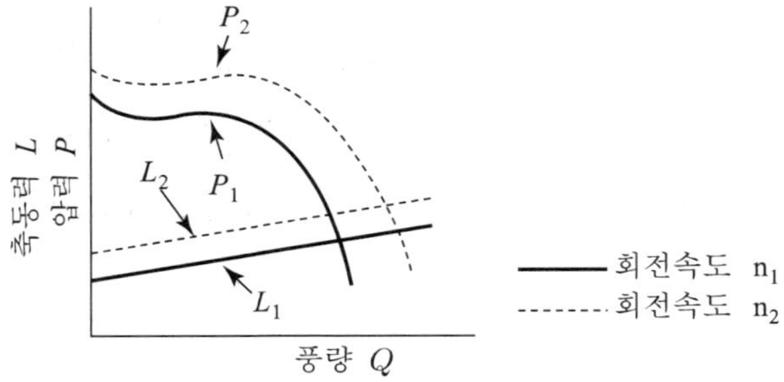

그림 9.32 회전속도에 의한 성능변화

예제 9.25

풍량 450 m^3/min, 압력 70 mmAq, 축동력 10 kW인 송풍기가 회전속도 500 rpm으로 운전되고 있다. 회전속도를 350 rpm으로 하면 풍량, 압력, 축동력은 각각 얼마로 되는가?

풀이 풍량 $Q_2 = (\frac{n_2}{n_1})Q_1 = (\frac{350}{500}) \times 450 = 315\ m^3/min$

압력 $p_2 = (\frac{n_2}{n_1})^2 \cdot p_1 = (\frac{350}{500})^2 \times 70 = 34.3\ mmAq$

축동력 $L_2 = (\frac{n_2}{n_1})^3 \cdot L_1 = (\frac{350}{500})^3 \times 12 = 4.12\ kW$

예제 9.26

터보 송풍기의 풍량이 4 m^3/min, 전압이 1.8 mAq, 회전수 1500 rpm일 때 비속도를 구하라.

풀이 $n_s = \frac{n\sqrt{Q}}{H^{3/4}} = \frac{1500\sqrt{4}}{1.8^{3/4}} = 1930.5\ [rpm, m, m^3/min]$

2) 원심식 송풍기

원심식 송풍기(centrifugal blower)의 회전차에 관한 작동원리는 원심펌프(centrifugal pump)에서 임펠러(impeller)의 작동원리(9.1절 5)참조)와 동일하다.

원심식 송풍기의 회전차는 여러개의 날개를 가지며 날개의 모양과 장착방법에 따라 그림 9.33과 같이 분류할 수 있다.

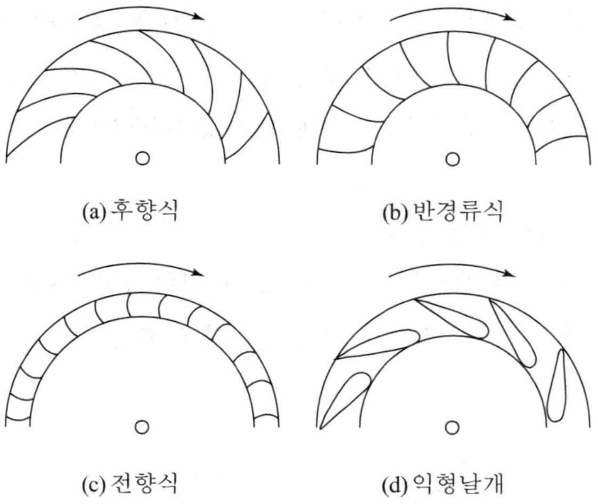

그림 9.33 원심식 송풍기의 날개모양

그림 9.33(a)는 **후향식 날개**로서 높은 압력상승과 효율이 필요한 경우에 사용되며, 상대속도와 원주속도가 이루는 각(상대 유출각) β_2를 90°보다 작게 하여 날개의 출구가 회전방향과 반대방향으로 향하게 한 것이다. 회전차의 유로내에서 유동이 매끄러워 소음이 적다. 날개의 수는 16~24매, 출구각도 $\beta_2 = 30 \sim 50^\circ$, 효율은 65~80 %이다.

후향식 송풍기의 성능곡선의 형상은 그림 9.34와 같다.

그림 9.33(b)는 **반경류식 날개**로서 회전차의 출구각 β_2가 반경방향(90°)을 향하고 있으므로 반경방향 날개라고 한다. 이 송풍기는 기체 중에 함유되어 있는 먼지가 유로내에 부착하여 제거해야 하는 경우, 회전차의 교환 및 수리가 용이하다. 날개의 매수는 6~14매, 효율은 50~70 %이며 반경류식 송풍기의 성능곡선은 그림 9.35와 같다.

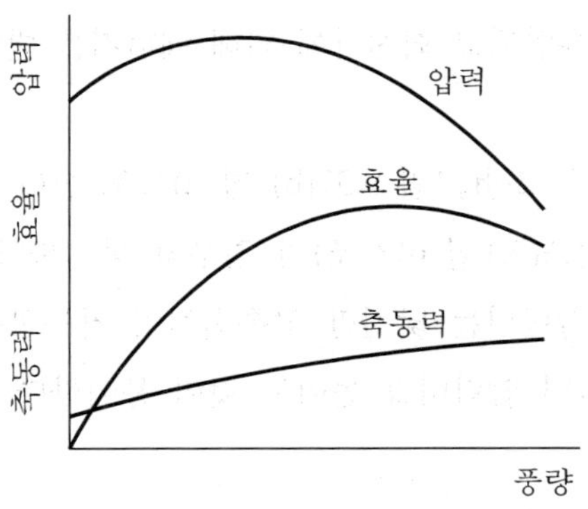

그림 9.34 후향식 송풍기의 성능곡선

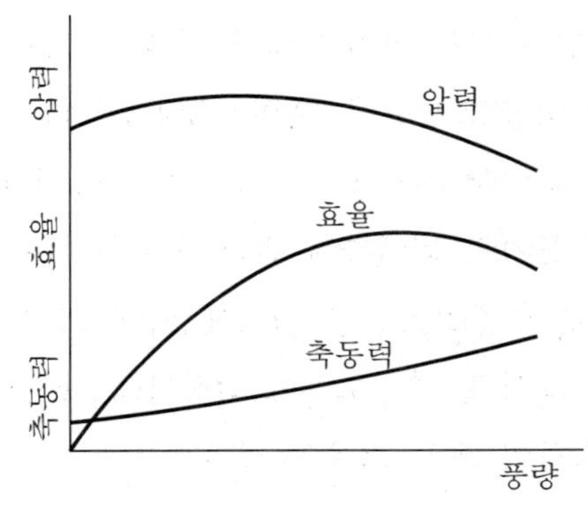

그림 9.35 반경류식 송풍기의 성능곡선

그림 9.33(c)는 **전향식 날개**로서 회전차의 출구각 β_2가 120~150°이며 날개출구에서의 절대속도가 크다. 따라서 풍량이 크지만 효율이 낮고 소음이 크다. 유동의 난동을 작게 하기위해 날개간의 피치를 작게 하므로 날개수가 많다(40~64매). 효율은 45~60 %정도이다.

성능곡선의 형상은 그림 9.36과 같다.

그림 9.33(d)는 날개의 단면형상을 익형으로 한 익형 송풍기이며 날개를 후향식으로 채택한다. 송풍기의 풍량이 설계점 이상으로 증가해도 축동력이 증가하지 않으며 효율이 좋고 소음이 작다.

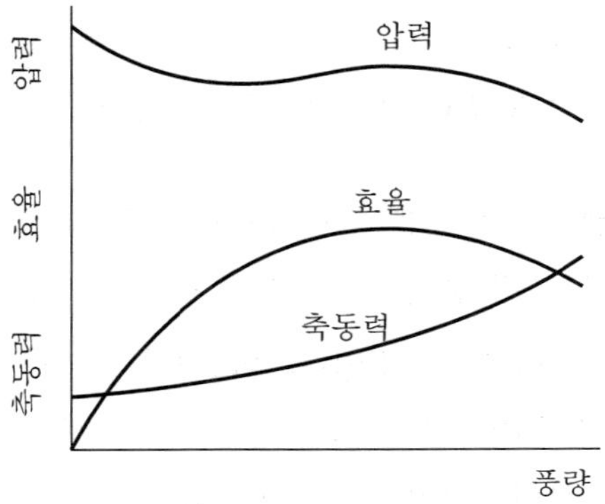

그림 9.36 전향식 송풍기의 성능곡선

3) 축류식 송풍기

축류식 송풍기(axial blower)는 회전축에 설치한 동익(회전차)과 회전차를 둘러싸는 케이싱, 그 후방에 설치된 안내깃(정익)으로 구성된다. 회전축에 동력이 주어져 회전차가 회전하면 유체가 회전차 입구로부터 축방향으로 유입되고 회전차에 의해 에너지를 받아 유체가 축방향으로 유출된다(그림 9.37(a) 참조).

큰 압력상승이 필요한 경우에는 동익과 정익을 2단(그림 9.37(b) 참조)으로 한다. 축류식 송풍기의 회전차에 관한 작동원리는 축류펌프(9.1절 6)참조)의 경우와 동일하다.

축류식 송풍기는 원심식에 비해 1단에서의 압력비는 낮지만 고속회전이 가능하여 풍량을 크게 할 수 있으며, 회전차를 다단으로 하면 압력비를 높이는 것이 용이하다. 그러나 소음이 크고 효율이 낮다.

날개수는 4~16매 정도이다. 정익을 가변으로 하여 풍량을 제어하면 효율이 상승하고 풍량제어의 범위를 넓게 할 수 있다. 축류식 송풍기의 성능곡선은 그림 9.38과 같다.

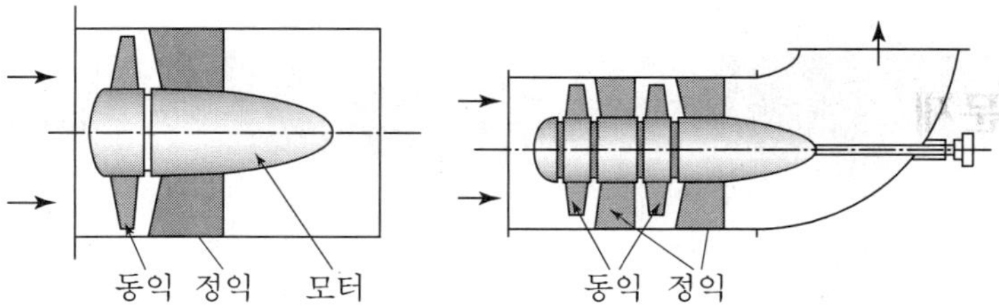

(a) 1단 (b) 2단

그림 9.37 축류식 송풍기

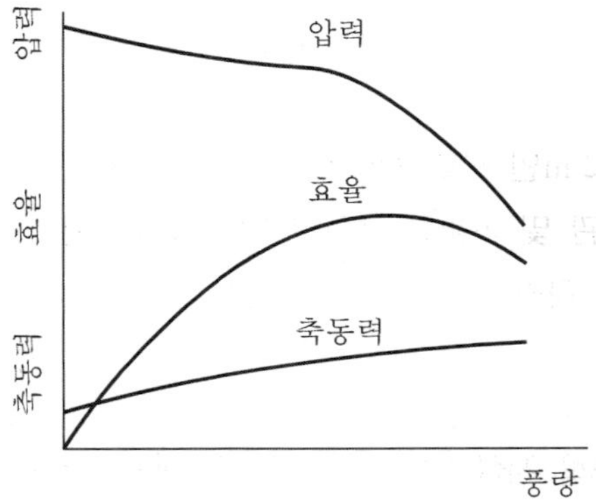

그림 9.38 축류식 송풍기의 성능곡선

연습문제 exercise 09

펌프 일반

1. 전양정 12.5 m, 토출유량 2.0 m^3/min 일때 축동력 5.5 kW를 필요로 하였다. 펌프의 효율을 구하라.

답 74.24 %

2. 내경 100 mm, 길이 12 m인 관로에 의해서 유량 1.2 m^3/min 의 물을 실양정 6 m인 곳으로 양수하려 한다. 직관 및 곡관을 포함한 전 손실계수를 25, 펌프의 효율을 80 %로 하여 펌프의 수동력을 구하라.

답 3.58 kW

3. 지하 6 m의 물을 펌프로 지상 30 m인 수조까지 매분 2.5 m^3 의 유량을 흡상시키려 한다. 이때 필요한 축동력과 펌프를 운전하는 원동기 출력을 구하라. 펌프효율 70 %, 감속기 효율 100 %(펌프와 원동기와는 직결), 여유율 0.2, 관로의 전 손실수두를 8 m로 한다.

답 25.67 kW, 30.8 kW

4. 흡입수면(대기압)과 송출수면의 수직거리는 25 m, 흡입수면의 압력은 대기압, 송수면의 압력은 196 kPa_{gage}, 전 손실수두는 8 m, 송출유량은 3 m^3/min 일 때 물을 송수하기 위해 필요한 펌프의 수동력은 얼마인가?

답 25.97 kW

5. 내경 300 mm, 길이 600 m인 관로에 의해 15 m^3/min 의 물을 40 m의 높이까지 양수하려 한다. 이때 축동력을 구하라. 펌프효율을 80 %, 관마찰계수를 0.028이라 한다.

답 233.9 kW

6. 내경이 800 mm인 원관을 이용하여 수평거리로 20 km 떨어진 곳에 유량 65 m^3/min 의 물을 수송시키고자 한다. 이때 필요한 펌프의 수동력과 축동력을 각각 구하라. 단, 원관의 마찰계수는 0.02, 펌프의 전효율은 75 %이다.

답 1260.3 kW, 1680.4 kW

펌프

7. 원심펌프의 회전차 출구직경 420 mm, 회전차 출구의 유출각 25°, 회전차 출구의 상대속도 13.5 m/s일 때 최대 이론양정을 구하라. 펌프의 구동모터는 3상, 극수 4, 주파수 60 Hz, 미끄럼율 5%, 출력 5.5 kW이다.

답 97.32 m

8. 원심펌프의 회전차 출구직경은 500 mm, 회전수는 1500 rpm, 유입각 $\alpha_1 = 90^\circ$, 출구각 $\beta_2 = 25^\circ$, 출구의 상대속도 $w_2 = 8m/s$이다. 최대 이론양정을 구하라.

답 128.3 m

9. 양정 100 m, 토출유량 15 $\mathrm{m^3/min}$, 회전속도 1400 rpm으로 운전되는 펌프의 비속도를 각각 구하라.

(1) 편흡입 1단펌프, (2) 편흡입 2단펌프, (3) 양흡입 1단펌프

답 (1) 171.46, (2) 288.37, (3) 121.04 $[\mathrm{rpm, m^3/min}, m]$

10. 양정 100 m, 토출유량 1.5 $\mathrm{m^3/min}$, 회전속도 1750rpm의 5단 디퓨저펌프의 비속도와 형상계수는 얼마인가?

답 226.63 $[\mathrm{rpm, m^3/min}, m]$, 0.553

11. 다음에 표시하는 사양 및 설치상태인 펌프의 available NPSH $NPSH_{av}$, required NPSH $NPSH_{re}$, 캐비테이션에 대하여 검토하라.

답 6.89 m, 5.975 m, 캐비테이션 발생 안함

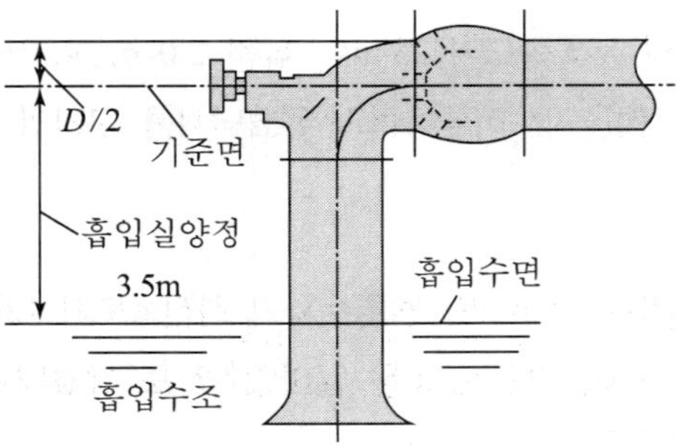

그림 [문 9.11]

펌프사양 : 형식은 횡축 축류펌프, 구경 $D=1500$ mm, 전양정 $H=3.5$ m, 토출유량 $Q=300$ m^3/min, 회전속도 n=200 rpm, 출력 $L_s=230$ kW, 흡입비속도 S=1200, 비속도 $n_s=1520$ [rpm, m^3/min, m],

설치조건 : 대기압 p_o/γ=10.33 mAq, 포화증기압력(수온 25°C) p_v/γ=0.32 mAq, 흡입 실양정 $H_{as}=3.5$ m, 계획 토출유량에서의 흡입관 전 손실수두 $h_{ls}=0.12$ m.

수차

12. 유효낙차 150 m, 유량 90 m^3/s, 유효출력 90000 kW인 수차의 효율은 얼마인가?

답 68 %

13. 유효낙차 400 m, 수차의 출력 950 kW, 회전속도 900 rpm, 수차의 효율 80 %이다. 다음을 구하라. (1)비속도, (2)사용수량, (3)수차형식

답 (1) 15.51 [m, kW, rpm], (2) 0.303 m^3/s, (3) 펠톤수차

14. 분류의 속도 20 m/s, 유량 2.5 m^3/s 인 펠톤수차에서 버킷 출구에서 분류의 각도가 25도일 때 최대 이론동력을 구하라.

답 476.58 kW

15. 자연낙차는 250 m, 관로의 손실수두는 8 m, 수차의 출력은 15000 kW이다. 비속도는 28인 펠톤수차를 사용하고 회전수를 650 rpm, 버킷의 속도와 분류의 속도비는 0.42, 수차의 전효율은 85%, 노즐의 속도계수는 0.97이다. 다음을 각각 구하라.
(1) 회전차의 수, (2) 회전차의 지름, (3) 분류의 지름

답 (1) 9개, (2) 824.5 mm, (3) 126.5 mm

16. 펠톤수차의 노즐로부터 분류속도가 25 m/s, 유량 2.0 m^3/s, 버킷의 원주속도 12 m/s, 버킷의 출구각을 20°로 했을 때 이론동력과 유효낙차를 구하라.

답 605.18 kW, 30.88 m

17. 회전차의 피치원 직경이 800 mm인 펠톤수차의 회전속도가 1200 rpm일 때, 출력은 1000 kW이었다. 분류가 버킷에 미치는 힘은 얼마인가? 또 유효낙차를 400 m라 하면 유량은 얼마인가? 단, 수차효율을 80 %로 한다.

답 19.9 kN, 0.319 m^3/s

18. 프란시스 수차의 회전차에 유량 0.1 m^3/s, 유입각 18°, 유출각 90°, 물의 절대 유입속도 5.5 m/s, 회전차 입구의 원주속도 6 m/s일 때 물이 회전차에 주는 동력은 얼마인가?

답 3.14 kW

19. 정격출력 $L_1 = 60000$ kW, 낙차 $H_1 = 75\,\mathrm{m}$, 회전속도 $n_1 = 160\,\mathrm{rpm}$의 프란시스 수차에서 낙차가 $H_2 = 65\,\mathrm{m}$로 되었다면 최고효율을 얻을 수 있는 회전속도 n_2와 출력 L_2를 각각 구하라.

답 148.95 rpm, 48409.4 kW

송풍기

20. 그림(문 9.20)과 같은 배관에서 도장공장의 환기를 하고자 한다. 표준상태에서의 필요한 풍량은 450 m^3/min이다. 필요한 압력을 계산하라. 배관은 내경 0.65 m로 하고, 공기밀도는 1.2 kg/m^3이다. 직관부분의 저항계수는, $\zeta = 0.02\dfrac{L}{D}$로 계산하고 곡관부분의 저항계수는 0.891이다.

답 806.3 Pa

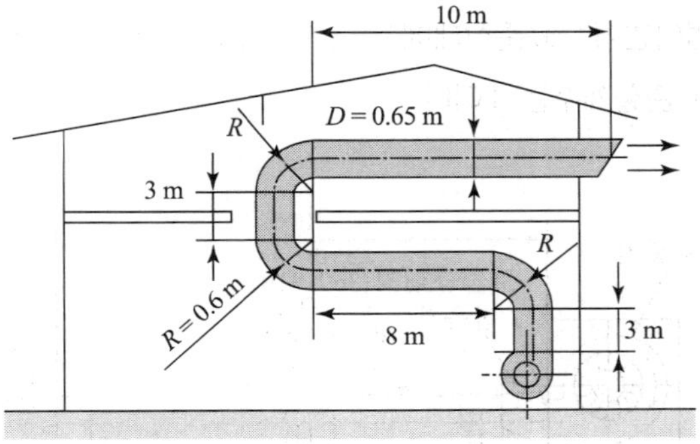

그림 (문 9.20)

21. 그림(문 9.21)과 같은 송풍기 시험장치에서 60 m^3/min의 풍량을 유동시키고자 한다. 필요한 정압은 얼마인가? 20 °C에서의 공기밀도는 1.2 kg/m^3이고 표준상태로 한다. 전 저항계수는 2.325이다.

답 319.8 kPa

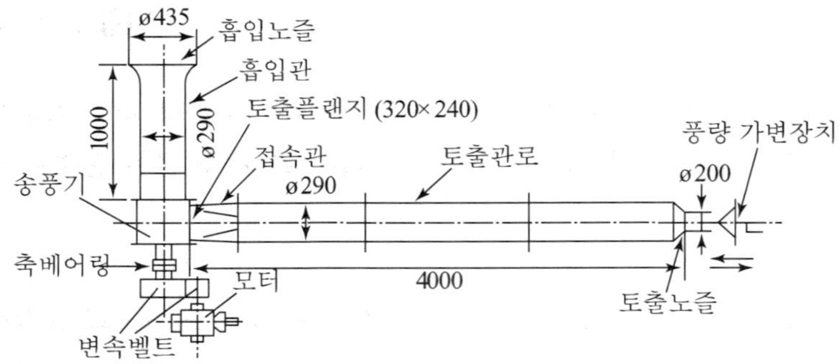

그림 [문 9.21]

22. 석탄을 1시간에 50 kg을 연소시키는데 일반적으로 얼마의 풍량이 필요한가? 통풍은 강압식으로 하며 0.5 kg의 석탄을 연소시키는데 필요한 공기량은 매분 7.2 m^3로 한다.

답 12.24 m^3/min

23. 그림(문 9.20)에서 한 변이 0.6 m인 정방형 덕트의 경우, 필요한 압력을 계산하라. 표준상태에서 필요한 풍량은 450 m^3/min이며, 전 덕트의 손실계수 $\zeta = 2.631$이다.

답 806.3 Pa

24. 그림(문 9.24)와 같은 송풍기 실험장치에 의하여 50 m^3/min의 풍량을 수송시키려 한다. 필요한 압력은 얼마인가? 표준상태에서 공기밀도는 1.2 kg/m^3이다. 단 직관의 손실계수는 0.278, 관단의 손실계수는 1이다.

답 51.43 Pa

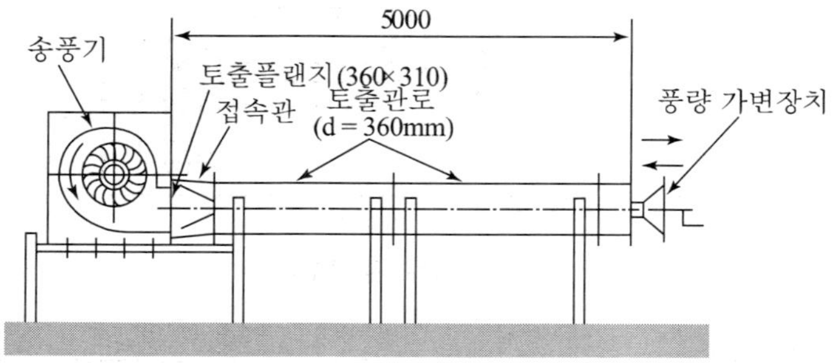

그림 [문 9.24]

25. 풍량 450 m^3/min, 압력 70 mmAq, 축동력 10 kW인 송풍기가 회전속도 450 rpm으로 운전되고 있다. 회전속도를 500 rpm으로 하면 풍량, 압력, 축동력은 각각 얼마로 되는가?

답 500 m^3/min, 86.42 mmAq, 13.72 kW

26. 송풍기의 운전중에 전압이 250 mmHg이었다. 풍량은 3.5 m^3/min이고 축동력은 2.8 kW 이었다. 이 송풍기의 효율은 얼마인가?

답 69.4 %

27. 어떤 송풍기가 900 rpm으로 운전될 때 풍량 15 m^3/min, 전압 50 mmAq이다. 만일 이 송풍기를 1200 rpm으로 운전할 때 풍량은 얼마인가?

답 20 m^3/min

부 록

부록 1. 물의 물성치

온도	포화 압력	밀도		증발잠열	정압비열		열전도율		점성계수		프란틀수		체적팽창계수
		ρ, kg/m^3		h_{fg}, kJ/kg	c_p, J/kg · K		k, W/m · K		μ, kg/m · s		Pr		β, 1/K
T, °C	P_{sat}, kPa	Liquid	Vapor		Liquid	Vapor	Liquid	Vapor	Liquid	Vapor	Liquid	Vapor	Liquid
0.01	0.6113	999.8	0.0048	2501	4217	1854	0.561	0.0171	1.792×10^{-3}	0.922×10^{-5}	13.5	1.00	-0.068×10^{-3}
5	0.8721	999.9	0.0068	2490	4205	1857	0.571	0.0173	1.519×10^{-3}	0.934×10^{-5}	11.2	1.00	0.015×10^{-3}
10	1.2276	999.7	0.0094	2478	4194	1862	0.580	0.0176	1.307×10^{-3}	0.946×10^{-5}	9.45	1.00	0.733×10^{-3}
15	1.7051	999.1	0.0128	2466	4186	1863	0.589	0.0179	1.138×10^{-3}	0.959×10^{-5}	8.09	1.00	0.138×10^{-3}
20	2.339	998.0	0.0173	2454	4182	1867	0.598	0.0182	1.002×10^{-3}	0.973×10^{-5}	7.01	1.00	0.195×10^{-3}
25	3.169	997.0	0.0231	2442	4180	1870	0.607	0.0186	0.891×10^{-3}	0.987×10^{-5}	6.14	1.00	0.247×10^{-3}
30	4.246	996.0	0.0304	2431	4178	1875	0.615	0.0189	0.798×10^{-3}	1.001×10^{-5}	5.42	1.00	0.294×10^{-3}
35	5.628	994.0	0.0397	2419	4178	1880	0.623	0.0192	0.720×10^{-3}	1.016×10^{-5}	4.83	1.00	0.337×10^{-3}
40	7.384	992.1	0.0512	2407	4179	1885	0.631	0.0196	0.653×10^{-3}	1.031×10^{-5}	4.32	1.00	0.377×10^{-3}
45	9.593	990.1	0.0655	2395	4180	1892	0.637	0.0200	0.596×10^{-3}	1.046×10^{-5}	3.91	1.00	0.415×10^{-3}
50	12.35	988.1	0.0831	2383	4181	1900	0.644	0.0204	0.547×10^{-3}	1.062×10^{-5}	3.55	1.00	0.451×10^{-3}
55	15.76	985.2	0.1045	2371	4183	1908	0.649	0.0208	0.504×10^{-3}	1.077×10^{-5}	3.25	1.00	0.484×10^{-3}
60	19.94	983.3	0.1304	2359	4185	1916	0.654	0.0212	0.467×10^{-3}	1.093×10^{-5}	2.99	1.00	0.517×10^{-3}
65	25.03	980.4	0.1614	2346	4187	1926	0.659	0.0216	0.433×10^{-3}	1.110×10^{-5}	2.75	1.00	0.548×10^{-3}
70	31.19	977.5	0.1983	2334	4190	1936	0.663	0.0221	0.404×10^{-3}	1.126×10^{-5}	2.55	1.00	0.578×10^{-3}
75	38.58	974.7	0.2421	2321	4193	1948	0.667	0.0225	0.378×10^{-3}	1.142×10^{-5}	2.38	1.00	0.607×10^{-3}
80	47.39	971.8	0.2935	2309	4197	1962	0.670	0.0230	0.355×10^{-3}	1.159×10^{-5}	2.22	1.00	0.653×10^{-3}
85	57.83	968.1	0.3536	2296	4201	1977	0.673	0.0235	0.333×10^{-3}	1.176×10^{-5}	2.08	1.00	0.670×10^{-3}
90	70.14	965.3	0.4235	2283	4206	1993	0.675	0.0240	0.315×10^{-3}	1.193×10^{-5}	1.96	1.00	0.702×10^{-3}
95	84.55	961.5	0.5045	2270	4212	2010	0.677	0.0246	0.297×10^{-3}	1.210×10^{-5}	1.85	1.00	0.716×10^{-3}
100	101.33	957.9	0.5978	2257	4217	2029	0.679	0.0251	0.282×10^{-3}	1.227×10^{-5}	1.75	1.00	0.750×10^{-3}
110	143.27	950.6	0.8263	2230	4229	2071	0.682	0.0262	0.255×10^{-3}	1.261×10^{-5}	1.58	1.00	0.798×10^{-3}
120	198.53	943.4	1.121	2203	4244	2120	0.683	0.0275	0.232×10^{-3}	1.296×10^{-5}	1.44	1.00	0.858×10^{-3}
130	270.1	934.6	1.496	2174	4263	2177	0.684	0.0288	0.213×10^{-3}	1.330×10^{-5}	1.33	1.01	0.913×10^{-3}
140	361.3	921.7	1.965	2145	4286	2244	0.683	0.0301	0.197×10^{-3}	1.365×10^{-5}	1.24	1.02	0.970×10^{-3}
150	475.8	916.6	2.546	2114	4311	2314	0.682	0.0316	0.183×10^{-3}	1.399×10^{-5}	1.16	1.02	1.025×10^{-3}
160	617.8	907.4	3.256	2083	4340	2420	0.680	0.0331	0.170×10^{-3}	1.434×10^{-5}	1.09	1.05	1.145×10^{-3}
170	791.7	897.7	4.119	2050	4370	2490	0.677	0.0347	0.160×10^{-3}	1.468×10^{-5}	1.03	1.05	1.178×10^{-3}
180	1,002.1	887.3	5.153	2015	4410	2590	0.673	0.0364	0.150×10^{-3}	1.502×10^{-5}	0.983	1.07	1.210×10^{-3}
190	1,254.4	876.4	6.388	1979	4460	2710	0.669	0.0382	0.142×10^{-3}	1.537×10^{-5}	0.947	1.09	1.280×10^{-3}
200	1,553.8	864.3	7.852	1941	4500	2840	0.663	0.0401	0.134×10^{-3}	1.571×10^{-5}	0.910	1.11	1.350×10^{-3}
220	2,318	840.3	11.60	1859	4610	3110	0.650	0.0442	0.122×10^{-3}	1.641×10^{-5}	0.865	1.15	1.520×10^{-3}
240	3,344	813.7	16.73	1767	4760	3520	0.632	0.0487	0.111×10^{-3}	1.712×10^{-5}	0.836	1.24	1.720×10^{-3}
260	4,688	783.7	23.69	1663	4970	4070	0.609	0.0540	0.102×10^{-3}	1.788×10^{-5}	0.832	1.35	2.000×10^{-3}
280	6,412	750.8	33.15	1544	5280	4835	0.581	0.0605	0.094×10^{-3}	1.870×10^{-5}	0.854	1.49	2.380×10^{-3}
300	8,581	713.8	46.15	1405	5750	5980	0.548	0.0695	0.086×10^{-3}	1.965×10^{-5}	0.902	1.69	2.950×10^{-3}
320	11,274	667.1	64.57	1239	6540	7900	0.509	0.0836	0.078×10^{-3}	2.084×10^{-5}	1.00	1.97	
340	14,586	610.5	92.62	1028	8240	11,870	0.469	0.110	0.070×10^{-3}	2.255×10^{-5}	1.23	2.43	
360	18,651	528.3	144.0	720	14,690	25,800	0.427	0.178	0.060×10^{-3}	2.571×10^{-5}	2.06	3.73	
374.14	22.090	317.0	317.0	0	—	—	—	—	0.043×10^{-3}	4.313×10^{-5}			

Note 1: Kinematic viscosity ν and thermal diffusivity α can be calculated from their definitions, $\nu = \mu/\rho$ and $\alpha = k/\rho c_p = \nu/\mathrm{Pr}$. The temperatures 0.01°C, 100°C, and 374.14°C are the triple-, boiling-, and critical-point temperatures of water, respectively. The properties listed above (except the vapor density) can be used at any pressure with negligible error except at temperatures near the critical-point value.

Note 2: The unit kJ/kg · °C for specific heat is equivalent to kJ/kg · K, and the unit W/m · °C for thermal conductivity is equivalent to W/m · K.

출처 : Fluid Mechanics Fundamentals and Applications, Yunus A, ÇENGEL, JOHN M. CIMBALA, McGRAW-HiLL. 2006.

부록 2. 여러 액체의 물성치

온도 T, °C	밀도 ρ, kg/m³	정압비열 c_p, J/kg · K	열전도율 k, W/m · K	열확산계수 α, m²/s	점성계수 μ, kg/m · s	동점성계수 ν, m²/s	프란틀수 Pr	체적팽창계수 β, 1/K
메탄 (Methane, CH_4)								
−160	420.2	3492	0.1863	1.270×10^{-7}	1.133×10^{-4}	2.699×10^{-7}	2.126	0.00352
−150	405.0	3580	0.1703	1.174×10^{-7}	9.169×10^{-5}	2.264×10^{-7}	1.927	0.00391
−140	388.8	3700	0.1550	1.077×10^{-7}	7.551×10^{-5}	1.942×10^{-7}	1.803	0.00444
−130	371.1	3875	0.1402	9.749×10^{-8}	6.288×10^{-5}	1.694×10^{-7}	1.738	0.00520
−120	351.4	4146	0.1258	8.634×10^{-8}	5.257×10^{-5}	1.496×10^{-7}	1.732	0.00637
−110	328.8	4611	0.1115	7.356×10^{-8}	4.377×10^{-5}	1.331×10^{-7}	1.810	0.00841
−100	301.0	5578	0.0967	5.761×10^{-8}	3.577×10^{-5}	1.188×10^{-7}	2.063	0.01282
−90	261.7	8902	0.0797	3.423×10^{-8}	2.761×10^{-5}	1.055×10^{-7}	3.082	0.02922
메타놀 (Methanol, $CH_3(OH)$)								
20	788.4	2515	0.1987	1.002×10^{-7}	5.857×10^{-4}	7.429×10^{-7}	7.414	0.00118
30	779.1	2577	0.1980	9.862×10^{-8}	5.088×10^{-4}	6.531×10^{-7}	6.622	0.00120
40	769.6	2644	0.1972	9.690×10^{-8}	4.460×10^{-4}	5.795×10^{-7}	5.980	0.00123
50	760.1	2718	0.1965	9.509×10^{-8}	3.942×10^{-4}	5.185×10^{-7}	5.453	0.00127
60	750.4	2798	0.1957	9.320×10^{-8}	3.510×10^{-4}	4.677×10^{-7}	5.018	0.00132
70	740.4	2885	0.1950	9.128×10^{-8}	3.146×10^{-4}	4.250×10^{-7}	4.655	0.00137
이소부탄 (Isobutane, R600a)								
−100	683.8	1881	0.1383	1.075×10^{-7}	9.305×10^{-4}	1.360×10^{-6}	12.65	0.00142
−75	659.3	1970	0.1357	1.044×10^{-7}	5.624×10^{-4}	8.531×10^{-7}	8.167	0.00150
−50	634.3	2069	0.1283	9.773×10^{-8}	3.769×10^{-4}	5.942×10^{-7}	6.079	0.00161
−25	608.2	2180	0.1181	8.906×10^{-8}	2.688×10^{-4}	4.420×10^{-7}	4.963	0.00177
0	580.6	2306	0.1068	7.974×10^{-8}	1.993×10^{-4}	3.432×10^{-7}	4.304	0.00199
25	550.7	2455	0.0956	7.069×10^{-8}	1.510×10^{-4}	2.743×10^{-7}	3.880	0.00232
50	517.3	2640	0.0851	6.233×10^{-8}	1.155×10^{-4}	2.233×10^{-7}	3.582	0.00286
75	478.5	2896	0.0757	5.460×10^{-8}	8.785×10^{-5}	1.836×10^{-7}	3.363	0.00385
100	429.6	3361	0.0669	4.634×10^{-8}	6.483×10^{-5}	1.509×10^{-7}	3.256	0.00628
글리세린 (Glycerin)								
0	1276	2262	0.2820	9.773×10^{-8}	10.49	8.219×10^{-3}	84,101	
5	1273	2288	0.2835	9.732×10^{-8}	6.730	5.287×10^{-3}	54,327	
10	1270	2320	0.2846	9.662×10^{-8}	4.241	3.339×10^{-3}	34,561	
15	1267	2354	0.2856	9.576×10^{-8}	2.496	1.970×10^{-3}	20,570	
20	1264	2386	0.2860	9.484×10^{-8}	1.519	1.201×10^{-3}	12,671	
25	1261	2416	0.2860	9.388×10^{-8}	0.9934	7.878×10^{-4}	8,392	
30	1258	2447	0.2860	9.291×10^{-8}	0.6582	5.232×10^{-4}	5,631	
35	1255	2478	0.2860	9.195×10^{-8}	0.4347	3.464×10^{-4}	3,767	
40	1252	2513	0.2863	9.101×10^{-8}	0.3073	2.455×10^{-4}	2,697	
엔진오일 (Engine Oil, (unused))								
0	899.0	1797	0.1469	9.097×10^{-8}	3.814	4.242×10^{-3}	46,636	0.00070
20	888.1	1881	0.1450	8.680×10^{-8}	0.8374	9.429×10^{-4}	10,863	0.00070
40	876.0	1964	0.1444	8.391×10^{-8}	0.2177	2.485×10^{-4}	2,962	0.00070
60	863.9	2048	0.1404	7.934×10^{-8}	0.07399	8.565×10^{-5}	1,080	0.00070
80	852.0	2132	0.1380	7.599×10^{-8}	0.03232	3.794×10^{-5}	499.3	0.00070
100	840.0	2220	0.1367	7.330×10^{-8}	0.01718	2.046×10^{-5}	279.1	0.00070
120	828.9	2308	0.1347	7.042×10^{-8}	0.01029	1.241×10^{-5}	176.3	0.00070
140	816.8	2395	0.1330	6.798×10^{-8}	0.006558	8.029×10^{-6}	118.1	0.00070
150	810.3	2441	0.1327	6.708×10^{-8}	0.005344	6.595×10^{-6}	98.31	0.00070

출처 : 부록 1과 동일

부록 3. 공기의 물성치

온도 T, °C	밀도 ρ, kg/m^3	정압비열 c_p, J/kg · K	열전도율 k, W/m · K	열확산계수 α, m^2/s	점성계수 μ, kg/m · s	동점성계수 ν, m^2/s	프란틀수 Pr
−150	2.866	983	0.01171	4.158×10^{-6}	8.636×10^{-6}	3.013×10^{-6}	0.7246
−100	2.038	966	0.01582	8.036×10^{-6}	1.189×10^{-6}	5.837×10^{-6}	0.7263
−50	1.582	999	0.01979	1.252×10^{-5}	1.474×10^{-5}	9.319×10^{-6}	0.7440
−40	1.514	1002	0.02057	1.356×10^{-5}	1.527×10^{-5}	1.008×10^{-5}	0.7436
−30	1.451	1004	0.02134	1.465×10^{-5}	1.579×10^{-5}	1.087×10^{-5}	0.7425
−20	1.394	1005	0.02211	1.578×10^{-5}	1.630×10^{-5}	1.169×10^{-5}	0.7408
−10	1.341	1006	0.02288	1.696×10^{-5}	1.680×10^{-5}	1.252×10^{-5}	0.7387
0	1.292	1006	0.02364	1.818×10^{-5}	1.729×10^{-5}	1.338×10^{-5}	0.7362
5	1.269	1006	0.02401	1.880×10^{-5}	1.754×10^{-5}	1.382×10^{-5}	0.7350
10	1.246	1006	0.02439	1.944×10^{-5}	1.778×10^{-5}	1.426×10^{-5}	0.7336
15	1.225	1007	0.02476	2.009×10^{-5}	1.802×10^{-5}	1.470×10^{-5}	0.7323
20	1.204	1007	0.02514	2.074×10^{-5}	1.825×10^{-5}	1.516×10^{-5}	0.7309
25	1.184	1007	0.02551	2.141×10^{-5}	1.849×10^{-5}	1.562×10^{-5}	0.7296
30	1.164	1007	0.02588	2.208×10^{-5}	1.872×10^{-5}	1.608×10^{-5}	0.7282
35	1.145	1007	0.02625	2.277×10^{-5}	1.895×10^{-5}	1.655×10^{-5}	0.7268
40	1.127	1007	0.02662	2.346×10^{-5}	1.918×10^{-5}	1.702×10^{-5}	0.7255
45	1.109	1007	0.02699	2.416×10^{-5}	1.941×10^{-5}	1.750×10^{-5}	0.7241
50	1.092	1007	0.02735	2.487×10^{-5}	1.963×10^{-5}	1.798×10^{-5}	0.7228
60	1.059	1007	0.02808	2.632×10^{-5}	2.008×10^{-5}	1.896×10^{-5}	0.7202
70	1.028	1007	0.02881	2.780×10^{-5}	2.052×10^{-5}	1.995×10^{-5}	0.7177
80	0.9994	1008	0.02953	2.931×10^{-5}	2.096×10^{-5}	2.097×10^{-5}	0.7154
90	0.9718	1008	0.03024	3.086×10^{-5}	2.139×10^{-5}	2.201×10^{-5}	0.7132
100	0.9458	1009	0.03095	3.243×10^{-5}	2.181×10^{-5}	2.306×10^{-5}	0.7111
120	0.8977	1011	0.03235	3.565×10^{-5}	2.264×10^{-5}	2.522×10^{-5}	0.7073
140	0.8542	1013	0.03374	3.898×10^{-5}	2.345×10^{-5}	2.745×10^{-5}	0.7041
160	0.8148	1016	0.03511	4.241×10^{-5}	2.420×10^{-5}	2.975×10^{-5}	0.7014
180	0.7788	1019	0.03646	4.593×10^{-5}	2.504×10^{-5}	3.212×10^{-5}	0.6992
200	0.7459	1023	0.03779	4.954×10^{-5}	2.577×10^{-5}	3.455×10^{-5}	0.6974
250	0.6746	1033	0.04104	5.890×10^{-5}	2.760×10^{-5}	4.091×10^{-5}	0.6946
300	0.6158	1044	0.04418	6.871×10^{-5}	2.934×10^{-5}	4.765×10^{-5}	0.6935
350	0.5664	1056	0.04721	7.892×10^{-5}	3.101×10^{-5}	5.475×10^{-5}	0.6937
400	0.5243	1069	0.05015	8.951×10^{-5}	3.261×10^{-5}	6.219×10^{-5}	0.6948
450	0.4880	1081	0.05298	1.004×10^{-4}	3.415×10^{-5}	6.997×10^{-5}	0.6965
500	0.4565	1093	0.05572	1.117×10^{-4}	3.563×10^{-5}	7.806×10^{-5}	0.6986
600	0.4042	1115	0.06093	1.352×10^{-4}	3.846×10^{-5}	9.515×10^{-5}	0.7037
700	0.3627	1135	0.06581	1.598×10^{-4}	4.111×10^{-5}	1.133×10^{-4}	0.7092
800	0.3289	1153	0.07037	1.855×10^{-4}	4.362×10^{-5}	1.326×10^{-4}	0.7149
900	0.3008	1169	0.07465	2.122×10^{-4}	4.600×10^{-5}	1.529×10^{-4}	0.7206
1000	0.2772	1184	0.07868	2.398×10^{-4}	4.826×10^{-5}	1.741×10^{-4}	0.7260
1500	0.1990	1234	0.09599	3.908×10^{-4}	5.817×10^{-5}	2.922×10^{-4}	0.7478
2000	0.1553	1264	0.11113	5.664×10^{-4}	6.630×10^{-5}	4.270×10^{-4}	0.7539

Note: For ideal gases, the properties c_p, k, μ, and Pr are independent of pressure. The properties ρ, ν, and α at a pressure P (in atm) other than 1 atm are determined by multiplying the values of ρ at the given temperature by P and by dividing ν and α by P.

출처 : 부록 1과 동일

부록 4. 여러 기체의 물성치(1)

온도 T, °C	밀도 ρ, kg/m^3	정압비열 c_p, J/kg · K	열전도율 k, W/m · K	열확산계수 α, m^2/s	점성계수 μ, kg/m · s	동점성계수 ν, m^2/s	프란틀수 Pr
			이산화탄소 (Carbon Dioxide, CO_2)				
−50	2.4035	746	0.01051	5.860×10^{-6}	1.129×10^{-5}	4.699×10^{-6}	0.8019
0	1.9635	811	0.01456	9.141×10^{-6}	1.375×10^{-5}	7.003×10^{-6}	0.7661
50	1.6597	866.6	0.01858	1.291×10^{-5}	1.612×10^{-5}	9.714×10^{-6}	0.7520
100	1.4373	914.8	0.02257	1.716×10^{-5}	1.841×10^{-5}	1.281×10^{-5}	0.7464
150	1.2675	957.4	0.02652	2.186×10^{-5}	2.063×10^{-5}	1.627×10^{-5}	0.7445
200	1.1336	995.2	0.03044	2.698×10^{-5}	2.276×10^{-5}	2.008×10^{-5}	0.7442
300	0.9358	1060	0.03814	3.847×10^{-5}	2.682×10^{-5}	2.866×10^{-5}	0.7450
400	0.7968	1112	0.04565	5.151×10^{-5}	3.061×10^{-5}	3.842×10^{-5}	0.7458
500	0.6937	1156	0.05293	6.600×10^{-5}	3.416×10^{-5}	4.924×10^{-5}	0.7460
1000	0.4213	1292	0.08491	1.560×10^{-4}	4.898×10^{-5}	1.162×10^{-4}	0.7455
1500	0.3025	1356	0.10688	2.606×10^{-4}	6.106×10^{-5}	2.019×10^{-4}	0.7745
2000	0.2359	1387	0.11522	3.521×10^{-4}	7.322×10^{-5}	3.103×10^{-4}	0.8815
			일산화탄소 (Carbon Monoxide, CO)				
−50	1.5297	1081	0.01901	1.149×10^{-5}	1.378×10^{-5}	9.012×10^{-6}	0.7840
0	1.2497	1048	0.02278	1.739×10^{-5}	1.629×10^{-5}	1.303×10^{-5}	0.7499
50	1.0563	1039	0.02641	2.407×10^{-5}	1.863×10^{-5}	1.764×10^{-5}	0.7328
100	0.9148	1041	0.02992	3.142×10^{-5}	2.080×10^{-5}	2.274×10^{-5}	0.7239
150	0.8067	1049	0.03330	3.936×10^{-5}	2.283×10^{-5}	2.830×10^{-5}	0.7191
200	0.7214	1060	0.03656	4.782×10^{-5}	2.472×10^{-5}	3.426×10^{-5}	0.7164
300	0.5956	1085	0.04277	6.619×10^{-5}	2.812×10^{-5}	4.722×10^{-5}	0.7134
400	0.5071	1111	0.04860	8.628×10^{-5}	3.111×10^{-5}	6.136×10^{-5}	0.7111
500	0.4415	1135	0.05412	1.079×10^{-4}	3.379×10^{-5}	7.653×10^{-5}	0.7087
1000	0.2681	1226	0.07894	2.401×10^{-4}	4.557×10^{-5}	1.700×10^{-4}	0.7080
1500	0.1925	1279	0.10458	4.246×10^{-4}	6.321×10^{-5}	3.284×10^{-4}	0.7733
2000	0.1502	1309	0.13833	7.034×10^{-4}	9.826×10^{-5}	6.543×10^{-4}	0.9302
			메탄 (Methane, CH_4)				
−50	0.8761	2243	0.02367	1.204×10^{-5}	8.564×10^{-6}	9.774×10^{-6}	0.8116
0	0.7158	2217	0.03042	1.917×10^{-5}	1.028×10^{-5}	1.436×10^{-5}	0.7494
50	0.6050	2302	0.03766	2.704×10^{-5}	1.191×10^{-5}	1.969×10^{-5}	0.7282
100	0.5240	2443	0.04534	3.543×10^{-5}	1.345×10^{-5}	2.567×10^{-5}	0.7247
150	0.4620	2611	0.05344	4.431×10^{-5}	1.491×10^{-5}	3.227×10^{-5}	0.7284
200	0.4132	2791	0.06194	5.370×10^{-5}	1.630×10^{-5}	3.944×10^{-5}	0.7344
300	0.3411	3158	0.07996	7.422×10^{-5}	1.886×10^{-5}	5.529×10^{-5}	0.7450
400	0.2904	3510	0.09918	9.727×10^{-5}	2.119×10^{-5}	7.297×10^{-5}	0.7501
500	0.2529	3836	0.11933	1.230×10^{-4}	2.334×10^{-5}	9.228×10^{-5}	0.7502
1000	0.1536	5042	0.22562	2.914×10^{-4}	3.281×10^{-5}	2.136×10^{-4}	0.7331
1500	0.1103	5701	0.31857	5.068×10^{-4}	4.434×10^{-5}	4.022×10^{-4}	0.7936
2000	0.0860	6001	0.36750	7.120×10^{-4}	6.360×10^{-5}	7.395×10^{-4}	1.0386
			수소 (Hydrogen, H_2)				
−50	0.11010	12635	0.1404	1.009×10^{-4}	7.293×10^{-6}	6.624×10^{-5}	0.6562
0	0.08995	13920	0.1652	1.319×10^{-4}	8.391×10^{-6}	9.329×10^{-5}	0.7071
50	0.07603	14349	0.1881	1.724×10^{-4}	9.427×10^{-6}	1.240×10^{-4}	0.7191
100	0.06584	14473	0.2095	2.199×10^{-4}	1.041×10^{-5}	1.582×10^{-4}	0.7196
150	0.05806	14492	0.2296	2.729×10^{-4}	1.136×10^{-5}	1.957×10^{-4}	0.7174
200	0.05193	14482	0.2486	3.306×10^{-4}	1.228×10^{-5}	2.365×10^{-4}	0.7155
300	0.04287	14481	0.2843	4.580×10^{-4}	1.403×10^{-5}	3.274×10^{-4}	0.7149
400	0.03650	14540	0.3180	5.992×10^{-4}	1.570×10^{-5}	4.302×10^{-4}	0.7179
500	0.03178	14653	0.3509	7.535×10^{-4}	1.730×10^{-5}	5.443×10^{-4}	0.7224
1000	0.01930	15577	0.5206	1.732×10^{-3}	2.455×10^{-5}	1.272×10^{-3}	0.7345
1500	0.01386	16553	0.6581	2.869×10^{-3}	3.099×10^{-5}	2.237×10^{-3}	0.7795
2000	0.01081	17400	0.5480	2.914×10^{-3}	3.690×10^{-5}	3.414×10^{-3}	1.1717

부록 4. 여러 기체의 물성치(2)

온도 T, °C	밀도 ρ, kg/m^3	정압비열 c_p, J/kg · K	열전도율 k, W/m · K	열확산계수 α, m^2/s	점성계수 μ, kg/m · s	동점성계수 ν, m^2/s	프란틀수 Pr
			질소 (Nitrogen, N_2)				
−50	1.5299	957.3	0.02001	1.366×10^{-5}	1.390×10^{-5}	9.091×10^{-6}	0.6655
0	1.2498	1035	0.02384	1.843×10^{-5}	1.640×10^{-5}	1.312×10^{-5}	0.7121
50	1.0564	1042	0.02746	2.494×10^{-5}	1.874×10^{-5}	1.774×10^{-5}	0.7114
100	0.9149	1041	0.03090	3.244×10^{-5}	2.094×10^{-5}	2.289×10^{-5}	0.7056
150	0.8068	1043	0.03416	4.058×10^{-5}	2.300×10^{-5}	2.851×10^{-5}	0.7025
200	0.7215	1050	0.03727	4.921×10^{-5}	2.494×10^{-5}	3.457×10^{-5}	0.7025
300	0.5956	1070	0.04309	6.758×10^{-5}	2.849×10^{-5}	4.783×10^{-5}	0.7078
400	0.5072	1095	0.04848	8.727×10^{-5}	3.166×10^{-5}	6.242×10^{-5}	0.7153
500	0.4416	1120	0.05358	1.083×10^{-4}	3.451×10^{-5}	7.816×10^{-5}	0.7215
1000	0.2681	1213	0.07938	2.440×10^{-4}	4.594×10^{-5}	1.713×10^{-4}	0.7022
1500	0.1925	1266	0.11793	4.839×10^{-4}	5.562×10^{-5}	2.889×10^{-4}	0.5969
2000	0.1502	1297	0.18590	9.543×10^{-4}	6.426×10^{-5}	4.278×10^{-4}	0.4483
			산소 (Oxygen, O_2)				
−50	1.7475	984.4	0.02067	1.201×10^{-5}	1.616×10^{-5}	9.246×10^{-6}	0.7694
0	1.4277	928.7	0.02472	1.865×10^{-5}	1.916×10^{-5}	1.342×10^{-5}	0.7198
50	1.2068	921.7	0.02867	2.577×10^{-5}	2.194×10^{-5}	1.818×10^{-5}	0.7053
100	1.0451	931.8	0.03254	3.342×10^{-5}	2.451×10^{-5}	2.346×10^{-5}	0.7019
150	0.9216	947.6	0.03637	4.164×10^{-5}	2.694×10^{-5}	2.923×10^{-5}	0.7019
200	0.8242	964.7	0.04014	5.048×10^{-5}	2.923×10^{-5}	3.546×10^{-5}	0.7025
300	0.6804	997.1	0.04751	7.003×10^{-5}	3.350×10^{-5}	4.923×10^{-5}	0.7030
400	0.5793	1025	0.05463	9.204×10^{-5}	3.744×10^{-5}	6.463×10^{-5}	0.7023
500	0.5044	1048	0.06148	1.163×10^{-4}	4.114×10^{-5}	8.156×10^{-5}	0.7010
1000	0.3063	1121	0.09198	2.678×10^{-4}	5.732×10^{-5}	1.871×10^{-4}	0.6986
1500	0.2199	1165	0.11901	4.643×10^{-4}	7.133×10^{-5}	3.243×10^{-4}	0.6985
2000	0.1716	1201	0.14705	7.139×10^{-4}	8.417×10^{-5}	4.907×10^{-4}	0.6873
			수증기 (Water Vapor, H_2O)				
−50	0.9839	1892	0.01353	7.271×10^{-6}	7.187×10^{-6}	7.305×10^{-6}	1.0047
0	0.8038	1874	0.01673	1.110×10^{-5}	8.956×10^{-6}	1.114×10^{-5}	1.0033
50	0.6794	1874	0.02032	1.596×10^{-5}	1.078×10^{-5}	1.587×10^{-5}	0.9944
100	0.5884	1887	0.02429	2.187×10^{-5}	1.265×10^{-5}	2.150×10^{-5}	0.9830
150	0.5189	1908	0.02861	2.890×10^{-5}	1.456×10^{-5}	2.806×10^{-5}	0.9712
200	0.4640	1935	0.03326	3.705×10^{-5}	1.650×10^{-5}	3.556×10^{-5}	0.9599
300	0.3831	1997	0.04345	5.680×10^{-5}	2.045×10^{-5}	5.340×10^{-5}	0.9401
400	0.3262	2066	0.05467	8.114×10^{-5}	2.446×10^{-5}	7.498×10^{-5}	0.9240
500	0.2840	2137	0.06677	1.100×10^{-4}	2.847×10^{-5}	1.002×10^{-4}	0.9108
1000	0.1725	2471	0.13623	3.196×10^{-4}	4.762×10^{-5}	2.761×10^{-4}	0.8639
1500	0.1238	2736	0.21301	6.288×10^{-4}	6.411×10^{-5}	5.177×10^{-4}	0.8233
2000	0.0966	2928	0.29183	1.032×10^{-3}	7.808×10^{-5}	8.084×10^{-4}	0.7833

Note: For ideal gases, the properties c_p, k, μ, and Pr are independent of pressure. The properties ρ, ν, and α at a pressure P (in atm) other than 1 atm are determined by multiplying the values of ρ at the given temperature by P and by dividing ν and α by P.

출처 : 부록 1과 동일

찾아보기

ㅋ

ㅌ

ㅍ

ㅎ

B - W

기타

기계중심의 유체역학

초판 발행 | 2012년 12월 15일
3쇄 발행 | 2019년 2월 15일

지은이 | 엄기찬 · 김재희
펴낸이 | 조승식
펴낸곳 | (주)도서출판 북스힐

등 록 | 1998년 7월 28일 제22-457호
주 소 | 서울시 강북구 한천로 153길 17
전 화 | (02) 994-0071
팩 스 | (02) 994-0073

홈페이지 | www.bookshill.com
이메일 | bookshill@bookshill.com

정가 18,000원

ISBN 978-89-5526-394-7

Published by bookshill, Inc. Printed in Korea.